U0192464

算力芯片

高性能CPU/GPU/NPU
微架构分析

濮元恺 / 编著

电子工业出版社·

Publishing House of Electronics Industry

北京·BEIJING

内 容 简 介

本书介绍了超级计算机算力和 AI 算力的异同，从 CPU 流水线开始，描述主要的众核处理器架构和功能部件设计。在 GPU 和 NPU 等加速器部分，介绍了 GPU 为何能从单纯的图形任务处理器变成通用处理器。GPU 在设计逻辑、存储体系、线程管理，以及面向 AI 的张量处理器方面成为最近几年全世界科技行业最瞩目的明星。本书对华为等厂商推出的 NPU 芯片设计也做了架构描述，回顾了近 20 年来主流的 CPU、GPU 芯片架构的特点，介绍了存储与互连总线技术，即大模型专用 AI 超级计算机的中枢核心。

图书在版编目（CIP）数据

算力芯片：高性能 CPU/GPU/NPU 微架构分析 / 濮元恺编著. -- 北京：电子工业出版社，2024. 8.
ISBN 978-7-121-48379-0

Ⅰ．TP302.7

中国国家版本馆 CIP 数据核字第 20247T1T34 号

责任编辑：黄爱萍　　　文字编辑：付睿
印　　刷：三河市良远印务有限公司
装　　订：三河市良远印务有限公司
出版发行：电子工业出版社
　　　　　北京市海淀区万寿路 173 信箱　　　邮编：100036
开　　本：787×980　　1/16　　印张：28.5　　　字数：638.4 千字
版　　次：2024 年 8 月第 1 版
印　　次：2024 年 12 月第 3 次印刷
定　　价：129.00 元

凡所购买电子工业出版社图书有缺损问题，请向购买书店调换。若书店售缺，请与本社发行部联系，联系及邮购电话：（010）88254888，88258888。

质量投诉请发邮件至 zlts@phei.com.cn，盗版侵权举报请发邮件至 dbqq@phei.com.cn。

本书咨询联系方式：faq@phei.com.cn。

推 荐 序

不知不觉中，我们来到一个计算机科学飞速发展的时代，手机和计算机中各类便捷的软件已经融入日常生活，在此背景下，硬件特别是算力强劲的芯片，对于软件服务起着不可替代的支撑作用。芯片的算力，在全球范围内，对于推动科技进步、经济发展及社会整体的运作具有至关重要的作用。随着信息技术的高速发展，高性能计算（HPC）和人工智能（AI）等技术在多个领域的应用变得日益广泛，芯片算力成为支持这些技术的基础。

我们在长期工作中，一直关注芯片技术的发展，因为高算力的芯片是支持服务器等专业应用领域和消费电子产品发展的根基，无论是手机、平板电脑，还是汽车、智能制造，各行各业都开始关注算力，对算力芯片提出更高、更密集的应用需求。

12 年前，我与本书作者相识时，他向我提出一个想法：建立中关村在线高性能计算频道。该频道隶属于核心硬件事业部，聚焦算力芯片相关的产品技术分析、评测，并为企业客户提供内部参考。后来这个想法被否决了，因为投入较大、难以落地，且客户对算力的认同远不及今天这种高度。

这几年间其实我们联系甚少，但是作者一直没有脱离对芯片的应用和关注。特别是目睹 GPU 从消费电子转向算力芯片，目睹 CPU 从追求单核心性能转向追求并行度，关注并研究算力芯片，这个方向是绝对没错的。这些年作者在自己所工作的量化金融行业取得的成绩有目共睹，他作为算力芯片的用户，熟悉芯片产品布局、逻辑单元构成、微架构演变历程和特性，由他主笔这本书是非常合适的，并且这本书没有任何商业资源推动，完全依靠作者个人意志来策划和撰写。我用很快的速度阅读了全书，发现几乎大部分知识点都已经覆盖，很多细节还做了深入描述，本书尽最大努力兼顾了纸质媒体的高质量和专业网络媒体的信息更新速度。

算力芯片在最近 15 年有着巨大的性能突破，这些年 Intel 的 CPU 芯片从双核 128 位 SIMD 到众核 512 位 SIMD；NVIDIA 的 GPU 产品从第一次实现顶点和像素统一的 G80 到现在重金难求的 H100；AMD 的 Zen 系列 CPU 和 RDNA 系列 GPU 两线作战；中国的高性能计算芯片逐步获得更多 TOP500 排名；华为 Ascend 910 NPU 芯片也成为 AI 时代的强有力竞争者；苹果、Cerebras、Ampere、特斯拉等企业的加入让这场"算力芯片战争"更加热闹。

CPU、GPU、NPU 等芯片是推动科技创新的基石，算力的提升直接影响到产业的数字化转型和升级。这几年正值人工智能取得突破性进展的时间关口，社会对芯片算力的需求将会更加旺盛，芯片在全社会中的重要性也将进一步增强。很高兴看到这本书的问世，看到作者在自己工作之余还能坚持对另一个领域的分析和研究，希望更多社会资源和资本力量关注算力芯片的发展，希望我们的国家能够更独立自主地设计制造高性能算力芯片。

最后，欢迎大家通过公众号"硬件世界"联系作者，共同交流探讨书中内容。

上方文 Q

快科技（原驱动之家）网站主编

2024 年 3 月

前　言

随着 ChatGPT 等千亿级参数 AI 大模型的快速发展，业界对算力的需求越来越高。算力是计算机在单位时间内对整数和浮点数的计算能力。算力的提供方是高性能、高密度的 CPU（中央处理器）、GPGPU（通用图形处理器）、NPU（神经网络处理器）和各类加速器芯片。本书聚焦近几年来市场上出现的高算力芯片，通过对它们进行技术架构层面的解读，向读者介绍算力芯片的发展和竞争态势。

算力芯片拥有比常规中央处理器更强大的计算能力，拥有更强的专用性，能够处理大量的数据并执行复杂的算法。算力芯片的设计焦点通常是提供高性能的数学运算能力，特别是在处理并行计算任务时。这些芯片广泛应用于各类计算环境，从超级计算机到个人计算机，再到移动设备。算力可以用于衡量个人计算机、服务器、移动设备或者大型数据中心的性能。评估一款芯片的算力涉及多个参数，包括但不限于时钟频率、核心数量、内存带宽，以及执行特定任务（如浮点计算或整数计算）时的速度，如整数 TOPS 算力和不同精度的浮点算力。

CPU 发展了 50 多年，GPU 也发展了将近 30 年。围绕着 CPU 和 GPU 所构建的软件和硬件体系已经相当成熟，面对性能瓶颈，要想增加算力，只能不断增加集群规模，AI 计算成本成为不可承受之重。支撑 AI 的算力芯片，未来何去何从？

本书正是在这样的背景下开始写作的。本书介绍了超级计算机算力和 AI 算力的异同，从 CPU 流水线开始，描述主要的众核处理器架构和功能部件设计。在 GPGPU 和 NPU 等加速器部分，介绍了 GPU 为何能从单纯的图形任务处理器变成通用处理器，且聚焦在 GPU 设计逻辑、存储体系、线程管理，以及面向 AI 的张量处理器设计，同时对华为等厂商推出的 NPU 芯片设计也做了详细介绍。最后回顾了近 20 年来主流的 GPU 设计路线、芯片架构特点，以及目前备受关注的大模型专用 AI 超级计算机。

本书提供了简明的硬件逻辑知识：通过对产品的细致描述，读者可以看出传统 x86 架构和 ARM 架构在高算力市场的激烈竞争路线，还可以感受到 GPGPU 的蓬勃发展对于我们对常规算力的颠覆性认知。算力芯片是一个广阔的领域，本书也力求通过覆盖度尽可能高的算力技术和产品介绍，描绘出该领域的竞争格局。

本书面向的读者

- 从事计算机硬件开发的读者：本书提供了丰富的硬件逻辑知识。
- 芯片开发领域的从业者：读者可以了解芯片技术背后的理念、设计哲学和发展过程。
- 软件开发人员：如果软件开发人员熟悉硬件架构，就可以有针对性地设计程序，让代码高效率运行。

交流沟通

　　笔者在工作及读书期间结识了一些优秀的 IT 科技媒体人，相信大部分读者对于驱动之家（如今的快科技）如雷贯耳。在征求其总编邱洪民（笔名：上方文 Q）的同意之后，我们通过公众号"硬件世界"开设了联系专栏，和各位读者交流。书中内容丰富，但是难免有疏漏和不准确的技术细节描述，希望读者及时指正，也希望通过公众号"硬件世界"保持和各位读者的沟通。我期待再版时能够不断丰富内容，让本书在算力芯片领域快速变革的背景下，成为一本有生命力的"常青书"。

特别致谢

　　笔者曾就职于"中关村在线"核心硬件事业部，对于全世界备受关注的消费类电子产品，特别是围绕 CPU、GPU 展开的计算机核心硬件有较多了解，在后来的工作中有幸成为这些高性能算力芯片的用户。工作的过程也是学习积累的过程，我们也经常看到优秀的媒体，比如"半导体行业观察""快科技""新智元"等，对他们长期以来坚持输出高质量内容表示感谢。

　　金融行业也是算力密集型行业，该行业需要采集大量的市场数据，每天的数据量以 TB 计算。在工作中，处理大量数据的过程要使用高算力的 CPU 和 GPU，来分析数据规律、构建模型，所以笔者对高性能算力芯片微架构的设计有深刻认知。同时，笔者承担多家金融行业公司 IT 基础设施建设的咨询工作。

　　为避免打扰和阻力，近一年来笔者在完全保密的情况下撰写本书，家人和同事们完全不知此事，如今图书问世笔者也要感谢他们的支持和理解。最后特别感谢为笔者撰写序言和推荐语的几位行业领军者，你们推动了技术革新，见证了算力芯片如何颠覆和重塑我们的行业。

本书资源下载

　　在本书的写作过程中，笔者参考和学习了大量书籍、论文、厂商白皮书和技术架构图，在此对这些作者表示深深的感谢，具体参考资料和资源链接请扫描封底二维码获取。

　　由于笔者水平和精力都有限，而且本书的内容较多、牵涉的技术较广，谬误和疏漏之处在所难免，很多技术点设计的细节描述得不够详尽，恳请广大技术专家和读者指正。

目   录

第 1 章 从 TOP500 和 MLPerf 看算力芯片格局

1.1 科学算力最前沿 TOP500

TOP500 是一个定期评估和列出全球最强大的 500 台超级计算机性能的组织，在 TOP500 获得较高排名或者占有较多算力资源，是企业甚至国家科技竞争力的重要体现。TOP500 列表每年更新两次，分别在 6 月和 11 月发布。

TOP500 使用 High Performance Linpack（HPL）基准测试来评估超级计算机的性能。这个基准测试测量的是计算机在解决一组线性方程时的浮点计算性能。通过 TOP500 列表，研究者和工业界可以了解哪些国家、企业和研究机构拥有最先进的算力，对于推动科研和技术发展具有重要的意义。

TOP500 为各大制造商、研究机构和国家提供了一个竞技场，从国家维度分析超级计算机数量占比和性能占比如图 1-1 所示，为了在该榜单上名列前茅，各方都在努力推进技术的边界。TOP500 的姊妹项目——Green500，更关注超级计算机的能效，因为随着能源成本的增加和环境问题的加剧，能效变得越来越重要。

当然，除了竞争还有合作，许多顶级的超级计算机项目都是国际合作的结果。TOP500 为这些合作提供了一个展示平台，促进了全球的技术交流和合作。

在 2004 年 6 月 22 日公布的全球高性能计算机 TOP500 排行榜中，曙光 4000A 的峰值运算速度达到 10.2 TFLOPS，在 2004 年 6 月公布的全球超级计算机 TOP500 排行榜中，位列全球第十。这是我国国产超级计算机首次进入全球排名前十，也标志着我国成为继美国、日本之后第三个成功研发和应用跨越了每秒 10 万亿次超级计算机的国家，随后我国在超级计算机算力方面开始"狂奔"。

2010 年 10 月，天河一号在 TOP500 榜单上名列第一，成为当时世界上最快的超级计算机。天河一号是我国的超级计算机第一次进入该榜单前五名，并且直接跻身榜首。2013 年 6 月，天河二号又名列 TOP500 榜单首位，且在连续几年内保持了这一地位。天河二号也是由国防科技大学设计的。天河一号采用 6144 个通用多核处理器和 5120 个图形加速处理器 GPU，其中 GPU 型号正是消费者熟悉的 ATI 高端 GPU 产品 HD 4870 X2，这种 CPU+协处理器的方式增强了浮点算力。

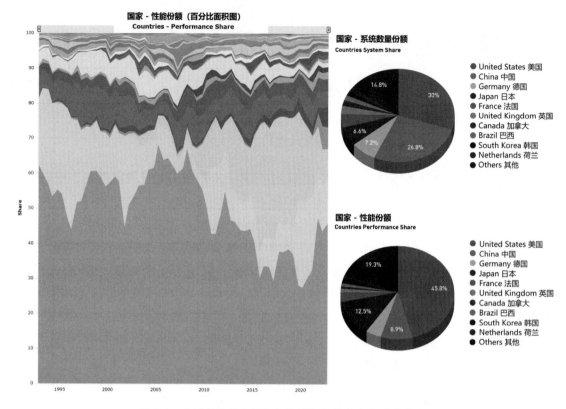

图 1-1　从国家维度分析超级计算机数量占比和性能占比

2016 年 6 月，神威·太湖之光超过天河二号，成为 TOP500 榜单上的新冠军，且在随后的几次评测中都保持了这一地位。更值得注意的是，它完全使用我国自主研发的处理器。神威·太湖之光使用的 SW26010 处理器基于自主开发的 64 位 RISC 架构，包含 4 个集群或称之为核心组（CG），以及一个协议处理单元（PPU）。每个核心组拥有 64 个计算单元（CPE），一个 SW26010 处理器就达到了 256 个核心的高集成度，单芯片提供了 2.969 TFLOPS 的双精度浮点算力。

TOP500 榜单为我们提供了关于超级计算机的发展趋势，客观地反映了当前和过去的趋势，通过分析 TOP500 的数据，可以对未来的计算机结构趋势做出一定的猜测，而且通过观察 TOP500 的计算机结构，可以得到高性能、高密度的算力芯片发展趋势和未来计算机结构的启示，具体如下。

- 多核和众核的兴起：过去的几年里，超级计算机从单核处理器过渡到多核和众核处理器。这显示出面对复杂的高并行度计算任务，在摩尔定律遇到物理限制时，增加核心数是提高性能的有效途径。

- 异构计算：GPU 和其他加速器在超级计算机中的应用逐渐增加，这表明异构计算在提高性能和能效方面具有优势，毕竟 CPU 有太多逻辑用于指令控制，它能够确保精确且低延迟地执行复杂任务，而 GPU 等芯片能够通过密集的线程管理和单指令多线程或单指令多数据的方式，甚至采用低精度计算，来快速提升算力，特别是针对人工智能领域的大模型训练算力。
- 高速互连技术：随着超级计算机规模的扩大，高吞吐量、低延迟的互连技术变得尤为重要，这意味着未来的计算机结构将更加重视数据的快速移动和处理。业界对算力芯片拓扑结构的重视程度甚至高于对单核心处理器内部的指令和存储系统的重视，尤其是近几年，大量结构复杂的多核心芯片提供了之前无法想象的算力和集成度。
- 能效关注：Green500 的出现表明能效是未来计算机设计的关键之一，这可能会影响计算机结构，使其更加注重单位电能消耗下的高性能处理器设计。
- 存储系统进步：虽然 TOP500 的重点是计算性能，但随着数据驱动的应用增多，存储性能也变得越来越重要。未来的算力芯片会有更高效的存储系统，更大的高速缓存和多级别的存储体系构建。近存计算概念的提出，不但扩展了存储容量，极大地提升了芯片本身的性能，而且在此过程中降低了数据搬运的功耗。

1.1.1　TOP500 的测试方式 HPL

为了评估超级计算机的性能，TOP500 选择了 Linpack 基准中的"最佳"性能测试。选择 Linpack 的理由是其使用广泛，且几乎所有相关系统都有对应的性能数据。TOP500 选用的是允许用户调整问题规模并优化软件以在特定机器上获得最佳性能的基准版本。这个性能值并不能完全反映一个系统的整体性能，但是它能表示这个系统解决密集线性方程组时的专用性能，有比较好的通用性和代表性。

通过测量不同问题规模 n 的实际性能，用户不仅可以获得问题规模 Nmax 的最大可达到的性能 Rmax，还可以得到实现 Rmax 一半性能的问题规模 $\frac{n}{2}$。这些数字，加上理论峰值性能 Rpeak 都被列入了 TOP500。为了保证所有计算机的性能报告的一致性，解决基准程序中的方程组的算法必须符合带部分主元的 LU 分解。这排除了使用如"Strassen 算法"这样的快速矩阵乘法算法，或者使用低于双精度（64 位浮点计算）计算解并使用迭代方法细化解的算法。

矩阵在连续迭代过程中的分解如图 1-2 所示，这里提到的 LU 分解是线性代数中的一个过程，其中一个方阵被分解为两个矩阵 L 和 U。L 是一个下三角矩阵（主对角线以下有数值，主对角线以上都是 0），而 U 是一个上三角矩阵（主对角线以上有数值，主对角线以下都是 0）。

在 HPL 中，一个 LU 因子分解的迭代由 4 个阶段组成，如图 1-3 所示，可理解为 4 个线程的流水线。

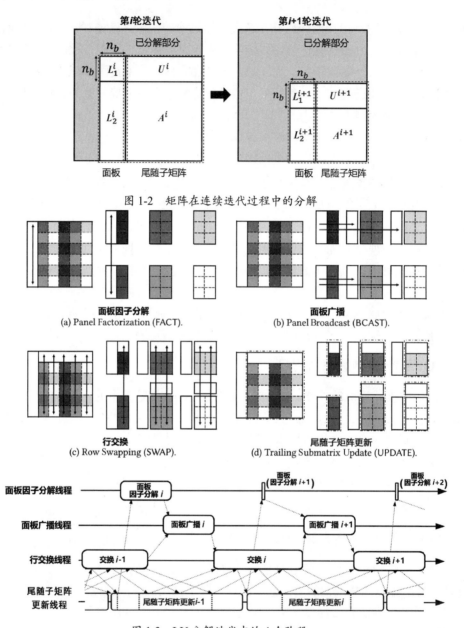

图 1-2　矩阵在连续迭代过程中的分解

面板因子分解
(a) Panel Factorization (FACT).

面板广播
(b) Panel Broadcast (BCAST).

行交换
(c) Row Swapping (SWAP).

尾随子矩阵更新
(d) Trailing Submatrix Update (UPDATE).

图 1-3　LU 分解迭代中的 4 个阶段

- 面板因子分解（Panel Factorization，FACT）：这个阶段的任务是对当前迭代的面板进行因子分解。只有拥有面板的进程列才参与此阶段。它们通过使用 MPI 交换消息以确定主元，并执行相对较小的 BLAS 例程来更新面板。在图 1-3 的（a）部分可以看到一个面板（阴影部分）正在被处理。

- 面板广播（Panel Broadcast，BCAST）：经过因子分解后，面板需要被分发到各个进程。在图 1-3 的（b）部分，阴影面板被广播到其他的列。广播后，每个进程都获得了面板和主元索引的信息。
- 行交换（Row Swapping，SWAP）：在这个阶段，每个进程根据面板的主元索引交换其尾随子矩阵的行。同时，U^i 被广播到所有进程行。在图 1-3 的（c）部分，行被交换（箭头指示了交换）。
- 尾随子矩阵更新（Trailing Submatrix Update，UPDATE）：在此阶段，每个进程使用 DTRSM 和 DGEMM 例程更新其尾随子矩阵，UPDATE 阶段没有进程间通信。在图 1-3 的（d）部分展示了这个过程，其中尾随子矩阵的每个块都在使用新信息进行更新。

HPL 天然地支持极高的并行度，它的并行性来源于算法和数据的结构。在 HPL 中，LU 分解被划分为多个迭代和阶段，每个迭代和阶段都可以在不同的处理器或计算节点上并行执行。HPL 使用 2D 块循环分布将矩阵分布在 MPI 进程上。矩阵的每一个小块都由一个特定的进程处理，这使得各个进程可以并行地在各自的数据上工作。并行计算不仅仅关乎计算，还涉及进程之间的通信。HPL 中的进程需要共享数据，使用 MPI（Message Passing Interface）可以高效通信、同步数据和协调工作。

TOP500 测试所用的 HPL 旨在分布式内存计算机上用双精度算术求解一个（随机的）密集线性系统，拥有极高的并行度。HPL 是一个可携带并免费使用的工具，可以在不同的计算机系统上运行，并且是开源的，每个人都可以下载对应程序测试自己的计算机。当然，超级计算机的建造方也可以选择不向 TOP500 披露测试结果。

1.1.2　TOP500 与算力芯片行业发展

本书围绕算力芯片展开介绍，讲述高集成度、高并行度、高通用性的 CPU 和 GPU 等芯片设计思路。那么到底什么是算力芯片？在这个问题上，TOP500 是一扇窗，透过对超级计算机的架构分析，我们找到了多种层面对算力芯片的定义方式。

从绝对算力角度分析，历史上的 TOP500 超级计算机算力在很多年之后大概率会以单芯片形式呈现。

FLOPS 是 Floating Point Operations Per Second 的缩写，意指每秒浮点计算次数，可理解为计算速度，是一个衡量硬件算力的指标。一个 MFLOPS（Mega FLOPS）等于每秒一百万次的浮点计算，一个 GFLOPS（Giga FLOPS）等于每秒十亿次的浮点计算，再向上每 3 个数量级，分别有 TFLOPS（Tera FLOPS）、PFLOPS（Peta FLOPS）、EFLOPS（Exa FLOPS）、ZFLOPS（Zetta FLOPS）来衡量浮点算力。需要说明的是，芯片厂商披露的理论整数或者浮点算力，是所有计算单元满负载运行时所能达到的极限峰值，实际上由于数据传输限制和算法等问题，芯片无法始终让计算单元满载。

第一款计算速度突破 1TFLOPS 的超级计算机是 Cray 公司的 Cray T3E-1200E。在 20 世纪 90 年代初，Cray T3E 及其变种登上 TOP500 榜单。

RV770 芯片是首款浮点算力超过 1 TFLOPS 的 GPU，它于 2008 年 6 月发布，其对应的显卡产品 Radeon HD 4850 的浮点处理能力为 1 TFLOPS 单精度浮点算力，这是当时一款热门的消费级显卡产品。

第一款计算速度突破 1 PFLOPS（每秒千万亿次浮点计算）的超级计算机是 IBM 的 Roadrunner。2008 年 Roadrunner 由美国洛斯阿拉莫斯国家实验室构建。在 2008 年 6 月的 TOP500 榜单中，Roadrunner 成为第一台正式突破 1 PFLOPS 性能的超级计算机，它使用了 IBM 的 Cell Broadband Engine 和 AMD Opteron 处理器的混合架构。

2022 年年底发布的基于 Hopper 架构 GPU 产品的计算卡 H100 SXM5 产品，使用稀疏性矩阵特性，其神经网络专用的 TF32 浮点算力在 Tensor Core 张量核的加速下达到了 989.4 TFLOPS，基本达到 1 PFLOPS，FP8 和 INT8 精度的算力达到 3957.8 TFLOPS，接近 4 PFLOPS。可见我们距离超级计算机并不遥远，之前需要大量能源和面积堆砌的巨型计算机，正在被单颗算力芯片所取代。

而这些算力芯片又在堆砌新的超级计算机算力巅峰，比如 2023 年 5 月披露的美国橡树岭国家实验室（ORNL）的 Frontier 前沿超级计算机，采用了 AMD 第三代 EPYC 处理器，频率为 2GHz，整个系统共有 8 699 904 个内核。每个 HPE Cray EX 节点包括一块 AMD 的 64 核处理器，512GB 的 DDR4 内存，以及 4 块 Instinct MI250X 计算卡。

表 1-1 为 2023 年 6 月 TOP500 排行榜前十名，其中，System 一栏有计算机名称、配置细节、设计建造方和所属国家；Cores 是 CPU 物理核心数量；Rmax 是实际运行 Linpack 基准测试的测量值；Rpeak 是硬件理论峰值性能，也就是所有计算单元（含 CPU 内部的 SIMD 和外接 GPU 类加速器）的 FP64 浮点峰值吞吐量性能。

表 1-1　2023 年 6 月 TOP500 排行榜前十名

Rank	System	Cores	Rmax (PFLOPS)	Rpeak (PFLOPS)	Power (kW)
1	Frontier 前沿 - HPE Cray EX235a, AMD Optimized 3rd Generation EPYC 64C 2GHz, AMD Instinct MI250X, Slingshot-11, HPE DOE/SC/橡树岭国家实验室 美国	8 699 904	1 194.00	1 679.82	22 703
2	"富岳"超级计算机，A64FX 48C 2.2GHz, Tofu 互连 D，富士通 理化学研究所计算科学中心 日本	7 630 848	442.01	537.21	29 899

续表

Rank	System	Cores	Rmax （PFLOPS）	Rpeak （PFLOPS）	Power （kW）
3	LUMI - HPE Cray EX235a, AMD Optimized 3rd Generation EPYC 64C 2GHz, AMD Instinct MI250X, Slingshot-11, HPE EuroHPC/CSC 芬兰	2 220 288	309.10	428.70	6016
4	莱昂纳多 - BullSequana XH2000, Xeon Platinum 8358 32C 2.6GHz, NVIDIA A100 SXM4 64GB, Quad-rail NVIDIA HDR100 Infiniband, EVIDEN EuroHPC/CINECA 意大利	1 824 768	238.70	304.47	7404
5	Summit 顶峰 - IBM Power System AC922, IBM POWER9 22C 3.07GHz, NVIDIA Volta GV100, Dual-rail Mellanox EDR Infiniband, IBM DOE/SC/橡树岭国家实验室 美国	2 414 592	148.60	200.79	10 096
6	Sierra - IBM Power System AC922, IBM POWER9 22C 3.1GHz, NVIDIA Volta GV100, Dual-rail Mellanox EDR Infiniband, IBM / NVIDIA / Mellanox DOE/NNSA/LLNL 美国	1 572 480	94.64	125.71	7438
7	神威·太湖之光 - 神威 MPP，神威 SW26010 260C 1.45GHz，神威，NRCPC 国家超级计算无锡中心 中国	10 649 600	93.01	125.44	15 371
8	Perlmutter - HPE Cray EX235n, AMD EPYC 7763 64C 2.45GHz, NVIDIA A100 SXM4 40GB, Slingshot-10, HPE DOE/SC/LBNL/NERSC 美国	761 856	70.87	93.75	2589
9	Selene - NVIDIA DGX A100, AMD EPYC 7742 64C 2.25GHz, NVIDIA A100, Mellanox HDR Infiniband, Nvidia NVIDIA Corporation 美国	555 520	63.46	79.22	2646
10	天河-2A - TH-IVB-FEP 集群，Intel Xeon E5-2692v2 12C 2.2GHz，TH Express-2，Matrix-2000，NUDT 国家超级计算广州中心 中国	4 981 760	61.44	100.68	18 482

从技术趋势角度分析，TOP500 所关注的热门技术在未来大概率是算力芯片的竞争领域。

加速器/协处理器以型号为维度在超级计算机中的应用如图 1-4 所示，2006 年，第一款 ClearSpeed CSX600 加速器被 HECToR（High-End Computing Terascale Resource，英国的国家高级计算资源，主要用于支持科学和工程研究）使用，自此通过外接协处理器的方式（特别是 GPU）提供浮点算力成为主流。在 2023 年 6 月的 TOP500 榜单中，前 10 名中有 8 台采用加速器方案，其中 AMD Instinct MI250X、NVIDIA A100 SXM4、NVIDIA A100 加速器榜上有名。使用异构计算模式提高系统整体的峰值算力是很有必要的，也是很经济节能的。CPU 把大部分电路逻辑部署在指令控制方面，而 GPU 等芯片简化了这个流程，腾出尽可能多的晶体管资源放在执行端。

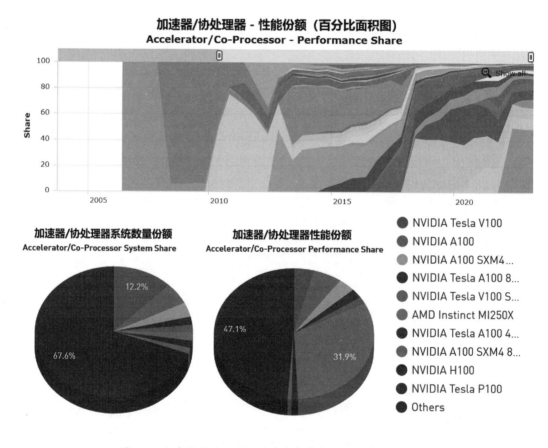

图 1-4   加速器/协处理器以型号为维度在超级计算机中的应用

近几年来，超级计算机、消费级应用和一些轻度机器学习训练任务也要求计算机配备 GPU，如图像和视频编辑软件、AI 绘画软件、轻量级的自然语言处理和金融领域的模型构建等工程化的课题。

ARM 架构的崛起也是一股重要力量。ARM 架构最初被设计为低功耗的解决方案，主要应用于移动设备。随着 HPC 领域对能效越来越关注，尤其是当数据中心和超级计算机的能耗与散热成为主要关注点时，ARM 的低功耗特性开始吸引人们的注意。ARM 在 HPC 领域的崛起可以归因于其低功耗的优势、开放的授权模型以及对应该领域特定需求的定制能力。日本的超级计算机"富岳"（Fugaku）开发的 ARM 指令集架构 A64FX 处理器 Fujitsu 就是这样一个例子。富岳在 2020 年夺得 TOP500 榜单的第一名，这标志着 ARM 在 HPC 领域的正式崛起。随着技术的发展和软件生态系统的成熟，可以预期 ARM 在 HPC 领域的影响力将继续提高。

TOP500 的超级计算机在拓扑互连技术上经历了很多变化。这些互连技术起初只出现在超级计算机中，但随着技术进步，逐渐在高性能计算的其他领域得到了应用。比如计算节点之间的拓扑方式，经历了星形互连、环形互连、全互连 Mesh 网络等结构，这些结构从 2005 年左右出现在大量消费级 CPU 中。目前无论是 AMD 还是 Intel 都使用了多层级的互连方式来管理一个物理 CPU 上的多个计算核心，一款千元级的 CPU 也很容易拥有超过 10 个核心，它们之间的互连技术同样很受消费者关注。

但是 TOP500 并非唯一衡量算力的标准，TOP500 的榜单主要侧重于传统的高性能计算，而并不专门针对人工智能或深度学习的系统，所以它至今依然以精确的 FP64 双精度算力作为评判标准，而非更加灵活的低精度和混合精度方案。

1.2　AI 算力新标准 MLPerf

MLPerf 是一个公开的、行业标准的基准测试套件，用于衡量人工智能领域的机器学习（Machine Learning）硬件、软件和服务的性能。由于机器学习和深度学习在各个行业中的应用日益增多，因此需要一个统一的基准来比较和评估不同的机器学习解决方案的性能。和 TOP500 只针对超级计算机不同，MLPerf 可以在更小规模的高性能计算机上运行，而且侧重于分析机器学习相关的性能，而非双精度的浮点计算。

MLPerf 由图灵奖得主大卫·帕特森（David Patterson）联合谷歌、斯坦福大学、哈佛大学等顶尖机构发起成立，是权威性最高、影响范围最广的国际 AI 性能基准测试。MLPerf 榜单每年定期发布基准测试数据，其结果被国际社会广泛认可。

目前 MLPerf 是由 MLCommons 社区进行维护的，MLCommons 作为一个开源社区，聚集了许多学术界、工业界和其他组织的成员，共同努力推进机器学习的开放工程和可持续发展。MLPerf 作为 MLCommons 社区的重要项目之一，体现了该社区对于设立统一、可比较的机器学习性能衡量标准的承诺。

　　MLPerf 包括了从计算机视觉到自然语言处理等多种任务的基准测试，适用于多种硬件和软件平台，无论是在数据中心、边缘设备还是在移动设备上，MLPerf 都提供了基准测试。MLPerf 是开源的，这意味着其方法和实现都是公开的，有利于公平的比较。厂商之间的竞争可能会促使它们寻求更好的机器学习解决方案。需要采购机器学习硬件或软件的组织和个人可以参考 MLPerf 的基准测试结果来做决策，学术界和研究机构可以利用 MLPerf 来评估和比较自身的研究成果。

　　MLPerf Training v2.0 面向训练算力测试，是该项目的第六个训练版本，由 8 个不同的工作负载组成，涵盖视觉、语言、推荐系统和强化学习等各种用例。MLPerf Inference v2.0 面向推理算力测试，在 7 个不同种类的神经网络中测试了 7 个不同的用例，其中 3 个用例针对计算机视觉，1 个用例针对推荐系统，2 个用例针对语言处理，还有 1 个用例针对医学影像。

　　MLPerf Training v2.0 的 8 个项目如图 1-5 所示，分别为图像识别（ResNet）、目标物体检测轻量级（SSD）、目标物体检测重量级（Mask R-CNN）、医学图像分割（U-Net3D）、语音识别（RNN-T）、自然语言理解（BERT）、智能推荐算法（DLRM）以及强化学习（MiniGo），这些在 AI 领域大名鼎鼎的应用构成了 MLPerf Training 的评估标准。表 1-2 介绍了 MLPerf Training v2.0 的 8 个项目。

图像识别

将标签从固定的类别集分配给输入图像，即应用于计算机视觉问题。

目标物体检测轻量级

在图像或视频中查找真实目标的实例（如人脸、自行车和建筑物等），并对每个目标指定边界框。

目标物体检测重量级

检测图像中出现需要关注的不同目标，并为每个目标分别标识像素掩码。

医学图像分割

为医疗用例执行密集型 3D 图像的立体分割。

语音识别

实时识别和转录音频。

自然语言理解

根据一段文本中不同单词之间的关系理解文本。能够支持回答问题、解释句子和许多与语言相关的其他用例。

智能推荐算法

通过了解用户与服务项目（如产品或广告）之间的交互情况，在社交媒体或电子商务网站等面向用户的服务中提供个性化结果。

强化学习

评估不同的可能行为，在 19x19 网格上玩围棋这一策略游戏时，赢得最多奖励。

图 1-5　MLPerf Training v2.0 8 个项目

表 1-2　MLPerf Training v2.0 的 8 个项目简介

项目	提出时间	主要原理	行业影响力
图像识别 ResNet	2015 年	ResNet 的核心思想是通过"残差学习"来避免深度神经网络的退化问题。在残差块中,输入会被跳过一层或多层与该层的输出相加,这有助于梯度的反向传播和避免梯度消失问题	ResNet 对深度学习领域产生了深远的影响,成为之后许多模型的基础。其设计允许研究者训练非常深的神经网络,从而大大提高了图像识别的准确性
目标物体检测轻量级 SSD	2016 年	SSD 的核心思想是在多个尺度的特征图上进行目标检测,每个特征图都负责检测不同尺寸的对象。这使得 SSD 可以在一个前向传递中同时检测出多个尺寸的对象	SSD 提供了一个高效和准确的目标检测方案,并被广泛用于实时目标检测的应用中
目标物体检测重量级 Mask R-CNN	2017 年	Mask R-CNN 基于 Faster R-CNN,在原来的框架上增加了一个并行的分支来预测对象掩码。这使得它可以在单次前向传递中同时进行目标检测和实例分割	Mask R-CNN 推动了实例分割技术的发展,并被广泛应用于需要细粒度对象识别的场景中
医学图像分割 U-Net3D	2015 年	U-Net3D 包括一个收缩路径,用来捕获上下文信息,还包括一个对称的扩展路径,用来精确地分割定位。由于其特点,模型可以利用很少的标注数据进行训练	U-Net3D 对医学图像分割产生了巨大的影响,很多后续工作都以此为基础进行扩展和改进
语音识别 RNN-T	2014 年	RNN-T 全称为 Recurrent Neural Network Transducer,是一种端到端的序列到序列的学习模型,适用于语音识别等任务。RNN-T 模型不需要先进行声学模型和语言模型的预训练,可以直接从原始音频转换到文本	RNN-T 大大简化了语音识别的训练流程,并被许多商业系统所采用,为语音识别带来了重要的变革
自然语言理解 BERT	2018 年	BERT(Bidirectional Encoder Representations from Transformers)通过 Transformer 结构捕捉文本中的双向关系。与传统单向模型不同,BERT 能够同时考虑文本左右两侧的上下文	BERT 开创了自然语言处理(NLP)新纪元,成为许多 NLP 任务新的基线,被广泛用于搜索引擎、聊天机器人等领域
智能推荐算法 DLRM	2019 年	DLRM(Deep Learning Recommendation Model)结合了分类和连续特征,通过嵌入表达和 MLP(多层感知机)进行推荐。这一模型可以进行高度个性化的推荐	DLRM 模型在许多大型商业推荐系统中被采用,有效提高了推荐的精度度和用户体验
强化学习 MiniGo	2016 年	MiniGo 是 Google DeepMind 围棋 AI AlphaGo 的轻量版,AlphaGo 的原型在 2016 年提出。MiniGo 利用蒙特卡罗树搜索(MCTS)和深度学习来模拟围棋的博弈过程。通过强化学习的训练,模型能够自我对弈并提高策略	AlphaGo 和 MiniGo 的成功展示了深度学习和强化学习在复杂决策问题上的潜力,并推动了强化学习在其他领域的研究和应用

在人工智能系统中，训练（Training）和推理（Inference）是两个核心过程，但它们在计算需求方面存在差异。

- 训练：这是 AI 模型学习和适应数据的过程，通常涉及大量的计算资源。训练通常在大型计算集群上进行，并可能需要数周或数月的时间来完成。在计算密集型的训练阶段需要大量的算力来优化模型的权重和参数，使其能够精确地预测或分类。
- 推理：一旦模型被训练，它就将用于预测新的、未见过的数据，这个过程称为推理。推理通常不需要训练阶段那样的计算资源，因为它使用已经训练好的模型进行预测，不涉及参数的优化或调整。

推理在计算需求上可能不如训练密集，但它是 AI 交付的关键部分。训练是在后台进行的，但推理直接影响到最终用户的体验，必须快速、准确，并且能够在各种设备上有效运行。因此，尽管推理在计算层面上相对"轻量"，但它在实际应用和交付 AI 服务方面起着至关重要的作用。在 AI 推理方面，MLPerf 针对数据中心的密集应用、边缘计算、移动设备、微型设备设计了不同的测试项目。MLPerf Mobile 基准测试针对智能手机、平板电脑、笔记本电脑和其他客户端系统，MLPerf Tiny 基准测试则适用于功耗最低、外形尺寸最小的设备，例如深度嵌入式、智能传感和物联网应用。

2023 年 4 月 5 日，MLCommons 发布了面向数据中心和边缘计算的最新 MLPerf Inferencing（v3.0）结果。Intel 展示了基于 Sapphire Rapids 架构的 Xeon 至强系统，特别是通过优化 AMX（高级矩阵指令）之后的 Xeon 性能比上次提交结果时有 1.2 倍到 1.4 倍的提高。高通自首次提交 MLPerf 1.0 以来，Cloud AI 100 系统性能提升 86%，能效提升 52%。这些改进来自 AI 编译器、DCVS 算法和内存使用方面的改进。NVIDIA 继续在所有性能类别中保持领先，已经开始应用 AI 来优化模型，使用 GPU 的算力来改进 GPU 光刻工艺，缩短了光掩膜板的开发时间，降低了开发成本。

下面是最新发布的 MLPerf 3.0 版本 Training 基准测试和指标的简短总结。每个基准测试由数据集和质量目标定义，表 1-3 总结了此版本 Training 基准测试和指标。

MLPerf 不仅关注高性能的 AI 计算，也在云计算、边缘计算、IoT 终端方面逐步成为 AI 测试的基准。2023 年更新的 MLPerf Inferencing（v3.0）报告了大约 6700 个推理性能结果和 2400 个能效测量结果。专家也在这次更新中分享了关于 BERT、GPT3/4 等大型语言模型的不同观点和讨论，以及它们在基准测试和实际应用中的适用性和挑战，这显示出对于 AI 领域大模型的飞速发展，MLPerf 具有很强的迭代能力。

表 1-3　MLPerf 3.0 版本 Training 基准测试和指标

领域	基准测试	数据集	质量目标	参考实现模型
视觉	图像分类	ImageNet	75.90% 分类准确率	ResNet-50 v1.5
视觉	医学图像分割	KiTS19	0.908 平均 DICE 分数[1]	3D U-Net
视觉	物体检测轻量级	Open Images	34.0% mAP[2]	RetinaNet
视觉	物体检测重量级	COCO	0.377 Box 最小 AP 和 0.339 Mask 最小 AP[3]	Mask R-CNN
语言	语音识别	LibriSpeech	0.058 词错误率	RNN-T
语言	自然语言识别	Wikipedia 2020/01/01	0.72 Mask-LM 准确率	BERT-large
语言	大语言模型	C4	2.69 对数困惑度 Log Perplexity[4]	GPT3
商务	推荐系统	Criteo 4TB 多热点	0.8032 AUC[5]	DLRM-dcnv2

注:

[1] DICE 分数是一种用于衡量图像分割任务中模型性能的指标。特别是在医学图像分割中,DICE 分数可以量化模型预测分割和实际分割之间的相似性。DICE 分数的范围通常在 0 到 1 之间,0 表示完全不匹配,1 表示完全匹配。0.908 的平均 DICE 分数意味着模型的预测分割和实际分割之间有很高的相似性。

[2] mAP(mean Average Precision,平均精确度均值)是一种用于评估目标检测模型性能的指标。它考虑了不同召回率下的精确度,并计算了所有不同对象类别的平均精确度。

[3] AP(Average Precision)是用于目标检测任务的一种指标,用于衡量模型对对象位置的预测准确性。AP 考虑了不同召回率下的精确度,通过计算精确度和召回率之间的曲线下面积来衡量模型性能。0.377 的 Box 最小 AP 指的是模型对目标检测框(对象的边界框)的最小平均精确度。0.339 的 Mask 最小 AP 指与对象的像素级掩码(对象的精确形状)有关的最小平均精确度。

[4] Perplexity 是语言模型中常用的一种性能指标,用于衡量模型对真实分布的预测准确度。理论上,Perplexity 越低,模型预测越准确。将 Perplexity 取对数通常会让数值更容易处理和理解。2.69 的 Log Perplexity 意味着模型的预测性能在某种意义上是良好的。

[5] AUC(Area Under the Curve)即"曲线下面积",是机器学习中一个重要的性能度量指标,特别用于分类问题。当 AUC 大于 0.5 时,表示模型具有一定的分类能力。AUC 越接近 1,模型的分类性能越好。

第 2 章　高性能 CPU 流水线概览

本章我们将对高性能 CPU 的流水线做粗略的知识梳理，有相关知识储备的读者可以简单翻阅。不管是桌面级芯片还是服务器级别的算力芯片，评估标准都不只是整数和浮点峰值吞吐量，还应包括能够应对复杂的运行环境，从时间和能源角度提供高效率，以及让实际应用算力较为容易地达到硬件理论设计峰值等。所以芯片不仅要有庞大的计算单元，还要有复杂而精妙的逻辑控制单元。从这一点出发，了解经典 CPU 的指令调度流水线逻辑非常重要。

2.1　什么是指令

在计算机科学中，指令是计算机硬件理解和执行的一组二进制代码。在计算机中，有许多不同类型的指令，例如算术运算、逻辑运算、数据传输、控制指令等。每种类型的指令执行特定的操作，这些操作在处理器的控制下进行。每个 CPU 都有一组特定的指令集，它可以理解和执行操作系统发出的计算请求，这被称为指令集架构（Instruction Set Architecture，ISA）。例如，有些计算机采用 x86 架构、ARM 架构或者 MIPS 架构。

CPU 的设计旨在最大限度地提高其执行指令的效率，可通过并行执行，或者说在同一时间执行多个操作。流水线就是一种并行化技术，它允许 CPU 同时处理多条指令的不同阶段。

当一个指令进入 CPU 的流水线时，指令首先被取出（Fetch）并被译码（Decode）以确定应执行的操作。然后，指令在执行（Execute）阶段执行实际操作。如果需要访问内存，那么在内存访问（Memory Access）阶段，CPU 会从内存中读取数据或向内存中写入数据。最后，在写回（Write Back）阶段，计算的结果将被写回 CPU 的寄存器中。

流水线的设计使得 CPU 能在同一时刻处理多个指令的不同阶段，这就提高了 CPU 的吞吐量。例如，当一个指令在执行阶段时，另一个指令可以在取指阶段，这样 CPU 就能同时处理两个指令，而不是等待一个指令完全执行完毕后再处理下一个指令。这种设计可以让 CPU 的不同单元始终有任务执行，不要闲置等待浪费资源。

指令集的设计哲学

CISC（Complex Instruction Set Computer，复杂指令集计算机）架构和 RISC（Reduced Instruction Set Computer，精简指令集计算机）架构在处理器设计中代表了两种不同的哲学，它们的主要区别在于管理和执行指令的方式。

CISC 架构使用的是一种非常复杂的指令集，其中每个指令可以执行多个低级操作，如加载数据、进行算术运算和存储结果。这样的设计是为了减少程序的总指令数量和节约内存空间（这在早期计算机设计中是非常重要的，因为当时的内存成本非常高）。由于 CISC 指令具有复杂性，因此 CISC 架构执行单个指令所需的时间比 RISC 架构需要的时间更长。而 RISC 架构使用的是更简单、更少的指令集，每个指令只执行一个操作，这使得它们可以在一个时钟周期内完成。

CISC 和 RISC 代表了两种不同的处理器设计哲学，它们有着不同的特点和优势，VLIW 架构也有自己独特的设计哲学和用武之地，不同指令集的设计特点如图 2-1 所示。

指令集特点	CISC	RISC	VLIW
指令大小	变化	通常为单一大小，32位	单一大小
指令语义	从简单到复杂；可能有多个依赖操作的指令	几乎总是一个简单操作	许多简单、独立的操作
指令格式	字段放置变化	规律、字段放置一致	规律、字段放置一致
寄存器	较少，有时是特定的	许多，通用的	许多，通用的
内存引用	与许多不同类型的指令绑定操作	不与操作绑定	不与操作绑定
硬件设计焦点	利用微编码实现	利用一个流水线实现且没有微编码	利用多个流水线实现，没有微编码且没有复杂的调度逻辑
五个典型指令图示 ■ = I BYTE			

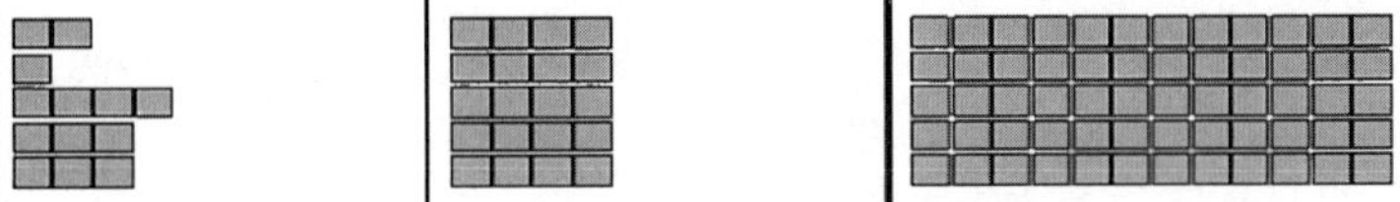

图 2-1　不同指令集的设计特点

CISC 的设计哲学是在硬件中包含尽可能多的指令，以便让编译器能够在代码生成阶段产生更有效的高级的指令。CISC 指令集执行更复杂的操作，如内存管理、复杂算术和逻辑操作等。CISC 指令集旨在最大限度地减少编译器需要生成的指令数量，从而减少内存使用和程序运行时的指令获取。在这种设计中，指令长度可以变化，某些复杂指令可能需要多个 CPU 周期来执行。

CISC 的主要特点如下。

- 复杂的硬件：为了执行复杂的指令，CISC 处理器需要复杂的硬件实现。
- 多个 CPU 周期：执行一个指令可能需要多个 CPU 周期。
- 内存效率：CISC 能够更好地利用内存，因为指令长度可变，并且可以执行复杂的操作。

RISC 的主要特点如下。

- 简单的硬件：由于 RISC 的指令集简单，因此 RISC 处理器的硬件实现相对简单。
- 单个 CPU 周期：大多数 RISC 指令在一个 CPU 周期内完成。
- 高性能：RISC 处理器的硬件简单，能够提供更高的时钟速度和更好的并行性。

在 20 世纪 90 年代中期，处理器设计师开始将 RISC 的一些设计原则应用到 CISC 处理器中，这种新的处理器被称为微指令集架构（Micro-Instruction Set Architecture），这种处理器的设计使得 CISC 处理器在内部能够像 RISC 一样运行。这种设计的主要优点是结合了 CISC 和 RISC 的优点：在软件（如操作系统和编译器）中，提供了 CISC 的优势，因为 CISC 指令集对于高级语言的翻译更为直接；在硬件中，提供了 RISC 的优点，因为 RISC 允许更快速并行的指令执行。

Intel 和 AMD 的主流 x86 架构处理器就是这种设计思路的典范，即结合了 CISC 和 RISC 的优点：保持了 CISC 的软件兼容性和指令级别的效率（如高级语言编译到更少的指令），同时借助于 RISC 的思想获得了并行性和处理器设计的简单性。在硬件水平上，微操作的简单性和固定长度使得流水线设计、乱序执行、寄存器重命名、指令重排序等现代处理器优化技术的实现变得更加简单。

总体而言，CISC 和 RISC 两种设计哲学各有优劣，但随着技术的进步，两种设计的边界已经变得模糊。现代处理器设计通常会结合这两种设计哲学的优点，例如，将复杂的 CISC 指令译码为简单的 RISC 风格的微指令进行执行。所以我们经常见到这样的描述：主流 CISC 处理器（如 Intel 和 AMD 的处理器）的内核依然是 RISC。

RISC-V 也是最近崛起的一股强大力量，V 含义为"five"，它是一种免费开源指令集架构，通过开放标准协作开创处理器创新阶段。RISC-V 基金会创立于 2015 年，由超过 235 家成员组织组成，建立了首个开放、协作的软硬件创新者社区。RISC-V 属于 RISC 阵营，相比于 ARM，RISC-V 的历史很短，2010 年诞生于加州大学伯克利分校，当时的 Krste Asanovic 教授希望寻找一个合适的 CPU 指令架构，但 x86 架构复杂臃肿，ARM 架构需要授权费，开源的 OpenRISC 架构太老旧，所以他最终决定自己做一个开源 CPU 架构，并在 2015 年成立了 RISC-V 基金会。

RISC-V 有以下两大特点。

- 模块化设计：RISC-V 的基础是一个简洁的整数指令集，可用于微控制器等简单设备。通过添加扩展指令集，如浮点计算、原子操作、向量处理等，可以满足更复杂的计算需要。这种模块化设计让 RISC-V 在微型设备和高性能计算机之间具有很高的灵活性。

- 精简和高效：RISC-V 保持了 RISC 的基本理念，即提供简单、容易快速执行的指令集，从而提高硬件实现的效率。

使用开源的 RISC-V，国产处理器可以避免受制于人，不必担心因为知识产权问题而被断供或起诉，同时 RISC-V 的模块化设计使得芯片设计者可以根据自己的应用需求定制指令集，这对于满足特定应用的性能需求十分重要。

2.2　流水线与 MIPS

要讲解流水线，不得不提一个重要的架构——MIPS。

1981 年，时任斯坦福大学教授的 John Hennessy 领导团队实现了第一个 MIPS 架构处理器。1984 年，John Hennessy 离开斯坦福大学，创立了 MIPS 科技公司，开始把他的研究成果转化为产品。MIPS 的全称为 Microprocessor without Interlocked Pipeline Stages，它采用 5 级指令流水线，能够以接近每个时钟周期一条指令的速率执行。这个设计在当时非常简明高效，奠定了 MIPS 的架构独特性。

1985 年，MIPS 发布了它的首款处理器——R2000。这款产品是第一款在商业上成功的 RISC 处理器，它带有整合浮点数单元，实现了强大的数学算力。1988 年，MIPS 发布了 R3000，R3000 引领了消费电子市场的技术革新，被广泛应用于各种产品中，包括游戏机、打印机和路由器等。这款处理器的成功使得 MIPS 成为 RISC 架构在市场上的主要竞争者。1991 年，MIPS 发布了 R4000，这是世界上第一款商用的 64 位微处理器。此款处理器具有多达 100 万个晶体管，是当时最先进的技术。此举使得 MIPS 在 64 位处理器领域取得了技术领先地位，这一领先地位一直持续到了 2012 年。

在整个过程中，MIPS 不仅推动了 RISC 架构的发展和普及，也通过其 IP（知识产权）许可模式，影响了整个半导体行业的商业模式。MIPS 的许多创新和成果至今仍在电子产品和计算设备中广泛使用。

MIPS 架构的主要特点是其使用固定长度的 32 位指令和较少的寄存器，以及较少且简单的指令集。这种设计让 MIPS 处理器可以实现更简洁、更快的硬件设计，同时还能通过并行和流水线技术提高性能。在 MIPS 架构下，每个指令都会在单个时钟周期内完成，这使得流水线的实现更加直接和有效。由于指令设计的简洁性，MIPS 处理器可以有更多的空间和能力去实现其他性能优化，如缓存和分支预测等。

现在的 MIPS 所属公司宣布将放弃继续设计 MIPS 架构，全身心投入 RISC-V 阵营。目前正在开发第八代架构，该架构将基于 RISC-V 处理器标准。RISC-V 是因为架构简单、功耗面积小、开源，降低了厂商的开发门槛，而受到众多开发者青睐的。

2.2.1　经典 5 级流水线概述

最初的 5 级流水线设计源于 MIPS 体系结构，旨在通过分离不同的指令操作来提高性能，对应的 5 个阶段是取指、指令译码、执行指令、访存取数、结果写回，这 5 个阶段分别对应了一个指令在 CPU 中执行的 5 个主要步骤。这是一个理想化的指令周期，旨在理想情况下尽可能地减少指令之间的依赖关系，这样可以更容易地并行处理指令。图 2-2 为经典的 MIPS 处理器 5 级流水线。

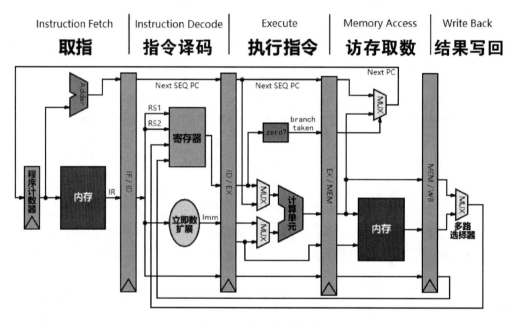

图 2-2　经典 5 级流水线

- 取指（Instruction Fetch）：这是每个指令执行的第一步，即从内存中获取指令。在这个阶段，CPU 从内存中读取下一个要执行的指令。这个阶段通常涉及程序计数器，它保存了内存中下一个指令的地址。在取指阶段结束后，指令被放入指令寄存器，等待下一阶段的处理。

- 指令译码（Instruction Decode）：取出的指令被译码，也就是识别出这是什么指令，需要进行什么操作。在这个阶段，CPU 解析刚刚取得的指令，理解它要做什么。这涉及把原始的指令编码（一般是二进制代码）转化为 CPU 能理解的操作和操作数。在译码后，指令被拆分为一系列微指令，这些微指令直接映射到 CPU 的硬件级操作。

- 执行（Execute）指令：根据译码的结果，进行相关的计算或者逻辑操作。在这个阶段，CPU 根据指令译码阶段得到的信息执行具体的操作。这可能涉及使用算术逻辑单元（Arithmetic Logic Unit，ALU）执行数学运算，而且整数和浮点数的流水线在这里是分离的，因为具体的整数或浮点数单元在物理上是隔离的，流水线长度也不同，涉及其他特定的功能部件执行特定的操作。

- 访存（Memory Access）取数：如果指令需要读取或者写入内存，就会进行这个阶段。例如，load 和 store 指令就会在这个阶段进行内存的读/写。在这个阶段，如果执行的指令需要访问主存储器（如加载或存储数据），则 CPU 将完成这个操作，这可能涉及对缓存的访问。如果数据不在缓存中，则可能需要从 RAM 中获取。
- 结果写回（Write Back）：将执行的结果写回寄存器中。在这个最后的阶段，执行结果被写入指定的寄存器或者内存中。执行结果可能是一个计算的结果，也可能是一个内存读取的结果。

这样划分的目的是让每个阶段的工作量尽可能相似，从而实现每个阶段在一个时钟周期内完成，提高处理器的工作效率。当然这只是一个理想的模型，在实际的处理器设计中，流水线的阶段可能会更多，这些年主流的 CPU 已经拥有了远超 5 级流水线的长度，例如 Intel 的 Core 系列和 AMD 的 Zen 系列处理器的流水线都在 15～25 级。不同的处理器会根据自身的设计目标和工艺限制进行更细致的流水线划分，这种超过经典 5 级技术的流水线叫作超流水线。

在这样的流水线设计中，程序计数器（Program Counter，PC）用于追踪当前正在取指的指令地址。图 2-2 中的 Next SEQ PC 通常表示"下一个顺序化的程序计数器值"。在大多数指令集架构中，指令是顺序执行的，除非有分支、跳转或其他控制转移指令改变了这种顺序。因此，"顺序"意味着按照指令的正常、连续顺序执行。

那么为什么 Next SEQ PC 会连接译码和执行单元呢？这是因为分支或跳转指令的目标地址往往在译码或执行阶段确定。例如在译码阶段，分支指令可能会进行条件检查，并决定是否跳转。如果需要跳转，则流水线必须更新 PC 以取得新的指令地址。这会导致流水线冒险，尤其是在分支预测失败时。为了解决这种冒险，流水线中经常使用分支预测技术和/或延迟分支槽来预测或消除分支延迟。

执行单元中的 zero 代表了用来检查分支指令的条件分支单元。在许多指令集架构中，一些分支指令的行为取决于特定寄存器值是否为零。例如，MIPS 架构中的 BEQ（Branch if Equal）和 BNE（Branch if Not Equal）指令会检查两个寄存器值是否相等，若相等（或不相等）则执行分支。图中的"zero"和"?"放在一起，意思是一个条件检查"Is the value zero?"或者"Is the condition met?"，当"zero"检查返回真时，"branch taken"信号会被激活，分支条件满足，流水线应该跳转到分支指定的目标地址，否则流水线将继续顺序执行下一个指令。

我们会注意到，取指和指令译码都围绕指定的解析调度做文章，这个时候狭义的计算（加、减、乘、除和其他复杂计算）还没有开始，算术逻辑单元还没有介入工作。所以我们习惯将这两个阶段命名为前端（Front End），将后 3 级流水线习惯性命名为后端（Back End）或者执行单元（Execution Engine），后端主要的工作都是计算和访存。

CPU 的前端：前端的任务主要是从程序代码中获取指令并将其译码为执行单元可以理解的操作。前端通常包含以下部分。

- 指令预取（Instruction Profetch）：从内存中获取指令的部分。
- 分支预测（Branch Prediction）：预测程序的控制流可能如何更改，以便提前获取正确的指令。
- 指令缓存（Instruction Cache）：存储最近或即将使用的指令，以减少访问内存的时间。
- 指令译码（Instruction Decode）：将获取的指令转换为一系列微指令或者硬件能理解的指令。

CPU 的后端：后端的任务主要是执行从前端发送过来的指令，并将结果写回内存或寄存器。后端通常包含以下部分。

- 执行单元（Execution Unit）：进行实际的运算和操作，如算术逻辑单元（ALU）和浮点数单元（FPU）等。
- 加载/存储单元（Load/Store Unit）：负责处理涉及内存的操作，比如从内存中取值或者向内存写入值。
- 写回单元（Write Back Unit）：将计算或取值的结果写回指定的寄存器或内存。

在超标量和超流水线的设计中，这种前后端的划分可以帮助实现更高的并行度。例如，前端可以预取和译码多个指令，同时后端可以并行地执行这些指令，这样就可以在一个时钟周期内完成更多的工作，提高处理器的性能。同时这种划分也为乱序执行和指令级并行技术提供了可能。

MIPS 架构的设计目标是每一个流水线阶段对应一个时钟周期，一个指令从取指到完成，需要经过 5 个时钟周期。在理想状态下（没有发生冒险、分支预测准确等），CPU 可以每个时钟周期完成一个指令的执行，这就是所谓的"一周期一指令"。

上述讨论涉及以下几个术语。

- 平均指令周期数 CPI（Cycle Per Instruction）：表示执行某个程序的指令的平均周期数，可以用来衡量计算机运行速度。
- 每个时钟周期内的指令数 IPC（Instructions Per Clock/Cycle）：表示 CPU 每个时钟周期内执行的指令数。需要注意 CPI 和 IPC 讨论的都是指令级别的吞吐能力，并不是数据，不代表 CPU 最终的整数或浮点算力。

- 时钟周期：也称为振荡周期，定义为时钟频率的倒数，在一个时钟周期内，CPU 仅完成一个最基本的动作，是计算机中最基本的时间单位。

CPU 执行时间 = 时钟周期数/时钟频率 = 指令个数/IPC×时钟频率

举例来说，假设我们有 4 个指令 I1、I2、I3、I4，需要依次执行，如果没有流水线，则可能需要 4 个时钟周期才能完成 I1 的执行，然后用 4 个时钟周期完成 I2 的执行，以此类推，总共需要 16 个时钟周期完成这 4 个指令。但是如果使用了流水线，那么当 I1 执行到第二个阶段时，I2 就可以开始执行第一阶段，以此类推，那么我们只需要 7 个时钟周期就可以完成这 4 个指令的执行，大大提高了 CPU 的指令吞吐率。

2.2.2　超流水线及其挑战

流水线长度可以增加，也可以减少，比如将两级合并为一级。这种策略在某些应用中可能是有利的，比如在对性能要求不高且更注重功耗的嵌入式处理器设计中，这种方法可以减少流水线寄存器的数量，从而降低功耗。

对于追求高性能的现代处理器，这种合并的策略就不太适用了。更细分的流水线意味着在一个时钟周期内，更多的指令可以被同时处理，处理器的吞吐量（处理速度）可以增加。此外，更细分的流水线也可以允许更高的工作频率，因为每个阶段需要的时间会减少。

超流水线技术的基本思想是将一个较长的任务划分为几个较短的子任务，每个子任务在一个单独的流水线阶段执行。在最理想的情况下，每个流水线阶段都能在一个时钟周期内完成。因此，使用超流水线的一个重要目标是减少每个流水线阶段的执行时间，以便提高处理器的工作频率。

如图 2-3 所示，这里有 3 个组合逻辑，将流水线寄存器（Pipeline Register）划分成独立的 3 个阶段，得到了一个简易的流水线化计算硬件。对于每个阶段，我们需要 100ps 的组合逻辑计算时间以及 20ps 加载到寄存器的时间，所以我们这里能将时钟周期设定为 120ps。可以发现，每过一个时钟周期就有一个指令完成，所以吞吐量变为了 8.33GIPS，但是每个指令需要经过 3 个时钟周期，所以延迟为 360ps。

我们将每个组合逻辑进一步划分成更小的部分，构建更深的流水线，时钟周期变为 70ps，吞吐量为 14.29 GIPS。从这里可以发现，虽然我们将组合逻辑分成了更小的单元，使得组合逻辑的时延减小了，但是吞吐量的性能并没有等量提升。这是由于更深的流水线，会提高对寄存器时延的影响，在 70ps 的时钟周期中，寄存器的时延就占了 28.6%，意味着更深的流水线的吞吐量会依赖于寄存器时延的性能。

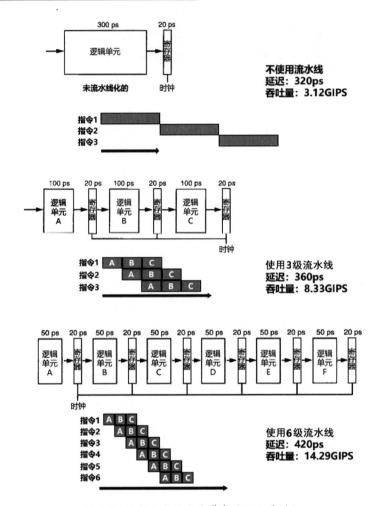

图 2-3   不断细分流水线带来的吞吐量增加

这里提到的流水线寄存器是用来在每个流水线阶段之间存储指令的中间状态的。在一个流水线阶段的计算结束时，其结果被写入流水线寄存器，然后在下一个时钟周期，下一个流水线阶段开始时，从流水线寄存器中读取数据。

流水线寄存器的读取和写入是在时钟周期的边缘（也就是时钟信号的上升沿或下降沿）进行的。在时钟信号的上升沿，流水线阶段的计算结果被写入流水线寄存器，然后在下一个时钟信号的上升沿，这个数据被送到下一个流水线阶段。这样，流水线寄存器的读取和写入操作并不需要额外的时钟周期。流水线寄存器的存在确实对时钟速率有影响，因为读取和写入寄存器需要一定的时间（寄存器的设置时间和保持时间）。如果流水线寄存器的读取和写入时间过长，则可能需要降低时钟速率，以确保数据能正确地从一个流水线阶段传输到下一个阶段。

通过将一个长的逻辑路径分解成两个较短的逻辑路径，可以减少逻辑操作的最大延迟时间。在没有使用流水线的处理器中，整个指令需要在一个时钟周期内完成，这就意味着处理器的工作频率受限于最慢的操作。如果一个指令需要 Tmax 的时间来完成，那么处理器的最高工作频率就是 1Tmax。

然而，当我们引入流水线后，情况就改变了。原本需要在一个时钟周期内完成的操作现在被分解为两个子操作，每个子操作需要 Tmax/2 的时间。这意味着现在每个时钟周期可以完成一个子操作，因此处理器的工作频率可以提高到 1/(Tmax/2)，也就是 2/Tmax。这是流水线技术提高 CPU 运行频率的基本原理。

上面的案例是完全不考虑指令之间数据依赖的环境下的假设，实际上提升流水线长度的困难远不止于此。指令无法并行执行将使流水线毫无意义，指令无法并行执行可能由多种因素导致，这些因素通常被称为"冒险"。

- 数据冒险（Data Hazard）：即一个指令依赖于另一个指令的结果。例如，如果有两个指令，第一个指令是将两个数字相加并将结果存入寄存器 R1，第二个指令是从 R1 中读取数据并与另一个数相乘。第二个指令需要等待第一个指令完成，这就导致了数据冒险。假设我们有以下两行指令代码：

```
1. ADD R1, R2, R3        // 指令 1：将 R2 和 R3 的值相加，结果保存在 R1 中
2. SUB R4, R1, R5        // 指令 2：将 R1 和 R5 的值相减，结果保存在 R4 中
```

这是一个经典的数据冒险例子，因为指令 2 依赖于指令 1 的结果。在一个理想的流水线处理器中，我们希望能够在每个时钟周期内执行一个指令。然而，在这个例子中，我们无法在指令 1 完成之前开始执行指令 2，因为需要等待指令 1 的结果。如果试图在指令 1 完成之前执行指令 2，那么就会遇到流水线停顿，因此必须等待，直到指令 1 完成并将结果写入 R1。

- 控制冒险（Control Hazard）：当一个指令改变了程序的控制流，就会产生控制冒险。因为这个时候，直到这个指令执行完，才能确定接下来要执行哪个指令，所以它会影响流水线的并行性。假设我们有以下指令代码：

```
1. IF R1 == 0 THEN       // 指令 1：如果 R1 等于 0，则跳转到指令 3
2. ADD R2, R3, R4        // 指令 2：将 R3 和 R4 的值相加，结果保存在 R2 中
3. SUB R5, R6, R7        // 指令 3：将 R6 和 R7 的值相减，结果保存在 R5 中
```

在这个例子中，我们的处理器需要确定应该执行指令 2 还是直接跳转到指令 3。这取决于 R1 的值，但是在流水线架构中，当我们需要决定下一步执行哪个指令时，R1 的值可能还未知。如果我们预测错误（比如预测会执行指令 2，但实际上 R1 等于 0，应该跳转到指令 3），

就需要丢弃已经放入流水线的指令 2，并把正确的指令 3 放入流水线，这样会导致流水线停顿。

控制冒险发生在因分支指令（如条件判断、循环等）造成的程序控制流的改变中。这样的指令会改变程序计数器的值，从而改变下一个要执行的指令。由于流水线架构的特性，在一个指令执行的同时，下一个或者多个指令可能已经在流水线中开始执行了。如果这些指令是因为错误的分支预测而被加载到流水线中的，那么这些指令需要被清空或者流水线需要停顿，直到正确的指令被加载。

- 结构冒险（Structural Hazard）：当多个指令同时需要使用同一硬件资源时，就会产生结构冒险。例如，如果两个指令同时需要访问主存，但是 CPU 只有一个可以连接到主存的总线，那么这就是一个结构冒险。这种冒险可以通过增加硬件资源（如添加更多的总线或缓存）来减少。假设我们有以下指令代码：

```
LOAD R1, 1000        // 指令 1：从内存地址 1000 加载数据到寄存器 R1
STORE R2, 2000       // 指令 2：将寄存器 R2 的数据存储到内存地址 2000
```

在这个例子中，如果指令 1 和指令 2 都在同一个时钟周期内尝试使用内存（一个是读，另一个是写），而内存系统只能在一个时钟周期内执行一次读取或写入操作，那么就会发生结构冒险。此时需要某种策略（如流水线停顿或者指令重新排序）来解决这种冲突。

数据冒险和结构冒险可以通过以下方式解决，以帮助提高流水线效率。

（1）解决数据冒险的方式。

- 操作数前推（Operand Forwarding）：当一个指令的结果是另一个指令的操作数，且这两个指令在流水线中相邻时，可以直接将结果从一个阶段传送到另一个阶段，而无须等待第一个指令完成并将结果写入寄存器。
- 指令重排序（Instruction Reordering）：编译器可以尝试重新排列指令，以避免数据冒险。例如，它可能会尝试将与当前指令无关的指令放在两个有数据冒险的指令之间，从而使得第一个指令有更多的时间来完成，使第二个指令不必等待。
- 延迟槽（Delay Slot）：在一些体系结构中，编译器可以将无关的指令插入到可能导致数据冒险的指令之后，这个无关的指令称为"延迟槽"。这使得第一个指令有额外的时间来完成，从而避免数据冒险。

（2）解决结构冒险的方式。

- 硬件资源复制（Hardware Duplication）：如果有多个指令需要同时使用同一硬件资源，则可以复制这个硬件资源来解决冒险。例如，如果两个指令都需要访问存储器，则可以使用两个独立的存储器接口。

- 流水线停顿（Pipeline Stall）：当一个资源被一个指令占用时，可以让其他需要这个资源的指令暂停，直到资源可用为止。这会导致流水线效率下降，但能避免结构冒险。
- 动态调度（Dynamic Scheduling）：在这种方法中，硬件在运行时自动调整指令的执行顺序，从而最大限度地利用硬件资源并避免结构冒险。

控制冒险则可通过分支预测解决，后面我们会讲解分支预测的设计逻辑和动态分支预测技术。

2.3　分支预测

控制冒险发生在一个指令改变了程序的控制流时，例如分支或跳转指令。分支预测技术的提出就是为了应对控制冒险。由于分支结果（程序将沿哪个路径继续执行）通常需要等待分支指令本身完成才能确定，所以在分支指令和接下来的指令之间形成了一个空隙，导致流水线可能无法被填满。

分支预测技术试图预测分支结果，从而提前取出和准备（预取和预译码）沿预测路径的指令，使得即使分支结果尚未确定，流水线也能继续执行。理论上如果能够实现 100%正确的分支预测，处理器的 IPC 就会得到极大的提升。

好的分支预测技术可以大大减少由于分支和跳转引起的控制冒险，从而提高流水线的效率，使得在同一时间内更多的指令能够并行执行。需要注意的是，分支预测并不能直接导致流水线长度的无限提升。流水线长度的选择需要权衡许多因素，如硬件复杂性、时钟周期长度、指令复杂性等。

如果预测错误，则需要丢弃流水线中的所有预测指令，才能开始进入正确的指令，这被称为分支预测错误的惩罚。分支预测错误的惩罚与流水线的深度成正比：流水线越长，清空和重填流水线所花费的时间就越长。所以在设计超长流水线的 CPU 时，需要有非常准确的分支预测技术，以减少由于预测错误而导致的性能损失。

如果让你来设计分支预测单元，那么在没有知识储备的情况下，要达成让指令连贯执行的要求，你会如何做？因为我们完全不知道分支跳转的概率，所以可以直接押注其中一个 50%的概率，那么最简单的预测策略就是"始终不跳转"或"始终跳转"。

- 始终不跳转（Always Not Taken）：在这种策略下，处理器会假设所有的分支指令都不会跳转，而会顺序执行。这种方法在顺序执行的代码中表现良好，但在有大量控制流跳转的程序中表现就会较差。
- 始终跳转（Always Taken）：这种策略是始终预测分支会被执行，也就是会跳转到某个新的地址继续执行。这在循环和条件跳转很频繁的代码中表现较好。

这两种方法都很简单，实现起来也只需要很少的硬件资源，但预测的准确率取决于代码的具体情况。如果代码中的分支行为比较随机，或者并不符合"始终跳转"或"始终不跳转"的假设，那么预测的准确率就会很低。现代处理器使用的分支预测技术已经远远超过了这些基本策略，采用了更复杂的预测算法和更多的硬件资源，以提高预测的准确性，从而提升处理器的性能。

现代 CPU 已经采用了一些更复杂的算法，比如基于历史信息的预测、二位饱和计数器、局部分支预测、全局分支预测、混合分支预测等，以提高预测的准确性。

- 基于历史信息的预测：这种方法将过去的分支行为作为未来预测的依据。例如，如果一个分支在过去几次出现时都被取走了，那么预测器可能会假设下一次它也会被取走，先前指令流中遇到的分支跳转目标或者分支跳转方向都是历史信息。理论上记录越长的历史信息越能够保证预测匹配到真实的行为，但这同时也意味着需要消耗大量额外的硬件资源。
- 二位饱和计数器：它是一种简单的预测器，使用二位来记录分支的历史行为。每当一个分支被采用，计数器值就会增加；每当一个分支未被采用，计数器值就会减少。然后根据计数器的值（例如，如果计数器值大于或等于 2，则预测为分支被采用，否则预测为分支未被采用）来进行预测。
- 局部分支预测：在这种方法中，处理器会记录每个分支指令的历史信息，然后用这些信息来预测分支指令的行为。这种方法在处理器遇到循环或者条件跳转频繁的代码时表现良好。
- 全局分支预测：这种预测技术考虑的是程序的全局行为，而不是每个分支指令的行为。处理器会记录最近的分支结果，并使用这些信息来预测下一个分支的行为。
- 混合分支预测：混合分支预测器是把以上多种预测方法结合起来，通过一个元预测器（Meta Predictor）根据实际情况选择最佳的预测方法。这种预测方法可以结合多种预测方法的优点，提供更准确的预测。

我们选择一个容易理解的分支预测逻辑进行讲解，即二位饱和计数器，这是一个具有 4 种状态的状态机：

- 强不跳转（Strongly not taken）。
- 弱不跳转（Weakly not taken）。
- 弱跳转（Weakly taken）。
- 强跳转（Strongly taken）。

二位计数器的值可能有 4 种状态：00、01、10、11，该状态机的初始状态通常采用强不跳转或者弱不跳转，如图 2-4 所示。

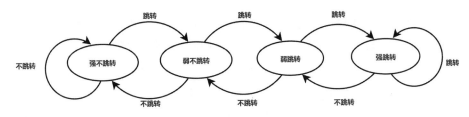

图 2-4　二位计数器

图片来源：维基百科

强跳转意味着分支已经确定会被执行，因此该分支的历史状态被标记为 11，表示该分支历史记录的最强状态。当历史记录的状态被标记为 11 时，预测器预测该分支总是被执行。弱跳转表示分支执行的概率比较大，历史状态被标记为 01 或 10。

类似地，强不跳转和弱不跳转分别表示该分支不会被执行的可能性较大或者不确定。总体而言，饱和计数器中的"强"和"弱"表示预测器对分支行为的信心程度，"强"表示高度信心，"弱"表示信心程度较低。

当一个分支被评估时，相应的状态机就会被更新。评估为"不跳转"的分支会将状态改变为"强不跳转"，评估为"跳转"的分支则会将状态改变为"强跳转"。二位饱和计数器方案相比于一位饱和计数器方案的优势在于，一个条件跳转必须偏离其过去的主要行为两次，才会改变预测。例如，一个关闭循环的条件跳转只会被错误预测一次，而不是两次。

我们把类似始终跳转和始终不跳转的情况归类到静态分支预测（Static Branch Prediction）。这种方法是在编译时进行的，根据代码的编写方式和常规编程习惯进行预测。更为复杂的静态分支预测可能会根据分支指令的类型或位置（如循环语句的末尾）进行预测。

和静态分支预测相对应的就是动态分支预测（Dynamic Branch Prediction）。这种方法是在运行时进行的，根据处理器过去执行的分支的行为进行预测。基于历史信息的预测、二位饱和计数器、局部分支预测、全局分支预测、混合分支预测等都属于动态分支预测。这种预测方法通常比静态分支预测更准确，因为它可以适应程序运行时的实际行为。

动态分支预测通常涉及一些专门的硬件结构，如分支目标缓冲区（Branch Target Buffer，BTB）、分支历史表（Branch History Table，BHT）、方向预测器（Direction Predictor，DP）、返回地址栈（Return Address Stack，RAS）等，它们共同工作来提高分支预测的准确性。

- 分支目标缓冲区：如图 2-5 所示，BTB 是一个存储结构，记录了已经发现的分支指令的地址以及这些分支指令的目标地址。当处理器遇到一个分支指令时，会查看 BTB 中是否已经有这个分支指令的记录，如果有，就直接使用 BTB 中的信息进行预测，避免了计算分支目标地址的时间开销。此外，BTB 中的记录还可以包括这个分支指令上一次是取还是不取的信息，这也可以用来帮助预测这次分支的行为。分支预测不仅需要预测器来预测分支将如何执行（将要采取哪条路径），还需要一个单元来提供分支指令的目标地址，BTB 的设计就是为了这个目标。BTB 的容量是一个重要的设计参数。一个更大的 BTB 可以存储更多的分支目标地址，从而降低缓存未命中的可能性。然而，较大的 BTB 也需要更多的硬件资源，并可能增加访问时间，这会影响处理器的时钟速度。

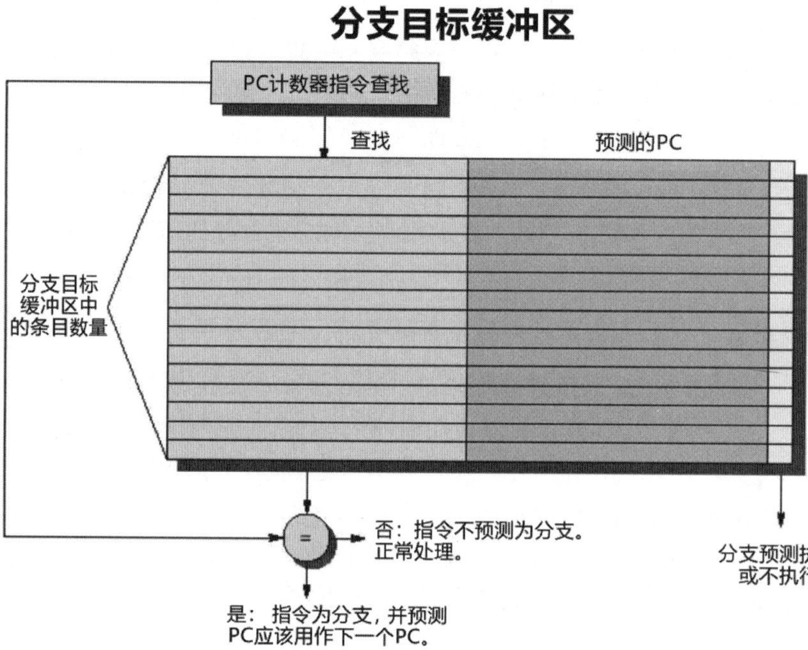

图 2-5　分支目标缓冲区

- 分支历史表：这是一个存储结构，用于记录最近的一些分支指令的行为，比如哪些分支被取，哪些没有被取。这些历史信息可以用来帮助预测下一次遇到同样的分支指令时是应该取还是不取。
- 方向预测器：这是一个逻辑电路，用于根据 BTB 和 BHT 的信息来预测分支指令的行为，即是应该取还是不取。
- 返回地址栈：用来预测函数返回时的地址。返回指令是一种特殊的分支指令，它通常在一个函数执行结束后，将控制流转移到调用该函数的位置。因为一个函数可以在程序中的多个位置被调用，所以预测返回指令的目标地址特别困难，如果只使用通用的分支目标缓冲区进行预测，则很容易出现错误。返回地址栈的一种常见设计是基于循环 LIFO（先进后出）缓冲区，其中存储了返回地址和一个访问当前栈顶部的指针。在程序调用指令时，返回目标地址被压入堆栈；在返回指令时，预测目标地址从堆栈中被弹出。如果发现分支预测错误，则可以使用备份的栈顶指针值来恢复当前的栈顶指针，从而快速纠正错误。

通过这些结构的协同工作，动态分支预测可以根据过去的行为来预测未来的行为，提高分支预测的准确性。分支行为可能会受到程序运行状态的影响，动态分支预测并不能保证100%准确率。当预测错误时，还需要有机制来处理预测错误，比如快速丢弃预测错误后的指令，以及从正确的地址重新获取指令等。

由于分支预测可能会出错，所以处理器需要有一种机制来纠正预测错误，这就是分支指令顺序缓冲区的主要作用。"Branch Order Buffer"通常被翻译成"分支指令顺序缓冲区"，它在处理器的设计中起着重要的作用，记录了预测的分支指令和对应的预测结果，如果后来发现预测结果是错误的，处理器就可以使用这些信息来回滚到错误预测前的状态，并按照正确的路径继续执行。分支指令顺序缓冲区通常与之后我们要讲到的重排序缓冲区（ROB）一起工作，因为 ROB 也需要记录执行的指令和对应的状态信息，以便处理其他种类的执行错误，如内存访问冲突或者异常处理等。在乱序执行的处理器中，当一个指令被译码的时候，它就会被放入重排序缓冲区，这是在指令发射之前的步骤。

2.3.1　先进分支预测之"感知机分支预测器"

通过前文的描述我们看到，分支预测的本质是模式学习，即通过对历史的分支进行学习，预测未来再次出现的概率，比如一个 for 循环，最简单的预测方式就是猜循环会继续而不会跳出。

感知机分支预测器是一种基于简单感知机（Perceptron）模型的分支预测方法。简单感知机是一种最早期的、最简单的神经网络模型。这种模型的设计灵感来自生物神经网络中的神经元：接收一组输入，对每个输入进行加权求和，然后通过一个激活函数（通常是一个阈值函数）来决定输出。AMD 的 Zen 架构的处理器采用了感知机分支预测器。

1957 年，Frank Rosenblatt 引入了感知机，感知机原理如图 2-6 所示。感知机是二分类的线性模型，输入为实例的特征向量，输出为实例的类别（取+1 或-1）。感知机对应于输入空间中将实例划分为两类的分离超平面。感知机的目的是求出该超平面，为求得超平面加入了损失函数，利用梯度下降法对损失函数进行最优化。感知机的设计灵感来源于生物神经元的学习能力。感知机是一个单层神经网络，也是机器学习的基本思路，它由一个处理器组成，接受多个带权重和偏移量的输入，生成单个输出。感知机的工作方式是将输入与权重相乘，将所有乘积的加权和输入一个激活函数。

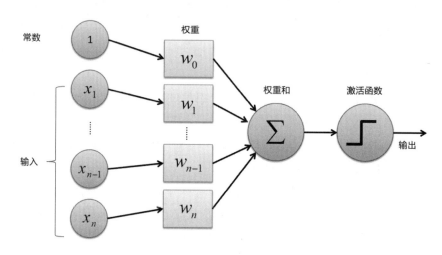

图 2-6　感知机原理

之后有科学家提出了一种基于感知机的分支预测方法，可以作为传统二位分支预测缓冲区的替代方案。他们提出的感知机分支预测器是第一个使用神经网络进行分支预测的动态预测器。预测器利用长分支历史，因为硬件资源可以线性扩展历史长度，从而提高预测方法的准确性。

感知机分支预测器的工作原理如图 2-7 所示，系统处理器在 SRAM 中维护一个感知机表格，类似于二位计数器。根据权重数量和硬件预算，表格中的感知机数量被固定。当获取一个分支指令时，通过对分支地址进行压缩映射，在感知机表格中产生一个索引，然后将该索引处的感知机移动到一个权重向量寄存器（在这个实验中使用的是带符号的权重）。通过计算权重和全局历史寄存器的乘积来产生输出。如果输出值为负，则预测分支不被取；如果输出值为正，则预测分支被取。当知道实际结果时，根据实际结果和预测值来通过训练算法更新权重。

在这项研究中，分支行为被分类为线性可分和线性不可分。对于线性可分的分支行为，感知机分支预测器的表现更好。与复杂的神经网络相比，感知机做出的决策更容易理解。另一个选择感知机作为分支预测器的因素是其硬件实现的效率更高。

在感知机分支预测器中，每个分支都有一个对应的感知机。感知机的输入是一组最近的分支历史记录，每条记录表示该分支上一次是取还是不取。每个输入都有一个相应的权重，这些权重是在处理器执行过程中通过机器学习方法不断更新的。

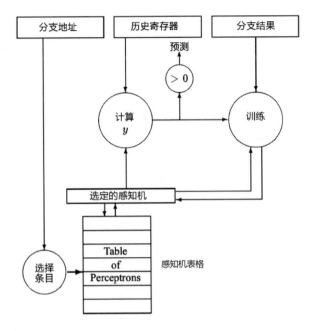

图 2-7 感知机分支预测器的工作原理

感知机分支预测器的优点是可以学习并正确预测一些复杂的分支模式，这是许多其他类型的分支预测器难以做到的。然而它的缺点是需要更多的硬件资源（用于存储权重）和具有更高的计算复杂性（用于进行加权求和与激活函数计算）。

2.3.2 先进分支预测之 "TAGE 分支预测器"

TAGE（TAgged GEometric history length predictor）分支预测器是一种具有高预测准确性的分支预测技术，它是由 André Seznec 和 Pierre Michaud 在 2006 年提出的，在 "A Case for (Partially) TAgged GEometric history length Branch Prediction" 论文中，作者详细描述了 TAGE 分支预测器的设计和实现。

TAGE 分支预测器的基本思想是：结合了不同历史长度的多个预测器（基础预测器），以及一个或多个带标签的预测器（TAGE 分支预测器）。这种结构的优势在于，能够根据不同的程序行为和历史信息，选择最适合的预测器来进行预测。这也就意味着，TAGE 分支预测器可以自我调整，以适应不同的程序行为。我们可以将其名称 "TAGE" 分为 "TA" 和 "GE" 来了解它的设计思路。

"TA" 代表标签（Tagged），在许多分支预测策略中，索引通常是基于程序计数器或者程序计数器和全局历史记录（Global History）的异或运算结果来获取的。出于对存储效率的考虑，只有一部分信息被用于索引，这可能导致别名现象（Aliasing），也就是多个不同的分支可能映射到同一个预测表条目。为了解决这个问题，TAGE 分支预测器引入了标签的概念。通过将多余的程序计数器信息存储为标签，可以更准确地识别哪些预测是真正的匹配，哪些是别名，从而更准确地选择预测条目。

"GE"代表几何（Geometric），是指 TAGE 分支预测器使用了几何级数的全局历史长度，如 32、64、128、256 等。这基于一个普遍的认识：全局历史匹配的长度越长，预测的准确性就越高。因此，TAGE 分支预测器原则上会优先选择最长的匹配来进行预测。然而，这并不适用于所有的情况。有些分支可能比较简单，不需要那么长的历史信息，短一些的历史长度就可以进行准确的预测，这就是 TAGE 分支预测器中"useful counter"的作用。如果一个短的历史长度能够提供良好的预测结果，这种情况就会通过"useful counter"反映出来，从而在预测时给予适当的权重。

"useful counter"是一个无符号的计数器，记录的是一个预测条目的有用性，它会根据预测器的历史性能进行增减。如果一个条目在过去的一段时间内对预测结果的准确性做出了重要贡献，那么这个条目的"useful counter"就会增加。当需要为新的预测条目腾出空间时，预测器会选择"useful counter"值最小的条目进行替换，因为这些条目在过去被证明对预测的准确性贡献最小。

TAGE 分支预测器如图 2-8 所示，TAGE 分支预测器的主要特性如下。

● 几何历史长度：TAGE 分支预测器利用了不同长度的全局分支历史，来获取更广泛和深入的程序行为信息。这种方法使得 TAGE 分支预测器在面对复杂的程序行为时，能够更好地进行预测。

● 部分标记：即每个预测器条目都带有一个标签，这个标签可以用来检查预测器条目是否与当前的全局历史匹配，如果匹配，则使用该条目进行预测；否则，使用基础预测器进行预测。

● 高预测精度：由于 TAGE 分支预测器结合了多个预测器的优势，并能够根据不同的程序行为选择使用最适合的预测器，因此它的预测精度通常比其他的分支预测器要高。

TAGE 分支预测器由基础预测器（T0）和一系列的带标签的预测器组件（Ti）组成。基础预测器通常是一个简单的以程序计数器为索引的二位计数器双模表，负责提供默认预测。双模表预测器通常被用于捕捉分支行为的局部模式。每个带标签的预测器组件的索引基于不同的历史长度，这些历史长度形成几何级数，以此来捕捉分支行为的全局模式。每个带标签的预测器组件的条目由一个签名计数器 ctr（用其符号来提供预测）、一个部分标签，以及一个无符号有用计数器 u 组成。当进行预测时，基础预测器和带标签的组件会被同时访问。基础预测器提供一个默认预测，带标签的组件只在标签匹配时提供预测。如果存在匹配的带标签的预测器组件，则使用历史最长的那个预测器组件提供的预测作为总体预测，否则，使用基础预测器的预测作为默认预测。

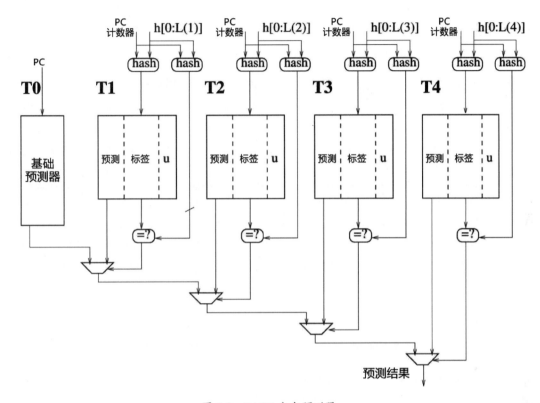

图 2-8　TAGE 分支预测器

TAGE 分支预测器还定义了"提供者组件"和"替代预测"的概念。提供者组件是最终提供预测的预测器组件，替代预测则是如果在提供者组件上出现错误则会发生的预测。如果在多个带标签的预测器组件上有标签匹配，则使用历史最长的那个组件（提供者组件）的预测作为最终预测；如果提供者组件出现错误，则使用历史次长的组件（提供替代预测的组件）的预测作为替代预测。

TAGE 分支预测器的预测精度较高，但其设计和实现的复杂度也较高。在实际应用中，可能需要进行一些权衡和优化。

2.4　指令缓存体系

CPU 流水线每个阶段可以并行执行不同的指令，这样就可以同时处理多个指令，从而提高处理器的性能。CPU 流水线的起点就是从指令缓存（Instruction Cache，简称 I-Cache）中获取指令。这些指令通常存储在主存储器中，但由于 CPU 的运行速度远快于内存的访问速度，因此如果直接从主存获取指令，则将导致 CPU 大部分时间在等待数据，这就是常说的存储器墙（Memory Wall）问题。为了缓解这个问题，处理器通常会有一级或多级的缓存来存储最近使用或者最常用的指令和数据。多级缓存一般分为三级，分别是 L1、L2 和 L3，一般 L3 是多个 CPU 核心共享的，L1 和 L2 是一个 CPU 核心独享的。

在早期没有多级缓存的时候，CPU 只有一级缓存。后来 CPU 开发厂商提供了一种廉价的缓冲方案，让一个比 CPU 片上缓存更大的缓存通过插槽的形式安装在主板上。在 80386 处理器时代，CPU 速度和内存速度不匹配，为了能够加速内存访问，芯片组增加了对快速内存的支持，这也是在消费级 CPU 上第一次出现缓存，也是 L1（一级缓存）的雏形。这个缓存是可选的，低端主板并没有它，从而性能受到很大影响，高端主板则带有 64KB 缓存，甚至 128KB 缓存。80386 处理器时代的 Intel 在 CPU 里面加入了 8KB 的缓存，当时也叫作内部 Cache。

L1 分为指令缓存和数据缓存（Data Cache，简称 D-Cache）。指令缓存是用来存储最近或者最常用的指令的缓存。Intel 的 Pentium 处理器系列和 Motorola 的 68000 系列第一次使用了数据和指令分开的缓存体系，Pentium 处理器具有两个 8KB 的高速缓存。后来的处理器都在扩展多级的数据缓存，而基本上没有扩展指令缓存，所以并不是说 L2 和 L3 没有区分出指令缓存和数据缓存，而是数据缓存一直在膨胀，CPU 采用了分级方式管理它们，某些高端服务器的 CPU 上甚至出现了 L4 级别的缓存。

指令缓存通常位于取指单元（Instruction Fetch Unit）或指令译码单元（Instruction Decode Unit）附近，其目的是存储处理器当前执行的指令，以供后续的取指和指令译码阶段使用。通过将指令缓存放置在取指单元或指令译码单元附近，可以最大限度地减少取指的延迟，使得指令能够更快速地被处理器获取和译码。

数据缓存通常位于加载/存储单元（Load/Store Unit）或数据访问单元（Data Access Unit）附近，其主要功能是存储处理器需要访问和操作的数据，包括读取和写入数据。通过将数据缓存放置在距离数据访问单元最近的位置，可以减少对主存（主内存）的访问延迟，提高数据的获取速度和处理效率。

当需要执行一个新的指令时，处理器首先会检查这个指令是否在指令缓存中。如果在，就直接从指令缓存中获取并执行这个指令，这被称为缓存命中（Cache Hit）。如果不在，就需要从主存或更高级的缓存中获取这个指令，并将其存储到指令缓存中，这被称为缓存未命中（Cache Miss）。

上文我们提到了取指单元，取指单元包含以下部件：Instruction Translation Lookaside Buffer（ITLB）、Instruction Prefetcher、Predecode Unit。

- Instruction Translation Lookaside Buffer：ITLB 是一种特殊的高速缓存，它存储了最近使用的虚拟地址到物理地址的映射。这种映射是在运行时动态完成的，用于将虚拟内存地址转换为实际的物理内存地址。在现代操作系统中，程序使用的是虚拟地址，因此在访问内存时，需要将虚拟地址转换为物理地址。页表用于存储这种映射关系，但查找页表的过程可能会非常耗时，所以将最近用过的地址映射关系存储在 ITLB 中，可以加速地址转换的过程。

- Instruction Prefetcher：指令预取器的任务是预测下一个将要执行的指令，并尽可能早地将这个指令从主存储器中取出并放入指令缓存中。通过预先取出指令，可以减少处理器在获取指令时需要等待的时间，从而提高处理器的执行效率。预取策略可以根据处理器的设计和应用的特性来确定，包括简单的顺序预取，以及更复杂的基于分支预测的预取策略。

- Predecode Unit：预译码单元的功能是对指令进行初步的译码，确定指令的类型和长度。在很多处理器中，不同的指令可能有不同的长度，而且指令的类型和操作数也可能在位模式中有不同的位置。预译码单元可以在指令真正被译码和执行之前，先进行一些基础的分析工作，以便更快地进行后续的处理。这种方式可以降低处理器在指令译码阶段的复杂性，从而提高执行效率。

指令缓存通常由一系列的存储单元构成，每个存储单元用于存储一个指令。这些存储单元通常被划分为多个组，每个组中可以有一个或多个条目（entry）。指令缓存中的每个条目通常包含一个指令的地址标签、一个或多个指令的数据，以及一些其他的控制信息（如有效位、脏位等）。其中，地址标签用于判断一个请求的指令是否在缓存中，指令数据就是实际的指令内容，其他的控制信息用于管理缓存的状态。

指令缓存的具体结构和大小取决于具体的处理器设计。例如，有些处理器可能采用直接映射（Direct Mapped）的缓存，每个组只有一个条目，这样的设计简单，但可能导致缓存冲突（Cache Conflict）。有些处理器可能采用全相联（Fully Associative）或者组相联（Set Associative）的缓存，每个组可以有多个条目，这样可以减少缓存冲突，但相应地，缓存的复杂性会提高，成本也会增加。

指令缓存和其他部件的连接：指令缓存通常连接到处理器的前端（Front-End），包括取指和指令译码阶段。在取指阶段，处理器会根据当前的指令地址，从指令缓存中获取相应的指令数据。如果缓存命中，则可以直接进入指令译码阶段；如果缓存未命中，则需要从主存或者更高级的缓存中获取这个指令，并将其存储到指令缓存中。在指令译码阶段，处理器会解析指令的操作码（Opcode）和操作数（Operand），然后将指令分发（Dispatch）到相应的执行单元（Execution Unit）进行执行。

另外，指令缓存还需要与内存管理单元（Memory Management Unit，简称 MMU）进行连接。MMU 负责从虚拟地址到物理地址的转换，当缓存未命中时，需要通过 MMU 将指令的虚拟地址转换成物理地址，然后从主存或者更高级的缓存中获取指令。

前面我们提到了前端的概念，论文"Improving the Utilization of Micro-operation Caches in x86 Processors"提到了一种 x86 处理器经典前端结构，指令缓存、微操作缓存（Micro-op Cache）和循环缓存（Loop Cache）都是构成 CPU 前端的重要步骤，它们共同协作以优化 CPU 的性能，如图 2-9 所示。这些缓存在 CPU 的前端流水线中发挥作用，其工作过程如下。

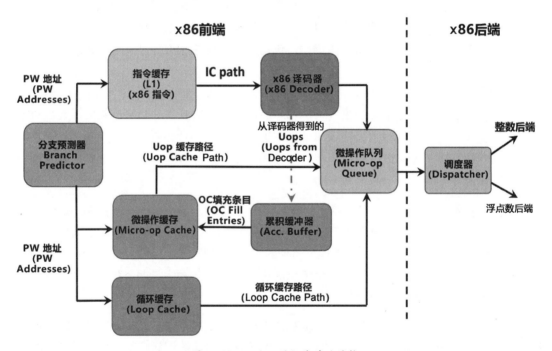

图 2-9   x86 处理器经典前端结构

● 指令缓存：CPU 前端流水线的第一步通常是指令获取，这涉及一个称为指令缓存的硬件单元。I-Cache 的主要任务是存储最近使用的指令序列，以减少从主内存中获取指令所需的时间。当 CPU 需要执行一个新指令时，它需要查看 I-Cache 中是否存在该指令。如果存在（缓存命中），则直接从 I-Cache 获取指令，这通常比从主内存中获取快得多。如果不存在（缓存未命中），则 CPU 从主内存中获取该指令，并将其放入 I-Cache 以备将来使用。

- 微操作缓存：在指令获取和指令译码之间，大部分 x86 处理器使用一种称为微操作缓存的硬件单元。指令译码阶段的任务是将复杂的、变长的机器语言指令转换为一组更简单的、定长的微操作，然后这些微操作被派发到执行单元进行处理。微操作缓存的作用是存储最近译码的微操作，以避免再次进行译码操作。如果同一指令再次出现，则可以直接从微操作缓存中获取其对应的微操作，从而绕过指令译码阶段。
- 循环缓存：主要用于存储和重复执行代码中的循环。处理器通过识别循环，把循环体中的指令或者微操作放入循环缓存，在循环执行期间，处理器直接从循环缓存取出这些指令或微操作，而无须再去访问指令缓存或者微操作缓存。这有助于减少访问这些缓存的能耗，并减少取指阶段产生的延迟时间。

这个流水线的执行顺序是：首先从指令缓存获取指令，然后译码指令并查看是否在微操作缓存中，最后如果代码中有循环，则循环缓存会在此起作用。这 3 种缓存的目标都是减少延迟时间和降低能耗，以提高处理器的性能。

在 CPU 的前端缓存体系中，还阶段性地出现过 Trace Cache（追踪缓存），Trace Cache 首次在 Intel 的 Pentium 4 处理器中出现。在 Trace Cache 中，一条追踪代表一个基本块（Basic Block）或多个基本块的连续执行序列，这些基本块在静态程序代码中可能并不相邻，但在执行时连续。而且，分支指令的结果已经在追踪中处理，所以追踪可以包含跨越分支的指令。

在 Trace Cache 中缓存的是译码后的微指令流，可以减少指令的译码时间，由于追踪表示的是一串连续执行的指令，所以使用 Trace Cache 可以减少分支预测的开销，并提高指令的并行度。

由于 Trace Cache 需要解决一些复杂的问题（如构建和维护追踪，处理缓存的不连续性和冗余等），因此在之后的 Intel Core 2 微架构中，Intel 并没有继续使用 Trace Cache，而是选择使用更传统的指令缓存和微操作队列的结构。这样微操作从指令缓存中获取，译码成微操作，放入微操作队列。这种方法降低了处理的复杂性，同时可以实现高性能。

2.5　译码单元

在 x86 架构的处理器中，译码是一个重要的阶段。译码单元的主要任务是将获取的二进制指令翻译成微指令，这些微指令会被送入下一个流水线阶段进行执行。在这个过程中，指令可能会被拆解成多个微指令。这是因为 x86 的 CISC（Complex Instruction Set Computer，复杂指令集计算机）架构的特性，其指令可能包含多个操作，例如，一个指令可能包含加载数据和存储结果等操作，而每个操作可能会被翻译成单独的微指令。

当然所有的处理器架构，无论是 RISC（精简指令集计算机）还是 CISC，都需要一个译码器来将机器指令翻译成一系列的微指令或内部指令。RISC 架构的一个核心设计原则是"指令的简单性"，RISC 架构中的指令设计得尽量简单，使得每个指令在一个时钟周期内就可以完成。这一设计理念使得 RISC 处理器的译码器设计相对简单，因为每个指令的操作更直观、复杂逻辑更少。比如在一个典型的 RISC 架构——MIPS 中，所有的指令长度都是固定的（32位），并且指令的格式（不同部分的指令对应的功能，如操作码、源操作数、目标操作数等）也是固定的。这使得在 MIPS 架构中译码器可以通过简单地将指令的各个部分分开，很快地确定指令的类型和操作数。

由于 x86 指令集是一种 CISC 架构，其指令集的复杂性比较高，包含了大量的指令，从一字节到十几字节都有，而且很多指令需要进行复杂的内存寻址操作，因此需要不同类型的译码单元来处理。为了提高处理器的性能和效率，x86 处理器一般会采用一个混合的译码策略，包括多个简单译码单元和复杂译码单元。以 Intel 的 Sandy Bridge 微架构为例，它具有 4 个简单译码器和一个复杂译码器。

- 简单译码器（Simple Decoder）：一般用于处理那些直接可以翻译成一个或者少数几个微指令的 x86 指令。这种类型的指令在 x86 指令集中占有较大的比例，多个简单译码器可以并行工作，对这些指令进行快速译码。简单译码器一般用于处理简单的、可直接转换为一个或几个微操作的 x86 指令。
- 复杂译码器（Complex Decoder）：用于处理那些需要翻译成多个微指令，或者需要进行更复杂处理的 x86 指令。这类指令在 x86 指令集中占比较小，但是它们的处理过程相对复杂，需要复杂译码器进行处理。

译码单元如图 2-10 所示，宏操作融合和微操作融合都是一种减少处理器所需的执行指令数量的技术，主要在 Intel 的处理器架构中使用，它们的主要目标是优化性能和提高能源使用效率。

- 宏操作融合（Macro-op Fusion）：在宏操作融合中，两个宏操作（处理器指令）在前端流水线阶段被融合成一个宏操作。这种情况通常在一对指令可以被视为一种复合操作时发生，例如，跳转（Jump）和比较（Compare）经常可以被融合在一起，当这两个指令被融合后，它们将作为一个单一的指令进入指令队列，从而降低了队列压力和功耗。
- 微操作融合（Micro-op Fusion）：在微操作融合中，一对微操作（处理器的内部指令）在执行流水线阶段被融合为一个微操作。例如，一条内存加载和一个操作可以被融合成一个微操作。使用微操作融合可以减少对执行资源的使用，降低功耗，以及优化性能。

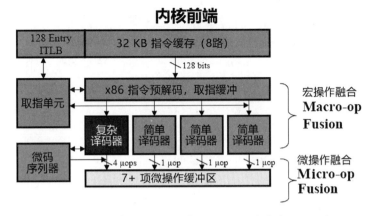

图 2-10　译码单元（3 个简单译码器和 1 个复杂译码器）

现代 x86 处理器的译码单元可以同时处理多个指令译码，然后将这些译码后的微指令通过发射单元并行发射给执行单元，这也是一种提高处理器并行度和性能的方式，通常被称为"超标量"（Superscalar）设计。

2.6　数据缓存

从流水线角度看，指令缓存很重要，但它只占据了 CPU 晶体管资源的一小部分。数据缓存是 CPU 存储体系中的重要组成部分，而且其面积经常要占据 CPU 芯片总面积的一半甚至更多。Intel 8 核心处理器如图 2-11 所示，可以看到仅多核心共享的 L3 缓存就占据了非常大的面积。缓存的快速发展是因为运算器要不断访问内存来维持计算持续性，内存永远是不够大的，且随着 CPU 频率的提升，内存也是不够快的，所以在内存和 CPU 之间构建一个缓冲层显得格外重要。

CPU 的数据缓存体系相当复杂，我们将会从多级缓存的历史与意义，缓存的逻辑构成，缓存的组织方式，以及缓存的替换、写入策略、一致性等细节入手，讲述数据缓存的工作原理。

早期的 80486 处理器相当于把 80386 处理器、负责浮点计算的数学协处理器 80387 以及 8KB 的高速缓存集成到一起，这种片内高速缓存称为一级缓存。80486 处理器还支持主板上的二级缓存，这仅有的 8KB 高速缓存同样是 80486 处理器的创举。当时的缓存设计为可以对频繁访问的指令和数据实现快速混合存放，使整个芯片的性能得到大幅度提升。缓存概念由

图 2-11　Intel 8 核心处理器

此诞生，并一直延续到今天成为影响 CPU 性能的重要因素。

在缓存中的数据是内存中的一小部分（我们可以理解为 CPU 的缓存是内存的高速镜像），但这一小部分数据是短时间内 CPU 即将访问的，当 CPU 调用大量数据时，就可避开内存直接从缓存中调用，从而加快读取速度。由此可见，在 CPU 中加入缓存是一种高效的解决方案，这样整个内存储器（缓存+内存）就变成了既有缓存的高速度又有内存的大容量的存储系统了。

Intel 于 1993 年推出了新一代高性能处理器 Pentium（奔腾），Pentium 将一级缓存增加到了 16KB，这种改进大大提升了 CPU 的性能，使得 Pentium 的速度比 80486 的速度快数倍。总体来说，缓存的规模扩大是在"Pentium 时代"，这已经成为业界对于 CPU 性能提升的重要共识，而缓存的大小也逐渐成为判断 CPU 性能的重要标准。Intel 在推出 Pentium 之后，又瞄准高端市场，于 1996 年推出了 Pentium Pro（高能奔腾）。Pentium Pro 具有两大特色：一是封装了与 CPU 同频运行的 256KB 或 512KB 二级缓存；二是支持动态预测执行，可以打乱程序原有指令顺序。这两项改进使得 Pentium Pro 的性能有了质的飞跃。

Intel 在产品 Pentium Ⅱ 上放弃了二级缓存的集成，运行速度也发生了不可避免的下降。Pentium Ⅱ 使用一种插槽式设计，处理器芯片与其他相关芯片都放在一块类似子卡的电路板上，而 Intel 把 L2 缓存放在电路板上，只以处理器频率的一半运行，如图 2-12 所示。最后虽然该产品性能出现了少许损失，但是此举提高了处理器的良品率，从而降低了生产成本，获得市场好评。

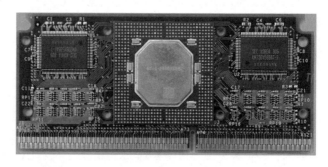

图 2-12　Pentium Ⅱ 处理器

1997 年 4 月，AMD 推出 K6-2 处理器，虽然该处理器带有 64KB 的一级缓存，但是 K6-2 的二级缓存位于主板上，容量为 512KB～2MB，只能与总线频率同步。不过随后的 K6-3 处理器带给我们诸多亮点，它带有一级缓存 64KB，内置全速二级缓存 256KB，创造性地外置 512KB～2MB 的三级缓存，其与系统总线频率同步。虽然 K6 微架构的浮点算力与 P6 微架构的 Pentium 系列产品有不小差距，二级缓存也没有完全集成在 CPU 内部，但其令人满意的性能和低廉的价格让 Intel 感到巨大的压力。在 Pentium Ⅱ 和 K6-3 之后，随着制程技术的进步，CPU 设计者开始将二级缓存集成到 CPU 芯片中，从而提高其运行速度。此后 CPU 的二级缓存都是全速的，再也没有出现过芯片外的半速缓存，有的高端 CPU 甚至集成四级缓存。这样做的好处是可以减少从缓存读取数据的延迟时间，从而提高处理器的性能。

2.6.1 多级缓存的数据包含策略

在多级缓存存储体系中，一份数据会同时出现在 L1、L2 和 L3 缓存中吗？这涉及包含性（Inclusive）缓存和独占性（Exclusive）缓存两种策略。

- 包含性缓存：所有存在于低级缓存（例如 L1 缓存）的数据都必须存在于高级缓存（例如 L2 或 L3 缓存）中。这种策略简化了缓存的协同操作和失效处理。
- 独占性缓存：数据只存在于某一层次的缓存中，但不会在多个层次中同时存在。这种策略有助于增大有效的缓存容量，因为不同层次的缓存不会存储相同的数据。

在有限的容量和更高的速度需求下，这两种策略的特性互为彼此的优缺点，如表 2-1 所示。

表 2-1　两种缓存策略

策略	优点	缺点
包含性缓存	当处理器的缓存未命中时，可以直接查看共享的外部缓存来检查所需的数据块是否存在，从而简化了缓存一致性的实现。 有效减少缓存未命中时的总线负载和 CPU 因为缓存未命中而等待数据的时间。 内部缓存通常为 Write Through（在写入本级缓存时，也将数据写入下一级存储器中），确保数据的一致性	如果外部缓存容量不够大，则会占用更多空间。 如果一个数据块在内部缓存中被频繁访问，但不在外部缓存中访问，那么该数据块可能从外部缓存中被替换，导致内部缓存的数据块也失效。这需要额外的机制来解决
独占性缓存	增大了缓存的有效容量，允许使用更小的外部缓存，同时增大内部缓存容量，从而提高缓存命中率和降低平均存储访问延迟	缓存未命中时的总线负载和 CPU 因为缓存未命中而等待数据的时间较长。此时需要增大内部缓存容量来提高命中率，从而降低对外部缓存的依赖性

Intel 从 Skylake 架构开始，引入了一些与 Haswell 架构不同的缓存设计选择。在 Haswell 架构中，L3 缓存是包含性缓存，L3 缓存中包含了 L1 和 L2 缓存中的所有数据。当 L1 或 L2 缓存中的某个数据项被替换时，它仍然会保留在 L3 缓存中，这有助于降低缓存未命中率。在 Skylake 架构中，Intel 使 L3 缓存变为非严格的包含性缓存，这与完全的包含性缓存或完全的独占性缓存都有所不同。这种设计的优点是，它允许更大的 L3 缓存容量，因为 L3 缓存不需要存储 L1 和 L2 缓存中的所有数据。

在实际的系统设计中，完全的包含性缓存和独占性缓存可能都不是绝对的。设计者可能会选择中间的策略，以适应特定的性能和功耗需求。Skylake 的这种策略更接近于中间策略，结合了包含性缓存和独占性缓存的优点。类似的处理还有 DynamIQ 架构，它是 ARM 为其处理器设计的一种新架构，是 ARMv8-A 架构的一部分，DynamIQ 架构提出了几种缓存数据包含方案：Strictly Inclusive（严格包含）、Weakly Inclusive（弱包含）和 Fully Exclusive（完全独占）。

- Strictly Inclusive：在这种策略下，L1 缓存中的所有数据都必须同时存在于 L2 缓存中。一个数据块无论什么时候被加载到 L1 缓存，该数据块都会在 L2 缓存中有一份拷贝。优点是可以更快地判断一个数据是否存在于某一级缓存，从而帮助简化缓存一致性的维护。缺点是 L2 缓存可能会被 L1 缓存中的数据块填满，即使这些数据块并不经常被访问。

- Weakly Inclusive：当一个数据块因为未命中而被加载时，它会同时被存放在 L1 和 L2 缓存中。但与 Strictly Inclusive 不同，随着时间的推移，这个数据块可能会从 L2 缓存中被替换出去，即使它仍然存在于 L1 缓存中。这种策略是一种折中方法，允许 L2 缓存有一定的自由度去管理其内容，以适应动态变化的访问模式。

- Fully Exclusive：在这种策略下，数据块只会被加载到 L1 缓存，而不会被加载到 L2 缓存，L1 缓存和 L2 缓存之间不存在重复的数据。这种策略的优点是最大化了多级缓存系统的总容量，因为两级缓存中没有重复数据。例如，如果 L1 缓存是 64KB，L2 缓存是 256KB，那么整体可用的缓存容量是 320KB。缺点是如果数据在 L1 缓存未命中时，必须直接从更低层的存储（例如主内存或者更低级的缓存）中获取数据，而不是从 L2 缓存获取。

2.6.2　缓存映射关系

缓存不仅需要大容量，还需要科学的管理方式，其逻辑构成对于我们了解缓存工作机制很重要。缓存由许多"行"或"块"组成，这些行被组织成一个或多个集合。每行包含实际的数据，以及一个标签字段，这个标签字段指示这些数据来自主内存的哪个地址。

当 CPU 需要访问一个内存地址时，这个地址被分成三个部分：块偏移量（Block Offset）、索引（Index）和标签（Tag）。

- 块偏移量：这部分确定在一个缓存行（也称为缓存块）内的哪个字节或字中包含了我们需要的数据。这取决于我们的系统是按字节寻址的还是按字寻址的。

- 索引：这部分用于确定数据应该存储在哪个缓存集合中，或者我们应该在哪个缓存集合中查找这个数据。

- 标签：标签部分用于确定数据是否真的在缓存中。我们将这部分与缓存行中的标签字段进行比较。如果它们匹配，那么我们就有一个"命中"，可以直接从缓存中获取数据，而不必去主内存中查找。

通过这种方式，我们可以快速地检查缓存是否包含我们需要的数据，并在它存在的情况下立即获取它，这通常比从主内存中获取数据要快得多。缓存的组织有以下几种典型方式。

- 直接映射（Direct Mapped）：在直接映射的缓存中，每个内存地址都对应一个固定的缓存位置。这种设计的优点是简单和高效，因为我们可以快速地找到任何给定内存地址在缓存中的位置。缺点是它可能导致高缓存冲突率，如果两个经常访问的内存地址被映射到同一个缓存位置，它们就会不断地替换彼此，导致缓存命中率下降。

- 全相联（Fully Associative）：在全相联的缓存中，任何内存地址都可以被映射到缓存中的任何位置。这可以大大减少缓存冲突，提高缓存命中率。全相联缓存的缺点是，若查找给定的内存地址是否在缓存中存在，则需要查找整个缓存，这会导致查找速度下降和硬件复杂度的提高。

- 组相联（Set Associative）：组相联缓存是直接映射缓存和全相联缓存的折中方案。在组相联缓存中，缓存被分为多个组，每个内存地址被映射到一个特定的组，但可以在该组的任何位置。组相联缓存在减少缓存冲突和提高查找速度之间实现了平衡。

在组相联映射中，缓存被划分为多个组或集合，每个集合包含一定数量的缓存行（Cache Line），而每个缓存行又包含多个字节或字。每个集合中的缓存行数量被称为关联度（Degree of Associativity）。在缓存中有两个重要的组件：数据阵列（Data Array）和标签阵列（Tag Array）。

- 数据阵列：数据阵列用于存储实际的数据。当我们在缓存中查找数据时，数据阵列将为我们提供所需的数据。

- 标签阵列：标签阵列存储的是元数据，包括标签和有效位（Valid Bit）等。当我们在缓存中查找数据时，标签阵列将帮助我们确定这些数据实际上是否在缓存中。

在并行的数据阵列和标签阵列的架构中，这两个阵列都会接收到内存访问地址，并对其进行译码。地址的索引部分会指定哪个集合可能包含所访问的数据。数据阵列会将目标集合中的所有数据读出并发送到 Way Mux（这是一个多路复用器，用于选择正确的数据）。同时，标签阵列会将目标集合中的所有标签与内存访问地址的标签部分进行比较，比较的结果将告诉我们内存访问是否在缓存中命中。在实际应用中，这种架构允许我们快速并行地检查数据和标签，从而提高缓存查找的速度。

关于缓存的映射，我们需要熟悉 Set 和 Way 这两个概念。Set 是指缓存中的一组行，每个地址都会映射到一个特定的 Set。Way 是指一个 Set 中的行的数量。在 "N-way set associative"（N 路组相联）缓存中，每个 Set 有 N 行，意味着任何给定的内存地址都可以映射到这 N 个位置之一。CPU 缓存设计中的一个关键权衡是映射程度。

- 低映射程度：当一个 Set 中的行数较少时（例如，在直接映射的缓存中，每个 Set 只有一行），可能出现的问题是冲突失效（Conflict Miss）。这是因为多个内存地址可能映射到同一个 Set。如果一个程序反复访问这些冲突的地址，那么它们就会互相替换出缓存，从而导致失效。低映射程度会有较高概率的冲突失效，也就是很多地址会映射到同一个 Set，造成 Set 中的缓存行不断互相取代。

- 高映射程度：当一个 Set 中的行数较多时，冲突失效的问题就可以减少，因为给定的内存地址可以映射到 Set 中的多个位置。然而，这样做有一些代价。增加每个 Set 的大小（也就是 Way 的数量）会增加标签所需的硬件（这是确定一个给定地址是否已在缓存中的步骤），也会增加芯片面积和提高功耗，并可能降低处理器频率。

考虑到缓存容量是有限的，所以当缓存满了以后，如果新的数据要进入缓存，则需要随时更新缓存中的数据，但是删除谁、保留谁需要抉择，所以数据替换策略是缓存设计的核心问题，它和分支预测一样，也最能体现设计思路。

常见的替换策略主要有以下几种。

- 随机（Random）替换：当需要替换一个缓存块时，随机选择一个缓存块进行替换。
- 先进先出（First In First Out，FIFO）：把最先进入缓存的块替换出去。
- 最近最少使用（Least Recently Used，LRU）：在所有缓存中，选择最长时间没有被访问过的块进行替换。这是一种比较常用的缓存替换策略，因为它基于一个合理的假设：最近被访问过的数据在未来被再次访问的可能性更高。
- 最不经常使用（Least Frequently Used，LFU）：在所有缓存中，选择被访问次数最少的块进行替换。
- 最近最多使用（Most Recently Used，MRU）：在所有缓存中，选择最近被访问过的块进行替换。这种策略和 LRU 策略恰好相反，它的假设是最近被访问的数据可能在未来不会被频繁访问，所以选择它进行替换。
- 最经常使用（Most Frequently Used，MFU）：在所有缓存中，选择保留最近或在短期内被访问次数较少的数据项。这种策略和 LFU 策略恰好相反，它的假设是最频繁被访问的数据可能在未来不会被频繁访问，所以选择它进行替换。
- 时钟（Clock）替换策略：这是一种试图模拟 LRU 策略的实现，但是实现的复杂性较低，性能损失也不大。

到目前为止，最常见的缓存替换策略还是 LRU 和它的各种变体，因为它的性能相对较好，且实现起来也较为简单。LRU 和 FIFO 本质上都是先进先出的思路，只是 LRU 用数据最近被访问的时间来进行排序，每一次访问数据的时候会动态地调整数据记录之间的先后顺序；而 FIFO 用数据进入缓存的时间来进行排序，这个时间是固定不变的，所以各数据记录之间的先后顺序也是固定的。

在实现上，一个常见的做法是使用一个链表来记录缓存数据的使用情况，当一个数据被访问时，将这个数据移动到链表头部，这样链表尾部的数据就是最近最少被使用的。当需要淘汰数据时，直接淘汰链表尾部的数据即可。

这种实现在并发环境下可能需要使用锁来保护这个链表，因为多个线程可能同时修改这个链表，这可能会成为一个瓶颈。因此在实践中通常使用一些近似的算法来实现 LRU，例如使用多个 LRU 链表等。

LRU 算法是一种高效的缓存替换策略，但是它并不总是产生最优的结果。例如，对于访问模式为周期性重复访问的情况，如果缓存空间小于访问周期，则 LRU 策略可能会每次都需要从外部存储器加载数据，导致缓存命中率非常低。

2.6.3　受害者缓存

我们知道，缓存的工作原理基本上依赖于程序的两种基本的访问模式：时间局部性（Temporal Locality）和空间局部性（Spatial Locality）。时间局部性是指，如果一个数据项在某个时间被访问，那么它在近期内可能会再次被访问，例如在循环中重复访问的数据或经常调用的函数的指令。空间局部性是指，如果一个数据项被访问，那么其附近的数据项在近期内也可能被访问。这是因为程序通常会被顺序执行，数据也通常以块或数组的形式被存储和访问。

缓存利用这些局部性原则，预测哪些数据和指令可能会在近期内被重复使用。通过将这些数据和指令存储在一个距离 CPU 更近、访问速度更快的存储设备（缓存）中，可以加速 CPU 的数据访问，从而提高整体的系统性能。当 CPU 需要访问某个数据项时，它就要检查该数据项是否已经在缓存中。如果数据项在缓存中（称为"缓存命中"），则 CPU 可以快速地访问它，而无须等待从主内存中获取。如果数据项不在缓存中（称为"缓存未命中"），则 CPU 必须从主内存中获取数据，同时将其放入缓存中，以供将来使用。

当一个数据项由于冲突而被替换出缓存时，我们不立即丢弃它，而是先将其存放在受害者缓存（Victim Cache）中。如果我们很快再次访问这个数据项，则 CPU 可以直接从受害者缓存中获取它，而不是从主内存中重新加载它。这大大提高了缓存命中率，并降低了由于冲突导致的缓存未命中率。

受害者缓存是一种策略，它为直接映射缓存添加了一个小型的全相联缓存部分，可以被理解为缓存的缓存，其数据都是从原本的缓存中驱逐出来的。它的设计目的是结合直接映射缓存的快速命中时间，同时避免由于多个内存块映射到同一缓存行而导致的抖动（Thrashing）现象。这种抖动现象会导致块在缓存中被频繁替换，从而降低命中率。当一个块从直接映射缓存中被替换时，这个块不会立即被丢弃，而是被移动到受害者缓存。当处理器再次访问这个被替换的块时,可以在受害者缓存中快速找到它,从而提高整体的缓存命中率。受害者缓存是一个额外的、小型的全相联缓存部分。在 IBM Power 9 中,L2 和 L3 缓存都使用了受害者缓存策略。

受害者缓存包含 4 条数据线,L1 缓存是直接映射的,因此每条缓存线由内存中的一个数据块加上一个小标签组成,受害者缓存是相联的(Associative),因此每条缓存线包含一个来自内存的数据块和一个大标签,如图 2-13 所示。受害者缓存中的标签由与直接映射缓存长度相等的标签和比较器组成,标签和比较器唯一地标识一个内存块,来自处理器的内存引用可以并行搜索相联缓存中的所有条目,以确定所需的缓存行是否存在。通过使用 FIFO 策略,受害者缓存实现了真正的 LRU 行为。

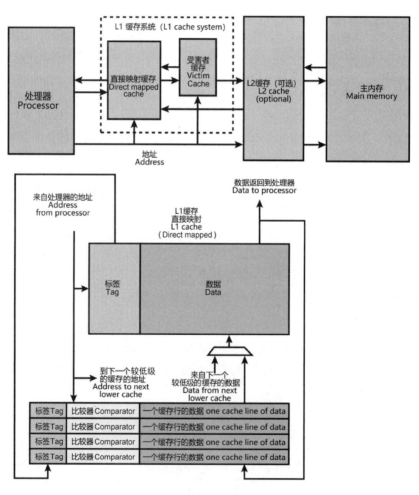

图 2-13　受害者缓存的工作流程和组织形式

具体数据缓存流程方面：在遇到 L1 缓存未命中的情况下，如果受害者缓存里面有所需数据，则该数据将会返还给 L1 缓存，L1 缓存里被驱逐的数据会被存进受害者缓存；如果 L1 缓存和受害者缓存中都没有所需数据，就从更低一级的存储器中取出该数据，并把它返还给 L1 缓存。任何被受害者缓存驱逐的未修改过的数据都会被写进内存或者被丢弃。

选择性受害者缓存（Selective Victim Cache）是对受害者缓存策略的一种改进，它允许在直接映射缓存和受害者缓存之间选择性地放置或交换块。选择性受害者缓存可以提高缓存的命中率，更智能地预测哪些块在未来更有可能被引用。当从主存或 L2 缓存中取来一个新块时，不再固定地将其放入直接映射缓存，而是根据预测算法决定是否将其放入主缓存或受害者缓存。当直接映射缓存未命中但受害者缓存命中时，可以选择性地交换两个缓存中的块，而不是总进行交换。

受害者缓存策略在缓存容量较小时使用是有益的，但随着技术的发展和设计需求的变化，在主流的 CPU 和 GPU 设计中，它可能不再是最佳选择。但这并不意味着它的设计思想已经完全被遗弃，其背后的基本思想"利用小型、专用的缓存来优化缓存性能"仍然在现代处理器设计中有所体现。现代处理器中的专用预取缓存、流缓存和其他类似的技术都从某种程度上借鉴了受害者缓存的设计思想。

2.6.4　写入策略与一致性协议

缓存的写入策略主要包括 4 种：Write-through、Write-back、Write-around 和 Write-allocate。这些策略对硬件设计的影响主要体现在性能、复杂性及数据一致性等方面。

- Write-through：写操作直接更新缓存和主存储器。这种方法设计简单，数据一致性好，但会带来更高的写延迟，因为每次写操作都需要访问主存，同时还可能增加总线的负载。

- Write-back：只更新缓存，当缓存行被替换时，才将其写回主存储器。这种方法可以减少对总线的升级次数和主存储器访问的数量，从而提高性能。但是，它提高了设计的复杂性，因为需要处理缓存行被替换时的写回操作，并需要标识哪些缓存行已经被修改过。

- Write-around：这是一种针对 Write-through 和 Write-back 策略的改进，将写操作直接发送到主存储器，而不更新缓存。这种方法可以减少缓存中不被读取的数据项所占用的空间，提高缓存的利用率。

- Write-allocate：在写失效的情况下，先将主存中的数据块加载到缓存中，再进行写操作。与之相对的是非写分配（Non-write allocate）策略，直接将数据写到主存中，而不加载到缓存。写分配策略在有连续多次写操作的情况下会有利，但是在仅有单次写操作的情况下可能会造成不必要的缓存加载。

缓存一致性和内存一致性都是计算机体系架构中非常重要的概念，特别是在多处理器或多核心的系统中。简单来说，一致性是为了确保所有处理器或核心都能看到共享数据的同一视图。如果没有一致性，那么一个核心看到的数据和另一个核心看到的数据可能会不一样，这就可能会引发错误。

缓存一致性主要关注的是在多核或多处理器的环境中，各个处理器或核心的缓存之间如何保持一致性。当多个处理器或核心的缓存都缓存了同一份数据时，如果其中一个处理器或核心对缓存的这份数据进行了修改，那么其他的处理器或核心如何得知这个变化，从而更新或让自己缓存中的对应数据失效，就是缓存一致性需要解决的问题。

内存一致性则是更宏观的概念，关注的是在分布式系统或者多处理器系统中，处理器对内存的读写操作的一致性。不同的内存一致性模型定义了不同的读写操作的顺序规则。例如，最严格的顺序一致性模型要求所有处理器看到的内存操作顺序必须是一致的。而在其他一些宽松的内存一致性模型中（如弱顺序一致性和释放一致性），处理器看到的内存操作顺序可以在一定程度上不一致。

CPU 缓存一致性大致有以下两类解决方式。

（1）Directory 协议：采用集中管理的方式来处理缓存一致性问题。在这个协议中，存在一个中央目录，保存着主存储器中每个区块的状态，以及拥有该区块副本的所有处理器的信息。当某个处理器需要访问某个数据块时，先去查询这个中央目录，然后根据目录中的信息做出相应的处理。比如，如果其他处理器也有这个数据块的副本，那么就需要发出通知，让它们的副本变为无效。由于 Directory 协议需要维护中央目录，所以可能带来一定的开销。Directory 协议的优点是能够很好地处理大规模多处理器系统，可以支持更大数量的处理器，因为它监听总线并不依赖于所有处理器。

（2）Snoopy 协议：是一种分布式的处理方式，没有中央目录，而是让每个处理器都能"窥探"或"监听"总线上的信息，根据总线上的读写操作自行更新自己的缓存状态。Snoopy 协议中的各个处理器通过监听总线上的数据传输和命令，来决定自己的缓存行的状态。比如，如果某个处理器在总线上发出了写操作，那么其他所有的处理器都会看到这个操作，然后更新自己的缓存行状态。这种协议非常适用于小规模多处理器系统，但在大规模系统中可能会面临总线带宽的问题。Snoopy 协议的优点是实现相对简单，无须维护中央目录，处理器能够立即响应总线上的命令，因此响应速度快。而且，它是基于总线的，当处理器数量不多时，它能有效利用总线带宽。

在实际的系统设计中，一致性是必须保证的。但是不同的系统可能会选择不同的一致性模型，这取决于系统的需求和设计权衡。严格的一致性模型可以简化编程模型，但可能会牺牲一些性能。相反，宽松的一致性模型可以提高性能，但可能会使编程变得更复杂。比如 MESI

协议就是一个基于失效的缓存一致性协议，是支持回写缓存的最常用协议，MESI 协议是
Snoopy 协议的一种具体实现方式。

2.7　TLB（旁路快表缓冲）

在经典 5 级流水线中，指令的获取阶段是流水线的开始阶段，此时指令会从指令缓存中
获取。在指令的执行阶段或内存访问阶段，TLB（Translation Lookaside Buffer，旁路快表缓冲）
会被用来将虚拟地址转换为物理地址。客观地说，对于 TLB 的学习难以观察到主流厂商在这
里的技术迭代路径，但是 TLB 作为流水线重要的一个硬件缓存，表达了计算机进行具体的地
址查找转换和缓冲的过程。

TLB 的主要作用是加速虚拟地址到物理地址的转换过程。在现代操作系统中，内存都是
虚拟化的，程序并不直接访问物理内存，而是访问虚拟内存。从虚拟内存到物理内存的映射
保存在页表中，但是直接查找页表的过程是相对缓慢的。为了提高地址转换的速度，CPU 会
将最近使用过的页表项缓存在 TLB 中，因此如果一个虚拟地址的页表项在 TLB 中，那么就
可以迅速地转换为物理地址，大大提高了内存访问的效率。

- 物理地址：是指在计算机内存中真正存在的地址，即硬件内存的地址。在 32 位 x86
  架构的 CPU 中，最大支持 4GB 的物理内存，这是因为 32 位地址能表示的最大数值是
  2 的 32 次方，也就是 4GB。物理地址范围在这种情况下表示为 [00000000, ffffffff]。
- 虚拟地址：是指操作系统为了简化内存管理，提供给运行在操作系统上的程序的地址。
  每个进程都拥有自己的虚拟地址空间，这个虚拟地址空间和物理内存并不直接对应，
  而是通过操作系统和硬件的 MMU（Memory Management Unit，内存管理单元）映射
  到物理内存上的。虚拟地址的一个优点是，它使得每个进程都认为自己拥有所有的内
  存，从而使编程变得更简单，程序员无须考虑内存碎片化和其他内存管理问题。
- 分页：操作系统通常使用一种被称为分页（Paging）的技术来管理内存并且将虚拟地
  址映射到物理地址。分页技术将物理内存和虚拟内存都划分为固定大小的单元，这些
  单元被称为页（Page）。在很多系统中，一页的大小通常设定为 4KB。假设我们有 4GB
  的内存，每页大小为 4KB，那么整个物理内存就会被划分为 1 048 576 个（1024×1024）
  页。在虚拟内存中也进行了相同的分页操作，每个进程都有自己独立的虚拟内存空间，
  并且这个空间被划分为页。
- 页表：对于每个进程来说，它自身的虚拟地址页是连续的，但是映射到物理内存上的
  物理页可能是分散的。这就需要一个映射表来记录虚拟地址页和物理地址页之间的对
  应关系，这个映射表就是所谓的页表（Page Table）。每个进程都有自己的页表，页表
  中的每一项都包含一个虚拟页和一个物理页的对应关系。当 CPU 需要访问一个虚拟

地址时,它会通过 MMU 查询页表,找到虚拟地址对应的物理地址,然后访问物理内存。这就是虚拟地址映射到物理地址的基本过程。这个过程并不是一次性完成的,通常采用按需加载(Demand Paging)的策略,即只有当虚拟地址被实际访问时,才会将对应的物理页加载到内存。

● 多级页表:在实际系统中,页表可以变得非常大。如果我们有 4GB 的内存,页的大小为 4KB,那么我们需要有 1 048 576 个页表项,如果每个页表项需要 4 字节(32 位系统中常见的大小),那么我们需要 4MB 的内存来存储这个页表。如果一个系统有多个进程,每个进程都需要一个页表,那么页表的内存使用量就会非常大。这个问题的一个解决方案是使用多级页表。在多级页表中,我们并不是一次性创建一个包含所有可能页表项的大表,而是创建一个较小的一级页表(也叫页目录),它包含了指向二级页表的指针,二级页表才包含实际的页表项。我们可以使用二级页表进一步划分地址空间。4MB 的页表被划分成了 1024 个 4KB 的二级页表,每个二级页表包含了 1024 个页表项,但只需要一级页表即可管理整个物理内存。

TLB 在页表缓冲中的作用如图 2-14 所示,TLB 是页表的缓存(就像 L1-D 是内存数据的缓存,L1-I 是指令的缓存一样),它属于 MMU,其中存储了当前最可能被访问到的页表项,其内容是部分页表项的一个副本。地址翻译是一个漫长的过程,需要遍历几个级别的页表,从而产生严重的开销。为了提高性能,TLB 把地址翻译关系保存下来,从而省略了对内存中页表的访问。在龙芯团队胡伟武老师等人撰写的《计算机体系结构基础》一书中,这样描述了 TLB 的历史发展和作用:20 世纪 60 年代发展起来的虚拟存储技术通过建立逻辑地址到物理地址的映射,使每个程序有独立的地址空间,大大方便了编程,促进了计算机的普及。但虚拟存储技术需要 TLB 结构在处理器访存时进行虚实地址转换,而 TLB 的实现需要足够多的晶体管。所以半导体技术的发展为计算机体系结构的发展提供了很好的基础。另一方面,计算机体系结构的发展是半导体技术发展的直接动力。

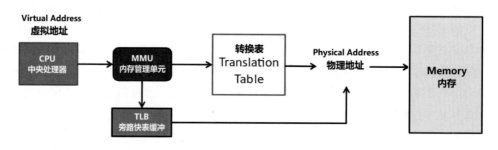

图 2-14　TLB 在页表缓冲中的作用

《计算机体系结构基础》一书将虚拟化技术比作一座桥,因为虚拟化技术让程序员能够更好地和计算机沟通,高效的沟通带来了更多技术的应用落地(如开发更快的操作系统或更多应用软件），推动了计算机行业的加速变革。在虚拟化技术中，TLB 就是众多桥梁之一。

虚拟化是体系结构设计者为用户提供友好界面的一种基本方法，虚拟化的本质就是在不好用的硬件和友好的用户界面之间架一座"桥梁"。早期的计算机程序员编程的时候要直接跟物理内存和外存打交道，非常麻烦，虚拟存储解决了这个问题。每个进程都使用一个独立的、很大的存储空间，具体物理内存的分配以及数据在内存和外存的调入、调出都由操作系统自动完成。

TLB 的设计和优化一直都是计算机体系结构研究的重要内容。除了增加容量外，TLB 还有许多其他的优化方向，比如提高 TLB 的关联度、改进 TLB 的替换策略、设计多级 TLB 等。这些优化都可以提高 TLB 的命中率，从而提高内存访问的效率。

在处理器流水线中，我们可以大致描述 TLB 的位置，具体如下。

- TLB 之前：指令预取器（Instruction Prefetcher）和/或数据预取器（Data Prefetcher）。预取器根据程序的执行流和历史访问模式，预测并预取即将使用的指令或数据，这些预取的指令和数据的地址通常是虚拟地址。
- TLB：当预取的虚拟地址准备用于获取指令或数据时，需要将其转换为物理地址。这个转换过程就是由 TLB 加速的，TLB 会缓存最近使用的和频繁使用的页表条目（虚拟地址到物理地址的映射），从而避免了访问内存中的完整页表所需的时间。
- TLB 之后：一旦获取到物理地址，就可以分别从指令缓存或数据缓存获取指令或数据。如果缓存未命中，则物理地址将被用于从主内存中获取数据。获取到的指令会进入指令译码阶段，数据会被送到需要它的执行单元。

TLB 通常被划分为两个专用的缓冲区：ITLB（Instruction TLB）和 DTLB（Data TLB）。

- ITLB：是专门用于指令的 TLB。当处理器预取指令时，需要将指令的虚拟地址转换为物理地址，这个转换过程就是由 ITLB 进行加速的。在处理器流水线中，ITLB 的位置通常在指令预取后，且在指令译码前。
- DTLB：专门用于数据的 TLB。当处理器执行的指令需要加载或存储数据时，需要将数据的虚拟地址转换为物理地址，这个转换过程就是由 DTLB 进行加速的。在处理器流水线中，DTLB 的位置通常在指令执行后，且在数据访问前。

这样的设计是为了并行处理指令和数据的地址转换，从而提高处理器的执行效率。这种策略反映了现代计算机系统中的两级存储器模型：指令和数据分开存储。ITLB 和 DTLB 的大小、关联度和替换策略会根据具体的处理器设计而有所不同。

在 MMU 的工作流程中，应用程序发出的每个内存访问请求都会指定一个虚拟地址。在支持虚拟内存的系统中，这个虚拟地址需要被转换成物理地址，才能被实际的内存硬件所接受。TLB 作为硬件缓存的加速逻辑会遇到如下的情况。

- TLB 命中：当 CPU 收到一个虚拟地址时，首先会查询 TLB。如果在 TLB 中找到了一个有效的项，那么 CPU 就可以直接从这个项中读取对应的物理页号，然后结合虚拟地址中的偏移量，形成完整的物理地址。
- TLB 未命中：如果在 TLB 中没有找到对应的项，那么 CPU 就需要查询页表来获取映射。查询页表需要访问内存，访问内存的速度比访问 TLB 慢得多。在得到从虚拟页到物理页的映射后，CPU 会先更新 TLB，然后再次尝试转换虚拟地址。
- TLB 满：如果 TLB 已经满了，那么在插入新的项之前，需要先选择一个现有的项进行替换。通常会使用一些策略，比如 LRU 或 LFU。
- 缺页异常：当 TLB 未命中，并且在页表中没有找到对应的项，或者找到的项被标记为无效（可能是因为相应的页并没有被加载到物理内存中）时，那么就会发生缺页异常。这时操作系统需要先将相应的页从磁盘加载到内存中，然后更新页表和 TLB，最后再次尝试转换虚拟地址。

在目前主流的高性能 CPU 中，TLB 参考其他缓存体系，也采用了分级设计，同时页大小也不一定固化在 4KB。比如 AMD 的 Zen 架构：对于数据，L1 DTLB 包含 64 个条目，支持 4KB、2MB、1GB 的页大小；而 L2 DTLB 包含 1536 个条目，同样支持 4KB、2MB、1GB 的页大小。Zen 2 架构的 L2 DTLB 容量提升到原来的 1.33 倍，达到 2048 个条目。最新发布的 Zen 4 架构的 L1 DTLB 包含 72 个条目，L2 DTLB 的条目数从 2048 个增加到 3072 个。

Intel 的 i7-12900K 是一款异构多核处理器，集成了 8 个 Golden Cove 架构大内核（也被称为性能核，支持超线程）和 8 个 Gracemont 架构小内核（也被称为效能核）。其中，Gracemont 小内核包含 192KB（缓冲 48 个 4KB 条目）的 L1 DTLB 和 8MB 的 L2 DTLB（缓冲 2048 个条目、4 路的 L2 TLB）。Golden Cove 的 L1 DTLB 从上一代的 64 个条目增加到 96 个条目。Golden Cove 的 ITLB 从上一代的 128 个条目增加到 256 个条目，来提高对大型代码复杂指令覆盖的延迟性能。

2.8　乱序执行引擎

乱序执行（Out-of-Order Execution）能够提高 CPU 的性能，主要是因为它能够在一个时钟周期内执行多个不相关的指令，而不需要等待前面的指令完成。这大大提高了指令级并行性（ILP），从而提高了处理器的性能。

让我们来看一个例子，假设我们有以下指令序列：

```
ADD R1, R2, R3    // R1 = R2 + R3
```

```
MUL R4, R5, R6    // R4 = R5 * R6
SUB R7, R8, R9    // R7 = R8 - R9
```

在这个例子中，第 2 条指令是一个乘法操作，它通常比加法或减法操作需要更多的时钟周期来完成。如果我们按照顺序执行这些指令，那么在第 2 条指令执行的过程中，后续的指令都必须等待，即使第 3 条指令并不依赖于第 2 条指令的结果也是如此。

现在让我们看看乱序执行的情况。当第 1 条指令进入发射队列时，处理器会立即开始执行。接着，第 2 条指令也会被发射并开始执行，然而，由于乘法操作需要更多的时间，所以这个指令可能不会被立即完成。但是，因为第 3 条指令并不依赖于第 2 条指令，所以处理器可以立即开始执行第 3 条指令，而不需要等待第 2 条指令完成。这样处理器就能在一个时钟周期内完成更多的工作，从而提高性能。

需要注意的是，虽然指令可能会乱序执行，但是它们的结果必须按照程序的原始顺序进行提交，这被称为顺序一致性。所以乱序执行 CPU 的内部执行顺序其实是：顺序取指—乱序执行—顺序提交，这就是为什么乱序执行需要复杂的硬件结构。

2.8.1　指令相关的解决方案

在 CPU 执行指令的过程中，读写冲突的问题会经常出现，这种冲突通常分为以下 4 种类型：Write-After-Read（WAR）、Read-After-Write（RAW）、Write-After-Write（WAW）和 Read-After-Read（RAR）。下面我们来具体讲解这 4 种类型。

- Write-After-Read：这发生在先读后写的情况下，也被称为反向依赖。例如，指令 A 读取寄存器 R1 的值，指令 B 写入 R1，如果指令 B 先于指令 A 执行，那么指令 A 读取的将是指令 B 写入的新值，而不是原先的旧值，这会导致数据不一致。在乱序执行中，这种情况需要通过重排序来解决，确保指令 A 先于指令 B 执行。指令案例如下：

```
指令 1: ADD R1, R2, R3    // R1 = R2 + R3
指令 2: SUB R2, R4, R5    // R2 = R4 - R5
```

如果指令 2 在指令 1 之前执行，R1 将会得到一个错误的值，因为它读取到的 R2 的值已经被指令 2 更新了。

- Read-After-Write：这是最常见的情况，也被称为真依赖。指令 B 读取寄存器 R1 的值，这个值是由指令 A 写入的。如果指令 B 先于指令 A 执行，那么指令 B 读取的将是未更新的值。在乱序执行中，这种情况需要通过寄存器重命名和数据旁路（Data Forwarding/Bypassing）技术来解决。指令案例如下：

```
指令 1: ADD R1, R2, R3    // R1 = R2 + R3
```

```
指令 2: SUB R4, R1, R5      // R4 = R1 - R5
```

指令 2 在指令 1 之前执行，那么 R4 将会得到一个错误的值，因为它读取到的 R1 的值还没有被指令 1 更新。

- Write-After-Write：这发生在两个指令都要写同一个寄存器的情况下。如果后写的指令 B 先于先写的指令 A 执行，那么结果就会错误。在乱序执行中，这种情况需要通过重排序来解决，确保指令 A 先于指令 B 执行。指令案例如下：

```
指令 1: ADD R1, R2, R3      // R1 = R2 + R3
指令 2: SUB R4, R1, R5      // R4 = R1 - R5
```

如果指令 2 在指令 1 之前执行，那么 R4 将会得到一个错误的值，因为它读取到的 R1 的值还没有被指令 1 更新。

- Read-After-Read：这是最无害的情况，因为两个读指令不会相互干扰。指令案例如下：

```
指令 1: ADD R4, R1, R2      // R4 = R1 + R2
指令 2: SUB R5, R1, R3      // R5 = R1 - R3
```

无论两个指令的执行顺序如何，都不会影响结果，因为两个指令都只读取 R1 的值，而不进行任何修改，这种情况通常不被认为是冲突。

乱序执行引擎主要包括以下几个部分。

- 指令获取/译码（Instruction Fetch/Decode）阶段：CPU 从内存获取指令，然后译码成机器可以理解的微操作。
- 重排序缓冲区（Reorder Buffer，ROB）：在指令进入乱序执行引擎之前，指令就被放入重排序缓冲区。这个缓冲区可以对指令进行重排序，使得那些无须等待数据的指令可以先于那些需要等待数据的指令执行。
- 保留站（Reservation Station）：微操作在等待执行时，它们的操作数会被放入保留站。一旦操作数就绪，微操作就会被发送到适当的执行单元。
- 执行单元（Execution Unit）：微操作在这里被执行，结果再返回到重排序缓冲区。
- 提交阶段（Commit Stage）：一旦指令完成（所有相关的微操作都已经执行完毕），结果就会从重排序缓冲区提交，成为处理器的正式状态。

乱序执行引擎的工作流程可以简化如下：

- 从指令流中获取指令，并译码成微操作。
- 将微操作放入重排序缓冲区。
- 根据微操作的准备情况和资源可用性，选择微操作进行执行。

- 将执行完成的微操作的结果写回到重排序缓冲区。
- 一旦原始指令流中的早期指令完成，就从重排序缓冲区中删除，并更新处理器状态。

在这个过程中，如果发生了错误预测（如分支预测错误），重排序缓冲区就能够使处理器的状态回退到错误发生之前的状态，允许处理器重新执行指令。这是乱序执行引擎的一个重要特性，有助于提高处理器的性能。

一般执行单元和调度单元不紧密耦合，乱序执行的核心逻辑是如何在指令的依赖性和资源可用性的约束下，对指令进行重排序和调度。乱序执行的核心难点是对指令的调度，这主要是通过重排序缓冲区、寄存器重命名和发射队列（也被称为调度队列或保留站）来实现的。发射队列的主要职责是存储等待执行的指令，一旦所需的操作数和执行资源都就绪，就可以将这些指令发送到相应的执行单元进行处理，同时，它也负责解决数据冒险问题，即通过前瞻（Look-ahead）和等待先前指令的结果来避免指令间的数据依赖性引起的冲突。

2.8.2　寄存器重命名

RAW 是真相关（必须按照顺序计算才能得到，与寄存器名称无关）；WAW、WAR 都是由乱序引发的假相关，这两种并不是真实的数据依赖关系，而是由于处理器的寄存器数量有限以及程序的编程方式（如循环体、函数重用）造成的，可通过更换寄存器名字解决。

寄存器重命名就是这样一种处理器技术，用于动态解决 WAW 和 WAR 假相关性问题，即通过在处理器内部使用物理寄存器来重新定义逻辑寄存器。这样，即使两个指令在逻辑上使用了同一个寄存器，但在物理上，它们也可以被映射到不同的物理寄存器，从而消除假相关。寄存器重命名技术实际上解决了由于有限的寄存器数量而导致的假相关问题，使得更多的指令可以并行执行，提高了处理器的性能。

寄存器重命名的概念和技术起源于 IBM 360/91 的浮点数单元。Robert Tomasulo 在 1967 年设计了一种新的算法，现在被称为 Tomasulo 算法，Tomasulo 处理器微架构如图 2-15 所示。这是一种动态调度和动态执行的技术，可以有效地解决数据冒险问题，提高处理器性能。

Tomasulo 与当今主流处理器的主要区别在精确异常（若处理器在执行程序时发生异常，如除以零、越界访问等，则处理器需要准确地确定引起异常的指令，并确保在异常发生时，它们的结果不会影响到后续指令的执行）方面，IBM 360/91 并没有实现这一功能。寄存器重命名最初在 Intel Pentium Pro、AMD K5、Alpha 21264、MIPS R10000、IBM POWER5、IBM z196、Oracle UltraSPARC T4 和 ARM Cortex A15 等一系列处理器中使用。

MIPS R10000 和 IBM POWER5 是比较早期的处理器，它们并没有使用显式的寄存器重命名技术，而是使用了更传统的 Tomasulo 乱序执行算法来处理数据相关性和指令调度。IBM z196、Oracle UltraSPARC T4 和 ARM Cortex A15 也不是最早引入寄存器重命名的处理器。真正较早引入寄存器重命名的处理器代表是 Intel Pentium Pro 和 Alpha 21264。

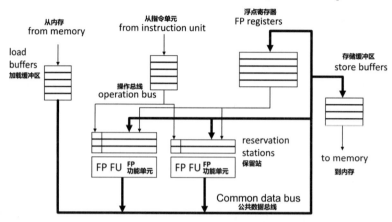

图 2-15　Tomasulo 处理器微架构

Tomasulo 算法的主要特点是引入了寄存器重命名机制。寄存器重命名的主要目的是消除 WAW 和 WAR 类型的冒险，允许处理器更好地利用其计算资源进行并行执行。处理器通过 Tomasulo 算法在运行时会追踪每个计算结果的来源，将寄存器指向一个中间存储位置 ROB。当计算完成时，结果会从这个中间存储位置移动到实际的寄存器位置。这就相当于把寄存器的名字"重命名"了。使用这种技术，处理器可以让一些指令更早地开始执行，而不必等待前面的指令完全完成。Tomasulo 算法在 IBM 360/91 上成功应用后，逐渐被更多的处理器采用，成为现代超标量和超线程处理器的重要技术组成部分。

Intel 的 P6 微架构（包括 Pentium Pro、Pentium Ⅱ 和 Pentium Ⅲ等处理器）就使用了基于 ROB 的寄存器重命名方法。但在之后的现代微处理器设计中，多数处理器使用的是类似于统一物理寄存器文件（Unified Physical Register File，PRF）的寄存器重命名方法。如 Intel 的 Nehalem、Sandy Bridge、Haswell 等架构，以及 AMD 的 Zen 架构等，都采用了物理寄存器文件方法。这种方法的优点是更灵活，可以更有效地管理和使用物理寄存器的资源。所有的指令结果，无论是推测的还是确认的，都存储在同一个物理寄存器文件中，这样就可以节省存储空间，降低寄存器文件读写所需的能耗，并且可以简化指令的操作数读取步骤。

PRF 使用了一个映射表来维护逻辑寄存器和物理寄存器之间的映射关系，还使用了一个空闲列表来记录哪些物理寄存器是空闲的。这样就可以在新的指令被译码时动态地分配和回收物理寄存器的资源，从而实现有效的寄存器重命名。PRF 也有一定的复杂性，因为它需要复杂的逻辑来维护映射和空闲列表，并在每条指令译码、执行和退役时更新这些信息。

寄存器别名表（Register Alias Table，RAT）也是实现寄存器重命名策略的关键组件之一。当指令首次进入指令队列时，如果指令需要写入一个逻辑寄存器，就会在 RAT 中为这个逻辑寄存器分配一个新的物理寄存器，并且更新逻辑寄存器到物理寄存器的映射关系。在指令发射（Issue）阶段，处理器会根据 RAT 中的映射关系，将指令中的逻辑寄存器替换为对应的物理寄存器，这样指令就可以在物理寄存器文件中正确地读取操作数。当指令完成执行并准备写回结果时，结果将被写入之前在 RAT 中分配的物理寄存器。在指令提交（Commit）阶段，这个物理寄存器会被认定为逻辑寄存器的新值。

PRF 是实际存储指令结果的地方，当指令被重命名并发射到执行单元时，指令的结果将被写入 PRF 中的一个物理寄存器。这些物理寄存器的数量通常远大于逻辑寄存器的数量，这使得处理器可以同时执行更多的指令。PRF 和 RAT 的关系可以这样理解：RAT 用于维护逻辑寄存器到物理寄存器的映射，PRF 存储这些物理寄存器的实际值。两者共同工作，使得处理器能够使用有限数量的寄存器执行更多的指令并行。

2.8.3 指令提交与 ROB 单元

如果用一句话总结 ROB 的作用，就是追踪每个发射并且可能已经执行但还未提交的指令。ROB 在乱序执行中的服务作用如图 2-16 所示，可以把 ROB 想象成一个服务员，在 CPU 后端跟踪所有的微操作（经过取指单元的指令都称作微操作），直到这些微操作退役（Retired）。

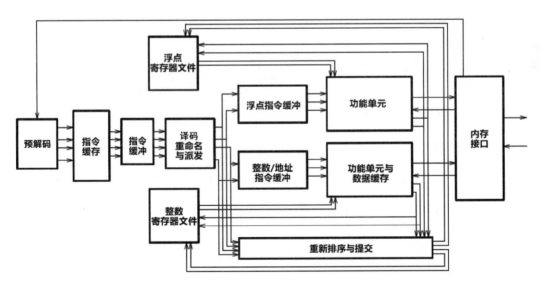

图 2-16 ROB 在乱序执行中的服务作用

在乱序执行的处理器中，当一个指令被发射到执行单元去执行时，该指令已经在 ROB 中占据了一个位置，所以 ROB 是后端的一个关口，通往执行单元的寄存器，管理微操作的生命周期。在发生异常或者分支预测错误时，CPU 能够从 ROB 中撤销（或者说回滚）这些尚未提交的指令，重新开始执行正确的指令流程。ROB 也允许处理器在提交阶段按照程序的原始顺序对结果进行更新和写回，从而确保了程序的序列化语义。

我们前面讲解过乱序执行和顺序提交的结合，重排序缓存的目的是让乱序执行的指令被顺序地提交，如果没有顺序提交流程，乱序执行将会让 CPU 的指令提交环节陷入混乱。为了保证程序的行为与单纯顺序执行的程序相同，需要在修改处理器状态（如写入寄存器或内存）时，保持原程序中的顺序。ROB 通过 FIFO 的管理方式记录指令进入和退出处理器的顺序。

ROB 使用 FIFO 的管理方式如图 2-17 所示，FIFO 是一个在计算机科学中常用的数据结构，其中最先进入的元素将最先出来。将这个概念应用到 ROB，即指令在进入处理器进行执行（被发射）时，会被放到 ROB 的尾部。当指令完成执行并准备写回结果时，并不是立即写回的，而是等待在 ROB 中。ROB 会持续查看其队首的指令，如果队首的指令已经完成执行，就将其结果提交（修改处理器状态，如更新寄存器的值），并将其从 ROB 中移出。如果队首的指令尚未完成执行，ROB 就会等待，即使在其后的指令已经完成执行。

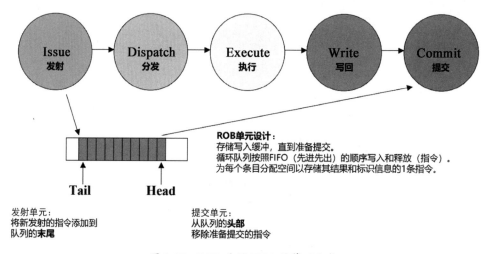

图 2-17　ROB 使用 FIFO 的管理方式

通过 FIFO 逻辑，ROB 确保了指令的结果是按照它们在程序中出现的顺序（原程序的顺序）进行提交的。这种能力对于正确处理如分支预测错误、异常、中断等情况是必要的，因为它们可能需要撤销某些指令的结果，而 FIFO 的特性能够方便地从最新的状态回滚到某个旧的状态。

ROB 的具体构造可能会因不同的处理器设计而发生变化，但是在大多数情况下，它都包括以下部分。

- 状态信息：每个 ROB 条目都会包含一些状态信息，比如指令是否已经完成、是否有异常等。
- 指令信息：包括执行的具体指令，以及相关的元数据（如指令类型等）。
- 结果：如果指令已经完成，那么其结果将被存储在 ROB 中。这可能包括从寄存器读取的数据或者计算的结果。在物理寄存器重命名策略中，指令结果会被直接写入物理寄存器文件，ROB 不再负责存储结果。
- 目标地址：对于涉及内存访问的指令（如加载和存储），ROB 条目会包含目标内存地址。

一般来说，ROB 条目是按照指令的原始程序顺序排列的，即使它们可能是乱序执行的，也可以保证指令在完成后按照它们在程序中出现的顺序进行提交（按序提交），这也就是"重排序"这个名词的来源。

这样的设计有助于处理可能出现的异常或者分支预测错误。如果出现异常，那么只需要简单地清空 ROB，并从上次已知的正确状态恢复，就可以实现精确异常处理。如果出现分支预测错误，那么需要把错误的预测结果从 ROB 中清除，并从正确的分支位置重新开始指令的获取和执行。

ROB 的容量非常重要，因为它直接影响了处理器的乱序执行能力。一般来说，具有更大 ROB 的处理器可以在任何给定时间内跟踪和执行更多的指令，这样可以提高指令级并行性（ILP）。然而增加 ROB 的容量也会带来一些挑战，例如提高了硬件复杂性和功耗，并可能影响时钟速率。

2.8.4　发射队列

发射队列（Issue Queue）在处理器中扮演了非常重要的角色，发射队列也被称为保留站，主要用于存储已经被译码但尚未被执行的指令。这个队列有助于实现乱序执行，是乱序执行的核心组成部分之一。乱序执行可以提高指令级并行性，若没有发射队列，指令就无法乱序执行。

我们试想一下，在没有发射队列的情况下，指令被译码后会被直接发送到执行单元，这样可能存在以下问题。

- 资源争用：如果多个指令需要使用同一种类型的执行单元（比如浮点数单元或整数单元），它们之间就会发生资源争用。这种资源争用会导致一些指令必须等待执行单元可用才能执行，这个等待时间可能会浪费处理器的资源和时间。

- 数据冒险：如果一个指令需要将另一个指令的结果作为输入，而后者的结果还未准备好，那么前者就需要等待，这种现象被称为数据冒险。如果没有发射队列，这种数据冒险就必须在执行单元中解决，这可能导致执行单元的利用率降低。

其实在 CPU 架构中，存在许多不同的队列，它们在各种处理阶段之间起到缓冲和解耦的作用，发射队列也是其中一个。发射队列解耦的是 CPU 的前端和后端（也就是顺序译码得到的微指令），以及具备乱序执行能力的计算单元。有了发射队列，CPU 可以尽可能高效地"喂饱"计算单元，让计算单元不再受到资源争用和数据冒险等问题的困扰。

发射队列需要这几个关键部分电路：分配电路、唤醒电路、仲裁电路和分发电路。

- 分配电路：这部分电路的主要任务是为进入处理器流水线的新指令在需要的资源中分配空间。这些资源包括但不限于物理寄存器（在寄存器重命名阶段使用）和重排序缓冲区条目。分配电路的工作非常关键，因为如果这些资源不足，则可能会导致指令的停顿，进而影响处理器的整体性能。
- 唤醒电路：这部分电路负责追踪每个指令的操作数是否已经准备好。当一个指令的所有操作数都准备好时，该指令就会被唤醒，然后可以被发射到执行单元。唤醒电路需要不断地追踪其他指令的状态。
- 仲裁电路：这部分电路负责在多个已经唤醒的指令中选择一个或多个指令进行发射。因为处理器的执行单元的数量是有限的，如果有多个指令同时被唤醒，那么就需要有一个仲裁机制来决定哪个指令应该被先发射。仲裁电路通常会考虑指令的优先级，以及处理器的资源使用情况等因素来进行决策。
- 分发电路：这是在指令发射最后阶段起关键作用的部分，位于指令发射队列末端，直接接触执行单元。指令从发射队列传送到执行单元，这个过程就是分发。

发射队列在每个 CPU 核心中可以是一个整体，也可以被设计为两部分（比如分别服务整数单元和浮点数单元，甚至为每个计算单元提供一个发射队列），这两种设计方案分别被称作集中式指令队列（Centralized IQ）和分布式指令队列（Distributed IQ），它们的优点与缺点如表 2-2 所示。

Intel 和 AMD 的处理器在设计上采用了不同的策略，这主要取决于它们各自的设计目标和对性能、功耗和面积的考虑。

表 2-2　集中式指令队列和分布式指令队列的优点与缺点

发射队列的分立方式	优点	缺点
集中式指令队列	高效利用空间：由于所有的指令都在同一指令队列中，因此在任何时候都可以选择任何类型的指令来执行，而无须考虑是否有特定类型的执行单元可用。这可以使得处理器的利用率最大化。 简化的布线：只有一个集中的指令队列，降低了布线的复杂性	高复杂度的选择电路：由于要在一个大的队列中选择指令，所以需要对所有的指令进行检查以确定哪些是可以执行的，这使得选择电路非常复杂。 复杂的唤醒电路：同样地，因为所有的指令都在同一个队列中，所以在一个指令完成时，需要唤醒队列中的所有等待指令，以检查是否有指令可以现在执行。这也会提高唤醒电路的复杂性
分布式指令队列	简化选择电路：由于每个执行单元有自己的队列，所以选择电路可以更简单。我们只需要查看对应的队列，就可以快速地找出可以执行的指令。 更好的并行性：每个执行单元都有自己的队列，可以同时选择和发射指令，提高了并行性	较低的空间利用率：如果一个类型的指令过多，则它的队列可能会被填满，而其他类型的指令队列可能还有空间，这就造成了空间的浪费。 更复杂的布线：每个执行单元都有自己的队列，提高了布线的复杂性

Sky Lake 微架构图如图 2-18 所示，Intel 的 Core 系列处理器通常使用集中式指令队列。这种设计可以让处理器从所有待执行的指令中选择最适合当前可用功能单元的指令来执行，这有助于更高效地利用 CPU 资源。然而这种设计的主要挑战在于选择和唤醒逻辑的复杂性，因为需要从大量的指令中选择可以执行的指令。Intel 从 Pentium Pro 开始，使用集中式指令队列，Sky Lake 依然是这种结构，发射队列的容量达到 97。但是从 Sky Lake 微架构之后，发射队列的容量细节就没有被披露。

直到 2021 年，Cypress Cove 微架构（11 代酷睿产品）的指令队列和 Sunny Cove 的指令队列相比基本上一样，采用了集中式指令队列，但是以 4 个保留站（图 2-19 中的 RS 0、RS 1、RS 2、RS 3）的方式提供了不同的指令发射绑定。在图 2-19 中，RS 代表保留站，PORT 代表端口，INT 代表整数，ALU 代表算术逻辑单元，LEA 代表地址计算，SHIFT 代表移位，MUL 代表乘法，IDIV 代表整数除法，MULHI 代表高位乘法，JMP 代表跳转，VEC 代表矢量，FMA 代表融合乘加，FPDIV 代表浮点除法，SHUFFLE 代表洗牌，AGU 代表地址生成单元，STORE DATA 代表存储数据，LOAD 代表加载，STA 代表存储。

AMD 的 Zen 系列处理器采用了分布式指令队列。在这种设计中，每种类型的指令都有自己的队列，这简化了选择和唤醒逻辑，因为我们只需要考虑特定类型的指令即可。然而这种设计可能导致资源利用率较低，因为某种类型的指令队列可能已满，而其他类型的指令队列可能还有空闲。这两种方法各有优缺点，并且在实际应用中都有所妥协。

发射队列和寄存器有先后关系，这里产生了两种不同的指令发射队列设计方法：数据捕捉（Data Capture）和非数据捕捉（Non-Data Capture）。这两种方法的区别在于何时读取物理寄存器文件的值。

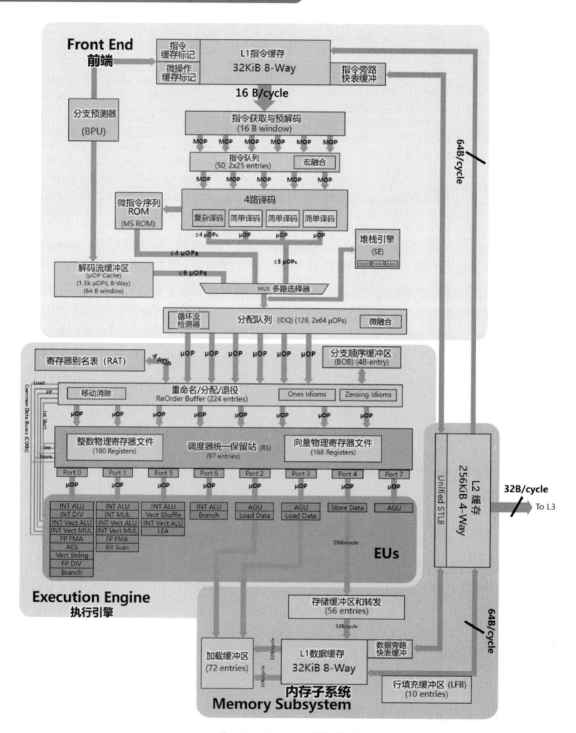

图 2-18　Sky Lake 微架构图

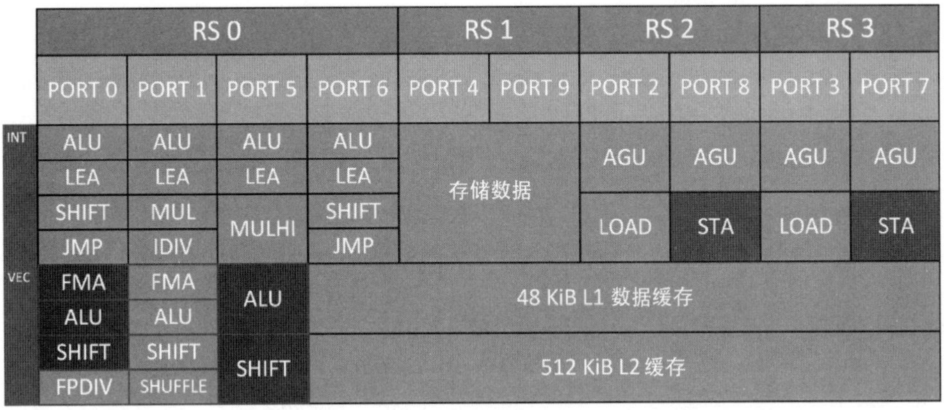

RS 0				RS 1		RS 2		RS 3	
PORT 0	PORT 1	PORT 5	PORT 6	PORT 4	PORT 9	PORT 2	PORT 8	PORT 3	PORT 7
INT ALU	ALU	ALU	ALU	存储数据		AGU	AGU	AGU	AGU
LEA	LEA	LEA	LEA						
SHIFT	MUL	MULHI	SHIFT			LOAD	STA	LOAD	STA
JMP	IDIV		JMP						
VEC FMA	FMA	ALU	48 KiB L1 数据缓存						
ALU	ALU								
SHIFT	SHIFT	SHIFT	512 KiB L2 缓存						
FPDIV	SHUFFLE								

图 2-19　Cypress Cove 微架构 4 个保留站设计

在数据捕捉的方法中，指令在发射阶段之前读取 PRF。这种方法使用了一个叫作 Payload RAM 的特殊内存区域来存储 IQ 中的源操作数。当一个指令被选择执行时，它的源操作数可以直接从 Payload RAM 中读取。而在发射阶段，如果一个指令的目标寄存器的值已经被计算出来，那么这个值可以通过旁路网络（Bypass Network）写回 Payload RAM 中。这种方法的优点是可以提前读取操作数，减少了执行阶段的延迟时间，但缺点是需要额外的内存空间来存储操作数，同时也需要处理旁路网络的复杂性。

在非数据捕捉的方法中，指令在发射阶段后才读取 PRF。这种方法的优点是可以减少对内存的需求，并且可以避免处理旁路网络的复杂性，但缺点是需要在执行阶段读取操作数，这可能会导致额外的延迟。

端口的设计和数量取决于处理器的微架构和设计目标。端口的数量和类型影响了处理器的指令发射宽度（每个时钟周期能发射到执行单元的指令数量）和并行执行能力。

Zen 微架构图如图 2-20 所示，以 Zen 微架构为例，其退役队列与主执行管道（重命名和分配）是分开的，并且整数和浮点数管道有单独的重命名缓冲区。总体而言，Zen 的端口设计可以将 6 个微操作发送到整数重命名缓冲区，4 个微操作发送到浮点数重命名缓冲区，8 个微操作发送到 192 个条目独立的退役队列，在发射阶段后读取 PRF。AMD 采用分布式指令队列，整数部分每个 ALU 和 AGU 单元都有对应的调度器，吞吐 14 个条目；浮点数部分的设计不同，只有一个统一的调度器队列，吞吐 96 个条目。

在 Zen 架构中，Non-Scheduling Queue 置于浮点数调度队列和整数调度队列上方，一般被翻译为非调度队列，是一个存储特定类型指令的队列，这些简单指令不需要通过传统的调度/

发射过程，通常会先于更复杂的指令被执行，以减少处理器的等待时间并提高其整体性能。这种设计是一种针对指令混合类型（Mix of Instruction Type）进行优化的策略。一些相对简单的、不涉及复杂计算的指令（如某些移动指令、逻辑操作等）可能会被放入 Non-Scheduling Queue。这个队列的存在使得处理器能更有效地利用它的资源，同时也可以帮助减轻调度器的压力，让调度器能够集中处理更需要其服务的复杂指令。

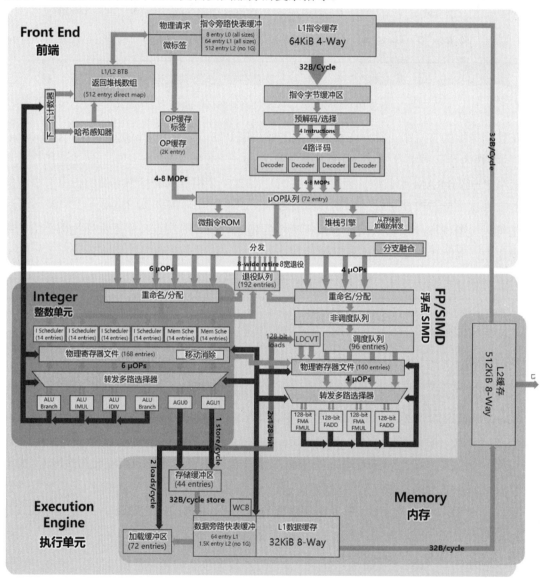

图 2-20　Zen 微架构

2.8.5　数据旁路

数据旁路是现代微处理器设计中常见的一种技术，目的是降低由指令的数据依赖性带来的性能损失。数据旁路也被称为数据前馈或者直接传送，它通过快捷通道把处于流水线后半部分的计算单元和前半部分的指令控制单元连起来。

在一个典型的处理器流水线设计中，一条指令需要经过取指、译码、执行、存储器访问和写回等步骤。一条指令的结果通常在写回阶段被写入寄存器，如果下一条指令需要这个结果作为输入，那么理论上必须等待上一条指令完成所有的流水线阶段后才能开始执行。这种情况会导致流水线的停顿。

数据旁路通过创建额外的数据路径，将计算结果直接从执行阶段或者内存访问阶段传送到较早阶段的流水线，使得依赖这个结果的指令能够更早地开始执行。这样，可以显著减少甚至消除由数据依赖性引起的流水线停滞。

当一个计算单元完成计算后，其结果不仅会被送到写回阶段写入寄存器，而且也会通过旁路网络被直接送到其他需要这个结果作为输入的计算单元，以及寄存器文件和 RAM。这样相关的指令可以"背靠背"执行，即使前一条指令还没有完全走完全流水线，后一条指令也可以开始执行，从而提高了执行效率。旁路网络的设计需要权衡，如果旁路网络过长，那么数据从一个计算单元的输出到另一个计算单元的输入的时间就会增加，这可能会减少留给第二条指令的执行时间，从而对周期时间产生负面影响。

以下面一段指令代码为例，这段代码中包含 4 条指令：

```
add s0, t0, t1：这条指令将寄存器 t0 和 t1 中的值相加，并把结果存入寄存器 s0。
sub t2, s0, t3：这条指令将寄存器 s0 和 t3 中的值相减，并把结果存入寄存器 t2。
sub t2, s0, t3：这条指令同样是将寄存器 s0 和 t3 中的值相减，并把结果存入寄存器 t2。
sub t2, s0, t3：这条指令同样是将寄存器 s0 和 t3 中的值相减，并把结果存入寄存器 t2。
```

在流水线中，数据旁路可以解决数据冒险的问题，如图 2-21 所示。第二条指令"sub t2, s0, t3"需要用到第一条指令"add s0, t0, t1"的结果（s0 的值）。在没有数据旁路的情况下，第二条指令必须等待第一条指令将结果写回 s0 寄存器后才能执行。然而，如果使用了数据旁路，那么在第一条指令完成执行阶段并计算出 s0 的新值后，这个新值可以立即通过旁路网络被传递给第二条指令，使得第二条指令可以在 s0 完成写回之前就开始执行。这样可以避免流水线停滞，提高处理器的效率。对于接下来的第三条和第四条指令，因为它们与第二条指令完全相同，也都需要用到 s0 的值，所以同样可以利用数据旁路来提高执行效率。

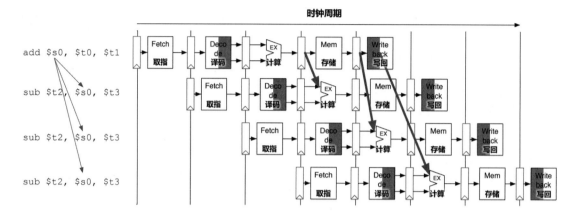

图 2-21　数据旁路

在 CPU 的硬件设计中，构建数据旁路通常需要特定的硬件支持。在实际的硬件中，数据旁路通常通过连接线来实现。多路选择器（Multiplexer，Mux）是一种常用的实现数据旁路的硬件。多路选择器可以在多个输入中选择一个进行输出，选择的控制信号通常来自控制单元。例如，在一个包含数据旁路的流水线 CPU 中，多路选择器可以在寄存器文件和执行单元输出之间选择，使得新计算出的数据能够立即被后续指令使用。实现数据旁路需要考虑到 CPU 中不同部分的延迟，以保证数据在正确的时钟周期到达目的地。这也需要相应的电路设计，例如在数据路径中添加相应的缓冲区或者使用同步电路等技术。

实现一个全连接的旁路网络（每个旁路源可以直接将数据传递给任何可能的目标）需要具备很高复杂性的硬件。在实践中，可能只有部分数据旁路被实现，或者采用一些优化方法来实现，比如将旁路源和目标进行集群，只在集群内部实现全连接。数据旁路操作需要在一个时钟周期内完成，这可能会给时序设计带来挑战。如果数据旁路路径太长，则可能会限制处理器的最大时钟频率。

2.9　超线程技术

超线程技术（Hyper-Threading，HT）是由 Intel 开发的一种可以提高 CPU 性能的技术。这种技术的主要思想是利用现代处理器的高度流水线设计中存在的资源闲置和等待时间。超线程技术让一个物理处理器核心看起来像两个（甚至有些处理器支持更多超线程）逻辑处理器，每个逻辑处理器可以独立地调度和执行指令。现在几乎大部分 CPU 都使用了该技术来更高效地利用流水线闲置资源，并通过该技术提供更多的逻辑线程数量。

指令的每个流水线环节时间分布不均匀，即使是最先进的处理器也很难在每个时钟周期中都充分利用所有的 CPU 硬件资源。例如，一个指令可能需要访问内存，而内存访问通常需要数十个或更多的时钟周期。在这个过程中，处理器的其他部分（例如算术单元）可能无事可做。通过同时运行两个线程，超线程技术可以使一个线程在等待内存时让另一个线程使用这些空闲的资源，从而提高资源利用率。

超线程技术提高了并行度，能够在不提高硬件复杂性的前提下，通过更好地利用已有的流水线上的闲置资源来提高性能，但是超线程并不总能提高性能，其实际效果取决于具体的应用和工作负载。如果两个线程都需要大量地使用同一部分的硬件资源（如内存系统或某种特定类型的功能单元），那么超线程可能不会带来太高的性能提升，甚至可能会因为资源竞争而导致性能下降。所以，在某些应用中为了系统性能稳定，或者在非常注重单线程或者少数几个线程性能的环境下，部分用户选择关闭超线程技术。

超线程和乱序执行是两种不同的但相关的概念。超线程涉及任务调度和执行的高层次，而乱序执行则是在较低层次上，针对单个线程内的指令进行的优化。在超线程技术中，处理器可以交替地从两个线程（逻辑处理器）中取出指令，并将它们放入乱序执行引擎，如图 2-22 所示。

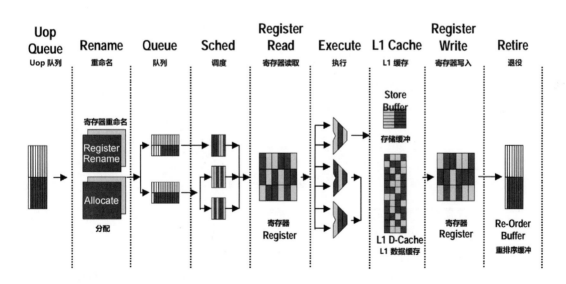

图 2-22　超线程技术利用资源分布示意

以下部分通常会为每个线程提供独立的资源，这意味着如果要支持超线程，必须增强对逻辑单元的容量设计。

- 程序计数器（Program Counter）或指令指针（Instruction Pointer）：程序计数器用于记录正在执行的指令的地址。
- 寄存器文件（Register File）：这是存储中间计算结果的地方。
- 寄存器别名表（Register Alias Table，RAT）：这是在乱序执行中用于重命名寄存器以避免冒险的结构。
- 返回堆栈缓冲区（Return Stack Buffer，RSB）：这个缓冲区用于预测函数返回地址。

超线程执行效果如图 2-23 所示，图中显示在单个处理器上处理 n 个线程所需的时间明显比启用超线程技术的单处理器系统长。这是因为在启用超线程技术后，一个物理处理器有两个逻辑处理器同时处理两个线程。

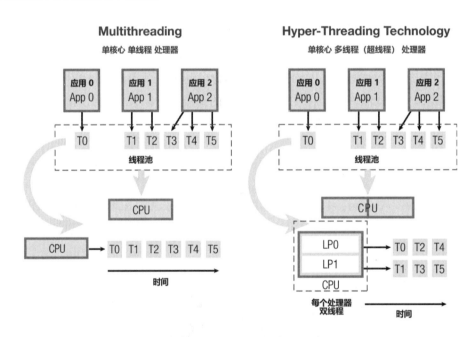

图 2-23　超线程执行效果

每个逻辑处理器维护一个完整的架构状态。架构状态包括通用寄存器、控制寄存器、高级可编程中断控制器（APIC）寄存器和一些机器状态寄存器。从软件角度来看，一旦架构状态被复制，就表现为两个处理器。存储架构状态所需的晶体管数量只占总量的极小部分。逻辑处理器几乎共享物理处理器上的所有其他资源，如缓存、执行单元、分支预测器、控制逻辑和总线。

当应用程序使用多线程来利用工作负载中的任务级并行性时，多线程软件的控制流可以分为两部分：并行任务和顺序任务。阿姆达尔定律描述了应用程序在控制流中并行性的性能增益程度，即描述并行计算系统的性能提升潜力。简单来说，它表达了一个系统中不可并行化的部分对整体性能优化的制约。虽然某个部分可以被完全并行化且得到极大的加速，但由于系统中存在不能被并行化的部分，所以整体性能的提升仍然有上限。

在 Intel 软件部门发表的论文"Hyper-Threading Technology: Impact on Compute-Intensive Workloads"中，论文作者为了测试超线程技术的加速比（相对于单线程的性能提升比率），将重点放在单进程的数值密集型应用上。所谓数值密集型应用，是指很少依赖外部输入（例如远程数据源或网络请求），而直接在主系统内存中进行工作的应用程序。

这些应用程序通常需要快速交付结果，让更高质量的产品更快地进入市场。由于这些代码具有数据密集型的特点，并且对性能要求较高，因此它们是在共享内存对称多处理器（SMP）系统上进行多线程加速的理想选择。

论文中考虑了一系列应用程序，使用 OpenMP 进行线程化，并在 SMP 系统上显示出良好的加速效果。从操作系统的角度来看，这些应用程序中的每一个都实现了 100% 的处理器利用率。然而实际上，内部处理器资源仍然未被充分利用。要通过超线程技术实现额外加速，这些应用程序是良好候选者。

为了评估超线程技术在这类应用程序中的效果，论文作者测量了现有的多线程可执行文件的性能，而无须针对多线程处理器进行任何更改。使用操作系统提供的计时器来测量稳定且可重现的工作负载的完成时间，图 2-24 显示了应用程序中超线程技术的加速效果，表 2-3 为应用程序指令特性。

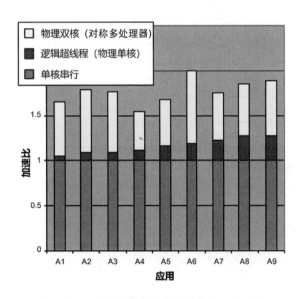

图 2-24　应用程序中超线程技术的加速效果

应用程序的加速比，即单线程运行时间与多线程运行时间的比值。论文使用 Intel VTune 性能分析器，直接从处理器中获取了以下计数器数据。

- 时钟周期
- 已退役指令
- 已退役的微操作
- 已退役的浮点数指令

根据原始数据，评估了以下比率。

- 每条退役指令的时钟周期数
- 每个退役微操作的时钟周期数
- 已退役浮点数指令的分数

表 2-3   应用程序指令特性

Application 应用程序	Cycles/Instruction 每条指令的时钟周期数	Cycles/uop 每个微操作的时钟周期数	FP% 浮点数指令占比（%）	SMT Speedup 超线程加速比	SMP Speedup 物理多核加速比
A1	2.04	1.47	29	1.05	1.65
A2	1.11	0.89	4.6	1.09	1.79
A3	1.69	0.91	16	1.09	1.77
A4	1.82	1.29	20	1.11	1.54
A5	2.48	1.45	36	1.17	1.68
A6	2.54	1.60	0.1	1.19	2.00
A7	2.80	2.05	10	1.23	1.75
A8	1.69	1.27	19	1.28	1.85
A9	2.26	1.76	20	1.28	1.89

超线程技术利用多线程应用程序的显式并行结构，补充 ILP 并利用其他被浪费的资源。CPU 的设计在超线程技术出现后，能够更加轻松地加宽一些流水线的并行度，比如更多的译码单元和更多的执行单元。超线程可以更好地利用处理器的各个功能单元，有潜力隐藏任何流水线环节的延迟，并能够有效利用晶体管资源。

第 3 章　缓存硬件结构

3.1　DRAM 与 SRAM 设计取舍

  RAM（随机存取存储器，Random Access Memory）是计算机中的一种重要的内存设备，它的主要作用是临时存储和提供 CPU 需要的代码和数据。关于 RAM 的结构，我们可以把 RAM 想象成一个大型图书馆，CPU 是在图书馆中查阅图书（数据）的读者，每一个数据或每一条指令就像一本书，都有自己的存储位置。

- RAM 中的数据存储：RAM 中的数据存储与书架上存储图书的方式类似。每一个数据都有一个独一无二的地址，类似于图书在书架上的行和列的位置。例如，如果你有一个 10 行 10 列格子（也就是 100 个格子）的书架，那么每本书都可以通过一个行编号和一个列编号来定位。同样地，RAM 中的每一个数据也都有一个唯一的地址。
- 地址总线和数据总线：这两个概念可被理解为图书馆的管理系统。地址总线相当于查找图书的目录，它告诉你每本书在书架上的确切位置。数据总线则相当于图书馆的工作人员，他们（它们）根据你（CPU）提供的图书位置（也就是地址总线提供的信息），找到并将图书（数据）交给你（CPU）。
- RAM 的操作过程：当 CPU 需要访问 RAM 中的数据时，它会通过地址总线向 RAM 发送一个特定的地址，这就像在图书馆中查找某本书的位置。然后，RAM 会根据这个地址找到对应的数据，并通过数据总线将数据发送给 CPU。这个过程就像图书馆的工作人员根据你提供的位置找到图书并交给你。
- 地址译码器：在 RAM 中，地址译码器负责将 CPU 通过地址总线发送的地址信息译码，以找到数据的存储位置。这就像你根据图书的名字（地址）找到它在书架上的具体位置。

  RAM 的两大主要分类是 SRAM（静态随机存取存储器，Static Random Access Memory）和 DRAM（动态随机存取存储器，Dynamic Random Access Memory），如图 3-1 所示。SRAM 是一种用于存储数据的随机存取存储器类型，不需要持续刷新即可保持数据，但相对于 DRAM 来说，SRAM 的集成密度较低、成本较高。SRAM 常被用于制造 CPU 的片上缓存、寄存器等对速度有要求的存储单元。SRAM 通常需要 4～10 个晶体管来完成 1bit 信息的存储和读取。

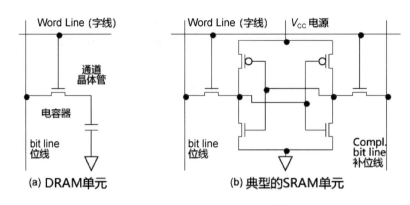

图 3-1　DRAM 与 SRAM 晶体管结构

DRAM 是另一种用于存储数据的随机存取存储器类型，由电容和晶体管组成，需要定期刷新来保持数据，但相对于 SRAM 来说，DRAM 的集成密度较高、成本较低。DRAM 的每个存储单元只需要一个晶体管和一个电容。DRAM 的工作原理是通过检测电容器中是否存有电荷来表示二进制数据的"1"或"0"。

我们的计算机内存大部分是由 DRAM 构成的，在 20 多年前，主流的消费级 SDRAM 是一种同步 DRAM，它与计算机系统的时钟同步，提供更高的数据传输速度。DDR SDRAM 是 SDRAM 的进化版本，它在一个时钟周期内进行两次数据传输，从而提供更高的带宽。再比如 DDR2 SDRAM、DDR3 SDRAM、DDR4 SDRAM 等，都是 DDR SDRAM 的进一步改进版本，每一代都提供了更高的带宽和性能。

我们把关注点放在速度和功耗方面，分析 SRAM 和 DRAM 有何具体差异。

- 访问速度：通常 SRAM 的访问速度更快。SRAM 的典型访问时间为 2～10ns，而 DRAM 的典型访问时间为 10～70ns，因此，SRAM 的速度比 DRAM 的速度快数倍。这也是 SRAM 通常被用作 CPU 的缓存，而 DRAM 被用作主内存的原因。
- 功耗：在功耗方面，SRAM 和 DRAM 的表现是相反的。DRAM 的静态功耗相对较低，但是由于需要定期刷新，所以其动态功耗较高。相比之下，SRAM 在待机时的功耗较高，但在操作时的功耗较低。

3.2　DRAM 读/写过程

DRAM 的基本存储单元是一个存储位，它由一个晶体管和一个电容组成，又称 1T1C 结构，DRAM 存储阵列如图 3-2 所示。这个存储位通常被称为 DRAM 单元或 DRAM 细胞。电容中存储的电荷量可表示"0"和"1"。晶体管用来控制电容的充电与放电，由于电容会存在

"漏电流"现象，所以必须在数据改变或断电前进行周期性"动态"充电，以保持电势，否则就会丢失数据。

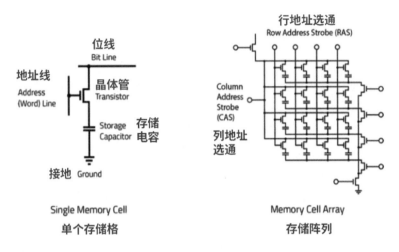

图 3-2　DRAM 存储阵列

DRAM 需要定期刷新是因为 DRAM 单元的电容器非常微小，只能保存极少的电荷量。电容器的绝缘不是完美的，这导致了所谓的"漏电流"现象，也就是电荷会随着时间的流逝而减少。在室温或更高的温度下，晶体中的原子运动会更加活跃。这种运动可以使电子越过绝缘层的障碍，并导致"漏电流"。一旦电容器的电荷量减少到一定量，电荷量不足以被正确读取为"1"或"0"，就会导致数据丢失。所以 DRAM 必须定期刷新，刷新操作包括读取每个电容的电荷状态，并重新充电或放电。刷新动作可以确保电容器中的电荷状态反映其所存储的数据值，所以 DRAM 被称为"动态"随机存储器。

（1）DRAM 读取数据的过程如下。

● 选择行：在读取之前选择要读取的行。DRAM 内部的地址译码器根据外部给定的地址选择相应的行，并将该行的地址传递给行地址选通。

● 激活行：DRAM 的每一行都有一个对应的行地址选通。一旦地址译码器选择了特定的行，行地址选通就会将电平变为高，这会导致该行连接的所有 DRAM 单元的电容器都被充电，数据被放大。

● 读取数据：DRAM 单元中的电容器存储了数据的电荷状态。一旦行被激活，电容器的电荷就会被读取并放大。这会导致电流流过存储在电容器中的电荷，这个电流被读取和放大为一个电压信号。

- 数据传输：读取的电压信号会先被传送到输出引脚，再被传送到数据总线上，以供其他部件使用。

（2）DRAM 写入数据的过程如下。

- 选择行：和读取过程一样，在写入数据之前选择要写入的行。地址译码器会选择目标行，并将其地址传递给行地址选通。
- 激活行：行地址选通会将目标行的电平变为高，使得该行的所有 DRAM 单元的电容器都被充电。
- 写入数据：在写入数据之前，外部数据被放置在数据总线上。通过列地址选通，数据会被传输到目标行所选中的 DRAM 单元的电容器中，电容器的电荷状态会因此改变，从而存储了新的数据。
- 停用行：写入完成后，行地址选通的电平会被拉低，目标行将不再被选中，从而完成写入过程。

DRAM 的写入过程相对于读取过程要稍微复杂一些，因为它需要额外的步骤来将数据写入电容器中。同时，由于 DRAM 的电容器存在"漏电流"，所以需要定期进行刷新操作来重新充电，以防止数据丢失。

3.3　SRAM 读/写过程（以 6T SRAM 为例）

六晶体管（6T）SRAM 单元由 6 个晶体管（MOSFET，可简写为 MOS）组成，如图 3-3 所示。SRAM 中的每一位存储在由 4 个场效应管（M_1、M_2、M_3、M_4）构成两个交叉耦合的反相器中。另外两个场效应管（M_5、M_6）是存储基本单元到用于读/写的位线（Bit Line）的控制开关。

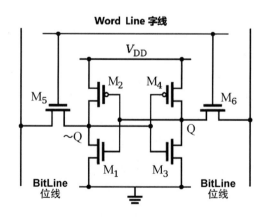

图 3-3　6T SRAM 结构

6T SRAM 被大量应用在芯片缓存中，如图 3-4 所示。SRAM 基本存储单元是一个双稳态存储器单元，通常由两个交叉耦合的反相器（也称双稳态触发器）组成。这两个交叉耦合的反相器构成了 SRAM 单元的两个稳定状态。在这两个状态中，一个反相器的输出是高电平（1 态），而另一个反相器的输出是低电平（0 态），反之亦然。因为这两个状态是稳定的，所以即使没有外部输入信号的作用，SRAM 单元也会保持原来的状态。

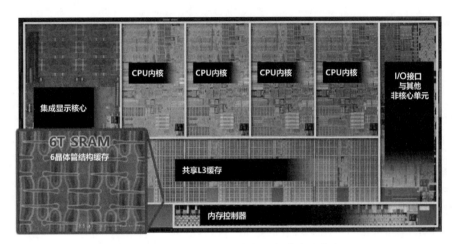

图 3-4　6T SRAM 被大量应用在芯片缓存中

SRAM 通过应用双稳态存储器单元来存储数据。当 SRAM 的行地址选通激活并将数据写入单元时，数据会被存储在两个交叉耦合的反相器之一中，保持其中一个反相器处于高电平状态，另一个处于低电平状态。在读取数据时，选择相应的行并读取两个交叉耦合的反相器中的电平差，以确定存储在其中的数据是 0 还是 1。

SRAM 具有快速读取和写入操作的能力，可以直接从反相器中读取数据，无须刷新和重写操作，从而提高了访问速度和能效。

在 SRAM 中，基本的存储单元由 6 个 MOS 构成，如图 3-5 所示。在 SRAM 设计中，MOS 的阈值电压（Threshold Voltage）非常关键，它影响了该晶体管开关的电压，这意味着阈值电压会影响 SRAM 单元的读/写性能。

- 当 NMOS 和 PMOS 的阈值电压都比较低时，表示晶体管的开启/关闭电压较低，因此电流增大，读取速度会加快。但是，低阈值电压同时意味着关断困难，也就是说，即使在关闭状态下，晶体管也会有相对较大的"漏电流"，导致功耗较高。
- 当 NMOS 和 PMOS 的阈值电压都较高时，晶体管读取速度降低，这是因为在一定的时钟信号内，两条位线的电位无法形成足够的差值，导致无法正确读取数据。这种情况下会出现信号读取失败。

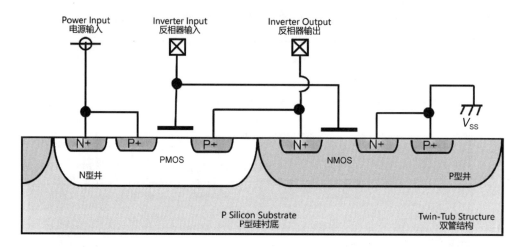

图 3-5　6 个 MOS 的结构和工作原理

- 当 NMOS 阈值电压较低，PMOS 阈值电压较高时，也就是说，通道门的阈值电压较低，反相器的阈值电压较高，那么一旦输入信号稍微有一点儿降低，通道门就会打开，降低输出的电位，导致存储的信号反转，即读取错误的数据。
- 当 NMOS 阈值电压较高，PMOS 阈值电压较低时，通道门打开不足，无法将数据线的信号通过通道门传输到节点，即无法正确写入数据。

SRAM 中 6 个晶体管的阈值电压都要在一定的范围内，才能保证 SRAM 的正常工作，这个范围需要根据特定的应用和设计目标（如读/写速度、功耗等）进行调整和优化。

3.4　Intel 对 8T SRAM 的探索

从 2008 年开始，Intel 分别在低功耗的 Atom 和桌面及服务器级 Nehalem 中，使用了 8T SRAM 单元技术来代替传统的 6T SRAM 单元技术，6T SRAM 和 8T SRAM 的差异如图 3-6 所示。虽然晶体管的数量看起来增加了，但实际上 8T SRAM 单元的目标是降低功耗。改进型的 8T SRAM 单元晶体管数量略有增加，但是可以获得更低的工作电压，最终获得了较低的功耗。

8T SRAM 使用 8 个晶体管来构成一个存储单元。8T SRAM 的主要优点是可以独立优化读取和写入操作，因此可以提高读取稳定性和降低写入功率。这种独立优化的能力来自额外的两个晶体管，它们被添加到单元中，用于分离读取和写入路径，读取和写入操作可以独立进行，而不会互相影响。

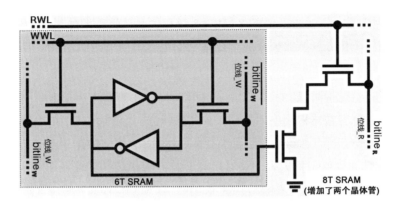

图 3-6　6T SRAM 和 8T SRAM 的差异

具体来说，一个典型的 8T SRAM 单元包含如下 8 个晶体管的功能。

- 两个交叉耦合的反相器，形成一个双稳态的电路，用于存储位信息。
- 两个接入晶体管，用于控制存储单元的读/写操作。
- 两个读取晶体管，形成一个分离的读取路径，可以在不扰动存储信息的情况下读取位信息。
- 两个写入晶体管，形成一个分离的写入路径，用于改变存储的位信息。

8T SRAM 比 6T SRAM 有以下几个显著的区别。

- 读/写性能：8T SRAM 具有更快的读/写性能。这主要是因为 8T SRAM 的设计允许两个分离的单端读取端口，结合类似多管道（Domino）的层次结构，可以极快地完成读取操作并避免 6T SRAM 中可能引起最低工作电压（Vmin）无法降低的干扰。
- 双端口特性：8T SRAM 支持双端口特性，这意味着它可以同时进行两个独立的读或写操作。这种特性使 8T SRAM 特别适用于那些需要快速并行访问的应用，如微处理器的低级缓存和寄存器文件阵列。
- 工作电压：8T SRAM 可以在更低的工作电压下运行。在保持了更高性能的同时，能够降低功耗。这是通过使用自由半选择（Half-Select-Free）架构的 8T SRAM 消除部分写中引起的虚拟读取。

对于 8T SRAM 单元中的 8 个晶体管的具体分工，Intel 发表的论文 "PVT-and-Aging Adaptive Wordline Boosting for 8T SRAM Power Reduction" 中提到的技术强调了读字线和写字线的重要性。

Intel 表示 Nehalem 核心存储器从传统的 6T 静态随机存取存储器转换为 8T 静态随机存取存储器。Nehalem 核心中唯一的存储器是其 L1 缓存和 L2 缓存，每个核心的 L2 缓存非常小，只有 256 KB。因为当时将 Nehalem 的 8 MB L3 缓存的晶体管数增加 33%的成本较高，但 L3 缓存和其余的不属于核心区域的缓存运行在独立的电压平面上，所以也不一定要对 L3 缓存进行低功耗处理。

根据媒体 AnandTech 披露，Intel 的 Atom 团队在其 L1 缓存上也采取了类似的策略：Atom 缓存具有更大的单位容量体积大小（使用了 8T SRAM），这增加了 L1 指令缓存和数据缓存的面积。但是定位于移动端的 Atom 不支持过大的芯片面积，因此数据缓存必须从 32KB 减少到 24KB，牺牲部分性能换取功耗优势。根据 Intel 披露，使用这种能很好地降低 Vmin 的 SRAM 技术，可以使 8T SRAM 单元阵列的功耗降低 6%～27%（在 10%～30%的存取率条件下）。

3.5   不同规格 SRAM 的物理特性

我们参考论文 "Power and Delay Analysis of Different SRAM Techniques"，其中简单讲解了不同 SRAM 构造方式对性能的影响。

论文主要讨论了 SRAM 单元在 VLSI（超大规模集成电路）中的重要性。文章分析了 6T SRAM、8T SRAM、9T SRAM 以及 10T SRAM 的设计，讨论了它们的读/写操作，以及如何实现在功耗、性能和面积等因素之间的权衡。

6T SRAM 单元是一种传统的设计，由 6 个晶体管组成，包括读、写和保持 3 种模式。访问单元的控制由字线实现，这条线控制两个访问晶体管，决定了该单元是否应该连接到数据线和反数据线。这些数据线用于传输读和写操作的数据。

8T SRAM 单元增加了两个额外的晶体管，有独立的读字线和写字线，用于读取和写入操作。读取操作通过新添加的两个晶体管完成，写入操作则与 6T SRAM 单元相同。

9T SRAM 单元的设计是为了减少位线和单元的漏电情况，并增强了数据的稳定性。9T SRAM 单元在读取操作中完全隔离了数据与位线，从而降低了漏电功率。当 9T SRAM 单元处于空闲状态时，它们被放入超截止的休眠模式，从而降低了与标准的 6T SRAM 单元相比的漏电功率。此外，论文中还提出了一种写位线平衡方案，以减少 SRAM 单元的"漏电流"。9T SRAM 通过将读取访问结构与原始 6T 单元分离，从而提高静态噪声容限（SNM），使得读取 SNM 等于保持 SNM。该论文还提出了一种创新的预充电和位线平衡方案，用于 9T SRAM 单元的写入操作，从而在 SRAM 阵列中最大限度地节省待机功率。

10T SRAM 单元的设计则是为了解决更大内存的问题。在 10T SRAM 单元中，添加了一个额外的 PMOS，通过将节点保持在高电位，可防止线路漏电。但通过 PMOS 流动的额外漏电流会提高待机功率。表 3-1 展示了不同存储结构的延迟和能耗特性。

表 3-1　不同存储结构的延迟和能耗特性

Parameter 结构参数		180nm 工艺下		130nm 工艺下	
		Delay 延迟	Power 能耗	Delay 延迟	Power 能耗
6T	空闲	18.465 ns	218.79 nW	100.78 ns	1.616 μW
	读取	1.2372 ns	6.090 mW	633.74 ps	459.29 μW
	写入	100.29 ns	183.36 nW	155.41 ps	285.27 μW
8T	空闲	55.334 ns	29.134 μW	100.25 ns	726.02 nW
	读取	103.53 ns	30.815 μW	100.78 ns	1.7030 μW
	写入	103.31 ns	190.33 nW	182.67 ps	290.02 nW
9T	空闲	118.45 ns	125.01 μW	50.898 ns	2.5285 mW
	读取	108.99 ns	5.859 μW	456.77 ps	2.5285 mW
	写入	542.39 ps	387.54 nW	182.67 ps	290.02 nW
10T	空闲	143.80 ns	115.48 μW	456.80 ps	3.4130 mW
	读取	108.44 ns	17.313 mW	50.895 ns	3.4130 mW
	写入	398.95 ns	414.04 μW	100.15 ns	287.14 nW

　　总的来说，6T SRAM 单元的读 SNM 问题可以通过 8T SRAM 单元解决，但由于位线漏电量大，因此使用 8T SRAM 单元无法设计出高密度内存。10T SRAM 单元可以用于构建更大的内存，但是额外的 PMOS 导致待机漏电量增大。9T SRAM 单元在面积方面有一些开销，但相比 10T SRAM 单元，其功耗更低。

3.6　非一致性缓存架构

　　非一致性缓存架构（Non-Uniform Cache Architecture，NUCA）是一种缓存设计策略，其核心思想是将缓存分布在芯片的不同部位，以此优化访问缓存的延时。这是针对现代多核处理器在内部对等连接和内存访问存在的性能不均衡问题提出的一个解决方案。在这种架构下，缓存的访问延时取决于访问的位置，以及处理器的核心与缓存之间的距离，这就导致了缓存访问的延时是非一致的，因此得名"非一致性缓存架构"。有资料显示，数据如果位于靠近处理器的大缓存的部分，则其访问速度可能比物理上离处理器更远的数据访问速度要快得多。例如，在 50nm 工艺中构建的 16MB 的片上 L2 缓存中，最近的板块缓存块可以在 4 个时钟周期内被访问，而访问最远的板块缓存块可能需要 47 个时钟周期。

　　这种非一致性缓存架构是一种折中方案，因为距离处理器核心物理距离较远的缓存需要很长的延迟时间才能访问，而访问近处的缓存的速度快，缓存也正是因为这个原因而无法被设计得非常大。

　　8 个物理处理器核心及其围绕的 NUCA 缓存如图 3-7 所示，在多核处理器和多处理器系统中，NUCA 通过优化处理器内部的数据访问和流动，可以显著地提高处理器的性能，提高缓存的利用效率，降低内存访问的延迟。

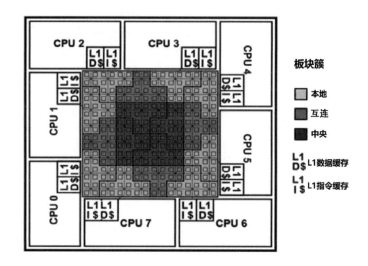

图 3-7　8 个物理处理器核心及其围绕的 NUCA 缓存

NUCA 的实现方式大致分为两种：静态 NUCA（S-NUCA）和动态 NUCA（D-NUCA）。

● 　在 S-NUCA 中，数据被映射到特定的缓存块中，这个映射是在编译时就确定下来的，每个特定的内存地址都被硬译码到一个特定的缓存块中。在这种方式下，不需要很多硬连线来区分不同的缓存区块，因为数据位置是静态确定的。但是 S-NUCA 并不能根据访问模式动态调整数据位置，这可能会导致某些缓存块被高度利用，而其他缓存块则相对闲置。

● 　在 D-NUCA 中，数据可以根据访问模式动态地在缓存中移动。经常被访问的数据块可以被移动到距离处理器核心近的地方，从而降低访问延迟。D-NUCA 可以更好地适应不断变化的访问模式，提供更优的性能。然而它的实现相对复杂，可能需要更多的硬件资源来追踪和移动数据。

这两种实现方式各有优缺点。在实际应用中，可以根据具体需求选择不同的实现方式。

D-NUCA 允许将数据映射到缓存的多个缓存块中，并在它们之间迁移。在此设计中，可以根据数据的使用频率将其映射到不同的缓存块中：常用数据可以映射到近距离的缓存块中，而不常用的数据可以映射到远距离的缓存块中。D-NUCA 的设计需要解决以下 3 个问题。

- 映射：如何将数据映射到缓存块中，以及数据可以在哪些缓存块中存在。
- 搜索：如何搜索可能的位置以找到一行数据。
- 移动：在什么条件下应该将数据从一个缓存块迁移到另一个缓存块。

NUCA 被看作一种高级的缓存技术，它需要在设计和实现上进行复杂的优化，以平衡缓存访问的延时、带宽、能耗等多个因素。然而正是因为这种复杂性，NUCA 的设计和实现需要考虑的问题也非常多，包括缓存的分布策略、访问策略、替换策略等。IBM 的 Power 9 和 Power 10 处理器公开披露采用 NUCA 缓存技术，而且大部分主流众核处理器都采用类似技术来优化缓存延迟。

第 4 章　CPU 计算单元设计

4.1　计算单元逻辑构成

　　每一个指令的计算结果都需要计算单元来完成计算，计算单元是 CPU 的后端核心逻辑，也是最原始状态的 CPU。但实际上计算单元占 CPU 的总面积或者晶体管总比重并不大，大部分高性能 CPU 都将更多逻辑用在前端指令调度单元而非后端计算单元。近几年，我们确实看到了一些高计算密度的众核 CPU 不断削减前端资源规模（或者说指令调度管理的规模），转而将更多晶体管资源集中在后端，堆砌出更多更强的计算单元，这种计算密集型 CPU 多用于服务器和超级计算机。执行阶段在超标量处理器流水线中的位置，以及计算单元和其他单元的对应关系如图 4-1 所示。

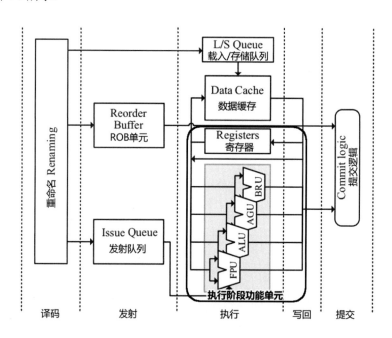

图 4-1　执行阶段在超标量处理器流水线中的位置，以及计算单元和其他单元的对应关系

- ALU（Arithmetic Logic Unit，算术逻辑单元）：这是处理器中的关键部分，用于执行基本的算术运算（例如加、减、乘、除）和逻辑运算（例如 AND、OR、NOT、XOR 等）。它也经常用于位移（将数字向左或向右移动一定的位数）和比较（确定一个数是否大于、等于或小于另一个数）操作。

- FPU（Floating Point Unit，浮点数单元）：专门用于处理涉及浮点数的计算，如浮点数的加法、减法、乘法和除法。浮点数是一种可以表示非常大或非常小的数，并且可以保持相对精度的数值表示方式，所以处理它们需要特别的硬件支持。
- BRU（Branch Unit，分支单元）：负责处理控制流的指令，这些指令可以更改程序执行的流程。例如，可以执行条件跳转（如果某个条件为真，则跳转到程序中的另一点）或无条件跳转（总是跳转到程序中的另一点）。
- AGU（Address Generation Unit，地址生成单元）：用于计算访问内存所需的地址。例如，当 CPU 需要读取或写入内存时，AGU 会计算出内存中的实际位置。AGU 在处理指向数组元素或结构体字段等复杂数据结构的指针时特别有用。

除了上述的 4 种主要计算单元，还有一类特殊功能单元，用于处理一些特殊的计算任务，如向量计算、加密、解密等。另外，SIMD（单指令多数据）技术是一种并行计算方法，通过同时对多个数据进行相同的操作来提高计算速度，常用于处理高度并行的数据任务，如图像处理等。

4.2　整数和浮点数的差异

整数在计算机中通常以二进制的形式表示，它们可以是有符号的也可以是无符号的。对于无符号整数，所有的位都用于表示数值，因此一个 n 位的无符号整数可以表示的数值范围是 $0 \sim 2^{n}-1$。而对于有符号整数，通常使用最高位（符号位）来表示正负，其他位表示数值。有符号整数可以采用多种译码方法，包括符号幅度译码、补码译码等。补码译码是最常用的方法，因为它可以简化算术运算的实现。对于一个 n 位的补码译码整数，它可以表示的其他范围是 $-2^{(n-1)} \sim 2^{(n-1)}-1$。

浮点数用于表示实数，它的表示形式由 3 部分组成：符号位、指数部分和尾数部分（也被称为小数部分）。浮点数的表示形式可被看作科学记数法的二进制版本。比如，在科学记数法中，一个数字被表示为 $a \times 10^{b}$ 的形式，在浮点数中，一个数字被表示为 $(-1)^{s} \times 1.f \times 2^{e\text{-bias}}$，其中 s 是符号位，$1.f$ 是尾数部分，e 是指数部分，bias 是一个偏移量。IEEE 754 标准定义了浮点数的表示方法以及相关的算术运算。浮点数能够表示的数值范围远大于整数，但是因为尾数部分的位数是有限的，所以浮点数只能近似地表示实数，这可能会引入舍入误差。

IEEE 754 是一种计算机浮点数算术标准，如图 4-2 所示，其中一种常用数据格式规定了浮点数的表示方法、算术运算规则和舍入方式。IEEE 754 标准由国际电气与电子工程师协会（IEEE）于 1985 年首次发布，后来进行了几次修订和扩展，该标准的最新版本是 IEEE 754-2008。在计算机科学中，浮点数用于表示实数和非整数值。IEEE 754 标准的提出是为了在不同计算机和编程语言之间实现浮点数的一致性和互操作性。

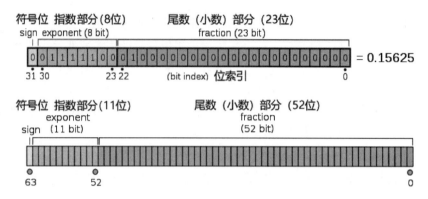

图 4-2 IEEE 754 单精度（32 位）和双精度（64 位）浮点数算术标准

IEEE 754 标准定义了多种浮点数表示格式：如单精度（32 位）、双精度（64 位）、半精度（16 位）。以下是主要浮点规范。

- 单精度浮点数。

  符号位（1 位）：0 表示正数，1 表示负数。

  指数位（8 位）：用于表示数的指数部分，采用移码表示（偏移量为 127）。

  尾数位（23 位）：用于表示数的小数部分，采用二进制小数表示。

- 双精度浮点数。

  符号位（1 位）：0 表示正数，1 表示负数。

  指数位（11 位）：用于表示数的指数部分，采用移码表示（偏移量为 1023）。

  尾数位（52 位）：用于表示数的小数部分，采用二进制小数表示。

- 半精度浮点数。

  符号位（1 位）：0 表示正数，1 表示负数。

  指数位（5 位）：用于表示数的指数部分，采用移码表示（偏移量为 15）。

  尾数位（10 位）：用于表示数的小数部分，采用二进制小数表示。

浮点规范中的指数部分用于调整浮点数的范围，而尾数部分用于调整浮点数的精度。通过这种方式，浮点数可以表示非常大和非常小的数，并且在一定精度范围内进行有效的计算。IEEE 754 标准还定义了浮点数的算术运算规则，包括加法、减法、乘法和除法，并规定了舍入方式，用于在进行浮点计算时保持一定的精度和正确性。

4.3 算术逻辑单元

算术逻辑单元（ALU）是计算机中负责执行算术运算和逻辑运算的硬件电路或逻辑模块。它接收来自寄存器和内存的数据，根据指令中的操作码执行相应的算术或逻辑操作，并将结果保存到寄存器或内存中。

ALU 能够执行以下操作。

- 算术运算：包括加法、减法、乘法和除法等基本的数学运算。
- 逻辑运算：包括与、或、非、异或等逻辑运算。
- 移位操作：包括左移和右移，用于对二进制数进行位移操作。
- 比较操作：用于比较两个数的大小，并设置相应的标志位。

4.3.1　ALU 加法器与减法器

由于对整数的计算是 CPU 的基本功能，因此我们从加法器开始描述最基本的算术逻辑计算单元。在数字逻辑和计算机工程中，加法器是用于实现加法的数字电路。加法器接收两个二进制数作为输入并生成相应的和与进位作为输出。在和与进位这两个输出中，进位信号代表了上一位溢出到下一位的情况。

基本的加法器设计叫作半加器。半加器能够处理两个位的加法，但不能处理进位，它有两个输入（两个要相加的位）和两个输出（和与进位）。半加器的输出和由一个 XOR（异或）门生成，而输出进位由一个 AND（与）门生成。

为了处理进位，可以使用全加器。全加器接收三个输入：两个要相加的位和一个进位输入。全加器有两个输出：和与进位。全加器的逻辑可以通过组合两个半加器和一个 OR（或）门来实现。首先，使用一个半加器处理要相加的两个位，然后使用另一个半加器处理这个半加器的和输出和进位输入，最后，使用一个 OR 门处理这两个半加器的进位输出。

以上是一位加法器的实现，若实现多位加法器，则可以使用串行或并行两种方式。串行方式是指一位接一位地加，每一位的加法的实现需要等待上一位的加法完成才可以进行，因为可能需要进位。并行方式是指同时进行所有位的加法，但要注意，因为可能需要进位，所以需要等待所有位的加法都完成才能确定最终结果。为了解决这个问题，可以使用所谓的"快速进位"或"查找进位"加法器，这种加法器可以预测哪些位需要进位，从而提高运算速度。

ALU 中的减法操作通常会被转换为加法操作。比如，要计算 A-B，则 ALU 会将 B 的补码（二进制反码+1）与 A 相加。之所以将减法转换为加法，是因为这样做可以使用相同的硬件电路。

4.3.2　ALU 比较单元和位移单元

比较单元（或比较器）的主要任务是比较两个二进制数的大小。它的输入是两个要进行比较的二进制数，输出是表示这两个数之间大小关系的标志。最常见的比较单元是等于（EQ）、不等于（NEQ）、大于（GT）、小于（LT）、大于或等于（GTE）、小于或等于（LTE）等比较器。在 CPU 中，比较通常在 ALU 中完成，其中涉及的比较操作主要基于减法，即若 A−B=0，则 A=B；若 A−B>0，则 A>B；若 A−B<0，则 A<B。比较结果常常被设置在状态寄存器的相应位置上。

位移单元：位移操作通常被视为一种基本的算术操作，因为它们可以用来有效地乘以或除以 2 的幂。在位移单元中，通常有两种主要的位移操作，即逻辑位移（或称无符号位移）和算术位移。逻辑位移操作会在空位（移动造成的空缺位）中插入 0，而算术位移会在空位中插入原来的符号位，以保留数的正负性。

- 逻辑左移：在右边插入 0，相当于乘以 2。
- 逻辑右移：在左边插入 0，相当于无符号整数除以 2。
- 算术左移：在右边插入 0，相当于乘以 2。
- 算术右移：在左边插入符号位，相当于有符号整数除以 2。

4.3.3　ALU 乘法器与除法器

在计算机中乘法可以被看作重复的加法。例如，我们要计算 4×3，实际上就是 3 个 4 相加。然而，在实际的计算机硬件设计中，这种方式过于耗时，硬件乘法器通常采用并行的方式。

二进制乘法的工作方式和十进制乘法类似。我们把一个数（乘数）与另一个数（被乘数）的每一位相乘，然后将结果相加。硬件乘法器的设计取决于所使用的具体乘法算法，但一般来说，乘法器的设计包括一个加法器、一个存储乘数的寄存器、一个存储被乘数的寄存器，以及一些逻辑电路，从而控制操作的流程。

除法在计算机中通常被看作反复的减法。例如，8 除以 2 就是反复从 8 中减去 2，直到结果为 0，然后计算我们做了几次减法。然而，在实际的硬件设计中，这种方式过于耗时，因此商用 CPU 硬件除法器通常使用更为复杂的算法。

二进制除法的原理和十进制除法类似。除数从被除数的最高位开始，试图去除尽可能大的数，然后将余数移到下一位继续这个过程，直到被除数的所有位都被处理完毕。

非恢复余数除法和恢复余数除法是两种常用的二进制除法算法，这两种算法都试图从被除数中减去尽可能多的除数，但是在实际操作中有所不同。硬件除法器的设计包括一个减法器、一个存储被除数的寄存器、一个存储除数的寄存器，以及一些逻辑电路，从而控制操作的流程。

在一些情况下，只需要设计乘法器，因为一些专用硬件可能只需要进行乘法操作。然而，在大多数的商用 CPU 中，乘法器和除法器通常是同时存在的。当硬件不直接支持除法操作时，除法可以通过其他方式实现，如使用反复的减法或者牛顿法等迭代算法，但这些方法在效率上都无法与硬件直接支持的除法操作相比。举例来说，反复的减法需要多个时钟周期才能完成一个除法操作，而硬件直接支持的除法操作通常只需要少数几个时钟周期即可完成。

最常见的一种方法叫作"并行乘法"，其使用的主要逻辑单元包括加法器、移位寄存器和控制逻辑。并行乘法器的核心思想是将两个数的乘法运算转化为若干个部分乘积（Partial Product）的求和，具体过程如下。

- 部分乘积生成：乘数的每一位都生成一个对应的部分乘积。如果该位是 1，那么部分乘积就是被乘数；如果该位是 0，那么部分乘积就是 0。
- 部分乘积求和：将所有的部分乘积相加，得到最终的乘法结果，这一步通常需要用到加法器。
- 位移：每一个部分乘积都需要将对应的乘数位左移（相当于乘以 2 的幂）。

这种最简单的并行乘法器设计被称为"列加法乘法器"。在大部分商用 CPU 中，为了提高效率，通常会使用一些更加复杂的设计，例如 Booth 译码乘法器、Wallace 树乘法器等。

- Booth 译码乘法器：这是一种特殊的译码方法，其将乘数进行重新译码，以减少部分乘积的数量，从而提高运算效率。
- Wallace 树乘法器：使用了一种叫作 Wallace 树的电路结构来高效地求和部分乘积。使用大量的半加器和全加器，并行地进行多次加法和位移操作，可以在很短的时间内完成乘法运算。这些乘法器的设计都需要对数字电路和计算机体系结构有深入的理解，包括加法器、位移寄存器、逻辑门、控制逻辑等多种逻辑单元。

4.4　浮点数单元

在早期的 Intel x86 架构的 CPU 中，浮点计算是由一个被称为"数学协处理器"的附加硬件来处理的，换句话说，CPU 芯片并不直接支持浮点计算，用户采购 CPU 时可以不采购协处理器。这些协处理器虽然是独立的芯片，但是能够和 CPU 紧密地配合工作，提供对浮点计算的支持。

随着技术的发展，对浮点计算的需求不断增加，对浮点计算的性能要求也越来越高。CPU 厂商开始将浮点数单元集成到 CPU 中，成为 CPU 的一部分。例如，从 Intel 的 486DX 型号开始，CPU 就已经集成了浮点数单元，从此以后，大多数的桌面和服务器级的 CPU 都包含了内置的浮点数单元。整数单元和浮点数单元通常是分开设计的，因为它们处理的运算和算法有很大的不同。整数计算通常是比较简单的，例如加法、减法、乘法、除法、位移等。而浮点计算则涉及更为复杂的算法，如标准化、舍入、特殊值处理（如无穷大和非数值）、指数的处理等，且对精度要求更高。

浮点数单元的硬件复杂度和设计成本都较高。在早期的计算机系统中，为了降低成本和复杂性，往往选择在软件中实现浮点计算，即通过编译器生成的指令序列来模拟浮点计算，这种软件实现的方法在速度上通常会比硬件实现慢得多。

随着计算机技术的发展，以及科学和工程计算需求的增长，对浮点计算的需求也在增加。为了提高浮点算力，由硬件实现的浮点数单元开始出现在 CPU 中。整数计算和浮点计算分别在各自的计算单元中执行，这样可以充分利用它们各自的优势，提高整体的性能。

在已经了解整数单元的基础上，浮点数单元并不难理解。通过对 IEEE 754 的讲解，我们知道整数在 ALU 内部是直接表示的，也就是说，一个整数值在内存中的表示就是它的二进制形式，对整数进行加法、减法、乘法、除法等基本运算操作相对直接和简单。浮点数在计算机内部是通过科学记数法表示的，由符号位、指数部分和尾数部分 3 部分组成，因此在进行浮点计算时，浮点数单元需要单独处理这些。

浮点计算的主要特点如下。

- 浮点加减计算：在对浮点数进行加法或减法运算时，首先需要对齐它们的指数。这意味着需要将具有较小指数的数进行右移操作，使其指数与具有较大指数的数相同。然后，才能对尾数部分进行加法或减法操作。最后，可能还需要对结果进行标准化，即将结果调整为标准的浮点数格式。
- 浮点乘除计算：对浮点数进行乘法或除法运算时，首先对尾数部分进行乘法或除法操作，然后将指数相加（乘法）或相减（除法）。最后，需要对结果进行标准化。

4.4.1　浮点加法器与减法器

浮点加法器与减法器如图 4-3 所示，主要涉及下面这些步骤。

- 比较和交换：对于两个浮点数 a 和 b，我们需要确定哪一个数的绝对值更大。较大的数不会被移位，而较小的数需要通过被移位来对齐阶码。
- 阶码相减与小数位移动：阶码相减的结果决定了需要将小数位移动多少位以实现对齐。如果 a 和 b 的阶码相同，则不需要移位；否则，需要根据阶码的差值来移位。
- 小数加法：当两个浮点数的阶码对齐后，就可以对它们的小数部分进行加法操作。注意，由于存在正负数的加法，所以在实际设计中，这个部分通常会采用加法器或减法器来实现。

- 标准化：加法运算的结果可能不在规定的范围内，所以可能需要左移或右移来进行标准化。如果结果的最高位是 0，则需要左移并递减阶码直到最高位为 1；如果结果的最高位不是小数点后的第一位，则需要右移并递增阶码直到最高位是小数点后的第一位。
- 舍入与溢出判断：标准化后的结果可能需要进行舍入操作以满足精度要求。此外，还需要检查是否发生溢出。如果阶码超过了预定的最大值，就会发生溢出。

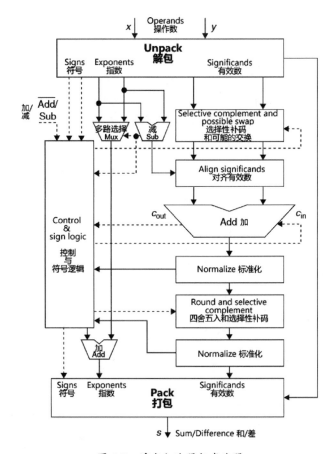

图 4-3　浮点加法器与减法器

这些操作并不一定按照上述顺序执行，一些高级的浮点加法器设计可能会将一些步骤并行化以提高性能。

- 标准化位移：在浮点数的加法运算中，对齐后的有效值之和或差必须处在[0,4)内。如果结果在[2,4)内，说明它太大，必须右移 1 位（同时调整指数）以标准化结果；如果结果在[0,1)内，说明它太小，需要左移多位（同时调整指数）以标准化结果。需要一个电路单元来计算所需的左移次数，也可以在加法过程中预测这个次数以缩短计算时间。

- 舍入：对浮点数执行加法操作的结果进行舍入需要进行进一步的标准化和指数调整。为了提高速度，可以预先计算出调整后的指数，并在标准化结果已知时就选择合适的值。舍入的实现需要额外的位，即保护位（Guard Bit）、舍入位（Round Bit）和黏着位（Sticky Bit）。我们通过表 4-1 展示 IEEE 754 标准定义的 4 种舍入模式。

- 有效数加法器：有效数加法器主要进行有效数的加法运算，通常采用对数时间的 1 或 2 的补码的加法器，常采用超前进位设计。当结果有效数为负时，需要对其求补，才能得到对应的有符号数输出。

- 打包过程：这指浮点加减法结果的打包过程。在得到计算结果后，我们将结果的符号位、指数、有效数组合起来，形成最终的浮点数。在这个过程中，我们不存储有效数的前导 1（隐藏的 1），只存储小数点后面的位；对特殊值和异常进行测试，如 0 结果、上下溢出等。而且，转换格式不包含在打包过程中，需要在舍入阶段完成。

表 4-1　IEEE 754 标准定义的 4 种舍入模式

名称	描述	C 代码描述

向最接近舍入	这是最常见且默认的舍入模式，它将数舍入最近的可表示数，也就是十进制下的四舍五入	double num = 3.5;
		double rounded_num = round(num);
		运行结果：
		4.0

向零舍入	在这种舍入模式下，无论数是正数还是负数，都直接舍弃小数部分，即不进位。其效果类似于数学中的"truncation"操作	double num = -3.5;
		double rounded_num = trunc(num);
		运行结果：
		-3.0

向正无穷舍入	在这种舍入模式下，正数向上舍入（相当于取上界），负数向下舍入（相当于取下界），始终舍入大于该数的最接近的可表示数	double num = 3.5;
		double rounded_num = ceil(num);
		运行结果：
		4.0

向负无穷舍入	在这种舍入模式下，正数向下舍入（相当于取下界），负数向上舍入（相当于取上界），始终舍入小于该数的最接近的可表示数	double num = -3.5;
		double rounded_num = floor(num);
		运行结果：
		-4.0

这里提到了"隐藏的 1"，因为在 IEEE 754 标准中，浮点数被表示为 $(-1)^s \times 1.f \times 2^{(e-127)}$，我们通常假定 f 的最前面是 1，这个 1 就是"隐藏的 1"。

预移位（Preshifting）和后移位（Postshifting）是浮点计算中非常重要的步骤。

- 预移位是进行浮点计算前的准备过程，比如在进行浮点加法与减法时，我们需要把两个浮点数的小数部分对齐，也就是让它们的指数部分相同。这个过程就会涉及移位操作。因为在 IEEE 754-2008 短格式中，指数的差值可以达到 253，这比实际的操作数和结果的位数要多，所以我们在实现的时候可以将大于 32 位的预移位直接处理为 0，这样就可以简化和加速预移位的逻辑。

● 后移位则是进行浮点计算后的处理过程，比如在浮点加法后，可能需要移位操作来使得结果变为标准化的浮点数格式。后移位需要同时处理左移和右移的情况。

4.4.2　浮点乘法器与除法器

浮点乘法器与除法器如图 4-4 所示。乘法操作的一个基本性质是，当两个浮点数相乘时，它们的指数相加，这个步骤通常是用一个整数加法器来完成的。然后，两个操作数的尾数相乘，这是乘法操作的主要部分，通常需要用一个硬件乘法器来完成。

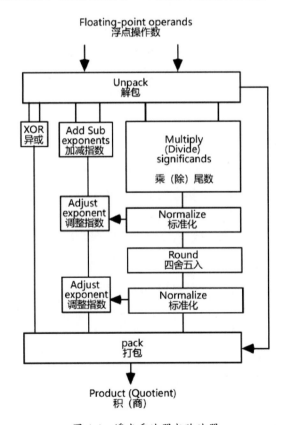

图 4-4　浮点乘法器与除法器

浮点乘除法也有结果标准化、舍入和打包过程，这一点和浮点加减法一样。浮点乘法操作的逻辑构成主要可以分为以下几个部分。

- 解包：浮点数被存储为符号位、指数部分和尾数部分 3 部分，解包操作就是从存储格式中获取这 3 部分，它会抽取出输入浮点数的符号位、指数部分和尾数部分。
- 计算结果符号：结果的符号位是输入操作数符号位的异或，即如果两个输入符号位相同，则结果为正，否则为负。
- 计算结果指数：结果的指数是输入操作数的指数之和减去一个偏移量（IEEE 754 格式的偏移量是 127）。
- 计算结果尾数：尾数的计算是通过一个定点乘法器来实现的。输入尾数在乘法操作前需要被标准化到[1, 2)内，然后进行乘法运算。乘法的结果会落在[1, 4)内，可能需要进行一次右移操作以完成再次标准化。
- 舍入和溢出处理：根据 IEEE 754 的舍入规则对结果进行舍入，并处理可能出现的溢出情况。
- 打包：把计算出的结果符号位、指数部分和尾数部分打包成最终的浮点数格式。

有效数乘法是浮点乘法器中最复杂和耗时的部分。由于两个无符号有效数的乘积将落在[1, 4)内，因此可能需要对结果进行右移一位操作（同时调整指数）以完成标准化结果。因为做舍入操作，所以可能还需要进行一次标准化移位和指数调整。

提高浮点乘法器速度的一个方法是预先计算增加后的指数，并在标准化移位后立即选择正确的指数。因为操作有效数乘法耗时，所以在这个过程中有足够的时间进行指数计算。此外，舍入操作也可以通过合理的设计，融入浮点乘法器中。

浮点除法器与浮点乘法器在结构和操作上大体相似，也需要处理有效数除法和指数等问题，而且同样可以使用前面描述的浮点乘法器的优化技巧。只是浮点除法器的舍入和标准化过程不同而已。在除法操作中，除法器的输出可能需要左移 1 位以标准化结果，而商则必须提供额外两位分别作为保护位和舍入位。浮点乘法器和除法器也可以混合使用。

某些处理器设计，特别是一些对面积和功耗高度敏感的设计，如在移动设备或嵌入式系统中常见的设计，可能会选择不实现专门的整数乘法和除法单元，而使用浮点数单元来进行这些操作。当进行整数乘法操作时，这样的处理器首先将整数操作数转换为浮点操作数，然后用浮点数单元进行乘法操作，最后将浮点数结果再转换回整数。这种做法能够节省硬件资源和功耗，因为不需要专门的硬件来进行整数乘法和除法操作，但代价是增加了执行这些操作的延时。

Intel 的 Atom 处理器是实现这种设计的一个例子。Atom 处理器设计之初就定位于移动应用和低功耗应用。由于整数乘法和除法在许多应用中相对较少，因此在这种情况下，牺牲这两种操作的性能以节省硬件资源和功耗是可以接受的。使用这种方法除了增加延时，还需要额外的转换指令（将整数转换为浮点数，然后再转换回来），同时浮点精度是有限的，这可能会在某些情况下引入数值误差。这种设计是否合适取决于特定的应用和设计目标。

4.5　指令的加载和存储单元

下面我们进入流水线末端存储子系统的一个关键部分——Load/Store Unit（LSU），即指令的加载和存储单元。指令在 CPU 流水线前端中经过取指、译码等步骤后，将地址计算委托给 AGU（地址生成单元），并将访存请求传递给 LSU。下面我们再次回顾流水线的工作流程。

- 取指：存储器指令会经过取指阶段，从指令缓存或主内存中取出相应的指令。
- 译码：取得的指令经过译码，CPU 解析指令的操作码和操作数等信息。
- 发射和分发：在译码之后，CPU 将存储器指令分发给相应的计算单元。在这里，存储器指令可能需要使用 AGU 来计算有效地址。
- 地址计算：AGU 负责根据存储器指令的操作数和寻址模式等信息计算出有效地址，这个地址是要访问的内存位置。
- 访存请求：计算出的有效地址会被传递给 LSU，同时将访存请求放置在 LSU 部件中。
- 等待访存：AGU 将计算好的有效地址传递给 LSU，LSU 中等待的访存请求将被触发。这意味着对于加载指令，LSU 将从内存中读取相应的数据；对于存储指令，LSU 将把数据写入内存中。

很多文献中提到这样一个观点：只允许加载/存储指令访存，因为这对于硬件设计是最高效的。为什么其他指令不能访存？这涉及计算机体系结构的设计原则和性能优化问题。

对于大多数指令而言，它们的操作是在寄存器上进行的，而不涉及内存。将访存操作限制在特定的指令中，可以降低硬件复杂度，降低资源占用率，并提高设计效率。同时，将访存操作限制在加载/存储指令中可以更好地优化指令集。指令集可以更简洁、易于理解，并且能够提供更高的性能和灵活性，还能通过加载缓冲区和存储缓冲区来缓存加载/存储指令的数据，从而减少对内存的实际访问次数，提高性能。RISC 就是这样选择的，RISC 指令集计算机不允许所有指令直接访问内存，而是有专门的操作来将数据加载到寄存器中或将数据从寄存器存储到内存中。所有内部 CPU 单元都使用寄存器作为输入，不能直接访问内存。从外部内存读取的数据必须先被加载到寄存器中才能使用。

x86 是一种 CISC 指令集架构，各种类型的算术指令既可以运行于寄存器上也可以直接运行于内存上。主流的 x86 CPU 允许任何指令直接访问内存，并且除了加载/存储指令，其他的指令也可以直接从内存读取和写入内存，这是 x86 体系结构的特点。

x86 指令可以直接在内存地址和寄存器之间进行数据操作。相比而言，RISC 指令集架构要求运算指令的源和目的数必须位于寄存器中。如果要在内存和寄存器之间进行数据操作，则需要使用加载/存储指令从内存加载或保存数据到寄存器中。这样做的好处是可以更好地优化数据相关性和提高性能。

- 加载指令用于将数据从计算机的内存中加载到处理器的寄存器中。当程序需要对内存中的值进行操作时，必须将其加载到寄存器中。加载指令执行的基本步骤如下。
  - ➢ 计算地址：计算所需加载的内存地址。这可能涉及访问其他寄存器或使用立即数。
  - ➢ 访问内存：CPU 向内存发送请求，获取特定地址的数据。
  - ➢ 写入寄存器：将从内存中检索到的数据写入 CPU 中的特定寄存器。
- 与加载指令相反，存储指令用于将数据从处理器的寄存器存储到计算机的内存中。当需要在寄存器中保存操作的结果时，就会使用此指令。存储指令执行的基本步骤如下。
  - ➢ 计算地址：与加载指令相似，需要计算数据将被存储到的特定内存地址。
  - ➢ 从寄存器读取：从特定寄存器中读取要存储的数据。
  - ➢ 访问内存：CPU 向内存发送请求，将数据写入计算出的地址。

无论是 CISC 还是 RISC，只要涉及大量数据处理和内存访问的应用，如图像处理、视频译码、数据库操作等，加载/存储指令的占比就都较高。这些应用通常需要频繁地从内存加载数据、执行计算操作，并将结果存储回内存中。因此，这些应用的 LSU 的设计和性能对于处理器的整体性能至关重要。

对于一些计算密集型的应用，如数值计算、科学仿真等，其主要操作可能更加集中在寄存器上，加载/存储指令的占比相对较低。

为了优化处理器的性能，现代处理器通常会根据实际需求配置 LSU 的数量，使其能够适应不同类型的应用场景。根据陈寅初和 Cloud 撰写的《AMD Zen 3 处理器评测》一文提到的情况，CPU 2017 测试集中加载/存储指令的动态指令数占比平均超过 45%，这反映了加载/存储指令的重要性。

LSU 是通过两个缓冲区实现的。在 2000 年之前，AMD 的经典 K7 微架构（如图 4-5 左图所示，图片来源："K7 Challenges Intel New AMD Processor Could Beat Intel's Katmai"），其 LSU 共用一个缓冲区。同样是 AMD 的产品，Zen 2 微架构（如图 4-5 右上图所示，图片来源：wikichip 网站）的 LSU 是通过两个缓冲区实现的，Intel 的 10 代酷睿产品 Coffee Lake 微架构（如图 4-5 右下图所示，图片来源：wikichip 网站），其 LSU 也是通过两个缓冲区实现的。

加载缓冲区是用于实现加载指令的乱序执行的缓冲器。在乱序执行的处理器中，指令会根据数据依赖性和其他因素进行乱序执行，这可能导致加载指令的数据还没有准备好，但后续的指令已经可以继续执行。为了允许后续指令继续执行而不需要等待加载指令的数据准备，加载缓冲区会暂时存储加载指令的地址和数据的计算结果。一旦加载指令的数据准备好了，加载缓冲区就会将结果传递给后续指令的计算单元，然后写入寄存器文件。这样可以提高指令级并行性，加快程序的执行速度。

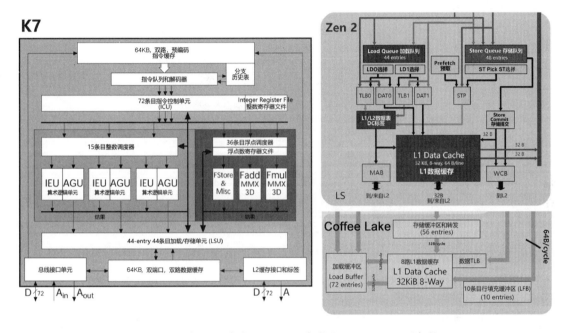

图 4-5　经典 K7 微架构、Zen 2 微架构和 Coffee Lake 微架构

存储缓冲区是用于实现存储指令的乱序执行的缓冲器。存储指令涉及将数据从寄存器写回内存中，这也是较慢的操作。为了允许后续指令继续执行而不需要等待存储指令的完成，存储缓冲区会暂时存储存储指令的地址和要存储的数据。一旦存储指令要写回数据，存储缓冲区就会协调与内存系统的通信，将数据写回内存中。这样可以允许后续指令在存储指令执行时继续执行，提高指令级并行性，加快程序的执行速度。

加载缓冲区和存储缓冲区通常是基于 FIFO 结构实现的，这种结构特性适合加载/存储指令的应用场景，因为它们的结果需要按照乱序执行的原始指令序列进行重排序。通过使用加载缓冲区和存储缓冲区，处理器可以更好地隐藏内存访问延迟，允许后续指令继续执行而不需要等待内存操作的完成。

4.6　单指令多数据

SIMD 的含义是单指令多数据，意味着我们在执行一个指令的时候，能够对多个数据执行操作，而从传统意义上来说大部分程序都是 SISD 模式的，也就是一个指令驱动一个数据的计算。要想提高传统 SISD 模式下的计算机性能，就要提高指令并行度（ILP），需要设计更复杂的 CPU 前端指令控制单元，以及更多的 CPU 后端计算单元。而 SIMD 模式的出现提高了数据并行度（DLP），精妙地利用了数据的局部性和并行性，用最少的指令控制开销，在同一个时钟周期内尽可能多地完成并行数据计算，SISD 与 SIMD 如图 4-6 所示。

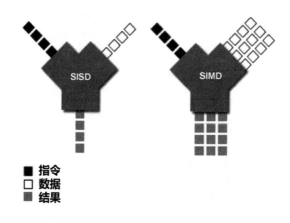

图 4-6　SISD 与 SIMD

　　SIMD 是一种重要的并行计算的策略，它早期是为了解决图形和多媒体处理等领域中大量统一类型数据的处理问题而产生的。在这些领域中，常常需要对大量的数据执行相同的操作。例如，对图像每个像素进行某种操作，或者在音频处理中对一段音频样本进行相同的滤波操作。在这种情况下，有很多相同类型的数据（像素或音频样本），而我们需要对这些数据执行相同的指令，这就是典型的数据并行性的应用。

　　相比之下，传统的超标量 SISD 处理器则依赖于指令级并行性。在这种架构中，处理器尝试同时执行多个不同的指令（这些指令可以是对不同数据的操作，也可以是完全不相关的操作），从而提高处理效率。这种架构适合指令间的依赖性较少且指令可以并行执行的情况。可以看出 SIMD 和超标量 SISD 是针对不同类型的并行性（数据并行性和指令并行性）设计的，各有各的优势和适用场景。而现代的 CPU 往往同时支持这两种策略，以便能够在不同的应用场景下都能达到较高的处理效率。

　　并行处理特别是向量处理器（Vector Processor）的概念最早在 19 世纪 70 年代的超级计算机设计中得到应用，最有名的代表是 Cray 公司设计的 Cray-1 超级计算机，它标志着商业超级计算机进入重要发展阶段，其也是当时世界上最快的计算机之一，被广泛用于大规模科学和工程计算，特别是在能源、气象预报、航空航天和军事领域中。它的设计对后续的超级计算机设计产生了深远影响，向量处理器逐步向民用或者桌面级 CPU 演化，带来了 SIMD 单元及 SIMD 扩展指令集。

4.6.1 MMX 指令集

MMX（Multi Media eXtension）指令集是 Intel 在其 x86 架构中引入的第一个 SIMD 指令集。MMX 指令集的特点在于，它可以在一个指令中同时对多个数据进行相同的操作，从而提高了并行处理能力，特别适合进行视频、音频等多媒体数据处理，以及图形处理。

MMX 指令集首次出现在 1997 年的 Pentium MMX 处理器中。这个新的指令集增加了 57 个新的指令，这些指令是专门为了加速多媒体应用（比如视频译码、音频处理、图像处理等）而设计的。而且，它们是针对整数数据进行操作的，因为在当时的多媒体应用中，大部分的计算都是整数计算。MMX 指令集是我们现在熟知的 SSE、SSE2、AVX 的前身。

MMX 指令集有两个显著特点：①只能针对整数进行 SIMD 计算，其扩展指令集都是只针对整数的；②MMX 指令集扩展在设计上复用了浮点数单元的寄存器。在 MMX 指令集首次被引入时（在 Pentium MMX 处理器中），它使用了已经存在于 FPU 中的 8 个 80 位寄存器，但是以 64 位方式使用这些寄存器。如图 4-7 所示，MMX 指令集的这 8 个寄存器（MM0~MM7）都是 64 位的，它们每个都可以存储 64 位（8 字节）的数据。这些寄存器可以被视为一种特殊的数据结构，可以存储一组较小的数据元素（每个 64 位的 MMX 寄存器都可被分割成不同大小的部分，以存储和处理不同大小的数据）。例如一个 64 位的 MMX 寄存器可以存储 8 个 8 位的字节（Byte），4 个 16 位的字（Word），两个 32 位的双字（Double Word），或者一个 64 位的四字（Quad Word）。在这种情况下，MMX 指令可以同时对这些数据元素进行操作，这就是所谓的 SIMD 并行性。

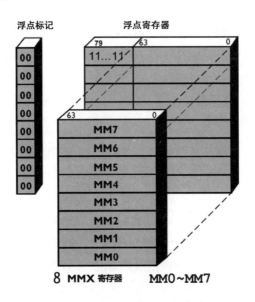

图 4-7　MMX 指令集的 8 个寄存器

在 x86 架构中，标记位（Tag Bit）或者浮点标记（FP Tag）主要是关于浮点单位的内容，特别是在处理和控制 FPU 堆栈中的元素时。FPU 堆栈在 x86 架构中有 8 个位置，可以存储 8 个 80 位的扩展精度浮点数。每个位置有两个关联的标记位，这些标记位用来表示对应堆栈位置的状态。标记位存储在 FPU 的状态字（Status Word）的标记字段（Tag Field）中。

在图 4-7 的 MMX 寄存器示意图中出现了浮点标记，显示开头为 00，00 的含义是该位置有一个有效的数字（不是 NaN 或无穷）。当 MMX 指令使用一个寄存器时，相关的标记位会被设置为 11，表示该位置现在是空的，即使这个位置现在被 MMX 指令集数据占用。

FPU 不能识别 MMX 指令集数据，所以对于 FPU 来说，这个位置确实是空的（可以使用）。在使用 MMX 指令后，如果没有清除 MMX 指令集状态，再次使用 FPU 指令时可能会遇到问题。为了避免这种情况，通常在使用 FPU 指令之前，需要使用 EMMS 指令来清除 MMX 指令集状态，将标记位恢复到适当的状态。

这种设计选择有其优点和缺点。优点在于复用了已存在的寄存器，因此不需要在物理硬件中新增额外的寄存器，这在一定程度上节省了硬件资源。这使得在处理多媒体和通信应用时能更有效地执行并行操作，如进行多个独立的加法或乘法操作。

这种设计的缺点是，由于 MMX 指令集和 FPU 共享相同的寄存器，因此不可能同时执行 MMX 指令集和浮点数操作。清除这些寄存器会导致在需要频繁切换 MMX 指令集和 FPU 操作时性能上有一定的损失。此外，这也在编程层面上增加了复杂性，因为开发者需要管理这两种操作之间的切换。

Intel 介绍了两个案例描述 MMX 指令集的加速效果。

案例 1：矩阵乘法应用。在 3D 游戏和其他图形应用中，矩阵乘法是非常常见的操作。特别是在处理 3D 对象时，我们通常会使用 4×4 的矩阵与 4 元素向量进行多次乘法运算（适配 MMX 指令集的计算宽度是 64 位整数，支持单时钟周期 4 个 16 位整数计算），以进行旋转、缩放、平移及透视校正等操作。

MMX 指令集在这里可以提高计算效率，那些已经使用 16 位整数或定点数据的应用程序能够大量使用 PMADD 指令。MMX 指令集中的 PMADD 指令是一种并行乘累加指令，可以同时处理多个数据，这使得在进行矩阵乘法操作时，使用 MMX 指令集所需的指令数量减少，仅为不使用 MMX 指令集时所需指令的一半左右，这提高了 3D 计算和渲染的效率。

表 4-2 展示了在加载、乘法、加法、其他计算、存储方面，不支持 MMX 指令集的情况下系统对于指令数量的需求，以及支持 MMX 指令集的情况下系统对于指令数量的需求。MMX 指令集通过使用并行计算，提高了计算机在处理大规模图形数据时的效率和性能。

表 4-2　支持/不支持 MMX 指令集情况下的指令数量

Operation 操作	Number of Instructions without MMX Technology 不支持 MMX 指令集情况下的指令数量 （百万个）	Number of MMX Instructions 支持 MMX 指令集情况下的指令数量 （百万个）
Load 加载	32	6
Multiply 乘法	16	4
Add 加法	12	2
Miscellaneous 其他计算	8	12
Store 存储	4	4
Total 总计	72	28

　　案例 2：Alpha 混合的图像溶解。这个案例展示了 MMX 指令集如何加速图像合成，如图 4-8 所示。在这个案例中，一朵花将被溶解成一只天鹅。屏幕上开始是一朵花的图片，随着花逐渐消失，天鹅逐渐出现。溶解的数学公式非常直接，Alpha 值决定了花的强度。在全强度下，花的 8 位 Alpha 值为 FFH（十六进制数）或者 255（十进制数）。将 255 代入溶解方程中，每朵花的像素强度是 100%，每只天鹅的像素强度是 0。下面的等式用于计算每个像素的结果像素。

$$结果像素 = 花像素 \times (Alpha/255) + 天鹅像素 \times [1 - (Alpha/255)]$$

 ×(230/255)+  ×[1−(230/255)]=

图 4-8　MMX 指令集加速图像合成

　　花和天鹅合成的过程（示意图）如图 4-9 所示，当 Alpha 值为 230 时，生成的图片是 90% 的花和 10% 的天鹅。仔细观察，可以看到部分天鹅图像出现在等号右边的图片中。

　　这个案例假设 24 个颜色数据被组织起来，以便一次处理一个颜色平面的 4 像素，即图像被分离成单独的颜色平面：一个用于红色，一个用于绿色，一个用于蓝色。先处理来自花和天鹅的前 4 个红色值。当完成红色平面处理后，再处理绿色和蓝色平面。

　　解包指令接收前 4 个以 8 位像素值表示的红色数据字节，并将每个像素解包成 16 位元素，放入 64 位的 MMX 寄存器中。Alpha 值，每帧只计算一次，是另一个操作数。PMUL 指令并行乘以两个向量。同样，解包和 PMUL 指令创建了天鹅的中间结果。最后使用 PADD 指令将两个中间结果加在一起，最终结果通过 PACK 指令转换成可以存储的 8 位像素值并发送到内存。

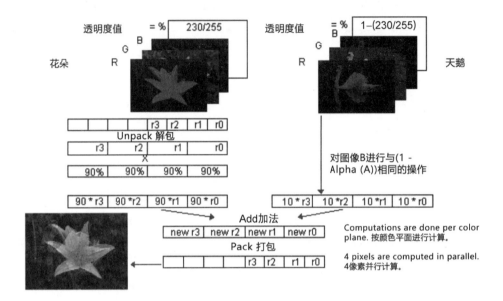

图 4-9　花和天鹅合成的过程（示意图）

假设这些图像使用 640 像素×480 像素的分辨率，并且溶解技术使用 Alpha 值的所有 255 个步骤，MMX 指令集对于案例中图片融合的加速结果如表 4-3 所示。

表 4-3　MMX 指令集对于案例中图片融合的加速结果

Operation 操作	Calculation without MMX Technology 不支持 MMX 指令集的计算量	Number of Instructions without MMX Technology 不支持 MMX 指令集的指令数量（百万个）	Number of MMX Instructions 支持 MMX 指令集的指令数量（百万个）
Load 加载	(640×480)×255×3×2	470	117
Unpack 解包	—	—	117
Multiply 乘法	(640×480)×255×3×2	470	117
Add 加法	(640×480)×255×3	235	58
Pack 打包	—	—	58
Store 存储	(640×480)×255×3	235	58
Total 总计		1400	525

但是也要注意到，SIMD 类的并行计算要求数据是对齐的，即数据的组织和排列必须满足某些特定的要求。如果数据没有对齐，就需要额外的操作来进行数据对齐，这会消耗额外的计算时间。对于数据对齐要求比较高的场景，使用任何一种 SIMD 技术都可能会带来一定的开销。对于 16 位数据，MMX 指令集可以充分发挥效用；对于 8 位数据，需要一些技巧才能充分利用；而对于 32 位数据，由于 MMX 指令集的设计限制，MMX 指令几乎无法带来加速。

这个过程涉及调整数据的内存布局，也就是数据的打包和解包过程，使其对齐于 MMX 指令需要的数据块大小，这个过程需要额外的计算时间。打包和解包是在数据的表示形式和存储布局之间进行转换的过程。打包通常是指将多个较小的数据元素组合成一个更大的数据单元，例如将两个 32 位整数打包成一个 64 位整数。解包则是将一个较大的数据单元分解成多个较小的数据元素。这是大多数 SIMD 类指令集中普遍存在的问题，因为 SIMD 指令集的工作方式是一次处理多个数据元素，需要以特定的格式或者对齐方式将数据组织在一起。

4.6.2　3DNow!指令集

3DNow!指令集是由 AMD 公司在 1998 年推出的一种针对浮点数据的 SIMD 指令集扩展，它的主要目标是增强 3D 图形计算的性能，特别是在处理实时 3D 图形渲染的应用中。

3DNow!指令集主要增加了一些能对两个单精度浮点数同时进行操作的新指令，这些指令是在 AMD 的 K6-2 处理器中首次引入的。3DNow!指令集基于 Intel 的 MMX 指令集实现，拓展了 MMX 指令集的浮点数部分，包括实现包含 21 条支持 SIMD 浮点计算的新指令，以及实现 SIMD 整数计算等。对于当时的 3D 图形计算市场来说，3DNow!指令集的确提供了一些竞争优势，在那时该指令集是第一个针对 PC 平台推出的用于加速 3D 图形应用的 SIMD 指令集。在技术上，3DNow!指令集能够实现一些高级的图形技术及更加高效的浮点计算。

借助 3DNow!指令集，K6-2 处理器实现了当时 x86 处理器上最快的浮点数单元，在每个时钟周期内最多可得到 4 个单精度浮点数结果，是传统 x87 协处理器的 4 倍。许多游戏厂商为 3DNow!指令集优化了程序，微软的 DirectX 7 也为 3DNow!指令集做了优化，AMD 处理器的游戏性能第一次超过 Intel。1999 年，AMD 为 3DNow!指令集增加了 5 个新指令，这些指令被称为"扩展 3DNow!"（Extended 3DNow!）。

3DNow!指令集支持单时钟周期执行多次浮点计算，其中包括两个单精度浮点计算和一个双精度浮点计算。3DNow!指令集的单精度浮点计算指令针对两个单精度浮点数（合在一起形成一个 64 位的寄存器）进行操作，并输出两个单精度浮点数结果。所以，可以将这个 64 位的寄存器视为一个单元，同时处理其中的两个单精度浮点数。3DNow!指令集还支持一些特殊的指令，如计算单精度倒数和开方倒数的指令，可以产生 12 位或 24 位的精度结果，这些指令一次只能处理一个单精度浮点数。

3DNow!指令集在某些方面与 Intel 的 MMX 指令集和后来的 SSE 指令集有所竞争，特别是比 MMX 指令集有显著优势，但后期其影响力却相对有限，尤其是相对于并行度更高的 SSE 指令集而言。3DNow! 指令集需要特殊的编译器支持，并且需要软件开发者专门针对它进行优化。Intel 不久后就推出了自己的 SSE 指令集，这是一种更为强大和全面的 SIMD 指令集，具有更广泛的硬件和软件支持。

2000 年之后主流操作系统和软件都开始支持 SSE 指令集并为其优化。如 AMD 在 2000 年的新款 Athlon 处理器（中文名为雷鸟）中也加入了对 SSE 指令集的支持。之后的时间里 AMD 开始致力于 AMD 64 架构的开发，在 SIMD 指令集方面则跟随 Intel，连续添加了 SSE2、SSE3 指令集，不再改进 3DNow!指令集，直到 2010 年 AMD 放弃了 3DNow!指令集，2021 年在 Linux 5.17 内核代码的升级中，有关 AMD 3DNow!指令集的支持已经被放弃，x86_USE_3DNOW 选项被删除。

4.6.3　SSE 指令集及其扩展指令集

SSE（Streaming SIMD Extension）指令集是 Intel 在 AMD 的 3DNow!指令集发布一年之后，在计算机芯片 Pentium III 中引入的指令集，是继 MMX 指令集之后的扩展指令集。SSE 指令集提供了 70 个新指令。紧接着，Intel 发布了一系列针对 SSE 指令集的扩展，不断增强 SSE 指令集的性能，并适应开发者需求，SSE 指令集及其扩展指令集如图 4-10 所示。SSE 指令集的使用开启了单指令操作宽度为 128 位浮点数的时代。在常见的 SSE4 指令集中，可以使用 128 位的 XMM 寄存器来操作浮点数，也就是说，每个 XMM 寄存器可以容纳 4 个单精度浮点数或 2 个双精度浮点数。

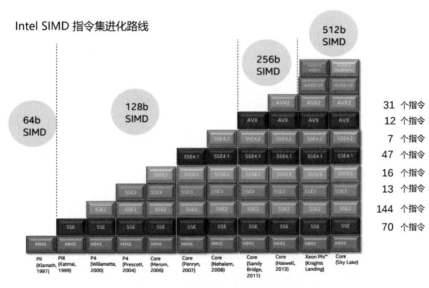

图 4-10　SSE 指令集及其扩展指令集

SSE 指令集产生了几个较受关注的后续版本：

SSE2 指令集：其在 Pentium 4 处理器中首次被引入，并最终得到 AMD 的支持。它增加了对双精度浮点数和整数数据的支持，这时原有的 MMX 指令集实际上已经被它取代。这个指令集还添加了更多用于控制 CPU 缓存的指令。

SSE3 指令集：其在 Pentium 4 的 Prescott 微架构中首次被引入，随后得到 AMD 的支持。SSE3 指令集中的指令主要包括寄存器中的高位和低位之间的运算，以及浮点数和整数之间的转换。SSE3 指令集还提供了对超线程技术的支持。

SSE4 指令集：其在 Intel 的 Penryn 微架构的 Core 2 Duo 和 Core 2 Solo 处理器中首次被引入，添加了 47 个新的多媒体指令。AMD 也开发了自己的 SSE4a 指令集，但并不兼容 Intel 的 SSE4 指令集系列。

SSE5 指令集：这是 AMD 的一个新指令集，其目标是打破 Intel 在处理器指令集方面的主导地位。SSE5 指令集计划添加超过 100 个新指令，其中最突出的是三操作数指令（3-Oper and Instruction）和融合乘法累积（Fused Multiply Accumulate）指令。这两种指令可以使处理器在执行某些数学或逻辑函数时，可以同时操作或输入更多的数据，从而提高处理效率。但是由于 AMD 的推动力有限，且 Intel 推出了数据并行度更高的 AVX，因此 SSE5 指令集并没有在任何 AMD 或 Intel 的产品中实现。

在寄存器资源方面，SSE 指令集在 MMX 指令集的基础上增加了 8 个 128 位的新寄存器，它们被称为"XMM0～XMM7"。这些寄存器是新的，与 FPU 或 MMX 寄存器的资源分开。在使用 SSE 指令集时，可以访问这 8 个 128 位的新寄存器，而不会干扰到 FPU 或 MMX 的寄存器。

SSE2 指令集进一步扩展了 SSE 指令集，支持使用 XMM 寄存器进行双精度浮点计算。SSE3 指令集和以后的版本继续对 SSE 指令集进行了扩展和优化。64 位 x86-64 或者称为 AMD64 架构进一步扩展了这些寄存器，使得 XMM 寄存器的数量增加到 16 个（XMM0～XMM15）。

在指令集的兼容性方面，通过在 SSE2 指令集中添加对整数计算的支持，SSE 指令集变得更加灵活，可以处理整数计算和浮点计算。而在 SSE2 指令集出现之前，MMX 指令集主要用于处理整数计算，现在这个任务可以由 SSE2 指令集来完成。但这并不意味着 MMX 指令集就完全无用了，在某些情况下，MMX 指令集和 SSE 指令集可以并行运行。这样做的好处是，可以更充分地利用处理器的计算资源，这也是 MMX 指令集至今仍被保留下来的重要原因，最新的 14 代酷睿 i7 处理器依然支持 MMX 指令集。

4.6.4　AVX 指令集及其扩展指令集

2008 年，Intel 公司宣布将推出全新的 Sandy Bridge 微架构，并引入 AVX（Advanced Vector eXtension）指令集。AVX 指令集是 Intel 和 AMD 设计的一种新的 SIMD 指令集，在 SSE 指令集的基础上进行了扩展和增强。AVX 指令集的目标是提供更高的性能和能效，尤其是在浮点计算上。

AVX 指令集在 SSE 指令集的基础上发展起来，AVX 指令集将寄存器的宽度扩大到了 256 位，大幅度提高了处理器一次能处理的数据量，从而提高了并行计算的性能。

在 AVX 指令集中，Intel 引入了新的 YMM 寄存器，这些寄存器是 256 位的。如图 4-11 所示。对于浮点数来说，这意味着一次可以处理 8 个单精度浮点数，或者 4 个双精度浮点数，提高了浮点计算的效率。

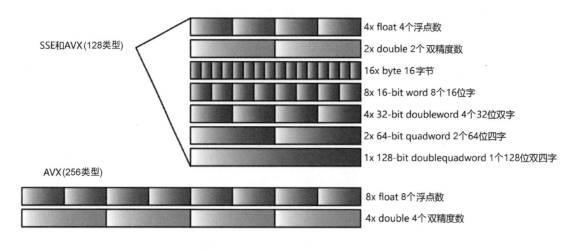

图 4-11　AVX 指令集支持的数据类型

SSE 指令集和 AVX 指令集各自拥有 16 个寄存器，这些寄存器被用于存储数据，并且可以直接被 SSE 指令集和 AVX 指令集的指令操作。对于 SSE 指令集，这些寄存器被命名为"XMM0～XMM15"，每个寄存器的宽度是 128 位。对于 AVX 指令集，这些寄存器被命名为"YMM0～YMM15"，每个寄存器的宽度是 256 位。

在 AVX 指令集中，每个 YMM 寄存器可以被看作对应的 XMM 寄存器的扩展，一个 YMM 寄存器的低 128 位与相应的 XMM 寄存器相等。这允许开发者在 AVX 指令中同时使用 YMM 和 XMM 寄存器，从而实现更灵活的数据操作。

在编程中，SSE 指令集和 AVX 指令集分别提供了不同的类型来表示和操作这些寄存器。对于 SSE 指令集，定义了 3 种类型：__m128、__m128d 和 __m128i，分别对应单精度浮点型、双精度浮点型和整型数据。对于 AVX 指令集，定义了类似的 3 种类型：__m256、__m256d 和__m256i，分别对应单精度浮点型、双精度浮点型和整型数据。

AVX 指令集支持单精度浮点数、双精度浮点数、整数，以及在 AVX2 指令集中引入的向量整数。AVX2 指令集是 AVX 指令集的后续版本，进一步扩展了 AVX 指令集的功能。AVX2 指令集添加了更多的整数指令和 256 位的整数支持，比如处理 8 个 32 位整数或 16 个 16 位整数等。

4.6.5　AVX-512 指令集与下一代 AVX10 指令集

AVX-512（Advanced Vector eXtension 512）指令集是 Intel 开发的一种扩展向量指令集，用于提升某些类型的计算任务的性能。AVX-512 指令集最初由 Intel 引入 Xeon Phi 处理器系列，后来也在部分 Xeon（志强服务器级别）、Core（酷睿桌面消费级别）产品中实现。AVX-512 指令集的一个关键特性是它使用了 512 位寄存器，这使得处理器可以在一个时钟周期内处理更多的数据，从而提升了并行处理能力。此外，AVX-512 指令集还包括一系列新的指令，用于支持更高效的数据操作，例如在单个指令中同时进行多个数据操作。

AVX-512 指令集在需要大量并行计算的领域特别有用。在科学和工程应用中，经常需要对大量数据进行相同的计算，通过使用 AVX-512 指令集，这些计算可以并行化。此外，AVX-512 指令集对于某些特定的应用，如机器学习、高性能计算、多媒体处理等，也非常有益。

AVX-512 指令集可以使性能得到显著提升，但这取决于应用程序能否充分利用它。如果一个应用程序能够有效地利用 SIMD 指令集实现并行化，那么使用 AVX-512 指令集可能会显著提高性能。目前，由于大部分应用程序不能有效地并行化，或者不能有效地利用 512 位寄存器，因此 AVX-512 指令集可能不会带来显著的性能提升。

AVX-512 寄存器资源如图 4-12 所示，AVX2 指令集的核心寄存器资源是 16 个 YMM 寄存器（YMM0～YMM15），每个寄存器是 256 位的。AVX-512 指令集中有 32 个 ZMM 寄存器（ZMM0～ZMM31），每个寄存器是 512 位的。AVX-512 指令集还引入了 8 个新的 64 位掩码寄存器（K0～K7）。这些寄存器允许对每个并行操作的结果进行更精细的控制，例如开发者可以选择只更新某些特定的元素，而忽略其他的。

在扩展 SIMD 指令集宽度的道路上，Intel 的发展并非一帆风顺，特别是在 AVX-512 指令集时代。虽然 AVX-512 指令集可以提高性能，但使用 512 位的大规模寄存器和复杂的 SIMD 指令也会增加功耗和热输出。在某些情况下，这可能会导致处理器过热，进而限制其性能。在执行 AVX-512 指令集的时候，CPU 主频会降低，这样可以降低功耗，避免 CPU 过热，这就是所谓的 AVX Offset，它是由 CPU 的固件或 BIOS 控制的。软件开发者在使用 AVX-512 指令集时需要谨慎，应确保应用程序能够充分利用 AVX-512 指令集带来的好处。

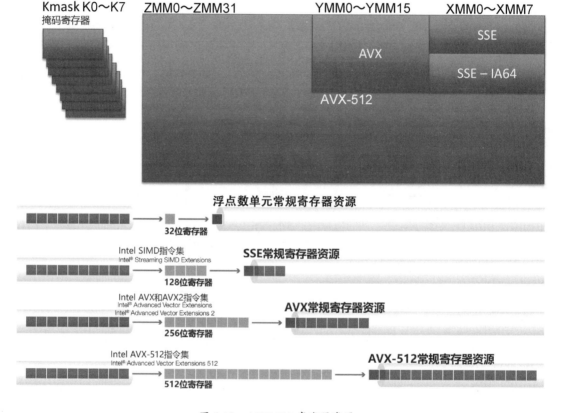

图 4-12　AVX-512 寄存器资源

在媒体 AnandTech 针对 Rocket Lake 处理器的评测中，我们注意到芯片在 AVX-512 指令集运行时的功耗和 CPU 平均运行频率变化，如图 4-13 所示。测试显示常规指令集和 AVX-512 指令集负载之间的功耗增大 50W。图 4-13 展示了每个 3D Particle Movement 算法运行 20s，然后空闲 10s。每个算法对 AVX-512 指令集的强度都不同，这是功耗上下波动的原因。在每个实例中，CPU 都使用了全核心的 turbo 频率 4.9 GHz，我们观察到的峰值功耗实际上有 233W，略低于处理器 turbo 的额定功耗 241W。测试显示在每次全速运行 3D Particle Movement 算法时，主频都略有下降。

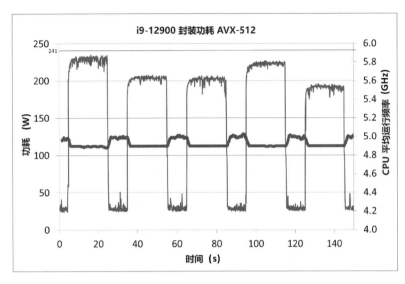

图 4-13　芯片在 AVX-512 指令集运行时的功耗和 CPU 平均运行频率变化

在 AVX-512 指令集的基础上，Intel 在后续产品中还进行了一些扩展，例如 AVX-512F 指令集、AVX-512CD 指令集等，这些扩展引入了更多的功能，进一步扩大了 AVX-512 指令集的应用范围。

面对 AI 领域在近几年间突飞猛进的发展，AVX-512 指令集添加了更多数据类型和指令集支持，比如 AVX-512 VNNI（Vector Neural Network Instructions）指令集是 Intel 处理器的一个扩展指令集，也是 AVX-512 指令集的一部分，专门用于加速神经网络和深度学习应用。

VNNI 可以优化神经网络计算，且引入了新的指令，可以更高效地进行深度学习中的低精度（如 INT8 和 INT16）矩阵计算和累加操作。名称中的"Vector"强调这套指令集是基于向量计算的，可以同时处理多个数据点，从而实现更高的计算吞吐量。"Neural Network"则明确指出这套指令集是为神经网络计算优化的，神经网络计算通常涉及大量的矩阵计算和累加操作。

AVX-512 VNNI 指令集如图 4-14 所示，图中的 AVX-512 VNNI 指令集的 vpdpbusd 指令是一种特殊的指令，主要用于加速深度学习和其他高性能计算场景中的向量计算。AVX-512 VNNI 指令集能够执行混合精度计算。混合精度计算是指在同一计算任务中使用不同的数据精度，这样可以在保证计算准确性的同时提高计算效率和速度。

vpdpbusd 指令本身是一个高效的乘累（Multiply-Accumulate）指令，可以在单个操作中完成多个乘法运算和累加操作，而不是将它们分成多个独立的步骤，这可以极大地提高计算的效率和速度。该指令的工作方式：从第一个源操作数（一个 AVX-512 寄存器）中读取字节

（8 位整数）；与第二个源操作数中的对应数据（通常是 32 位整数）进行乘法运算，将结果累加到目标操作数（另一个 AVX-512 寄存器）中的相应元素。该指令可以一次完成多个字节的乘积累加操作，从而加速了一些深度学习和其他计算密集型任务中常见的计算模式。

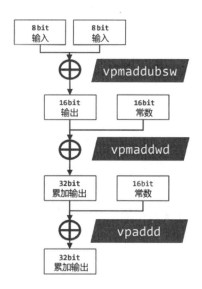

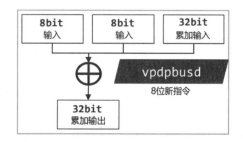

图 4-14   AVX-512 VNNI 指令集

在第 11 和 12 代酷睿处理器中，采用了大小核分离的设计，高效能核心（E-core）不支持 AVX-512 指令集，只有高性能核心（P-core）支持。所以，用户面临两难选择，只有关闭 E-core 才能得到 AVX-512 指令集支持。Intel 在 2023 年 7 月底发布了其新的 APX 指令集（Advanced Performance eXtension），并公开了新的 AVX10 指令集，AVX10 指令集概况如图 4-15 所示，其首次为 P-core 和 E-core 提供了统一的 AVX-512 指令集功能支持。AVX 指令集的这一演变将帮助 Intel 绕过代码在大小核混合架构中所遇到的兼容性问题。Intel 表示，AVX10 指令集将成为其未来消费级和服务器处理器的首选向量指令集。AVX10 指令集是 AVX-512 指令集的超集，包含所有用于处理 256 位和 512 位向量寄存器的 AVX-512 指令集的功能。

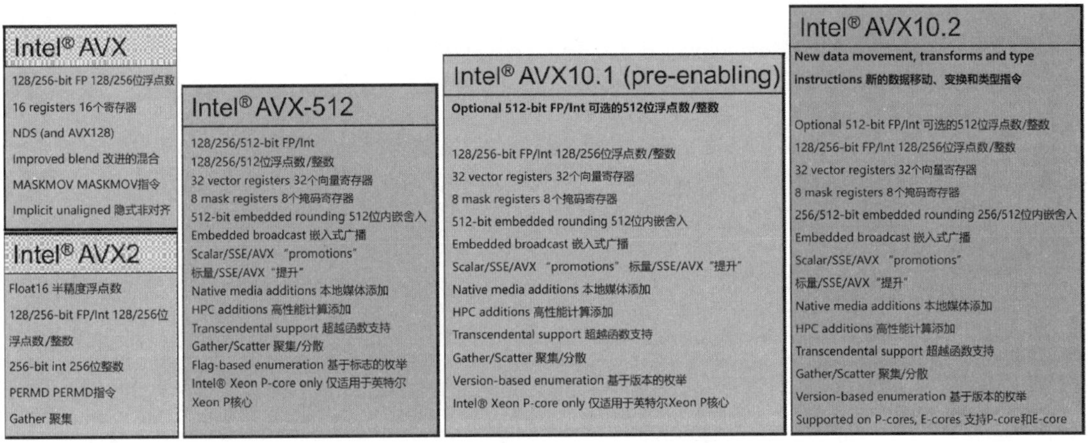

图 4-15　AVX10 指令集概况

　　AVX10 指令集允许拥有 E-core 和 P-core 的 Intel 芯片仍然支持 AVX-512 指令集，纯正的 512 位指令只能在 P-core 上运行。但是融合的 256 位 AVX10 指令可以在 P-core 或 E-core 上运行，从而使整个芯片仍然能够支持 AVX-512 指令集功能。融合的 AVX10 指令集将包括"带有 AVX512VL 特性标志的 AVX-512 向量指令，最大向量寄存器宽度为 256 位，8 个 32 位掩码寄存器和新版本的 256 位指令支持嵌入式舍入"，这类似于 ARM 对 SVE 的可变向量宽度的支持。

　　我们通过一段计算移动平均值的 C++ 代码来展示如何调用 AVX-512 指令集，编译运行后，可以观察其性能提升幅度。只要修改代码中的"mm512"为"mm256"，并修改"i+=16"为"i+=8"，就能调用 AVX2 指令集。

```cpp
#include <immintrin.h>
#include <iostream>
#include <vector>
#include <chrono>


// <immintrin.h> 是 AVX 指令集的头文件
// <iostream> 和 <vector> 是 C++标准库中的输入/输出和容器头文件
// <chrono> 是用于时间测量的头文件


// 使用 AVX-512 指令集的版本
// 接收一个输入数组、一个输出数组、数据总数和窗口大小作为参数
void rolling_mean_avx512(const float* input, float* output, size_t count, size_t
window_size) {
```

```
    // 如果窗口大小大于数据总数，则函数直接返回，因为这种情况下无法计算移动平均
    if (window_size > count) return;

    // 声明一个 512 位寄存器 sum，并用 0 初始化。可同时存储 16 个单精度浮点数
    __m512 sum = _mm512_setzero_ps();

    // 计算滚动窗口的初始总和
    for (size_t i = 0; i < window_size; i+=16) {

    // 每次迭代，_mm512_loadu_ps 函数加载 16 个浮点数到 sum，并使用_mm512_add_ps 函数
    //将其累加到之前的总和中
    // 使用 input + i 作为起始地址，从内存中加载 16 个连续的单精度浮点数到一个 512 位寄存
    //器中。input 是一个指向浮点数数组的指针，i 是数组索引的偏移量
    // _mm512_add_ps 执行 512 位寄存器中的单精度浮点数（32 位浮点数）之间的加法操作。它可
    //以一次性处理 16 个浮点数的加法。在汇编语言层面，这对应于 AVX-512 的 VADDPS 指令
        sum = _mm512_add_ps(sum, _mm512_loadu_ps(input + i));
    }

    // 更新滚动窗口的总和，并将每个窗口的总和存储在输出数组中
    for (size_t i = 0; i <= count - window_size; i+=16) {
        // _mm512_storeu_ps 将 sum 中的值存储在输出数组中
        _mm512_storeu_ps(output + i, sum);
        if (i + window_size < count) {
        // 随着滚动窗口向前移动，窗口的第一个元素会被新的元素替换。需要从总和中减去这个旧的元素
            sum = _mm512_sub_ps(sum, _mm512_loadu_ps(input + i));
            // 将新进入滚动窗口的元素（位置 i + window_size 处的元素）加到 sum 中
            sum = _mm512_add_ps(sum, _mm512_loadu_ps(input + i + window_size));
        }
    }

    for (size_t i = 0; i <= count - window_size; ++i) {
        // 求均值
        output[i] /= window_size;
    }
}

// 不使用 SIMD 指令集的版本
```

```
void rolling_mean(const float* input, float* output, size_t count, size_t
window_size) {
    if (window_size > count) return;

    float sum = 0.0f;
    for (size_t i = 0; i < window_size; ++i) {
        sum += input[i];
    }

    for (size_t i = 0; i <= count - window_size; ++i) {
        output[i] = sum;
        if (i + window_size < count) {
            sum -= input[i];
            sum += input[i + window_size];
        }
    }

    for (size_t i = 0; i <= count - window_size; ++i) {
        output[i] /= window_size;
    }
}

int main() {
    const size_t count = 10000000;
    const size_t window_size = 8; // 确保窗口大小是 SIMD 宽度的倍数
    std::vector<float> input(count, 1.0f); // 初始化为 1.0
    std::vector<float> output(count - window_size + 1);

    // 测量 AVX-512 指令集版本的性能
    auto start = std::chrono::high_resolution_clock::now();
    rolling_mean_avx512(input.data(), output.data(), count, window_size);
    auto end = std::chrono::high_resolution_clock::now();
    std::chrono::duration<double> diff = end - start;
    std::cout << "AVX-512 version took " << diff.count() << " seconds." <<
std::endl;

    // 测量普通版本的性能
    start = std::chrono::high_resolution_clock::now();
    rolling_mean(input.data(), output.data(), count, window_size);
```

```
    end = std::chrono::high_resolution_clock::now();
    diff = end - start;
    std::cout << "Non-SIMD version took " << diff.count() << " seconds." <<
std::endl;

    return 0;
}
```

4.6.6　对 AVX 指令集的间接实施

在桌面级产品中，Intel 从第 11 代酷睿处理器开始完全实现了 AVX-512 指令集，支持 512 位的宽向量指令。这意味着，当执行 512 位的宽向量指令时，Intel 处理器不需要将其拆分为两个较小的微操作，而是可以一次性完成。这种方法在执行宽向量指令时具有较高的效率，但实现这种方法需要投入更多的硬件资源。

不同处理器对于 AVX-512 指令集的实施方式如图 4-16 所示，AMD 的 Zen 4 微架构虽然也支持 AVX-512 指令集，并且 CPU 包含能容纳宽度为 512 位的浮点寄存器，但在执行 512 位的宽向量指令时，计算单元会选择将其拆分为两个 256 位的微操作进行执行，计算完成后存储起来再拼接返回。这种方式在硬件投入上相对较小，但在执行宽向量指令时的效率低于 Intel 的完全实现方式的效率。

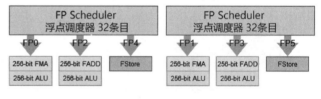

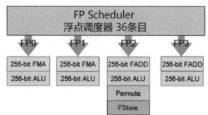

图 4-16　不同处理器对于 AVX-512 指令集的实施方式

　　AMD Zen 4 的存储队列比 Intel 第 11 代酷睿小，这可能是因为 AMD 没有实现到 L1 数据缓存的更宽的总线。AVX-512 指令在 Zen 4 处理器中被译码为两个微操作，它们占用了两个宝贵的存储队列条目。存储队列是一个相当拥挤的结构，特别是存储指令必须在那里等到退役。

　　同样的原理，AMD 的 Bulldozer 微架构采用了一种被称为"微操作分解"的技术，使得它能够执行 256 位的 AVX 指令，即使它的浮点数单元宽度是 128 位的。Bulldozer 微架构的浮点数部分包含两个 128 位宽的执行管道，每个都可以执行一个 128 位宽的操作。当执行 256 位的 AVX 指令时，Bulldozer 微架构将 256 位的指令分解为两个 128 位的微操作，然后在两个 128 位的执行管道上并行执行计算。对 AVX 指令集间接实施的优点是，它能够使用现有的硬件资源来支持更大宽度的指令，而无须对硬件进行较大的修改。

4.7　矩阵加速指令集

　　矩阵运算是深度学习和其他 AI 计算中的基本组件，AMX（Advanced Matrix eXtension，矩阵加速指令集）是 Intel 在其第 4 代 Xeon 处理器产品中引入的一种指令集扩展，它所对应的硬件是一种内置的 AI 加速器，类似于谷歌的 TPH 处理器，AMX 适用于深度学习、机器学习、科学计算和加密等高性能计算场景。AMX 对于 CPU 来说是一种新的指令集扩展，其目的是提升处理器上的矩阵计算性能。

　　AMX 主要由两部分组成：2D 寄存器和 Tile 矩阵乘法（TMUL）加速器，如图 4-17 所示。

- 2D 寄存器：2D 寄存器由 8 个二维寄存器组成，每个寄存器大小为 1000 字节，它们存储了大块的数据。这些寄存器独立于现有的通用浮点数寄存器和 SIMD 向量寄存器，可以在不影响其他计算的情况下并行处理大规模矩阵计算。
- TMUL 加速器：针对特定计算任务，AMX 提供了一组硬件加速器，这些硬件加速器可以在一个 CPU 时钟周期内处理大量的数据，以实现高效率的并行计算。

　　AMX 采用的 2D 寄存器结构可以高效地处理矩阵计算，也可以同时存储和操作多行和多列的数据，这使得它特别适合进行矩阵计算。而 AVX-512 指令集则使用 1D 寄存器结构，1D 寄存器结构是线性的、一维的数据存储结构，每个寄存器可以存储多个数据项，但这些数据项是在一个线性序列（或数组）中存储的，而不是 2D 的矩阵格式。可以将 AMX 视为一种特殊和优化的解决方案，用于处理那些可以从 2D 数据表示中受益的特定类型的计算负载，而 AVX-512 指令集则提供了一种更通用但可能不是特别针对矩阵计算优化的数据处理方式。在处理 3D 张量时，通过使用 AMX 的 2D 寄存器结构，可以将 3D 张量分解成多个 2D 矩阵，然后利用 AMX 的矩阵计算能力来高效地处理每个 2D 矩阵。

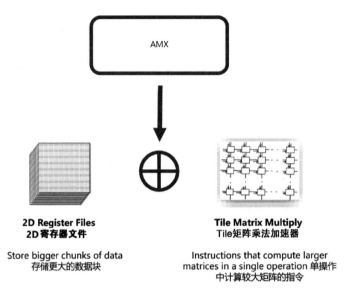

图 4-17　AMX 的组成部分

　　AMX 的设计目标是加速低精度的矩阵计算，这是典型的 AI 应用场景，这种运算在许多高性能计算任务中都是瓶颈。例如，在深度学习中，训练和推断过程通常涉及大量的矩阵乘法。通过引入 Tile 数据类型和硬件加速器，AMX 能够有效地加速这类任务，提高处理器的性能和效能。

　　为了理解 Intel 硬件上新的内置 AI 加速引擎的优势，需要理解在 AI 工作负载中使用的两种数据类型，即低精度数据类型 INT8 和 BF16。

　　常见精度数据类型有 16 位浮点数（FP16）、16 位脑浮点数（BF16）、16 位整数（INT16）、8 位整数（INT8）等。图 4-18 展示了这些精度数据类型之间的差异，S 代表符号位。

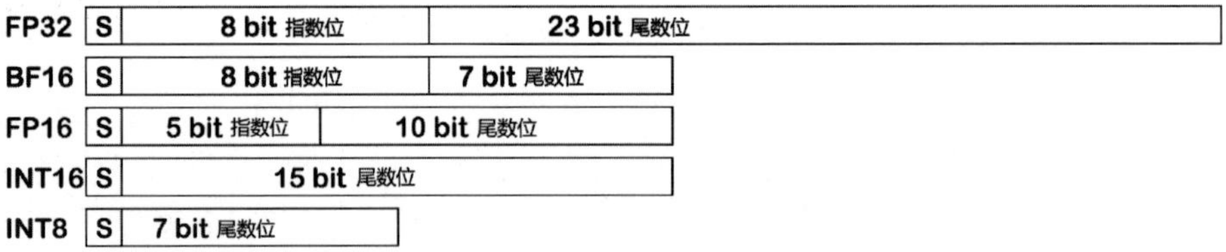

FP32	S	8 bit 指数位		23 bit 尾数位
BF16	S	8 bit 指数位		7 bit 尾数位
FP16	S	5 bit 指数位	10 bit 尾数位	
INT16	S	15 bit 尾数位		
INT8	S	7 bit 尾数位		

图 4-18　常见精度数据类型之间的差异

　　对于 AI 类应用的推理过程来说，FP32 具有更高的内存占用率和更高的延迟，而 INT8 或 BF16 的低精度模型则可以得到更快的计算速度。为了优化和支持这两种有效的数据类型，硬件需要特殊的特性/指令。Intel 在第 4 代处理器上以 AMX 的形式支持 INT8 和 BF16，在 Data Center GPU Max 系列或 Flex 系列上以 XMX 的形式支持 INT8 和 BF16。

Intel 推荐的 AMX 精度数据类型是 BF16，相对于 AVX-512 指令集使用的传统 FP32，可以提供 16 倍加速。如果使用更低精度的 INT8 做推理计算，那么对于同样的数据量，AMX 的性能是 AVX-512 VNNI 指令集的 8 倍。如果将 AMX 与没有 BF16 也没有 AVX-512 指令集的 Zen 3 微架构处理器进行比较，则 Intel 的 AMX 单元可以提供 32 倍的计算吞吐量。两种 AMX 精度数据类型的加速比如图 4-19 所示。

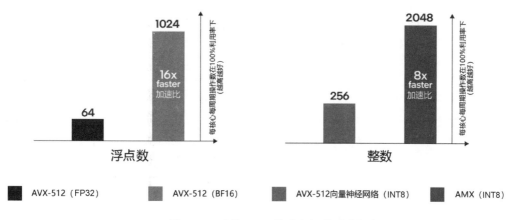

图 4-19　两种 AMX 精度数据类型的加速比

4.8　ARM SVE 指令集

ARM 是 CPU 生态环境中的重要组成部分，尤其是部分 ARM 处理器经过长期演化和深度迭代，已经不再是低功耗的移动平台专属，转而成为高性能算力处理器，并逐步走进超级计算机。ARM 提出了自己的 SIMD 方案 NEON，也称"Advanced SIMD"。

2005 年左右，NEON 首次在 ARM v7 微架构中引入。在 ARM v7 中，NEON 成为可选的扩展组件，许多基于 ARM v7 的处理器选择实现这个功能。NEON 的工作原理是使用一组 16 个 128 位寄存器，将这些寄存器视为包含固定数量的相同类型数据元素的向量，可以使用一个指令同时对所有这些数据元素执行相同的操作，从而实现数据并行性。

一个 128 位 NEON 寄存器可被分割为：2 个双精度浮点数、4 个单精度浮点数或整数、8 个半精度浮点数或半字、16 个 8 字节。NEON 的执行宽度和同时期的 SSE 指令集一致，成为 ARM 架构处理器增强浮点峰值算力的重要基石。

随后 ARM 带来了让业界耳目一新的 SVE（Scalable Vector Extension）扩展指令集，SVE 指令集于 2016 年 8 月在 ARM 的 Hot Chips 28 介绍会议上被首次公开介绍。Fujitsu 的 A64FX 处理器是第一个使用 SVE 指令集的处理器，该处理器用于超级计算机 Fugaku（富岳）。A64FX 处理器采用 512 位的向量宽度，充分利用了 SVE 指令集的可扩展特性来提高性能。

在传统的 SIMD 架构中，向量的宽度是固定的，例如 128 位、256 位或 512 位。这意味着程序员需要针对特定的向量宽度编写和优化代码，如果换到了具有不同向量宽度的硬件平台上，这些代码可能无法获得最佳性能。

ARM 的 SVE 架构的向量宽度是动态的，可以在不同的硬件平台上有不同的宽度。SVE 指令集允许不同的硬件实现选择不同的向量宽度，向量宽度可以是 128 位的任何倍数，最大可达 2048 位。无论向量宽度是多少，SVE 指令都能正确地工作。这就使得编程变得更加简单，因为程序员不再需要为特定的向量宽度编写和优化代码。它支持与向量长度无关的编程模型，允许代码在所有向量宽度上自动运行和缩放，而无须重新编译。

这种动态 SIMD 向量宽度的特性也使得 SVE 指令集能够更好地适应未来的硬件。随着技术的发展，硬件可能会支持越来越宽的向量。SVE 指令集还提供了一些其他的特性，如混合精度算术、预测执行和在一个指令中处理不同宽度的向量等，使其在处理并行计算和科学计算的任务时更为高效。

动态 SIMD 向量宽度有利于软件与硬件之间的兼容性，如果编写一个针对 2048 位的 SVE SIMD 程序，该程序能够在支持 128 位 SVE 指令集的处理器上运行，程序将自动适应这个较小的向量宽度，那么这可能会导致性能下降，因为程序必须处理更多的向量片段，但它应该仍然能够正确运行。SVE 指令集被设计成与向量宽度无关，这意味着代码不需要知道或关心实际硬件上的向量宽度。SVE 寄存器资源如图 4-20 所示。

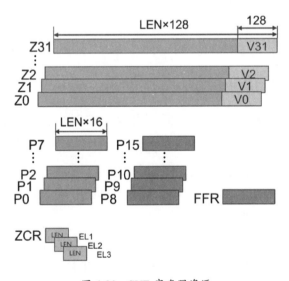

图 4-20　SVE 寄存器资源

SVE 寄存器资源介绍如下。

- 32 个可伸缩向量寄存器（Z0～Z31）：这些寄存器的宽度可以在 128 位到 2048 位之间变化，以 128 的倍数递增。这些寄存器可以从现有的 32 个 128 位宽度的 Advanced SIMD 寄存器扩展。内部元素可以有不同的宽度，允许在同一寄存器中进行不同精度的运算。
- 16 个可伸缩预测寄存器（P0～P15）和 1 个特殊功能 First-Fault 寄存器（FFR）：预测寄存器用于控制向量操作的行为，First-Fault 寄存器用于处理某些特定的错误情况。
- 一系列的控制寄存器：这些控制寄存器允许不同的权限级别虚拟化合适的向量宽度，提供更灵活的控制和调整能力。

SVE 指令集包括 16 个可伸缩预测寄存器。预测寄存器在 ARM 的 SVE 指令集中用于控制内存和算术操作，其中 P0～P7 用于普通的内存和算术操作，P0～P15 用于生成预测的指令（如向量比较）和依赖预测的指令（如逻辑操作）。通过这样的分配方案，可以在不同的上下文中使用预测寄存器，有效减轻了预测寄存器的压力，也有助于更灵活地控制算术和逻辑操作的行为。

这里的 Element 是向量数据的最小粒度。在向量计算中，向量被分成 Element 的一系列块。这些 Element 是整数、浮点数等，并且可以有不同的位宽，如 8 位、16 位、32 位、64 位等。在 SIMD 操作中，Element 是并行计算的基本单位。

每个预测寄存器可以将粒度降低到字节级别，这意味着每个比特位对应 8 位的数据宽度。在给定的 Element 尺寸下，只有最低比特位可作为使能信号，其余位都是无用的。不同配置的 256 位向量如图 4-21 所示，对于一个 256 位向量，如果 Element 尺寸是 64，则 256 位向量包含 4 个 Element，所以每 8 位的预测寄存器表示一个 Element，但只有最低比特位用于表示使能。如果 Element 尺寸是 32（4 字节），每个 Element 对应的预测位就是 4 位（每个预测寄存器可以将最小粒度降低到字节级别，因此每个比特位对应 8 位的数据宽度）。这种设计对于包括多种数据类型的代码适量化非常重要。

图中 32b 和 64b 数据宽度下面一行的 0 和 1 就是预测位，用于控制对应的 Element 是否参与特定的向量操作。每个预测位都是二进制的，所以它们只有 0 和 1 两种可能值。如果预测位是 1，则对应的 Element 会被启用，并参与到向量操作中。如果预测位是 0，则对应的 Element 会被禁用，不会参与到向量操作中。通过这种方式，开发者可以在单个向量操作中选择性地包括或排除某些 Element，从而实现更复杂和灵活的向量处理。这也是 SVE 指令集中预测寄存器的一个重要特性。

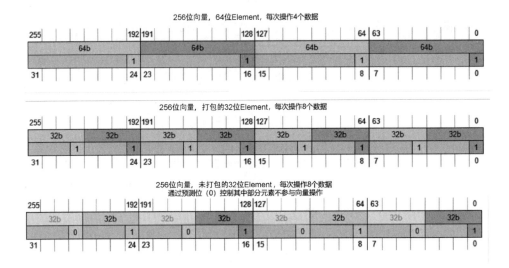

图 4-21 不同配置的 256 位向量

SVE 指令集中使用了 4 个条件标志（N、Z、C、V），这些标志与 SVE 的指令预测相关，用于描述某些特定条件的状态。这些条件标志通常用于条件分支和循环控制，与 SVE 指令集的预测寄存器协同工作，以提供更精细的控制。

- N（Negative）：设置为真，如果第一个活动 Element 被激活。
- Z（Zero）：设置为真，如果没有任何 Element 被激活。
- C（Carry）：设置为真，如果最后一个 Element 未被激活。
- V（Overflow）：与标量化循环状态有关，否则为零。

4 个条件标志允许复杂的条件执行和循环控制。而在 Intel 的 AVX 指令集中，虽然也提供了掩码操作，但其方式可能没有 SVE 指令集那么灵活和精细。预测寄存器本身不提供可伸缩性，但它们与可伸缩的向量寄存器密切集成，使得对向量的复杂操作和控制可以自适应不同宽度的向量。

在论文"The ARM Scalable Vector Extension"中使用了一个能够自动向量化 SVE 指令集代码的实验编译器。论文作者选择了一组来自各种知名基准测试套件的高性能计算应用程序，测试的编译器只支持 C 和 C++，所以基准测试的选择受限于这些语言。论文作者使用公开版本的基准测试中的原始代码，在少数情况下进行了少量修改以帮助自动向量化器。

不同配置的 SVE 指令集加速比如图 4-22 所示，比较 Advanced SIMD（也就是 ARM v7 的标准 SIMD 扩展指令集 NEON）与 3 种不同配置的 SVE 指令集，这 3 种 SVE 指令集分别具有 128 位、256 位和 512 位的向量宽度。4 种模拟使用相同的处理器配置，但向量宽度有所不同。图中有两种类型的结果：线条显示的是每种 SVE 指令集配置与 Advanced SIMD 相比的加速比；柱状图显示的是这些知名基准测试项目中的向量化指令比率，这是以 128 位向量宽度动态执行的向量指令的百分比来衡量的。

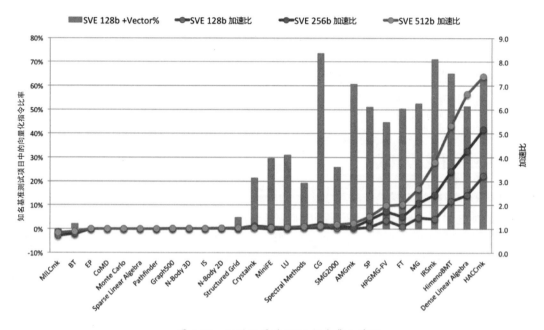

图 4-22 不同配置的 SVE 指令集加速比

从结果可以看出，SVE 指令集比 Advanced SIMD 实现了更高的向量利用率。这是由于 SVE 指令集允许编译器向量化具有复杂控制流、非连续内存访问等的代码。例如在 HACCmk 的特定情况下，主循环有两个条件赋值，这些赋值阻止了 Advanced SIMD 的向量化，但对 SVE 指令集来说，代码依然可以向量化。

提升 SIMD 指令集的使用效率是一项多方面的任务，需要处理器设计者、编译器开发者及应用开发者共同努力。其中编译器在自动向量化方面有很大的作用，它们可以自动地将标准代码转化为使用 SIMD 指令的代码。为了提升 SIMD 指令集的使用效率，编译器应该能更好地进行这种转化，这需要编译器开发者深入研究 SIMD 指令集的性质和用法。同时，提供使用 SIMD 指令集的工具和库可以降低开发者使用这些指令集的难度。

第 5 章　逻辑拓扑结构

在算力芯片设计中，芯片拓扑（Topology）结构非常重要。因为仅靠单核心 CPU 很难做出算力强且并行度高的芯片，如果拓扑结构设计得不合理，则非常影响多芯片整合在一起的工作效率，很容易达到节点数量上限。近几年高性能计算行业的研究重点和产业界关注的重点，逐渐从单核心处理器微架构过渡到多核心拓扑结构。本章将介绍几种常见的芯片内部逻辑拓扑方式，并分析它们的特性及在不同产品中的应用。

5.1　环形拓扑方式

环形（Ring）拓扑方式是一种将多个处理单元连接成环形结构的片上总线技术。在环形结构中，每个处理单元都与环上的两个相邻处理单元连接。当一个处理单元需要与另一个处理单元通信时，数据沿着环形结构传递，直到到达目标处理单元。在这种结构中，数据在环上按顺序传递，每个处理单元将数据读取或写入环上的适当位置。

环形拓扑的特点是将网络中的节点首尾相连，形成一个环，各个模块之间交互方便，不需要主控中转，功能单元通过网络接口将信息送上环，消息在环上逐个节点进行传递，每次只能前进一个节点，消息在到达与目的功能单元连接的节点后被送下环，转到网络接口，进而传递给目的功能单元。

环形拓扑方式的优点是操作相对简单和容易实现，因为每个处理单元只需要连接到相邻的两个处理单元即可。然而，它的缺点是当通信距离较长时，延迟时间会增加，并且当处理单元数量增加时，环形结构可能会成为瓶颈。

典型的环形总线出现在 GPU 芯片上，2005 年 ATI 发布了 X1000 系列 GPU 产品，为了提高内存带宽，ATI 决定不再简单地增加数据路径的宽度（位宽），也不再提高时钟速度（频率）。ATI 认为新环形总线系统（Ring Bus System）能够更好地管理缓存并隐藏延迟。环形总线是一种内部数据传输结构，用于连接显存控制器和图形处理核心，这种环形总线的设计能提供高带宽数据传输。环形总线的设计使得数据可以在这些通道之间快速循环传输，从而实现高效的数据访问。

高效的内存控制器至关重要。GPU 有多个单元通过内存控制器读取和写入显存，例如缓存、纹理单元等。芯片设计的一个重要要求是最大效率地让计算单元访问存储单元。内存控制器的作用是分配任务并管理与内存模块之间的数据。随着请求内存访问的设备增加以及内存量的增加，需要一种更高效的数据路由方式。

内存控制器本身是完全可编程的，这意味着 ATI 可以调整驱动程序，提高特定应用程序或游戏的内存效率。ATI 还将 X1000 系列的内存通道分为 8 个 32 位通道。在之前的 X850 系列及更低版本中，ATI 采用了其中 4 个 64 位通道，这意味着在 X850 系列及更低版本中，如果需要传输 32 位数据到某个内存区域，则实际上有 32 位的接口根本没有使用。通过创建更窄的通道可降低成本，如果数据块也较小，就不会浪费太多带宽。

X1000 系列的环形总线由两个内部的 256 位环形组成，它们以相反的方向运行，这被称为 512 位的内部内存总线。环形总线系统中的总线沿着芯片的外缘运行，以简化线路的布线，提供更清晰的信号，从而实现更高的时钟速度（频率）。在这两个内部环形的路径上有 4 个环形停靠点，每个内存通道对应一个停靠点。数据在每个时钟周期的环形停靠点之间传输，直到到达目的地。

AMD R600 芯片环形总线如图 5-1 所示，R600 芯片继续保持了环形总线，显存控制器具有两条 512 位的环形通道和 4 个环形停靠点。每个环形停靠点控制两个 64 位显存通道，共计 8 个显存通道。R600 芯片的环形总线没有中央控制器，而是通过仲裁器进行显存读/写操作的决策和管理的。仲裁器负责协调多个访问请求之间的优先级和访问顺序，以确保数据传输的正确性和顺序性。环形总线和交叉总线的选择是一种开发路径方面的折中，NVIDIA 始终采用后者，AMD 在阶段性地使用了环形总线后，又改回使用交叉总线。我们可以把环形总线中的每个芯片理解为公交车站，如果车站太多，频繁停靠、使用就增加了延迟时间，也会导致环形总线规模碰到上限。

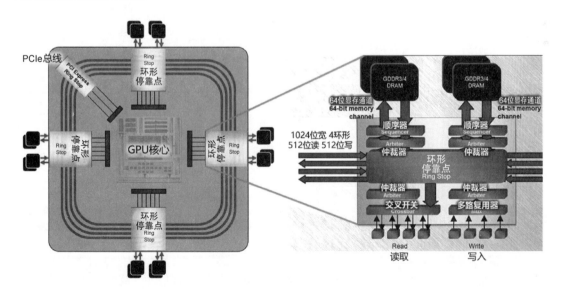

图 5-1　AMD R600 芯片环形总线

　　CPU 芯片中经典的环形总线产品是 Intel 的 Sandy Bridge 处理器，在面向服务器市场的 Xeon 产品中，2010 年 Intel 在 Nehalem EX 和 Westmere EX 微架构中成功使用了环形总线，名称中的 EX 代表企业级市场设计，特别是为多路服务器设计的处理器。

　　在初代 Nehalem/Westmere 微架构中，无论是双核、4 核还是 6 核，每个核心都有自己独立的路径连接到最后一级（L3）缓存，这大约需要每个核心 1000 条连接线。这种方法的问题是，随着需要访问 L3 缓存的内容增多，该方法在扩展性方面表现不佳。Sandy Bridge 在芯片上集成了 GPU 和视频转码引擎，它们共享 L3 缓存，为了不再为连接 L3 缓存而布置更多线路，Intel 引入了环形总线。所有 Sandy Bridge 微架构的 CPU 无论有多少核心，内部都使用一个被称为 RingBus 的内部总线来连接 CPU 核、显卡和非核心组件（Uncore）部分。Intel 环形总线示意图如图 5-2 所示。

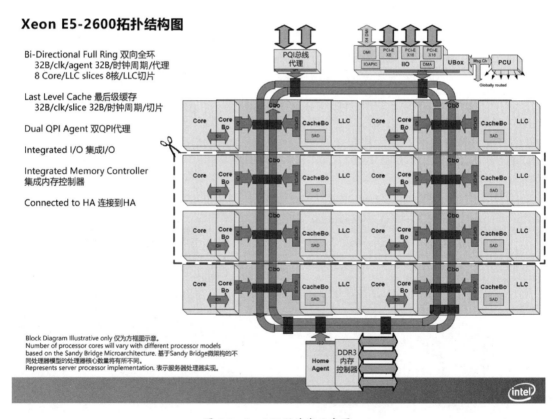

图 5-2　Intel 环形总线示意图

　　Sandy Bridge 处理器每个核心、每个 L3 缓存切片、芯片上的 GPU、媒体引擎及系统代理 [North Bridge（北桥的高级术语）] 都在环形总线上有一个停靠点。Intel 环形总线由 4 个独立的环形组成：数据环、请求环、确认环和嗅探环。每个环的每个停靠点、每个时钟周期都可以接收 32 字节数据，总计 256 位宽。随着核心数和缓存大小的增加，缓存带宽也会相应增加。

图 5-2 中部分缩写单词的含义如下。

- DMI（Direct Media Interface）：Intel 处理器与北桥和南桥芯片组之间的高速连接，用来替代旧的 Front Side Bus（FSB）。
- IOAPIC（I/O Advanced Programmable Interrupt Controller）：高级的可编程中断控制器，用于处理多核处理器系统中的 I/O 中断。
- IDI（Intel Data Interface）：内部连接，用于连接处理器的不同组件，例如处理器核心和缓存。
- SAD（System Address Decoder）：系统地址译码器，用于解析并分发到处理器内部的不同组件的内存访问请求。
- Home Agent：在多核处理器系统中，Home Agent 负责处理与特定处理器核心或缓存相关的内存访问请求，是确保内存数据一致性和协调内存访问的关键部分。
- IIO（Integrated I/O）：通常指的是处理器内部集成的输入/输出功能。通过在 CPU 芯片内部集成 I/O 控制器，可以更快速地处理数据传输和通信，减少延迟时间，并提高整体性能。
- PUC（Perfmon Un-core Counter）：是非核心部分的性能计数器，用于监测处理器中不在核心内部的部分性能。
- UBOX（Un-core Box）：通常是 Intel 处理器中非核心部分的性能监视和管理单元。它处理与处理器的核心部分（如计算核心和缓存）无关的功能。
- LLC（Last Level Cache）：最后一级缓存，通常位于其他更接近核心的缓存（如 L1 和 L2 缓存）之后。LLC 存储所有核心都可能需要的数据，以减少对主内存的访问次数，从而提高性能。

环形拓扑方式不仅在大型 CPU 模块（如整体 CPU 核心）的拓扑中有应用，而且应用在 CPU 子模块内部。AMD 在 Zen 微架构中使用了 Compute Complex Die（CCD）设计。根据 AMD 的披露，Zen 3 的 CCD 内部使用了双向环形总线，将 8 个 CPU 内核与 32 MB 共享 L3 缓存和其他关键组件连接起来，比如用于 CCD 模组间通信的 IFOP（Infinity Fabric On-Package）接口芯片（IOD），而环形总线在 Zen 2 中并未提到过。Zen 3 处理器整体上又使用了 Infinity Fabric 总线和其他处理器或者内存系统连接，所以 Zen 3 处理器是混合型的拓扑结构。

环形结构中，消息或数据在各个节点之间的传递是有序的，有利于缓存一致性。在这样的环形结构中，消息传递具有固定的顺序，缓存一致性协议的设计和验证变得相对简单。这是因为，当我们知道消息传递的顺序时，可以很容易地预测和理解各个处理器核心对缓存数据的访问和修改的顺序，这对于确保缓存的一致性非常重要。例如，假设有 3 个处理器核心 A、B 和 C，它们都连接到同一个环形结构，消息的传递顺序是 A→B→C→A。在这种情况下，如果 A 修改了一段缓存数据，然后将修改的数据发送到环上，那么 B 和 C 将按照固定的顺序接收这个消息。这样，B 和 C 就可以依次更新它们的缓存，确保缓存一致性。

5.2　Infinity Fabric 拓扑方式

AMD 提出的 Infinity Fabric 可以认为是一种类似交叉开关（Crossbar）的拓扑结构，片内多个物理 CPU 核心的互连和片外多个 CPU 的互连都使用了该总线（每个物理 CPU 核心内部都可能使用了其他拓扑结构，如环形总线）。CPU 和 GPU 的互连也是依靠 Infinity Fabric 的，在有些文献中将其称作 AMD 的芯片基石，因为这是 AMD 的 CPU 得以快速扩展硬件规模的主要技术，也是 AMD 的 EPYC 处理器在服务器领域站稳脚跟的主要原因。

第一代 Zen 微架构处理器的互连方式如图 5-3 所示，第一代 Zen 处理器没有使用独立封装的 IOD（I/O Die）设计，所以 Infinity Fabric 总线硬件逻辑直接被放置在每个 CPU 核心内部。Zen 微架构从第二代到第四代都采用了独立的 IOD 设计，将拓扑逻辑全部集中在专门的芯片上，脱离了 CPU 主逻辑芯片，方便更大规模的计算核心布局扩展。

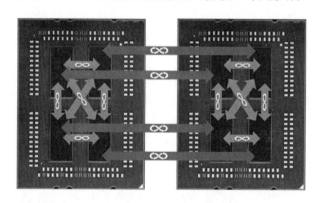

图 5-3　第一代 Zen 微架构处理器的互连方式

Infinity Fabric 总线由两个独立的通信平面组成：可扩展数据互连（Scalable Data Fabric，SDF）和可扩展控制互连（Scalable Control Fabric，SCF）。SDF 是数据在系统中流动的主要方式，用于连接各个端点（如 NUMA 节点、内存控制器等模块）。SDF 具有多个连接点，如 PCIe PHY、内存控制器、USB 集线器及各种计算单元。SDF 是 AMD 提出的 HyperTransport 技术的超集。SCF 是一个辅助平面，负责传输许多杂项系统控制信号，包括热管理、功耗管理、测试、安全和第三方 IP 等。借助 SDF 和 SCF 这两个通信平面，AMD 能够高效地扩展许多基本的计算模块。

SDF 是 Infinity Fabric 的数据通信平面，用于在处理器的各个组件（如 CPU 核心、缓存、内存控制器等）之间传输数据。所有从核心到其他外围设备（如内存控制器和 I/O 集线器）的数据都通过 SDF 进行路由。SDF 的一项关键特性是，一致性数据互连可以扩展到多个芯片。连接在互连平面上的节点的拓扑结构没有限制，通信可以直接从节点到节点进行，也可以以总线拓扑的形式进行跳跃连接或者采用网状拓扑结构。

以 Zen 核心的处理器为例，两个 CCX 连接到 SDF 如图 5-4 所示，展示了 SDF 的模块图。两个缓存一致性交换 CCX（Cache Coherent eXchange）模块通过 CCM（Cache-Coherent Master，缓存一致性主控制器）直接连接到 SDF 平面，提供了核心之间一致性数据传输的机制。此外，还有一个用于 I/O Hub 通信的单个 I/O Master/Slave（IOMS）接口。I/O Hub 包含 PCIe 控制器、SATA 控制器、USB 控制器、以太网控制器和南桥芯片。从操作角度来看，IOMS 和 CCM 能够发出 DRAM 请求。图 5-4 中的两个 CCX 通过 AMD 的 Infinity Fabric 互连，多个 CCX 共享内存控制器。

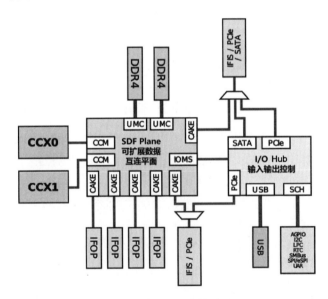

图 5-4 两个 CCX 连接到 SDF

DRAM 连接到 DDR4 接口，DDR 通道的每个通道都有两个统一内存控制器（UMC），它们也直接连接到 SDF。值得注意的是，所有 SDF 组件都以 DRAM 的 MEMCLK（内存时钟）频率运行。例如，使用 DDR4-2133 系统的整个 SDF 平面将以 1066 MHz 的频率运行。

- AMD 一致性插槽扩展器（Coherent AMD socKet Extender，简称 CAKE）：在 SDF、连接的多个芯片和 SerDes（串行器-解串器）之间存在接口的工作机制，"CAKE Clock"是 AMD Infinity Fabric 总线的一个内部时钟信号。CAKE 作为 Infinity Fabric 总线的一

种关键接口机制，在 SDF 和各种 SerDes 之间起着桥梁的作用，既可以连接多个芯片，也可以连接多个模块。CAKE 将 SDF 上的请求编码成 128 位的串行数据包，并在每个时钟周期内通过任意 SerDes 接口发送。响应数据也由 CAKE 译码回 SDF。和与 SDF 连接的所有其他元素一样，CAKE 在 DRAM 的 MEMCLK 频率下运行，以消除跨时钟域的延迟。CAKE 的操作频率与内存的操作频率相同，可以减少在不同的时钟频率之间传输数据时产生的延迟，从而提高数据传输的效率。

- SerDes：它的主要功能是将并行数据转换为串行数据，或者将串行数据转换为并行数据。这是一种常见的数据传输方式，可以大幅度减少接口的引脚数量和降低接口复杂性，同时可以实现更高的数据传输速度。在 Infinity Fabric 总线中，SerDes 可以提供高速、低延迟的数据传输服务，使得数据能够在各个组件之间迅速传递。Infinity Fabric 总线通过 SerDes 支持的连接类型非常多，比如 GMI（Global Memory Interconnect）或者 PCIe 接口，可以让各种设备更好地与 AMD 的芯片进行通信。除了这些标准的接口，AMD 的 SerDes 还支持其他类型的接口，如 SATA 和 CXL 等。

SDF 使用两种不同类型的 SerDes 链路——封装内互连（Infinity Fabric On-Package，IFOP）和插槽间互连（Infinity Fabric In-Socket，IFIS）。其中 IFOP 实现同一 CPU 片上的芯片到芯片（Chip to Chip）的互连；而 IFIS 实现不同 CPU 片之间的芯片到芯片的互连。作为 AMD Infinity Fabric 架构中的两种主要互连方式，它们的主要区别在于连接的对象和通信距离不同。

- IFOP：这种互连方式主要用于在同一个封装内的不同芯片之间通信，例如，在 AMD 的多核心处理器中不同的 CCX 之间或者 CCX 和内存控制器之间的通信。这种互连方式是针对封装内部的高带宽、低延迟通信设计的。
- IFIS：这种互连方式主要用于跨封装的通信。例如，在双路服务器中，两个处理器封装之间的通信就是通过 IFIS 实现的。这种互连方式需要解决更大的物理距离和信号完整性问题，因此其设计更复杂，带宽也可能略低于 IFOP。

IFOP 适用于短封装内的多芯片，Zen 4 微架构的 EPYC 9004 处理器拥有 1 个大的 IOD 和 4 组独立的小芯片，每组小芯片拥有 3 组 CCD 计算单元。IFOP 和 Infinity Fabric 总线的整套逻辑一起，被放置在 IOD 中。IFOP 在不同芯片之间的通信可以实现大约 2 pJ/b 的功率，其中皮焦（pJ）是能量单位，比特（b）是数据单位，数字表示每传输一个比特的数据 IFOP 需要消耗多少能量。

IFOP 使用 32 位低摆幅单端数据传输和差分时钟，其功耗约为等效差分驱动的一半。它们利用了从 TX/RX 阻抗终端到地面的零功率驱动器状态，同时禁用了驱动器上拉。上拉电阻通常用于确保线路在没有输入时保持高电平状态。当驱动器的上拉电阻被禁用（或断开）时，这个系统会使用一种被称为"零功率驱动状态"的状态。当这个上拉电阻被禁用时，就不再把线路拉到高电平。也就是说，当驱动器被禁用（不传输数据）时，它的电阻将会增加到很大，从而进一步降低电力消耗。

这使得传输 0 比传输 1 所需的功率更低，在链路处于空闲状态时也能发挥作用，此外 IFOP 还使用倒置译码。由于 Infinity Fabric 总线芯片到芯片部分的性能要求极高，相对于 DDR4 通道带宽，IFOP 链路超额配置了大约 2 倍的带宽，以处理混合读/写流量。IFOP 链路是双向链路，并且在每个数据周期中传输 CRC（Cyclic Redundancy Check），能够在每个 CAKE 时钟周期内进行 4 次传输。

CRC 的工作原理是，在数据被发送之前，发送端会根据数据的内容计算一个校验值，这个校验值随着数据一起发送到接收端。在接收端，同样的计算方法会再次被用于接收到的数据，得出一个新的校验值。接收端会比较新的校验值和旧的校验值，如果两者不一致，就说明在数据传输过程中可能发生了错误。在 Infinity Fabric 总线中，使用 CRC 是为了确保数据的准确性和完整性。这一点在处理器间的通信中尤为重要，因为数据的错误可能会导致严重的问题，如系统崩溃、数据丢失等。

插槽间互连的设计是可以与其他协议（如 PCIe 和 SATA）复用，同时与标准的 PCIe 通道的引脚布局相匹配。这种设计使得 IFIS 能够在物理层面与 PCIe 通道互操作。在同一通道上，IFIS 可以处理不同的数据类型，并根据需要切换协议。IFIS 在 16 个差分数据通道上进行操作。差分信号传输是一种常用的信号传输方式，它可以有效地抵抗噪声和干扰，传输能耗大约是 11pJ/b。IFIS 在每个 CAKE 时钟周期内进行 8 次数据传输带宽的 8/9。所以在相同条件下，IFIS 的数据传输能力比 IFOP 略低，且能耗更高。

SCF 是 Infinity Fabric 中负责控制通信的部分，通过连接系统管理单元和其他部分，在多处理器系统中进行通信，比如 CPU 内部的电源管理、温度监控、安全监控及其他一些系统管理任务。SCF 将 System Management Unit（SMU，系统管理单元）连接到所有的组件。SCF 拥有自己专用的 IFIS SerDes，允许一个系统内多个芯片的 SCF 相互通信。在多处理器配置中，SCF 也可以扩展到第二个插槽的 CPU 芯片上，这意味着在多处理器的系统中，SCF 可以帮助不同的处理器进行同步控制。

Infinity Fabric 是具有高拓展性的协议，在一定的节点数量内能保持高效率，并且在异构计算方面，第一代的 Infinity Fabric 实现了 CPU 之间的互连，第二代的实现了 CPU 和 GPU 的互连，第三代的实现了 CPU 和 GPU 的访存一致性互连。

总体而言，Infinity Fabric 的工作方式和 CrossBar 或者 RingBus 类似，但不同的是，它并不将数据限制在单个环内，而是将所有连接设备放入一个巨大的连接块中。基于 Infinity Fabric 总线，如果 AMD 想要向现有技术中添加更多 CPU 核心，可以直接在总线上挂更多 CPU 计算单元，让它们连接到 SDF 上，而无须设计全新 CPU 架构，这样每一个 CPU 计算单元就都能拥有内存控制器、PCIe 总线等资源。

Infinity Fabric 总线使得所有核心和缓存通过一个独特的路径相互连接，而不是必须共享一个通用的路径，这使得制造具有更多核心的芯片的成本降低。

多核心处理器的核心互相通信是很重要的问题和性能瓶颈，AMD 采用的 IOD 和计算内核 CCD 独立封装方案虽然有利于核心规模拓展，但是跨核心必然产生时间上的延迟，我们称之为核心到核心的延迟（Core-to-Core Latency）。

通过对 Zen 4 微架构 Ryzen 9 7950X 处理器测试发现，L3 缓存范围内的内核延迟，也就是一个 CCD 中的内核延迟在 15ns 和 19ns 之间，跨 CCD 的不同核心之间的延迟时间最高可达到 79.5ns。

延迟问题在物理核心较少的桌面级 CPU 上并不十分值得关注，但是在服务器 CPU 中，这个问题会比较显著。根据 AMD 提供的资料，第一代 Zen 微架构 Zeppelin 核心 CPU 频率为 2.4 GHz，MEMCLK 为 1333 MHz，在本地访问（CCX 通过 SDF Trasnport Layer 传输至 UMC 和本地 DRAM 通道，再反向回传）的情况下，数据的往返时间约为 90ns。

如果 CCX 在自己所管理的内存中找不到数据（CCX 跨物理芯片非本地访问），就要走更复杂的传输路径，数据请求首先通过本地的 CCX 发出，接着通过 CCM 进行路由，数据经过译码的 CAKE 模块进一步处理，经过 SerDes（IFIS 接口）数据被发送到远程核心的 CAKE 模块，远程核心的 CAKE 模块译码数据后，将数据发送到相应的 UMC，UMC 再将数据转发给相关的 DRAM 通道，在内存中查找数据，再反向回传。在这种模式下，同一个封装（单个 CPU）中的两个芯片之间的数据访问延迟时间大约为 145 ns，两个不同封装（两个 CPU）中的芯片之间的数据访问延迟时间大约为 200 ns。

第二代 Zen 微架构 Rome 核心的 EPYC 进一步优化了多核心之间的传输延迟问题。因为将 IOD 单独封装后，CCD 面积得到控制，芯片 PCB 板的整体集成度提高，所以单路 Rome 核心可以达到双路 Zeppelin 核心的计算密度。根据 AMD 在 ISSCC（国际固态电路会议）2020 年披露的资料，第一代 EPYC 在 3 种 NUMA 模式下的平均多核心传输延迟时间为 128 ns，第二代 Rome 核心传输延迟时间平均为 104 ns（虽然相对第一代 Zen 微架构，本地访问模式增加了 4 ns 延迟时间）。EPYC 第二代 Rome IDO 内部访问路径如图 5-5 所示。

在图 5-5 中，路径 1 表示 CCD1 访问自己所直属的内存，路径 2、3、4 表示 CCD1 访问其他 CCD 直属的内存，路径 4 最远，需要的交换和中继次数最多，交换路由器需要 2 个时钟周期，中继器需要 1 个时钟周期。第二代 Zen 微架构 Rome 核心的 IOD 并不能够直接触达每个 CCD，Infinity Fabric 总线通过 SerDes 链路从 IOD 路由连线出来，穿过 CCD 下方布线，相邻的每两组 CCD 共享物理连线资源，所以距离 IOD 较远的 CCD 延迟时间较长。

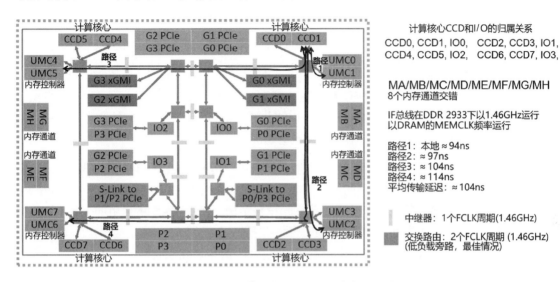

图 5-5　EPYC 第二代 Rome IDO 内部访问路径

为了堆积海量的算力，AMD 设计的 Infinity Fabric 总线不断迭代发展。从整体 CPU 层面看，AMD 处理器是一种以 IOD 为核心的放射状星形拓扑结构，IDO 内部则使用分区的网格拓扑（不同路径的访问延迟时间不同），每个 CCD 内部从第三代 Zen 微架构开始使用双向环形总线，让 CCD 所属的 CPU 核心共享 L3 缓存并节省传输面积。第四代 Zen 4c 微架构更是极限压缩 L3 缓存和其他布局，在不改变接口封装的前提下，一个 CPU 内放入了 128 个物理核心和 256 个逻辑核心。

5.3　网格拓扑方式

网格（Mesh）拓扑方式是一种将多个处理单元按照网格状结构相互连接的片上总线技术。在 Mesh 结构中，每个处理单元都与周围的多个处理单元直接相连。通常 Mesh 结构中的每个处理单元都有一个输入端口和一个输出端口，用于与相邻处理单元进行通信。Mesh 拓扑中的节点排成规则的网格，每个节点只与其同行和同列的相邻节点连接。

Mesh 拓扑结构具有以下优点。

● 灵活性强：Mesh 拓扑结构允许在其中方便地添加新的模块或节点，这使得 Mesh 拓扑结构能够容纳更多的内核（模块）。与环形总线相比，Mesh 拓扑结构在设计中可以更加自由地选择节点之间的连接方式，而不受限于特定的环形拓扑。

- 双向 Mesh 降低了节点之间的延迟：过去在环形总线中，两个节点之间的通信可能需要绕过半个环，导致较高的延迟；而 Mesh 拓扑结构中的双向网络使得节点之间的距离大幅缩短，从而降低了通信延迟，提高了系统的整体性能。

Mesh 拓扑结构的缺点是对于大规模系统而言，连接复杂度会提高，布线成本会增加，并且在处理单元数量较多时，可能需要更复杂的路由算法来管理通信。

在大量使用 Mesh 拓扑结构之前，解决这个问题的一直是双向的环形总线。为了保持低延迟，Intel 将核心分为两组，每组都有一个可以彼此通信的环形。环形结构的缺点是，放入的核心越多，延迟变化越大，性能的不一致性也会越高。

Mesh 拓扑结构在 Intel 处理器中的第一次使用是 2017 年的服务器 CPU 产品 Skylake-X 微架构。Intel 认为环形策略并非正确的解决方案，与其让每个核心成为环形上的一个站点，不如将每个核心变成一个二维网格，也就是 Mesh 拓扑结构。Skylake-X 所使用的 Mesh 拓扑架构是一个矩阵，横竖的数据通道缩短了核心之间的通道。在采用 Mesh 拓扑结构后，每一个核心都会成为 Mesh 中的一个节点，可以发送和接收数据，数据通路从之前的一条环形总线通路变成了很多条通路。

每个节点就像一个路由器，它与上方的核心、下方的核心以及两侧的核心连接，并可以在每个方向上引导数据或将数据传输到该节点所在的核心，类似于路由器的工作原理，这被视为一个分离的交叉开关（一个中央路由块），其中"分离"部分的每个核心都像一个本地化的交叉开关。

4×4 Mesh 处理单元 PE 和片上路由器 R 如图 5-6 所示。当将每个核心作为 Mesh 中的节点时，每个核心就像一个"微型"分离交叉开关，作为核心内部数据进出的导向器。由于每个核心控制自己的操作，因此该设计变得模块化。将这些元素组合在一起，就形成了 MOdular DEcoupled CrossBar，缩写为 MoDe-X。

每个核心都有一个集成的网络接口和一个路由器，每个路由器与其周围的 4 个路由器相连（角落处的核心连接两个路由器，边缘处的核心连接 3 个路由器）。数据包先从 5 个方向进入：北、南、东、西以及路由器连接的核心，再发送到 5 个方向之一。如果将每个核心视为二维地图上的一个节点，具有 x 坐标和 y 坐标，假设数据包需要到达坐标为(0,0)的节点，那么路由器可以根据最近的节点将其发送出去。有一些算法旨在减少拥塞，例如仅在 x 坐标方向移动，直到正确位置，然后开始在 y 坐标方向移动，但基本系统将具有缓冲区和队列，并了解本地网络拥塞的繁忙程度。路由器的默认设计方式是从每个输入端获取数据，决定将其发送到何处，然后发送数据。MoDe-X 设计有所不同，其实际上将方向分成了 3 组：第 1 组是北/南，第 2 组是东/西，本地路由器连接的核心是第 3 组。

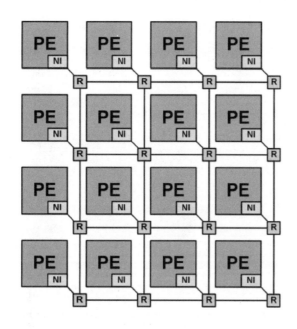

PE: Local Processing Element 本地处理单元
NI: Network Interface 网络接口
R: Router 路由器

图 5-6　4×4 Mesh 处理单元 PE 和片上路由器 R

　　Intel 使用 MoDe-X 设计，将每个阶段的路由器简化为一个非常小的路由机制，通过布线长度进行优化，因为这些设计的功耗与电线长度成正比。通过这种方式的优化，Intel 希望将更多的功耗用于核心和 I/O。Intel 认为在将核心分布到 Mesh 结构中时，另一种思考方式是将其视为一个大型路由环境，有以下两种方法可以实现。

- 每个核心可以与一个中央处理路由器进行通信，然后根据需要发送信息。该方法属于交叉开关方法，实现起来更容易，但很容易成为瓶颈，而且如果整个交叉开关需要一直处于启用状态，则需要消耗大量功耗。
- 每个核心本身充当网络点，将数据包转发到需要的方向。该方法的每个核心都是路由器节点。

　　2023 年年初，Intel 发布了代号为 Sapphire Rapids（SPR）的第四代英特尔至强（Intel Xeon）可扩展处理器，SPR 处理器同样也基于 Mesh 拓扑结构，如图 5-7 所示。Mesh 拓扑结构使得 SPR 处理器核心复合体分为 4 份，通过 Intel 的 EMIB（Embedded Multi-Die Interconnect Bridge，嵌入式多芯片互连桥接）技术连接为一个近似单片（Quasi-Monolithic）的芯片。

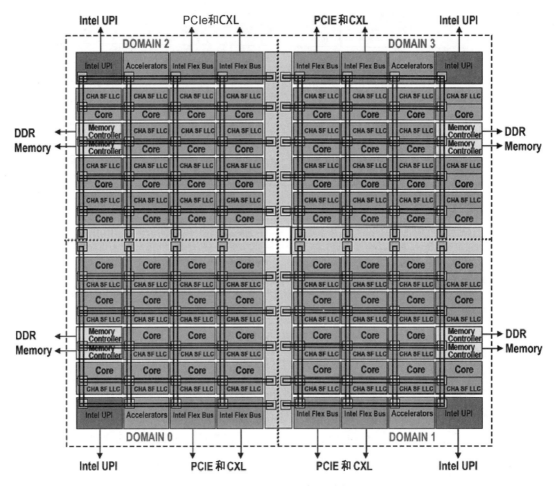

图 5-7　SPR 处理器拓扑结构

Mesh 拓扑结构的一个早期典型案例是 Tile64 处理器，如图 5-8 所示，这是由 Tilera 公司设计和制造的一款多核处理器，主要面向网络和视频处理等领域。这款处理器最初在 2007 年发布，为当时处理器行业引入了一种耳目一新的、面向多核的、标准化的处理器架构。Tile64 处理器由 64 个独立的处理器核组成，每个处理器核都配有本地缓存和一个路由器。这些处理器核通过网络互联，形成了一个 8×8 的 Mesh 结构，每个处理器核可以直接与其邻近的处理器核进行通信，无须经过中央交换节点。这种设计提供了大量的并行性，使得 Tile64 处理器能够有效地执行大量的并行任务，这在许多高性能计算和数据中心应用中是非常重要的。

Tile64 处理器的 Mesh 拓扑结构通过路由器实现了 5 套低延迟的、不同用途的 Mesh 互联网络，提供了足够的通信带宽。这些网络在物理层面上都基于同一个 Mesh 拓扑结构，但是在逻辑层面，它们各有各的用途，分别如下。

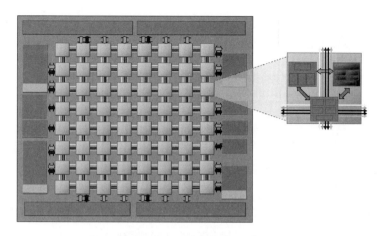

图 5-8　Tile64 处理器使用 Mesh 拓扑结构

- User Dynamic Network（用户动态网络）：这是一个动态路由的网络，允许处理器核之间进行一般的消息传递。
- User Static Network（用户静态网络）：这是一个静态路由的网络，允许处理器核之间进行确定的、预先设定的消息传递。
- Memory Network（内存网络）：用于处理器核和内存之间的数据传输。
- Cache Coherence Network（缓存一致性网络）：用于维护处理器核之间的缓存一致性。
- I/O Network（输入/输出网络）：用于处理器核和系统的 I/O 设备之间的通信。

这些网络都由独立的路由器连接，可以并行运行，这意味着数据在不同的网络中传输不会互相干扰。通过这种方式，Tile64 处理器可以提供高带宽、低延迟的处理器间通信，以优化并行计算性能。相邻的处理器核可以通过直接的路径进行通信，这有助于优化局部性，从而提高处理器之间的通信性能。

5.4　片上网络（NoC）

实际上，刚才我们提到的 Mesh 拓扑结构属于 Networks-On-Chip（NoC）的范畴，即片上网络的概念。

片上网络是数字集成电路领域的一个关键发展，特别是在多核和众核处理器设计中。片上网络概念的提出主要是为了解决传统方法所面临的一系列问题，尤其是关于功耗和可扩展性方面的问题。提高单核处理器的时钟频率会导致功耗急剧增加，进而产生热量问题，这样会影响芯片的寿命和稳定性。而且，随着对更高性能的追求，工程师们发现通过简单地提高时钟频率来获得性能提升变得越来越困难。

根据摩尔定律，晶体管的使用数量每 18～24 个月就会翻倍，但如果不采取新的设计方法，晶体管数量的增加将会带来更多的功耗和热量问题。为了解决这些问题，工业界和学术界开始转向使用多核和众核架构。

在多核和众核架构中，核心之间（以及核心与其他硬件单元之间）的通信成为一个新的瓶颈和挑战，这就是 NoC 概念被引入的原因。NoC 提供了更好的可扩展性，尤其适用于具有大量核心的众核处理器。NoC 通常具有更小的功耗需求，并且功耗与节点数的关系通常是次线性的，适合添加大量的计算节点资源。

片上网络是可编程系统，能够促进计算节点间的数据传输。片上网络也可被称作系统，因为它集成了许多组件（Component），包括信道（Channel）、缓冲器（Buffer）、交换器（Switch）和控制逻辑（Control）。随着芯片上组件数量的增加，使用专用布线进行直接连接将会导致布线复杂度急剧提升，这也是片上网络变得越来越重要的原因之一。

交叉开关的出现在一定程度上解决了总线的带宽问题，并已被业界用于少量节点间的片上互连。然而，对于更多的核心数来说，交叉开关需要很大的面积，且功耗也很大。其互连线非常复杂，特别是核心数量增加时，所需的交叉点和互连线的数量将呈指数级增长。如图 5-9 所示，根据 *On-Chip Networks* 一书中的描述，Sun Niagara 2（也被称为 UltraSPARC T2，是最早的一批将 I/O 和内存控制器集成到同一芯片，并采用交叉开关做多核互连的处理器之一）中的交叉开关能实现所有核心与内存控制器间的互连，但其面积大致相当于 8 个核心之中的一个核心的面积。

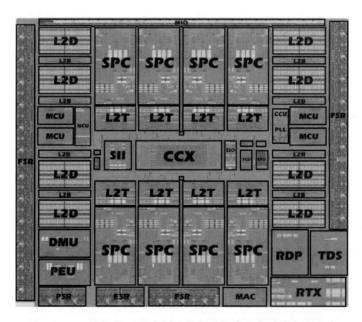

图 5-9   UltraSPARC T2 消耗了不少晶体管数量用作交叉开关

5.4.1　NoC 分析重点

很多因素影响到 NoC 运行的效率，这里展示最核心的一些因素。

- 拓扑结构：拓扑结构定义了网络中的路由器节点（Router Node）和信道（Channel）的物理布局和连接方式。常见的拓扑结构有网格、环面、环形、胖树、蝶形网络等。不同的拓扑结构有其各自的优缺点，例如，网格拓扑结构在可扩展性方面表现较好，但可能在某些通信模式下表现不佳。
- 路由算法：路由算法负责在给定的网络拓扑结构中确定数据包从源节点到目的地节点的路径。路由算法（如 XY 路由、最短路径优先、适应性路由等）会影响网络的性能和可靠性。合适的路由算法能够有效地平衡网络负载，提升计算吞吐量。
- 路由器微架构：路由器是 NoC 中的关键组件，通常包括输入缓冲器（Input Buffer）、路由器状态（Router State）、路由逻辑（Routing Logic）、分配器（Allocator）和交换矩阵（Switch Matrix）等部分。大多数现代 NoC 的路由器都是流水线设计，以提升计算吞吐量。

网络延迟与计算吞吐量的关系如图 5-10 所示。在讨论 NoC 的性能和成本时有两个关键指标，即延迟和计算吞吐量。延迟通常用零负载延迟来初步估算，它提供了平均消息延迟的下界。计算吞吐量大表示网络可以在出现阻塞前处理更多的数据，即具有更大的带宽。与此相关的两个主要成本因素是面积和功耗，特别是在功耗受限的众核架构中。

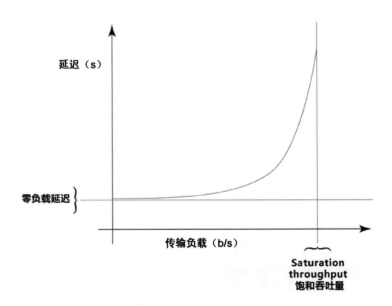

图 5-10　网络延迟与计算吞吐量的关系

由于这类处理器设计密度过高，其经常运行在大规模的机架服务器中，且通过多个处理器组成高性能计算机，所以众核架构必须在非常紧张的功耗预算下运行。

5.4.2　NoC 高速发展的原因

NoC 提供了一种高度模块化和可扩展的方式来设计和实现复杂的众核处理器系统。相对于传统的总线系统，NoC 能提供更高的并行度和更大的带宽，同时具有更低的延迟，这特别有利于众核系统，其中大量的数据需要在不同的核心和模块之间传输，其主要有以下几点优势。

- 通信效率更高：NoC 将 IP 核之间的数据传输演变为路由器之间的数据转发，IP 核节约了一部分的计算资源。NoC 对布线的利用更高效，可以在同一链路上多路复用地处理多个通信流，从而获得大带宽，避免了总线架构同一时刻只能有一对通信节点进行通信的问题，可以实现同一时刻多对节点通信。
- 时钟控制更简单：在全局同步（Synchronous Clocking）设计中，由于电阻、电容及其他因素，时钟信号在到达不同部分时可能会有延迟，这被称为时钟偏斜，这个问题在全局异步设计中得到了缓解。在大规模的 NoC 多核系统中，全局时钟分布和管理变得更加复杂。
- 软硬件解耦：在传统的总线或交叉开关结构中，硬件拓扑和软件通信模型通常是紧密耦合的，这会限制系统的可扩展性。而 NoC 通过提供一个抽象层，允许硬件和软件相对独立地进行设计和优化，从而更容易地添加或删除处理器核心。
- 结构灵活：NoC 设计允许使用多种拓扑结构，如网格、环形、胖树等，这为高度异构的众核系统提供了强大的支持。一些 NoC 采用层次化的网络拓扑，高负载的通信可被限制在较小的区域内。
- 大核心规模时低功耗：在一个设计优良的 NoC 中，信息能够通过最短路径或者更有效的路径传播，这降低了总体的通信成本和能量消耗。NoC 的路由器设计一般包含动态电源管理和任务调度，可以根据实际需要动态地关闭某些部分的电源，从而节省能量，最终达到功耗仅与节点数呈次线性相关的拓扑效果。

5.4.3　常见 NoC 拓扑结构及特性

论文 "Network-on-Chip Topologies: Potentials, Technical Challenges, Recent Advances and Research Direction" 列举了多种差异较大的基础拓扑结构，如图 5-11 所示。

环形拓扑（Ring Topology）：环形拓扑是被广泛应用的 NoC 拓扑结构之一，如图 5-11（a）所示。在这种拓扑结构中，单一的导线用于连接每个节点。无论环的大小如何，每个节点都有邻近的节点。基于这一点，在环形拓扑中，每个节点的度（Node Degree）都是 2，这意味着每个节点都有相应的可用带宽。虽然部署和故障排除相对更容易，但是环形拓扑的主要缺点是其直径随着节点数量的增加而增大。所以，除了网络扩展会降低性能（可扩展性问题），环形拓扑还容易出现单点故障（路径多样性差）。

八边形拓扑（Octagon Topology）：这是一种常见的 NoC 拓扑结构，如图 5-11（b）所示。典型的八边形拓扑包括 8 个节点和 12 条双向链接。与环形拓扑一样，每个节点都连接到前一个和后一个节点，因此在一个节点对之间，有两跳通信。同样，为了在网络之间路由数据包，可以使用简单的最短路径路由。与共享总线拓扑相比，可以实现更大的聚合吞吐量。

星形拓扑（Star Topology）：在星形拓扑中，所有节点都连接到一个中心节点，如图 5-11（c）所示。假设有 N 个节点，其中 $N-1$ 个节点连接到中心节点。在这种 NoC 拓扑结构中，中心节点具有 $N-1$ 的度，而其他节点具有 1 的度。所以无论其大小如何，星形拓扑的直径都是 2。尽管节点是分开的，并且不受故障节点的潜在影响，但中心节点的故障可能导致整个网络的故障。此外，随着节点数量的增加，中心节点的直径也会增大，通信瓶颈可能出现在中心节点处。

网格拓扑（Mesh Topology）：网格拓扑如图 5-11（d）所示。典型的 4×4 网格拓扑有 16 个功能 IP 块。除了边缘的路由器，网格拓扑中的每个路由器都连接到 1 个计算资源和 4 个邻近的路由器。网格拓扑允许在规则形状的结构中集成大量的 IP 内核，提供路径多样性和可扩展性，而且这种拓扑可以容忍连接故障。这种拓扑的主要挑战之一是其直径随着节点数量的增加而显著增大。

环面拓扑（Torus Topology）：这种拓扑结构与网格拓扑非常相似，如图 5-11（e）所示。网格拓扑提供了较短的直径，环面拓扑解决了网格拓扑随着网络规模的增加而直径增大的挑战，通过在同一列或行的端节点之间添加直接链接来实现这一点。这些添加的链接缩短了网络直径，从而降低了传输延迟，并提高了路径多样性，但是它的资源消耗略大于网格拓扑。

折叠环面拓扑（Folded Torus Topology）：除了常规的环面拓扑，还有一种替代方案，即折叠环面拓扑，如图 5-11（f）所示。这种拓扑结构提供了更短的链路长度，从而减小了实施面积和缩短了数据包在互连链路之间的遍历时间。与常规环面拓扑相比，折叠环面拓扑提供了更高的路径多样性，使其更能容错。此外，环面拓扑有助于降低相关网络延迟，然而，其较长的环绕链路可能导致不必要的延迟，这个挑战可以通过折叠环面拓扑来解决。

蝴蝶拓扑（Butterfly Topology）：典型的蝴蝶拓扑如图 5-11（g）所示，它提供了从任何源节点到目的地节点之间的固定跳距，且路由器的度为 2，从而得出成本较低的路由器。由于从源节点到目的地节点存在单一路径，因此这种拓扑结构缺乏路径多样性，导致低链路容错性和小带宽。此外，这种拓扑结构通常需要长电线，相关的复杂电线布局可能导致更多的能量消耗。

二叉树拓扑（Binary Tree Topology）：二叉树拓扑由顶部（根）节点和底部（叶）节点组成，如图 5-11（h）所示。在此配置中，除了根节点，其他每个节点都有两个后代节点。节点在这种拓扑结构中可以访问更广泛的网络资源，并得到多家供应商的支持。然而，其瓶颈在于根节点，此外，随着树长度的增加，网络配置变得更加复杂。

胖树拓扑（Fat Tree Topology）：胖树拓扑使用中间路由器作为转发路由器，并将叶路由器连接到客户端，如图 5-11（i）所示。虽然这种拓扑结构提供了出色的路径多样性和更大的带宽，但路由器到客户端的比率非常高，且布线布局复杂，所以应集成多个路由器以连接更少的客户端。

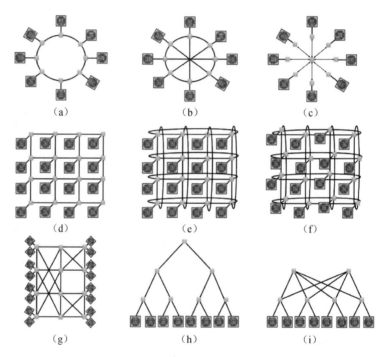

图 5-11　基础拓扑结构

立方体基础拓扑（Cube-Based Topology）：其主要缺点是，由于度限制，网络尺寸也受到限制。为了解决这一局限性，立方体基础拓扑发展出各种变体，如超立方体、交叉立方体、简化立方体等，如图 5-12 所示。

众核处理器在核心数量达到一定规模后，拓扑方式拥有相当高的复杂度和自由度，在设计拓扑结构时，可以根据特定应用需求进行选择和定制，也可以进行组合。

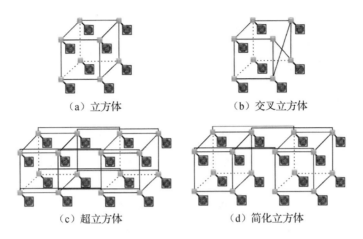

（a）立方体　　　　　　　　　　（b）交叉立方体

（c）超立方体　　　　　　　　　（d）简化立方体

图 5-12　立方体基础拓扑

5.4.4　拓扑结构指标参数

某些参数决定了 NoC 系统的性能，并影响相关拓扑实现的有效性，具体如下。

- 节点度数（Node Degree）：节点度数是连接到节点的边的数量，比如环形拓扑的节点度数是 2，环面拓扑的节点度数是 4，网格拓扑中并非所有的节点都有统一的度数。节点度数在一定程度上可以表示网络实现的成本，因为更高的度数需要每个节点都有更多端口，面积和功耗会更大。节点度数定义了节点的 I/O 复杂性。通常，可扩展的网络希望具有恒定的节点度数和较小的度数。其他因素，如网络可扩展性和空间复杂性，是限制有效节点通信性能的考虑因素。

- 直径（Diameter）：在网络拓扑中，直径是节点对之间的最长距离（路径），在没有竞争的情况下，直径可以表示网络中的最高延迟。另外，在两个节点之间不存在直接连接的情况下，来自源的消息必须通过多个中间节点传输才能到达目的地。基于此，引入了多跳延迟，这种延迟对应于到目的地的总跳数。在网络拓扑中，直径是一个重要的度量标准。

- 链路复杂性（Link Complexity）：链路复杂性与网络规模成正比，最高的复杂性由全链接网络呈现。此外，当向某些网络添加额外的链接时，其直径会缩短，这可以帮助提供节点之间更低延迟的通信。然而，除了引入的复杂性，额外的链接也是昂贵的。高开销（成本、面积等）和硬件复杂性也会由高链路复杂性引发。

- 切割宽度（Bisection Width）：切割宽度是为了将网络拓扑分为两个大小几乎相等的子网络而需要移除的最少边数，或者说将网络分割成两个相等部分之间的带宽，也被称为二分带宽。应当注意，较大的切割宽度通常更可取，以获得更好的网络稳定性，因为它提供了两个子网络实体之间更多的路径，从而有助于提高整体性能。此外，还可以通过较大的切割宽度来实现较大的切割带宽。切割带宽限制了可以从系统的一侧移动到另一侧的数据总量。切割带宽也可以表示网络布线的成本。

5.4.5　拓扑结构改进案例

近几年众核处理器的发展成为行业关注的重点，专注于 NoC 的研究机构数量也在增加，大多数研究人员将研究重点放在 NoC 的拓扑结构、路由协议、架构、功耗、吞吐量和延迟等方面。本节我们介绍论文 "Topology Design of Extended Torus and Ring for Low Latency Network-on-Chip Architecture" 中提到的几种简单、直观的拓扑结构改进方案。

由于需要综合考虑线路成本和带宽，2D 网格和环面拓扑被研究人员广泛使用。网格拓扑和全网格拓扑结构，以及环面拓扑和 XX-环面拓扑结构分别如图 5-13 和图 5-14 所示。环面拓扑的结构基本上与网格拓扑相似，不同之处在于环面拓扑中路由器的边缘与另一个路由器的边缘相连。这两种拓扑结构都可以用 m、x、n 节点来表示，其中 m 和 n 分别是 x 轴和 y 轴上节点的数量。每个节点的位置由 x 和 y 维度来标识。通常，左上角的节点被分配 <0,0> 位置。当向右和向下移动时，x 维度和 y 维度分别增加。环面拓扑具有更好的路径多样性和负载平衡。

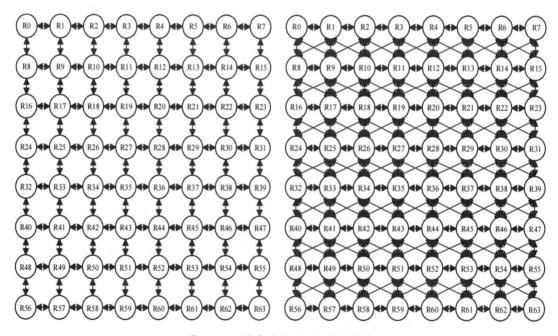

图 5-13　网格拓扑和全网格拓扑结构

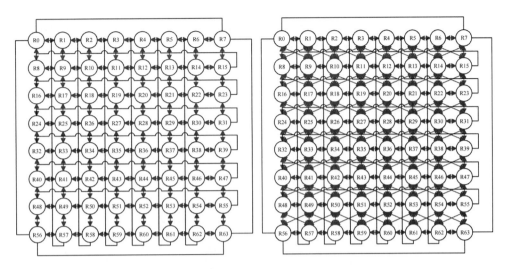

图 5-14 环面拓扑和 XX-环面拓扑结构

环面拓扑的直径比网格拓扑的直径短。环面拓扑的切割宽度为 $2n$，大于网格拓扑的 n。环面拓扑的缺点是由于跳数较多而导致较高的延迟，需要大量的跳数来减少路径数量。通过应用于小规模网络，可以实现较低的延迟和较小的功耗，但这限制了网络的二分带宽。XX-环面拓扑是全网格拓扑和环面拓扑的组合。

全网格拓扑和 XX-环面拓扑的改进效果如图 5-15 所示，图中上半部分显示了网格和全网格拓扑之间的跳数，全网格拓扑相比于网格拓扑具有较少的跳数，以及较低的平均延迟。

网格拓扑和全网格拓扑的平均跳数					
		路径		跳数	
源节点	目的地节点	网格	全网格	网格	全网格
0	63	0→8→16→24→32→40→48 →56→57→58→59→60→61 →62→63	0→9→18→27→36→ 45→54→63	14	7
5	35	5→13→21→29→37→36→35	5→13→21→28→35	6	4
10	52	10→18→26→34→42→ 50→51→52	10→19→28→36→44→52	7	5
15	57	15→23→31→39→47→ 55→63→62→61→60→59→5 8→57	15→22→29→36→43→50 →57	12	6
20	38	20→28→36→37→38	20→29→38	4	2
25	60	25→26→27→28→36→ 44→52→60	25→34→43→52→60	7	4

环面拓扑和XX-环面拓扑的平均跳数					
		路径		跳数	
源节点	目的地节点	环面	XX-环面	环面	XX-环面
0	63	0→56→63	0→56→63	2	2
5	35	5→13→21→29→37→36→35	5→13→21→28→35	6	4
10	52	10→2→3→4→60→52	10→3→4→60→52	5	4
15	57	15→7→63→56→57	15→7→63→56→57	4	4
20	38	20→28→36→37→38	20→29→38	4	2
25	60	25→26→27→28→36→ 44→52→60	25→34→43→52→60	7	4

图 5-15 全网格拓扑和 XX-环面拓扑的改进效果

图 5-15 下半部分显示了环面拓扑和 XX-环面拓扑之间跳数的比较。XX-环面拓扑相比于环面拓扑具有更少的跳数。除了跳数，XX-环面拓扑还具有较低的平均延迟。

5.4.6　路由器微架构设计

一个典型的 NoC 路由器由多个输入端口、多个输出端口、一个连接输入端口和输出端口的交叉开关，以及一个用于访问与该路由器连接的处理元素（PE）的本地端口组成。除此之外，路由器还包含一个决定整体路由策略的逻辑块，逻辑块通过 NoC 传输数据。

当数据以数据包的形式从源移动到目的地时，每个路由器所做的路由决策将在网络上发送。在每个路由器中，数据包首先被收集并存储在缓冲区，然后由控制逻辑进行路由决策和通道仲裁，最后，被授权的数据包通过交叉开关到达下一个路由器。这个过程一直重复，直到数据包到达其目的地。路由单元的控制逻辑是一个有限状态机（FSM），其处理数据包以计算合适的输出通道，并相应地生成对该输出通道的请求。

具有输入缓冲的虚拟通道（Virtual Channel，VC）路由器的微架构如图 5-16 所示。传入的 Flit（流量单元）在被转发到下一个路由器之前，它需要按顺序经历几个动作：缓冲区写入（BW）、路由计算（NRC）（仅适用于头 Flit）、交换分配（SA）、虚拟通道分配（VA）（仅适用于头 Flit）、缓冲区读取（BR）、交换遍历（ST）和链路遍历（LT）。在所有这些动作中，只有 ST 和 LT 将 Flit 移向目的地，因此我们认为其他所有动作都会带来开销。

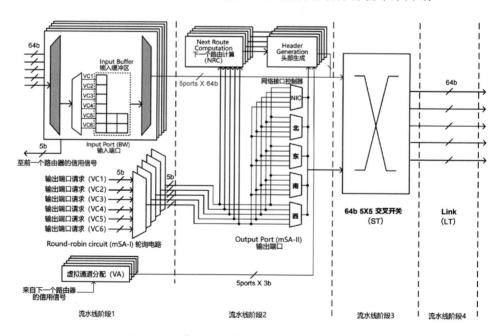

图 5-16　具有输入缓冲的虚拟通道路由器的微架构

图 5-16 的设计基本上是将路由器流水线发展成一个专为多播量身定制的四阶段路由器流水线。

在流水线阶段 1 中：（1）进入路由器的 Flit 被缓存；（2）每个输入端口从该输入端口的所有 VC 中选择一个输出端口请求（mSA-I，多输入多输出选择算法 I），使用一个保证公平且无饥饿仲裁的循环逻辑，由于多播 Flit 可以请求多个输出端口，因此请求是一个 5 位向量；（3）下一个路由器的 VC 从每个输出端口的空闲 VC 队列中为每个邻居做出选择。这 3 个操作并行执行，由于它们彼此之间没有依赖关系，因此不会降低操作频率。

在流水线阶段 2 中：为 mSA-I 的赢家计算下一个路由器的输出端口请求，同时，每个输出端口的矩阵仲裁器授予交换机端口到输入端口的请求（mSA-II，多输入多输出选择算法 II）。多播请求获得多个输出端口的授权。

在流水线阶段 3 中：Flit 物理遍历交换机。

在流水线阶段 4 中：Flit 物理遍历交换机，通过链路到达下一个路由器。该路由器需要在每个时钟周期生成多个单播以实现广播数据包，而这样的单播每跳需要 4 个时钟周期。

典型的 NoC 路由器架构一般由以下几个部分组成。

- 虚拟通道：当一个物理通道被划分为多个逻辑通道时，这些逻辑通道就被称为虚拟通道。虚拟通道在物理链路上复用带宽，多个虚拟通道可以共享单个物理连接，可以高效地利用有限的物理资源。在没有虚拟通道的情况下，一个被阻塞的数据包会阻塞后续所有的数据包，即使后续的数据包有可能到达不同的目的地。这就是所谓的"头部阻塞"（Head-of-Line Blocking）。通过使用虚拟通道，每个输入端口可以有多个独立的队列，因此一个被阻塞的数据包不会阻塞其他队列中的数据包。虚拟通道可以在一个时钟周期内进行仲裁，即使一个虚拟通道被阻塞，其他虚拟通道仍然可以正常工作。
- 仲裁器：仲裁器是用来确定物理通道如何在多个请求者之间共享的。这里使用了固定优先级的仲裁器。在固定优先级的仲裁器中，每个输入端口都有自己的固定优先级，根据这个优先级，仲裁器授权具有最高优先级的活动请求信号。
- 交叉开关：设计中的交叉开关模块负责将输入端口物理地连接到其目标输出端口，这是基于仲裁器发出的授权来实现的。
- 先入先出缓冲区：在部分路由器中，缓冲区用于提供传输中的数据包的临时存储。每个端口都有一个输入通道，每个通道都有自己的有限状态机（FSM）控制逻辑。

路由器一般采用数据包交换，并提供 5 个输入/输出端口，即本地、北、东、南、西，从而与本地逻辑元素和相邻路由器通信。将较长的消息切分为更小的数据包，每个数据包由字段组成，每个字段携带特定信息。

5.5　近存计算拓扑特性

近存计算（Near Memory Computing）拓扑是一种特殊的 CPU 设计，其核心思想是将存储器和运算器紧密地结合在一起，使得计算操作可以在存储器中进行，从而大幅提高数据处理效率和性能。

在传统的计算机架构中，存储器和运算器是分离的，数据需要先从存储器加载到运算器中进行计算，再将结果存回存储器。这种数据传输过程导致了大量的数据移动，浪费了时间和能源。近存计算拓扑通过在存储器内嵌入计算单元，实现了数据和计算的紧密结合，从而避免了数据移动和数据带宽瓶颈。

不同种类的存储器延迟时间如图 5-17 所示，寄存器提供了最快的数据访问速度，延迟时间通常为 0.2 ns 或更短。缓存位于 CPU 内部或紧邻 CPU，延迟时间通常为 1～40 ns。主存储器或者主内存（Main Memory）的访问延迟时间为 80～140 ns。CXL 内存在本书第 11 章有详细描述，其访问延迟时间为 170～250 ns，比传统内存延迟高，但是容量增加显著。非易失性内存（Non-Volatile Memory，NVM）可以在断电后保留其存储的信息，访问延迟时间为 300～400 ns。分散内存（Disaggregated Memory）是分散在网络中的存储资源，访问延迟时间为 2～4 μs。固态硬盘（Solid-State Drive，SSD）的访问延迟时间为 10～40 μs。机械硬盘驱动器（Hard Disk Drive，HDD）采用传统的磁头和盘片结构，访问延迟时间为 3～10 ms。

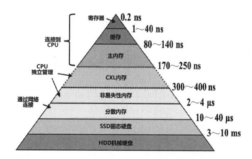

图 5-17　不同种类的存储器延迟时间

在近存计算拓扑中，计算单元与存储单元可以直接进行通信，在存储器中进行数据计算，缩短了数据的传输和加载时间，这种设计使得对存储器中的数据进行处理变得更加高效，并且可以实现更快的计算速度。

在以 AI 需求驱动为主的算力芯片中，内存墙的问题更加严重。在进行最新的 AI 模型训练时，内存的发展已经成为一种制约因素，特别是对于自然语言处理（NLP）和推荐系统等相关模型。在 AI 类应用中，芯片内部、芯片间以及 AI 硬件之间的通信带宽也成为一些应用的瓶颈。

内存墙问题不仅与内存容量大小有关，还涉及内存的传输带宽。这包括多个级别的内存数据传输，例如在计算逻辑单元和片上内存之间、在计算逻辑单元和主内存之间，或者跨不同插槽上的不同处理器之间的数据传输。在所有这些情况下，内存容量和数据传输速度都远远落后于硬件的算力。这导致了内存访问的速度限制了整个系统的性能，尤其是对于大规模的 AI 模型训练。为了克服内存墙问题，研究人员和工程师在设计 AI 硬件和架构时必须寻找创新的解决方案，以提高内存访问速度和增大带宽，从而进一步提升系统的整体性能。

下面介绍两种"近存计算"芯片架构，分别是 IPU 芯片和 WSE（Wafer-Scale Engine）芯片。

5.5.1　IPU 芯片

IPU 是 Graphcore 公司开发的 AI 处理器，旨在加速各种人工智能任务，尤其是图计算和深度学习任务。IPU 是为高度并行化和大规模数据并行计算而设计的，采用了大量的计算核心和高速内存，可以同时处理大规模的图形和深度学习模型。IPU 的核心设计理念是在一个芯片上集成尽可能多的计算核心和内存，以实现高效的并行计算。

IPU 的近存计算特性如图 5-18 所示。IPU 的主要模型和数据存储在"Tightly coupled large locally distributed SRAM"中。SRAM（Static Random Access Memory）是一种高速、低延迟的内存类型，通常用于存储需要快速访问的数据和指令。"Tightly coupled"意味着 SRAM 与 IPU 的计算核心之间有非常短的距离和快速的数据通信通道，这样可以实现高带宽和低延迟的数据传输。通过将主要模型和数据存储在 SRAM 中，IPU 能够在芯片内部快速访问数据，实现高效的近存计算，这种设计使得 IPU 可以在短时间内处理大规模的图计算和深度学习任务，从而提高计算性能。

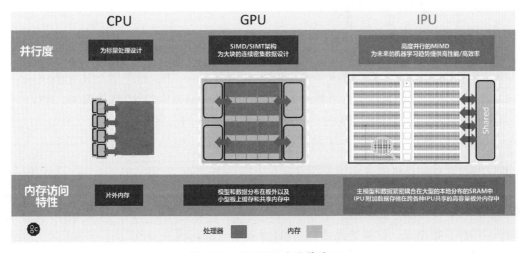

图 5-18　IPU 的近存计算特性

另外 IPU 还拥有高容量的芯片外存储器。这些存储器用于存储额外的数据，因为 SRAM 的容量通常较小。这些芯片外存储器被多个 IPU 共享，意味着不同的 IPU 之间可以共享数据。这种设计可以在处理大规模数据时提供更大的存储容量，并支持多个 IPU 之间的数据交换，这对于图计算和深度学习任务来说非常重要。

以 GC200 IPU 产品为例，它包含 1472 个低精度浮点计算核心，每个核心支持 6 倍超线程，也就是 8832 个独立的并行线程。IPU-M2000 1U 高度服务器包含 4 个 IPU 芯片，内存带宽可达到 180 TB/s，这个值是同期 NVIDIA A100 GPU 产品的 2.04 TB/s 的约 88 倍，如图 5-19 所示。Graphcore 公司为了加速产品上市，通常会采用系统交付的方式。这样一个 1U 的 M2000 设备，提供了大约 1 PFLOPS 的算力。

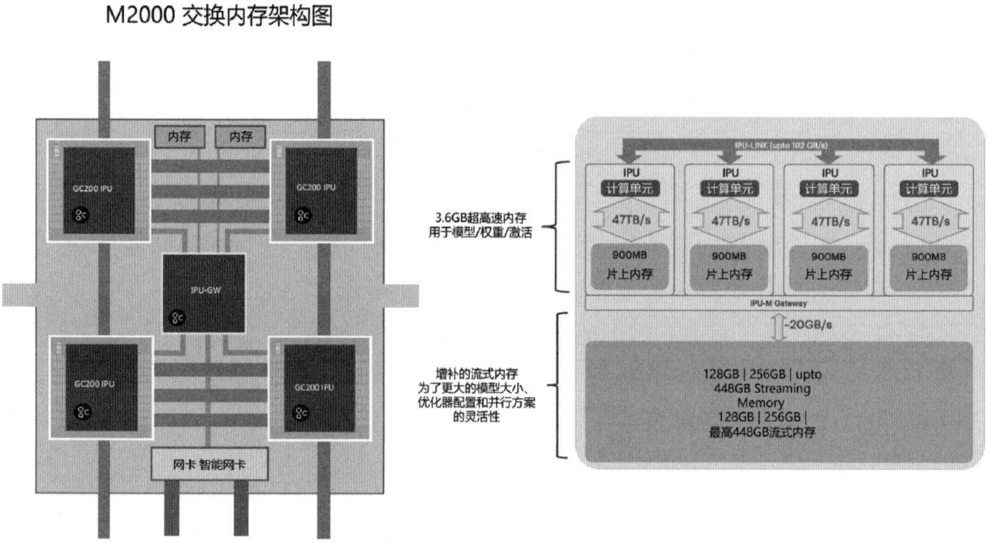

图 5-19 IPU-M2000 包含 4 个 IPU 芯片

IPU 通过 IPU-LINK 实现多芯片互连，PCIe 实现和 Host CPU 的连接。GC200 IPU 芯片上的 1472 个核心之间，可以实现无阻塞的 All-to-All 通信，共有大约 8 TB 的带宽。IPU 芯片的片上存储虽然很快，但是 900 MB 的单芯片容量和 3.6 GB 的总容量毕竟有限，实际上 IPU 还提供了最高 448 GB 的内存给每台 4 路 IPU 芯片的服务器，但是带宽只有 20 GB/s。

IPU 的设计目标是将所有的模型都放在片上内存中，也就是 SRAM 中。这种设计使得 IPU 成为一种"Memory-Centric"芯片，即以内存为中心的芯片，也就是近存计算。GPU 主要使用片外的内存，将大部分面积用于图形和 HPC 高性能计算等其他应用，只有 40% 的面积用于机器学习的浮点数单元。这样的设计在 GPU 上是合理的，因为 GPU 面向多种应用，而不仅仅是机器学习，所以 IPU 的设计让计算单元密度更高。

但是难免出现模型撑爆有限的 SRAM 的情况，Graphcore 对此给出的方案是多核心并行。IPU 可以通过 IPU-LINK 进行多芯片扩展，IPU-LINK 用的是 2D-TORUS 拓扑结构。多个 IPU 芯片可以通过 IPU-LINK 连接在一起，形成一个大的虚拟 IPU。这种扩展性允许多个 IPU 共同工作，增加整个系统的算力和内存容量。虚拟 IPU 的编程模型与单个 IPU 类似，但在数据交换阶段，会产生更长的延迟时间。

IPU 还可以采用模型并行切分的方式执行 Inference（推理）或 Training（训练）。模型并行切分是一种将模型分布到多个核心甚至多个芯片上来执行计算的方式。模型并行的应用允许将大型模型拆分成多个部分，由多个 IPU 并行处理，从而提高计算效率和吞吐量。

在模型训练细节方面，IPU 不需要很大的 Batch（批处理大小）来提高并行效率，这也减少了内存需求。在训练深度神经网络时，通常使用批处理来并行处理多个样本，从而提高计算效率和梯度更新的稳定性。在传统的 GPU 和 CPU 上，较大的批处理大小可能会导致内存需求增加，因为需要同时存储大量的样本数据和中间计算结果。而 IPU 在设计时考虑了更高效的计算方式，不需要过大的批处理大小来获得高并行效率。这样可以减少内存占用，同时提供高性能的算力。对于较大规模的卷积操作，GPU 和 CPU 确实会将其转换成矩阵乘法来加速计算。IPU 作为专门针对深度学习任务优化的硬件（内部具有大量的张量处理器），可直接支持卷积操作，而不需要进行矩阵乘法转换。

5.5.2 WSE 芯片

Cerebras Systems 是一家美国的 AI 芯片设计公司，成立于 2016 年，专注于开发创新的 AI 芯片和系统，其在推出 WSE 芯片之前设计过一种名为 Cerebras CS-1 的 AI 计算系统，其中包含 Cerebras CS-1 芯片。Cerebras CS-1 芯片是一款大规模 AI 加速器，具有高度集成的计算核心和内存，可以提供强大的 AI 算力。Cerebras Systems 的 WSE 芯片创造了一个完全采用芯片级封装的巨大 AI 处理器，提高了算力和增加了内存容量，目前最新的一款是 WSE2 芯片，如图 5-20 所示。

WSE 芯片的设计理念是将整个芯片封装成一块硅片（Wafer），并在上面集成 85 万个计算核心和数百 GB 的内存，形成一个超大规模的、紧密集成的 AI 处理器。WSE 的核心数据路径具有灵活的可编程特性，能够支持不同的神经网络架构。每个 WSE 子芯片架构如图 5-21 所示，它包含各种通用操作，如算术、逻辑、加载/存储、比较和分支指令等，每个核心都能独立执行这些指令。WSE 芯片在硬件设计方面突破了很多难点，包括晶圆片良率、85 万个芯片之间的通信、高温下的散热、考虑热胀冷缩情况下的大芯片封装等问题。

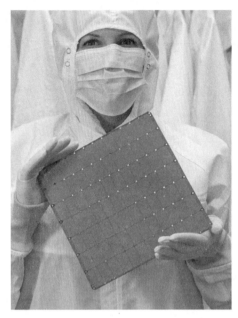

Cerebras Wafer-Scale Engine (WSE-2)
Cerebras晶圆级引擎

The Largest Chip in the World 世界上最大的芯片

850,000 cores optimized for sparse linear algebra
为稀疏线性代数优化的850,000核心
46,225 mm² silicon 46,225 毫米²硅片
2.6 trillion transistors 2.6万亿个晶体管
40 gigabytes of on-chip memory 芯片上的40GB内存
20 PByte/s memory bandwidth 20PB/s的内存带宽
220 Pbit/s fabric bandwidth 220PB/s的互连带宽
7nm process technology 7nm制程技术

56x larger than largest GPU 比最大的GPU大56倍

图 5-20   WSE2 芯片

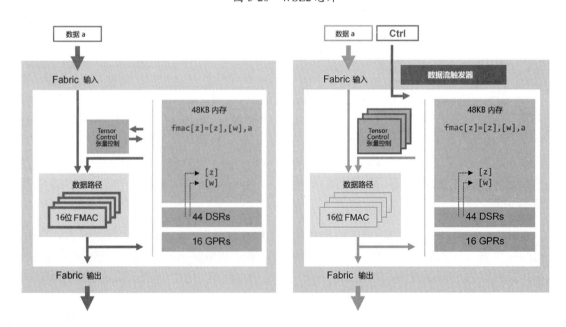

图 5-21   每个 WSE 子芯片的架构

WSE 芯片采用数据流调度技术来加速原生稀疏性计算。数据和控制信息通过硅片内部的数据布线进行传输，并触发执行处理器指令。通过数据流调度，WSE 芯片可以更好地利用计

算资源，支持多个张量操作的并行执行，这对于处理大规模的神经网络模型尤为重要。

在拓扑结构方面，WSE 芯片具有高带宽、低延迟的数据布线，采用二维拓扑结构，以降低通信的开销，它配备了 5 个端口的路由器，支持 32 位的双向循环数据传输，数据传输通过 32 位的包进行，并携带数据和索引信息。WSE 芯片还具有 24 个可配置的静态路由，每个路由都有专用的缓冲区，避免了数据传输的阻塞。

Swarm Fabric 是 Cerebras Systems 开发的一种高性能、低延迟通信架构。在 Swarm Fabric 中，信息被组织成小的单字（Single-Word）消息。在这里，Word 是指一个固定大小的数据单元，可能是 32 位的也可能是 64 位的，具体取决于 WSE 芯片的设计。这些小的单字消息使得通信非常高效，因为它们可以通过硬件层面进行交换，不涉及软件处理，从而降低了通信的延迟和开销。Swarm Fabric 允许核心之间直接进行通信，而无须通过主内存或外部总线，这种高效的通信架构使得不同核心之间能够快速、准确地交换数据，并协同完成高并行度的计算任务。

具体到每一个小的内核，WES2 芯片的每个核心都采用紧凑的 6 级流水线，拥有 48 KB 内存并用于数据和指令，16 个通用寄存器（GPR），以及 44 个数据结构寄存器（DSR）。Cerebras 内核使用 DSR 作为指令的操作数，每个 DSR 包含一个描述符，里面有指针指向张量及其长度、形状、大小等信息。

在高性能、灵活的张量处理方面，WSE 芯片针对高性能数据处理进行了优化，采用了细粒度 64 位数据通路，并且每个核心具有 4 个 FP16 FMAC（浮点乘累加器），以实现高效的张量操作。与传统的处理器不同，WSE 将张量作为每个指令的一级操作数，从而更好地支持神经网络计算。

每个核心面积为 228 μm×170 μm，采用台积电 7 nm 制程工艺，计算逻辑与 SRAM 面积比为 50：50，这些核心运行在 1.1 GHz 时钟频率下，峰值功耗为 30 mW。核心之间通过一个带有 FMAC 数据路径的 2D Mesh 进行连接。可以说每个核心都是非常微小的，但是整体 85 万个核心又构成了非常难以置信的算力。图 5-22 展示了 WSE2 芯片拓扑结构和层级关系示意图。

根据 AnandTech 整理的 WSE1 与 WSE2 芯片的规格对比如表 5-1 所示，每个 WSE2 芯片的面积是 46 225mm^2，包含约 2.6 万亿个晶体管。复杂机器学习模型最大的瓶颈是数据必须在处理器和外部 DRAM 存储器之间进行多次传输，这既浪费时间又消耗能源。WSE 芯片的研发团队的目标是：扩大芯片，使它与 AI 处理器内核一起容纳所需的所有数据。

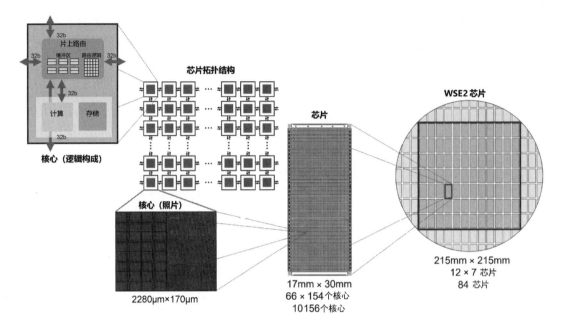

图 5-22　WSE2 芯片拓扑结构和层级关系示意图

表 5-1　WSE1 与 WES2 芯片的规格对比

对比项	WSE1	WSE2	提升比率	NVIDIA A100
核心数量	400 000	850 000	2.13	6912 + 432
制造工艺	TSMC 16nm	TSMC 7nm	—	TSMC 7nm N7
发布时间	Q3 2019	Q3 2021	—	Q3 2020
芯片面积	46 225 mm²	46 225 mm²	—	826 mm²
晶体管数量	1200 亿个	2600 亿个	2.17	54 亿个
片上 SRAM 缓存	18 GB	40 GB	2.22	40 MB
内存带宽	9 PB/s	20 PB/s	2.22	1.5 TB/s
芯片间互连带宽	100 Pb/s	220 Pb/s	2.22	0.6 TB/s
功耗	20kW / 15kW	20kW / 15kW	—	250W （PCIe） / 400W （SXM）

　　在软件兼容性方面，编译器在计算机系统中扮演着将高级程序代码转换为底层硬件指令的重要角色。对于 WSE2 这样的大规模、高性能的 AI 芯片，定制的编译器尤为重要。WSE2芯片自定义编译器负责将高级深度学习框架（如 PyTorch 或 TensorFlow）中的模型层级映射到芯片的物理部分，并利用芯片上丰富的计算和存储资源。在 WSE2 芯片的设计中，编译器不仅关注软件层面的优化，还要确保软硬件之间的高效连接。具体来说，编译器需要处理以下几个方面，以保证高效连接。

- 数据流和异步计算：编译器负责优化数据流，确保数据在芯片内部的各个计算单元之间流动得更为顺畅，以实现高效的异步计算。这样做可以避免资源的浪费，充分利用芯片的算力。
- 稀疏性处理：编译器在设计时考虑到稀疏性，允许在不同批处理大小下实现高利用率。对于许多深度学习模型，稀疏性是普遍存在的，而 WSE2 芯片的编译器可以有效地处理这种特性，进一步优化计算性能和内存使用率。
- 参数搜索算法的支持：WSE2 芯片的编译器允许在不同计算任务之间并行运行参数搜索算法。这使得 WSE2 芯片可以同时处理多个任务，这进一步提高了计算的效率和灵活性。

通过这些优化措施，WSE2 芯片的自定义图形编译器可以确保软硬件之间的高效链接，充分发挥芯片的算力，同时减少资源的浪费，尤其是减少从存储器到运算器搬运数据的能源浪费，从而实现更高效的算力，适用于复杂的深度学习和人工智能应用。WSE2 芯片支持使用流行的深度学习框架 PyTorch 和 TensorFlow 编写的神经网络模型，这意味着现有的 AI 开发人员可以直接将在这些框架上开发的模型部署到 WSE2 芯片上，并且可以通过自定义的图形编译器实现高效的映射和优化，充分发挥 WSE2 芯片的性能优势。

在本书定稿前，Cerebras Systems 推出了 WSE3 芯片，其集成了 4 万亿个晶体管、900 000 个 AI 核心、125 PFLOPS 的 AI 峰值算力、44GB 的高容量片上 SRAM，其芯片面积是 NVIDIA H100 的 57 倍，性能约为 H100 的 62 倍。配备 WSE3 芯片的 CS-3 超级计算机拥有 1.2 PB 的内存系统，其应用场景是训练比 GPT-4 大 10 倍（24 万亿个参数）的下一代大模型。在构建传统的高性能集群时，业界常规使用 Infiniband 网络，并占用大量 PCIe 资源，同时 GPU 集群大多依赖 NVLink 交换机等设备，Cerebras 的 WSE 芯片系列则通过维持整个芯片的完整性，提高了计算存储等核心资源密度，同时缩短了互连距离，从根本上降低了搬运数据的能源消耗，是算力密集型芯片的另一条实现路径。

5.6　单芯片 UMA 与 NUMA

Uniform Memory Access（UMA，统一内存访问）：这是一个描述内存访问模型的术语，在这种模型中，所有的处理器访问内存的速度都是一样的。比如，桌面级 Intel 第 13 代酷睿 13900K 处理器，它的所有 CPU 核心都是通过 UMA 方式访问内存的，不论是性能核（P-core）还是效能核（E-core）都通过一个共享总线访问同一块物理内存。在 UMA 架构中，每个处理器访问内存的速度都是一样的。

UMA 架构简单，易于编程，适合处理器数量较少的情况。然而当处理器数量增加时，所有处理器都会通过同一总线访问内存，这可能会导致总线拥堵和内存访问冲突，从而降低系统性能。在描述 UMA 架构中的每一个 CPU 的关系时，我们一般也用 Symmetric Multiprocessing（SMP，对称多处理）来表达。在处理器核心数量不多的时期，一些服务器虽然使用了多个 CPU，但是依然能够使用 UMA 架构管理内存，从操作系统的软件逻辑层面看，这些 CPU 组成了一个更高并行度的 CPU，极大地方便了开发者管理内存。

Non-Uniform Memory Access（NUMA，非统一内存访问）：在 NUMA 架构中，处理器被分组，每组处理器有其专用的内存（速度较快），但是也有权力访问其他分组的内存（速度较慢）。NUMA 能够在增加处理器数量时保持良好的扩展性，因为每个处理器组都有自己的内存，所以不太可能出现内存访问冲突。数据在高并行度算力芯片上的传输会产生过高的延迟和能耗，面对这种情况使用 NUMA 架构是比较合理的解决方案。

"非均匀延迟"（Non-Uniform Latency）是 NUMA 中的重要概念。在 NUMA 架构中，处理器访问内存的速度取决于内存的物理位置。如果处理器访问的内存位于本地节点（与处理器在同一芯片上），那么访问速度会很快，我们称之为本地访问。如果处理器访问的内存位于远程节点（与处理器在不同的芯片上，比如物理 CPU0 访问物理 CPU1 的内存控制器管理的内存），那么访问速度会慢一些，我们称之为非本地访问。这种内存访问延迟的差异被称为"非均匀延迟"。

面对服务器市场和高算力的 CPU 环境，以及目前单个 CPU 上庞大的核心数量，特别是云计算环境下的使用场景（多用户共享一台高并行度的物理服务器，需要尽可能确保每个用户都有能快速访问的内存，同时又能更慢地访问更大的全局内存），NUMA 是大部分 CPU 制造商的普遍内存管理方案。但是，NUMA 的编程复杂度要高于 UMA，因为需要操作系统级别的管理内存访问策略，以尽量减少跨区域内存访问。

AMD 和 Intel 都把 NUMA 架构的概念带入单个 CPU 内部，并允许用户通过 BIOS 进行配置来指导操作系统更高效率地使用资源。AMD 称之为 NPS（Nodes Per Socket，即每个 Socket 插槽上的节点），Intel 称之为 SNC（Sub-NUMA Cluster，可理解为 NUMA 子区域）。

以 Zen 4 微架构的 EPYC 9004 处理器为例，如果将 I/O 芯片划分为 4 个象限，也就是使用"NPS=4"的配置，如图 5-23 所示，有 6 个 DIMM 插槽输入 3 个内存控制器，这些控制器通过 Infinity Fabric（GMI）紧密连接到最多 3 个 Zen 4 的 CPU 计算核心，或最多 24 个 CPU 物理核心，或最多 48 个 CPU 逻辑核心（通过超线程技术）。所以 NPS=4 把处理器切分为 4 个 NUMA 区域，每个区域都有自己的专用内存控制器，以及专用的 PCIe 设备。这样的配置可以优化该区域内的内存访问，从而提高该区域内的应用程序性能。

NPS 的设置决定了一个重要的内存动作 "Interleaved Across" ——我们称之为交错或者交织。多通道内存的工作原理就是利用这种内存交错技术，该技术使得连续的内存地址不被放在同一内存块或通道中，而在多个内存块或通道中。内存交错技术能够提高内存带宽，原因在于处理器在访问数据时，可以同时从多个内存通道获取数据，而不是一次只从一个通道中获取。NPS=1 表示支持所有内存通道交错，可带来最大带宽，NPS=4 表示只支持 25%的内存通道交错。

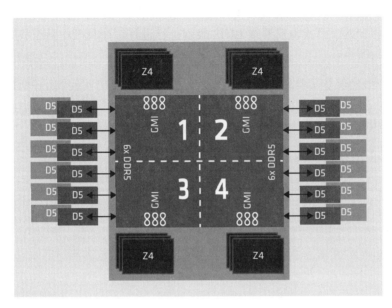

图 5-23　EPYC 9004 处理器可划分为 4 个象限

但是如果应用程序需要一次性调用这个 CPU 上的所有计算核心和内存资源，那么使用单一的 NUMA 域（NPS=1）才能提供优秀的性能。因为在 NPS=4 模式下只有 3 个独享内存控制器提供 3 个通道内存交错，这会带来有限的低延迟内存带宽，若要访问其他 NUMA 域的内存，会提高延迟。而在 NPS=1 模式下才能均匀调用所有内存控制器资源，如之前所说全部内存通道交错。所以，NPS 的设置要考虑该设备的使用场景。

AMD 也允许用户在安装两个 CPU 的双路系统中使用 NPS=0，这时可以将内存带宽翻倍。单个 EPYC 9004 系列处理器支持 12 通道 DDR5 内存，内存带宽为 460.8 GB/s，在 NPS=0 模式下，内存带宽可以提高到 921.6 GB/s，等同于 24 通道内存带宽。

在 AMD 的文档描述中，通过在内存范围和 CPU 核心之间创建"亲和性"（Affinity），可以进一步提高性能。这里亲和性的含义是：如果一个 CPU 核心经常访问某块内存，我们就可以说这个核心和那块内存高度匹配。在多核处理器中，操作系统可以尝试通过调度决策来优化这种亲和性，这样可以降低内存访问延迟。

在 Intel 方面，为了降低芯片内部的数据传输延迟，第四代 Xeon 处理器（之前其代号为 Sapphire Rapids）也有单 CPU 内部的 NUMA 集群管理模式（SNC）。在 SNC 模式下，一个处理器被划分为多个NUMA领域,每个领域包含一部分处理器内核、一部分最后一级缓存(LLC)和一部分内存控制器。当处理器内核在本地领域中访问数据时,因为距离近,所以其访问延迟相对较低。在这种模式下,操作系统会通过 NUMA 亲和性参数将处理任务和内存分配优化到各个 SNC 领域,以此来提高处理器性能。最新的硅片技术能够提供 2 个或 4 个 SNC 领域。要充分利用 SNC 模式,需要在 BIOS 级别进行设置,而且操作系统和应用程序必须优化以适应这种模式。

　　Intel 为用户依然保留了类似 UMA 内存管理的配置选项,第四代 Xeon 处理器中将其称作半球(Hemisphere)模式和象限(Quadrant)模式。这两种模式主要适用于那些可以满足内存对称性需求,但不希望修改软件以适应子 NUMA 集群(SNC)模式的用户。半球模式和象限模式分别将芯片划分为 2 个或 4 个领域,处理器可以访问所有的缓存代理和内存控制器。

第 6 章 经典算力 CPU 芯片解读

6.1 申威处理器

SW26010 是一款专门为超级计算机节点设计的众核处理器，中文名为"申威"，其执行效率或者频率并不具有显著优势，但是它借助非常平衡的设计方案，以及单 CPU 较低的面积、发热和功耗，推动了超级计算机整体效率的提升。采用 SW26010 的"神威·太湖之光"超级计算机只依靠单独的 CPU 而不需要 GPU 等协处理器，就获得了庞大的算力。

2016 年 6 月 20 日，德国法兰克福国际超算大会（ISC）公布了当时全球超级计算机 TOP500 榜单，搭载 SW26010 处理器，由国家并行计算机工程技术研究中心研制的"神威·太湖之光"以超第二名近 3 倍的运算速度夺得第一，这一领先一直保持到了 2018 年 11 月 12 日，才被其他更先进的设备挤到第三名的位置。同时，"神威·太湖之光"系统在公布时的峰值算力为 125.43 PFLOPS，是世界第一，持续算力为 93.015 PFLOPS，也是世界第一，算力功耗比为 6051 MFLOPS/W，还是世界第一，这突出了该系统设计上的合理和高效。

6.1.1 SW26010 单芯片设计

每颗 SW26010 处理器芯片由 4 个核心组或者称计算组（CG）组成，如图 6-1 所示，通过 NoC 连接，每个核心组包括一个管理处理单元（MPE）和 64 个计算处理单元（CPE），以 8×8 的 Mesh 排列。每个 CG 都有自己的存储空间，通过内存控制器（MC）与 MPE 和 CPE 集群相连。

管理处理单元：每个核心组中的 MPE 是一个 64 位 RISC 核心，支持用户和系统模式，并具有 256 位向量指令、32 KB 的 L1 指令缓存、32 KB 的 L1 数据缓存以及 256 KB 的 L2 缓存。

计算处理单元：CPE 是一个 64 位 RISC 核心，仅支持用户模式，具有 256 位向量指令。每个 CPE 拥有 64 KB 的 SPM（Scratch-Pad Memory），但 SW26010 的报告并未明确提到 CPE 是否具有传统意义上的缓存存储器，这个很小的存储器也被称为 Local Data Memory（LDM）。

SPM 是一种特殊类型的高速存储器，通常用于存储那些在程序运行过程中频繁访问的数据和/或指令。与传统缓存不同的是，SPM 的内容不由硬件自动管理，而由软件或编译器明确控制，这种控制可以为高性能和低功耗应用提供更精确的优化。SPM 的主要优势是确定性：因为它不依赖于缓存替换算法或缓存一致性协议，所以访问延迟是固定的和可预测的，这对于实时系统和需要确保严格时限的应用程序至关重要，与自动缓存相比，它通常也更节省面积和功耗。其劣势在于使用的复杂性：程序员或编译器必须明确管理哪些数据存储在 SPM 中，以及何时将其加载和存储，这提高了编程复杂性，但允许更细粒度的控制。

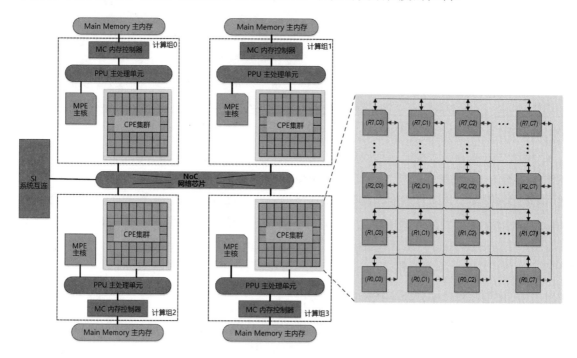

图 6-1　"神威·太湖之光"所使用的 SW26010 芯片

CPE 集群组成：一个 SW26010 处理器集成了 4 个 CPE，所以 CPE 提供的核心数为 256，加上 4 个主处理器 MPE，一共拥有 260 个处理器核心。在每个处理器中还有一个 Protocol Processing Unit（PPU，协议处理单元），通常负责管理和执行与通信协议有关的任务。在 SW26010 处理器的上下文中，PPU 的具体作用是协调和管理不同核心组之间的通信，执行与数据传输和同步相关的协议，以及处理其他与通信和协调相关的任务。PPU 的存在可以卸载主处理核心的工作负担，使其能够集中处理计算密集型任务。通过将协议处理和计算分离，可以提高系统整体效率，降低通信延迟，并确保系统的可伸缩性和灵活性。

每个处理器由 4 个 MPE、4 个 CPE、4 个内存控制器和一个与系统接口（SI）相连的 NoC 组成。4 个 MPE、CPE 和 MC 都可以访问 8 GB 的 DDR3 内存。我们将一个处理器和其包含的缓存、内存、网络资源称为一个节点。

CPE 的每个核心都有一个可以每个时钟周期执行 8 次浮点计算（双精度浮点计算）的单一浮点数管道，MPE 具有两个管道，每个管道可以每个时钟周期执行 8 次浮点计算。核心的时钟频率为 1.45 GHz，所以 CPE 核心的峰值算力为 8 FLOPS/cycle × 1.45 GHz = 11.6 GFLOPS，MPE 的一个核心的峰值算力为 16 FLOPS/cycle × 1.45 GHz = 23.2 GFLOPS。每个物理核心只有一个执行线程。"神威·太湖之光"系统的一个节点的峰值算力为（256 个核心 ×11.6 GFLOPS）+（4 个核心 × 23.2 GFLOPS）= 3.0624 TFLOPS。

在内存管理方面，一个节点有 32 GB 的主内存。每个处理器连接到 4 个 128 位 DDR3-2133 内存控制器，存储器带宽为 136.51 GB/s。系统中没有使用非易失存储器。通过图 6-1 可以看到，每个核心组带有自己的内存控制器，这样设计最大的好处就是每个核心的带宽是完全独享的，也可以通过 NUMA 方式共享给其他核心或者从其他核心组共享，但此时速度略微受限。

6.1.2 "神威·太湖之光" 系统设计

整个"神威·太湖之光"超级计算机系统有 40 960 个节点，共有 10 649 600（40 960 个节点× 260 个计算核心）个核心和 1.31 PB 内存，如图 6-2 所示。MPE 和 CPE 都基于 RISC 架构，整数管道支持乱序执行，浮点数管道按顺序执行。MPE 和 CPE 都参与用户的应用程序。MPE 负责性能管理、通信和计算，而 CPE 主要执行计算（MPE 也可以参与计算）。整个系统有 40 960 个节点或提供 125.4 PFLOPS 算力，这是系统的理论峰值性能。MPE/CPE 芯片通过 NoC 连接，SI 用于连接节点外部的系统。

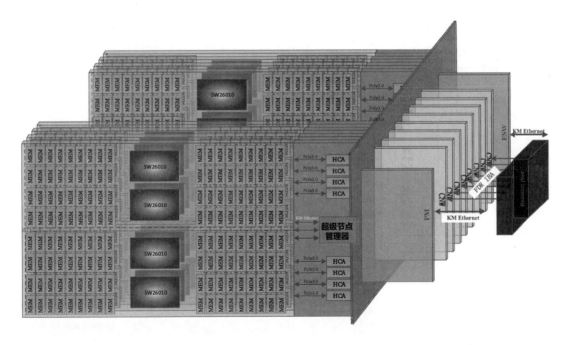

图 6-2　"神威·太湖之光"与 SW26010 芯片的拓扑方式

- 峰值功耗：在负载下（运行 HPL 基准测试）的峰值功耗为 15.371 MW 或 6 GFLOPS/W，这仅适用于处理器、存储器和互联网络。使用的冷却系统是一种定制的液体水冷却单元，采用封闭式耦合冷却水冷却。

- 电源构造：电源系统由 2×35 KV 的相互备份电源输入组成，输出直流 300V 到前端电源。机柜电源为直流 12V，CPU 电源为直流 0.9V。

- 自有互连：定制网络由 3 个不同的层次组成，顶部是中央交换网络，连接不同的超节点；中间是完全连接每个超节点内的所有 256 个节点的超节点网络；底部是连接计算系统到其他资源的资源共享网络，如 I/O 服务。横截网络带宽为 70 TB/s，拓扑结构网络直径为 7。Mellanox 提供了主机通道适配器（HCA）和交换芯片。

6.1.3　SW26010 对比 CPU+协处理器方案

在管理处理单元和计算处理单元的关系方面，SW26010 做到了紧密和高度集成，无论是物理距离还是逻辑关系，都不是 CPU + 协处理器的关系。而目前很多超级计算机系统已经采用了 CPU + 协处理器的模式获取高算力。在这一点上，SW26010 有自己的设计。

SW26010 的主处理器和协处理器共享相同的内存，而不是使用分离的内存空间。这消除了协处理器与主处理器之间数据传输的需求，从而降低了潜在的数据传输延迟。这一设计有助于提高协处理器的使用效率，使其在数据交互方面更加灵活和高效。熟悉 CUDA 编程的开发者都知道，在很多场景下主机到设备的数据传输及回传都存在巨大的时间开销，真正用于计算的时间资源需要反复优化，才能尽可能让 GPU 这类协处理器处于高效运行状态。SW26010 的统一内存寻址设计进一步提升了内存访问的一致性和效率，这有助于简化内存管理，并允许更快速地访问存储于内存中的数据。

每个核心组的主核 MPE 浮点算力约为 23.2 GFLOPS；从核 CPE 浮点算力高达 742.4 GFLOPS。由于从核的浮点算力远高于主核，因此要提高计算密集型程序的运行效率，就必须充分利用从核的算力。但是充分发挥从核 CPE 的性能是一项复杂的任务，因为需要在限定的物理结构中均衡许多相互竞争的需求。这涉及复杂的子问题划分、通信、内存管理和负载均衡等方面的优化，在异构众核环境中实现高效的并行算法是一项挑战。

从核访问主存的方式有两种：一种是通过全局读入和写出指令实现从内存到寄存器的数据传输，这种方式粒度较细，更加灵活，但带宽只能达到 1.5 GB/s；另一种是通过直接内存访问（Direct Memory Access，DMA）实现从内存到 LDM 的数据传输，再通过访问 LDM 来获取数据。DMA 是一种粗粒度的访存模式，根据 StreamTriad 测试，64 个从核同时通过 DMA 访存可以获得 22.6 GB/s 的带宽。

在《面向异构众核超级计算机的大规模稀疏计算性能优化研究》（作者胡正丁、薛巍）一文中，作者提出了以下 4 点建议来充分利用 SW26010 众核处理器的性能。

- 充分发挥从核运算性能：需要最大限度地利用从核的运算能力，挖掘应用内部的并行性。应用的子问题划分需要考虑局部性和从核排布，合理分配任务，以降低从核间通信的开销。要想提升内存带宽利用率，需要充分利用所有内存总线，并均衡内存访问。

- 充分利用局部数据存储器，减轻主存压力：由于从核访问 LDM 的效率远高于全局内存，因此应尽可能减少全局内存访问。合理管理 LDM 是提高程序效率的关键，这可能涉及主存与 LDM 间的数据交换优化。DMA 传输可以提高数据访问效率，需要注意数据对齐和连续化访问以提高 DMA 的效率。

- 充分运用从核间通信：利用从核间的寄存器通信接口进行高效数据共享，减少全局内存访问。在编程时须考虑核间通信和同步的复杂性，避免阻塞和死锁，并注意数据传输的顺序和正确性。

- 利用 SIMD 向量化加速计算：SIMD 指令可以在单个操作中处理多个数据，有效提升计算效率和降低功耗。开发者应利用编译器支持的 SIMD 编程指令来实现指令级并行，而不必过分依赖手动代码优化。

6.1.4　针对 SW26010 的 OpenCL 编译系统设计

根据论文《面向神威·太湖之光的国产异构众核处理器 OpenCL 编译系统》（作者伍明川、黄磊、刘颖等）的描述，为了高效利用片上的 260 个处理器核，SW26010 提供了基础编译器 SWCC 以及一套创建和管理线程的加速编程库 Athread。SWCC 可以为单个 MPE 或 CPE 生成可执行代码，支持 C、C++和 Fortran 语言，且包含丰富的优化模块。SWCC 是一个特定于众核处理器 SW26010 的线程库，这个库提供了一套 API 和工具，用于创建和管理并发任务，以充分利用处理器的多核能力。Athread 库提供了高层 API，用于直接操作和管理硬件资源，进行并发计算。

Athread 库可以驱动运算核心簇完成并发任务，使程序员可以通过显式调用 Athread 函数来管理 CPE Cluster 的计算和访存，尽管这种方式极大地增加了编程负担，且增加了出错概率，但是具有较高的执行效率。Athread 库基于控制核与运算核心簇之间的主从协同工作模式，控制核负责创建线程、调度线程计算核，发起 DMA 数据传输、执行核心计算。因此 Athread 库分为控制核加速线程库和计算核加速线程库。控制核加速线程库主要提供控制核程序使用的 Athread 接口，用于控制线程的创建和回收、线程调度控制、中断异常管理、异步掩码支持等一系列操作；计算核加速线程库则提供计算核程序的接口，主要用于计算核线程的线程识别、中断发送等操作。在 SW26010 芯片架构下，每个线程绑定一个计算核心，一般执行模式如下：

- 完成加速线程库的初始化。
- 启动核组（由一个 MPE、一个 CPE Cluster 和一个 MC 组成一个核组，也可以理解为 25%的 CPU 资源）中的所有可用计算核资源，创建线程组。
- 显式阻塞主线程，等待该线程组运行，直至线程组终止。
- 在确定线程组所占用的计算核心无相关作业后，停止计算核组流水线，关闭计算核组。

OpenCL 针对 SW26010 处理器的平台模型映射如图 6-3 所示，OpenCL 平台模型映射到了 SW26010 处理器的运算部件上，以核组为单位：Host 映射每个核组的管理核心 MPE；Device 映射该核组内的运算核心簇 CPE Cluster，支持 CPE 之间的线程级并行和 CPE 内部的数据级并行。每个 CPE 只能运行用户态，不支持中断处理，且拥有私有的局部存储 SPM，无法直接访问其他 CPE 的局部存储。因为 CPE 具有上述微结构特性，使得 CPE 之间的通信与同步具有较大的代价，所以将 OpenCL 平台模型中的 CU 映射到 CPE 上，OpenCL 程序在执行时，CU 之间几乎不存在通信和同步，而同属一个 CU 的 PE 之间，则存在频繁通信与同步。

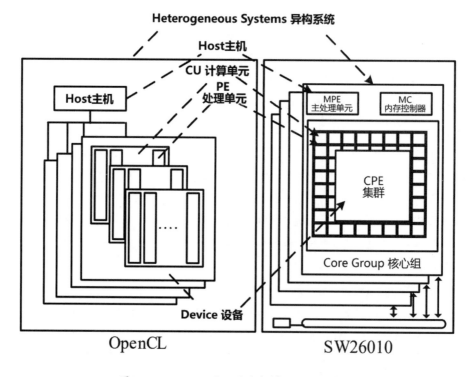

图 6-3　SW26010 处理器映射到 OpenCL 模型

OpenCL 提供了一套统一的编程接口和抽象模型，这使得开发者无须深入硬件细节就能编写并行代码，这是特别重要的，尤其是在面对 SW26010 这样的异构处理器时。开发者可以选择不同级别的并行抽象——从高层的数据并行计算到底层的任务并行计算。OpenCL 允许开发者对数据和任务的并行度进行精细控制。在 SW26010 的实现中，可以选择在单个 CPE 上执行标量操作，也可以在 CPE 内部的 SIMD 通道上执行向量操作。使用 OpenCL 编写的代码具有很好的跨平台可移植性，简化了应用级程序的开发过程，通过对应 OpenCL 模型与硬件，可以看出 SW26010 的设计完备性和易用性。

6.1.5　SW26010 后期迭代

SW26010 单芯片作为超级计算机的一个节点，的确做到了低功耗和高集成度。一块插件板上有 8 个节点，而一块插件板的高度大约是 1U，如果使用多路 CPU+协处理器设计，那么同样的空间至少需要 2U 甚至 4U 的高度实现。一个专用机箱包含 32 个插件板，256 个计算节点，一个机柜（Cabinet）包含了 4 个机箱。

一个机箱，也就是说每个超级节点（Supernode）的算力为 256×3.06 TFLOPS，而一个包括 4 个超级节点的机柜的算力为 3.1359 PFLOPS，这些数字均基于 FP64 精度，我们可以推算出：

- 1 个节点 = 260 个核心 = 3.06 TFLOPS。
- 1 个超级节点 = 256 个节点 = 783.97 TFLOPS。
- 1 个机柜 = 4 个超级节点 = 1024 个节点= 3.1359 PFLOPS。
- 1 个"神威·太湖之光"系统拥有 40 个机柜 = 160 个超级节点 = 40 960 个节点 = 10 649 600 个计算核心，1 个"神威·太湖之光"系统的峰值总算力为 125.4359 PFLOPS。

SW26010 并非在 2016 年发布之后就止步不前，根据 2022 年 3 月公开的资料：最新的 SW26010-Pro 处理器将计算单元增加了 50%，将向量宽度提高到 512 位，还提高了时钟速度，并增加了节点和机柜的数量。在制造工艺方面，SW26010 处理器使用中芯国际 28nm 工艺制造而成，SW26010-Pro 处理器使用 14nm 工艺。

SW26010-Pro 支持 FP64、FP32、FP16 和 BF16 等不同精度的浮点计算。其中，FP64 和 FP32 的计算吞吐量为 14.03 TFLOPS，FP16 和 BF16 的计算吞吐量为 55.30 TFLOPS，用混合精度进行训练会带来明显的性能改善。

SW26010-Pro 处理器拓扑结构如图 6-4 所示，SW26010-Pro 处理器中有 6 个核心组，每个核心组都有一个用于管理 Linux 线程管理处理元件和一个由计算处理元件组成的 8×8 网格，有 256KB 的二级缓存。每个 CPE 有 4 个逻辑块，在一组单元上支持 FP64 和 FP32，在另一组单元上支持 FP16 和 BF16。SW26010-Pro 中的每个核心组都有一个 DDR4 内存控制器和 16GB 内存，内存带宽为 51.4GB/s，整个设备有 96 GB 的主内存和 307.2 GB/s 的带宽。6 个 CPE 通过环形拓扑结构互相连接，并有 2 个网络接口，使用专有的互连方式与外部连接。

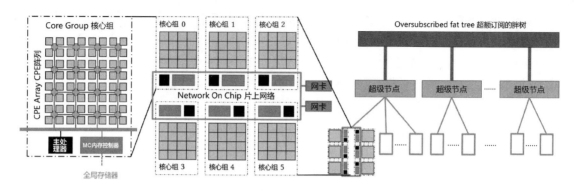

图 6-4   SW26010-Pro 处理器拓扑结构

6.2   富士通 A64FX 处理器

日本的超算"京"（K）曾于 2011 年获得 TOP500 榜单冠军，它是由富士通联合日本理化研究所开发的，但其到 2018 年 6 月已跌至全球第 16 位。2018 年，富士通披露计划开发下一代超级计算机——代号为 Post-K，重夺全球超算榜首，Post-K 的性能是"京"的 100 倍，同时能耗只有"京"的 3 倍。事实证明富士通达到了设计目标，超级计算机"富岳"先后在 2019 年 11 月 Green500 和 2020 年 6 月 TOP500 夺下榜首，"富岳"成功的关键在于采用了富士通 A64FX 处理器。在 2023 年中期的 TOP500 排行榜上，"富岳"依然排在第二位。

和 SW26010 类似，A64FX 也是为高性能计算设计的众核处理器，它的每个核心是一种乱序执行类型的超标量处理器，符合 ARMv8-A 架构规范和 ARMv8-A 的可扩展矢量扩展（SVE）。该处理器集成了 52 个处理器内核，包括冗余内核；一个支持 HBM2 的内存控制器；一个 Tofu-D 互连控制器和 PCI-Express Gen3 控制器。借助可扩展矢量扩展，A64FX 支持 128 位、256 位和 512 位的向量宽度。

富士通 A64FX 采用台积电 7nm FinFET 工艺制造，集成了 87.86 亿个晶体管，有 596 个信号针脚，52 个核心包括 48 个计算核心和 4 个辅助核心，所有核心分为 4 组，被称为 CMG（Core Memory Group），每组 13 个小处理单元，共享 8 MB 二级缓存。整个处理器峰值算力为 2.7 TFLOPS 双精度浮点算力。和大部分处理器不同的是，A64FX 片上搭配了 4 组共 32 GB HBM2 内存，峰值读/写带宽 1 TB/s，如图 6-5 所示。根据富士通披露，它们能够在 Stream Triad 基准测试中实现超过 830 GB/s 的带宽，超过处理器峰值带宽的 80%。Stream 是业界认可程度较高的内存带宽实际性能测量工具之一，Stream Triad 由 4 个核心测试组成：Copy、Scale、Add 和 Triad，这些测试模拟了基本的向量处理操作，可以给出系统在执行大规模数据处理时内存带宽的实际性能。

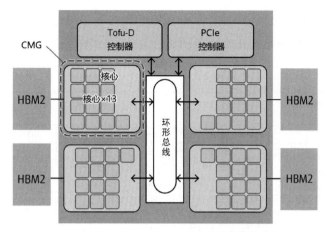

HBM2：高带宽内存2

图 6-5　富士通 A64FX 处理器

Tofu-D 具有 20 个高速串行信号通道，可连接多达 10 个 CPU，带宽为 6.8 GB/s。PCIe 则具有 16 个 8 Gb/s 的高速串行信号通道，带宽为 16 GB/s。Tofu-D 具有 6 个被称为 TNI 的网络接口，并通过网络路由器与 10 个 CPU 互连。与 Tofu 2（Tofu 架构的第二代产品）相比，最新的 Tofu-D 已配备了在错误检测频率高时降低带宽，在错误检测频率降低时恢复带宽的功能。

在拓扑结构方面，与"京"计算机一样，Tofu-D 的网络具有 6D Torus 网格/环面拓扑结构。虽然网络的物理节点地址是 6D 的，但用户进程被赋予虚拟 3D 坐标，以允许使用传统的 3D 连接通信算法。Tofu-D 的通信功能还配备了作为用户进程可以直接使用的远程内存访问（RDMA）通信和障碍同步通信功能，以及用于 IP 数据包传输的系统包通信功能。除了与"京"计算机相同的放置和获取功能外，Tofu-D 还支持由 Tofu 2 扩展的原子读取–修改–写入功能。Tofu-D 的 RDMA 通信具有自己的虚拟存储，并直接在由各节点的操作系统管理的用户进程的虚拟地址空间之间传输数据。

A64FX 指令流水线设计

A64FX 的单核心流水线如图 6-6 所示。一个核心由指令控制单元、计算单元和一级缓存单元组成。指令控制单元执行指令获取、指令译码、指令乱序处理控制和指令完成控制，主流水线由 7 段构成。

计算单元配备了两个定点功能单元（EXA/EXB），两个用于地址计算和简单定点算术的功能单元（EAGA/EAGB 用于地址计算，EXC/EXD 用于定点算术），两个用于执行 SVE 指令的浮点数单元（FLA/FLB），以及一个用于执行分支计算的谓词单元（PRX）。两个浮点数单元都有 512 位 SIMD 配置，并且每个时钟周期可以执行一个浮点乘累加操作。因此每个计算核心每个时钟周期能够进行 32 个双精度浮点数操作，使用芯片中的所有计算核心每个时钟周期允许执行 1536 个双精度浮点数操作。对于单精度浮点数操作和半精度浮点数操作,可执行的操作数量分别是双精度浮点数操作数量的 2 倍和 4 倍。

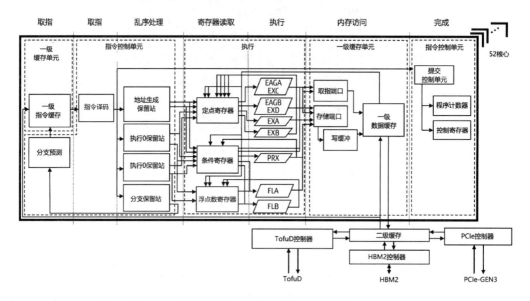

图 6-6   A64FX 单核心流水线

A64FX 的运行频率为 1.8 GHz、2 GHz 或 2.2 GHz,具体取决于它被安装的硬件环境。不同的硬件配置可能会对处理器的运行频率产生影响,包括冷却解决方案、供电规格、主板设计等,这些因素共同决定了 A64FX 处理器能够安全和稳定运行的最高频率。

一级缓存单元处理加载/存储指令,每个核心都有 64 KB 的指令缓存和 64 KB 的数据缓存。数据缓存被配置为能够同时进行两个加载访问,并执行两个 64 字节的 SIMD 加载或一个 64 字节的 SIMD 存储。二级缓存单元每个 CMG 有 8 MB 的统一缓存,并由包括助理核在内的 13 个核心共享。

重排序缓冲器(ROB)、预留站和其他队列,是所有处理器的关键部分,用于乱序执行和指令调度。ROB 用于在指令执行过程中保持顺序,预留站用于临时存储即将执行的指令。A64FX 的研究人员描述了一种特定的控制技术,该技术通过在指令执行时判断队列的释放时机来加速释放。这有助于在不必要地增加队列条目数量的情况下确保指令执行性能,提高了指令的执行效率,同时减少了所需的硬件资源。上述控制技术有助于限制逻辑电路的增加,从而减小芯片面积。

考虑到大规模部署的功耗和晶体管消耗等问题,针对高性能计算机集群设计的单一节点处理器不可能过于复杂,尤其是在指令流水线阶段。A64FX 的研究人员介绍了以下两种分支预测技术。

- 分段线性算法：通过使用分段线性算法来执行分支预测，即使在具有复杂指令结构的程序中，也可以实现高准确率的分支预测能力。这允许基于较长时间的指令执行历史来执行分支预测，从而实现高预测准确性。
- 通过检测简单循环进行分支预测：通过检测程序结构中的简单循环或其他特定结构来实现分支预测。当程序循环时，通过缓冲循环指令序列，可以停止指令取出单元和其他分支预测电路的操作，以降低功耗。

总体来说，A64FX 所使用的 ARM 架构的设计初衷是提供高效的能效比。ARM 的简单设计理念使其能在较低的功耗下运行，这对于超级计算机来说非常有吸引力，因为节能在超算领域也是一个关键因素。亚马逊的 Graviton2、富士通的 A64FX 等产品的推出，标志着 ARM 在性能、可扩展性和特性方面的重大突破。

6.3 苹果 M1 处理器

苹果是一家拥有从软件应用场景到硬件开发能力的公司，是名副其实的消费电子之王。苹果的 M1 就是在这样的需求下开发的一颗 CPU 芯片，它的发布是苹果 Mac 产品线的一个重大里程碑。

M1 芯片逻辑结构布局如图 6-7 所示，M1 芯片采用台积电 5nm 工艺制造，这种当时最先进的制程技术有助于减小晶体管尺寸，提高集成度和能效，对于 M1 芯片在移动办公领域的应用至关重要。M1 芯片集成了 8 核 CPU、8 核 GPU、16 核神经网络引擎等，每秒能进行 11 万亿次运算，体现了苹果对多线程和人工智能计算的重视。通过将中央处理器、输入/输出、安全等功能整合在同一块 SoC 芯片中，缩短了数据在不同组件之间的传输时间，提高了效率。

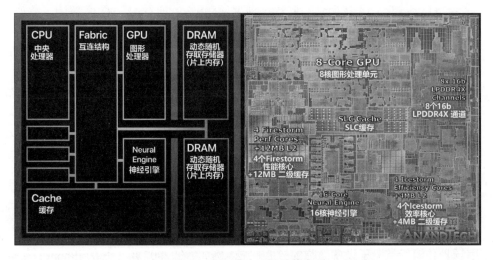

图 6-7 M1 芯片逻辑结构布局

最高端的 M1 Ultra 芯片由两个 M1 Max（也就是加强版的 M1 芯片，拥有 400 GB 的内存带宽，最高 64 GB 的统一内存）通过 UltraFusion 的芯片对芯片连接器拼接，晶体管数量达 1140 亿个。该芯片包括 20 个 CPU 核心、64 个 GPU 核心、2 个神经引擎等，提供 800 GB/s 的内存带宽，是一款针对最高端专业需求设计的芯片。

6.3.1 SoC 模块化设计

苹果的 M1 芯片采用了 SoC（System-on-Chip）模块化设计，这是一种集成了多个计算和功能单元在一个单一芯片上的设计方案。SoC 的设计思路是在同一芯片上集成多个组件，数据在组件之间的传输速度更快，从而提高了整体性能。SoC 允许更精细的功耗控制，使不同组件能更好地协同工作。M1 芯片的大部分应用场景是笔记本电脑和平板电脑，SoC 减少了占用空间，使得更轻薄和紧凑的设备设计成为可能。M1 芯片包含以下主要功能：

- 中央处理器（CPU）：M1 包括一个高性能的 ARM 架构多核 CPU，用于处理通用计算任务。这个 CPU 包含了 8 个核心，即 4 个高性能大核心和 4 个高效能小核心。其中大核心的流水线和计算单元设计规格都强于 x86 架构的同期处理器，通过 M1 的发布，苹果实现了替代 x86 架构的 Intel 处理器的计划。

- 图形处理器（GPU）：M1 配备了 8 核心的自研 GPU，相比 A14 的 GPU 核心数量提升了 1 倍。M1 集成的 GPU 拥有 128 个计算单元，可同时执行 24 576 个线程，算力达到 2.6TFLOPS。M1 定位于移动设备，M1 Max 集成的 GPU 在 3DMark 基准测试中，性能大致与 RTX 3060 相似，M1 Ultra 集成的 GPU 则比肩 RTX 3080，但是功耗和发热都远低于对方。

- 神经引擎（Neural Engine）：专门用于加速深度学习和人工智能任务。M1 芯片还集成了与 A14 一样的 16 核的神经网络处理器（NPU），拥有 11 TOPS 算力，略低于 A14 的 11.8 TOPS。这个计算核心虽然不适合大规模训练任务，但是在图像处理任务，比如视频编辑、滤镜、降噪、物体追踪等推理操作中，提供了比 GPU 更好的能耗表现，并且延迟更低。

- 统一内存架构（UMA）：将 CPU、GPU 和其他处理单元共享同一内存空间，减少数据在不同处理单元之间的转移延迟。它可以根据不同任务的需求动态分配内存给 CPU 和 GPU。这种动态分配可以更好地适应不同应用场景的需求。大部分桌面级 CPU 没有提供这种功能，其内存控制器仅针对 CPU 提供和内存的物理连接。

- 图像信号处理器（ISP）：ISP 主要负责处理和优化来自摄像头的图像数据，包括色彩平衡、降噪、亮度调整和其他图像增强功能。这种设计的灵感完全来自手机、平板电脑等应用场景，提供的加速最为精确和直接。

应用场景是消费类电子设备面临的核心问题。例如，在 2007 年 1 月的 iPhone1 发布会上，乔布斯用单指滑动手机解锁以及用双指缩放图片的场景不仅震惊了观众，而且彻底改变了移动设备的交互方式。消费级桌面 PC 的使用场景也类似，大部分办公软件属于轻负载，而高分辨率照片处理和视频处理属于重负载，重负载如果能有专用处理器加速，则不仅能提升速度，还能降低能耗，这对于使用电池供电的设备尤其重要。M1 芯片的 SoC 集成设计允许各个组件之间紧密协同工作，提供优化的性能，特别是在图形、人工智能和机器学习方面。所以最终 M1 芯片在某些操作中的性能提升不是线性的，GPU 和 NPU 的加速可以带来成倍于传统 CPU 核心的非线性提升。

6.3.2　高性能核心流水线设计

M1 芯片的 CPU 部分由 4 个高性能大核心和 4 个高效能小核心组成。大核心代号为 Firestorm，小核心代号为 Icestorm，这是领先于 Intel 的 12 代酷睿的 CPU，也是第一款在桌面级产品中使用大小核心思路的 CPU。

大小核心设计的理念主要起源于 ARM 的 big.LITTLE 架构，该架构首次在移动设备处理器中出现。2013 年，ARM 推出了 big.LITTLE 架构，允许在同一芯片上集成不同性能的核心。

大小核心设计是近几年芯片设计中的一个重要趋势，尤其是小核心近几年有出色表现。本节我们关注苹果 M1 的代号为 Firestorm 的大核心。

Firestorm 核心基于 ARMv8.4 指令集，与 ARM 的 64 位指令集兼容，并支持虚拟化和安全特性，Firestorm 核心架构图如图 6-8 所示。自从 2013 年推出全球首款基于 64 位的 ARMv8 指令集的移动处理器 A7 以来，苹果就在移动计算方面展示了技术领先地位。Firestorm 核心通过庞大的流水线前端（译码）和流水线后端（计算单元和 ROB 单元）达到了较高的指令级并行设计目标。

2020 年苹果推出了 A14 芯片，这是苹果首个基于 5nm 工艺制造的芯片，主要用于移动设备。M1 可以视为 A14 技术的延伸和扩展。通过增加核心数量和进行其他定制化改进，苹果将其移动设备上的技术带入了桌面和笔记本电脑领域。A14 芯片包括苹果 64 位微架构家族的第八代设计，A7、A9、A11 和 A13 芯片展示了设计复杂性以及微架构宽度和深度的显著增长。

在译码器数量方面，Firestorm 核心实际上从 A14 芯片系列已经开始出现，它是苹果目前的最新大核心 CPU 设计，代表了苹果从 Intel x86 设计向自家 SoC 的重大跃进。Firestorm 的显著特性是其微架构的宽度，具有 8 宽设计。与 AMD 的 Zen 1～Zen 3 和 Intel 的同级别产品相比，Firestorm 的 8 宽译码设计显得突出。由于 ISA 的固有可变指令长度特性，x86 CPU 通常仅具有 4 宽的设计。ARM 设计的宽度有所增加，如三星的 6 宽设计和 Arm Cortex 核心的 4 宽设计。根据 AnandTech 的分析，苹果的 8 宽译码微架构实际上并非 A14 芯片的新特性，A13 芯片就已拥有 8 宽译码。

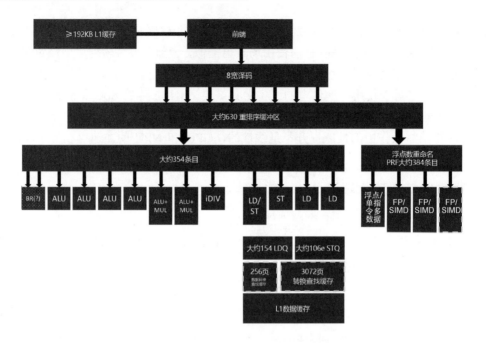

图 6-8   Firestorm 核心架构图

在 ROB 资源方面，重新排序缓冲区的任务是确保乱序执行和顺序提交。Firestorm 的 ROB 的深度估计在 630 条指令范围内。

6.3.3   计算单元资源

高指令级并行性要求并行执行多条指令。在此方面，M1 芯片 Firestorm 内核的后端执行引擎具有极其宽泛的功能。

- 整数单元：整数侧的设计至少有 7 个用于算术运算的执行端口，包括 4 个简单的 ALU，2 个复杂的单位以及 1 个专用的整数除法单位。核心每个时钟周期可处理 2 个分支。
- 浮点数和向量单元：新的 Firestorm 核心在浮点数和向量执行方面功能增加了 33%，这得益于 Firestorm 增加了第 4 个执行流水线。Firestorm 每个时钟周期可以进行 4 个 FADD 和 4 个 FMUL 操作，分别延迟 3 个时钟周期和 4 个时钟周期。
- 在加载/存储资源方面：有 4 个执行端口：1 个用于加载/存储，1 个专用存储，2 个专用加载。核心每个时钟周期最多可进行 3 次加载和 2 次存储。Firestorm 处理突出内存事务的深度比较可观。测量值为 148~154 次突出的加载和约 106 次突出的存储。这远远超过了市场上的其他任何微架构。苹果对 TLB（翻译后备缓冲区）也做了较大容量改进，这一代 Firestorm 核心在 TLB 方面有很大改进。L1 TLB 从 128 页增加到 256 页，L2 TLB 从 2048 页增加到 3072 页。

Firestorm 的设计在许多方面都超过了竞争对手，如 AMD 的 Zen 3 和 Intel 的 Sunny Cove。尽管 Intel 的设计在某些方面与苹果相当接近，但 Firestorm 的宽度和深度都远远超过了市场上的其他微架构。

在缓存设计方面，Firestorm 核心继续了苹果的庞大缓存设计趋势，具有 192 KB 的 L1 指令缓存，这个数字约是 ARM 设计的 3 倍，是当时 x86 设计的 6 倍。这种庞大的结构解释了其在高指令压力工作负载（例如流行的 JavaScript 基准测试）中表现出色的原因。Firestorm 核心的 L1 数据缓存容量是 128 KB，具有 3 个时钟周期的加载使用延迟，如此大的容量令人印象非常深刻。AMD 具有 32 KB 的 4 个时钟周期缓存，Intel Sunny Cove 则在增加至 48 KB 时回归到 5 个时钟周期。在 L2 缓存容量方面，M1 的 4 个 Firestorm 内核共享的二级缓存升级到了 12 MB，相比之下，A14 芯片仅有 8 MB 的二级缓存，但是每个核心得到的 L2（4 MB）缓存略高于 M1（3 MB）。

在频率方面，M1 Pro 和 M1 Max 中的 8 个性能核心由两个 4 核集群组成，两个 4 核集群都有自己的 12 MB L2 缓存，并且每个 4 核集群都能够相互独立地为它们的 CPU 提供时钟，所以实际上可以在一个集群中有 4 个活动核心，频率为 3036 MHz，另一个集群中有一个活动核心，频率为 3228 MHz。该设计和 AMD Ryzen 9 7950 处理器设计类似，每 8 个物理 CPU 放置在 1 个独立的 CCD 芯片中，两个 CCD 芯片在满载的情况下运行频率不同。

6.3.4　UltraFusion 芯片扩展

UltraFusion 是一种具有高速接口的互连技术，允许硬件组件相互连接，并作为单个硬件组件工作。苹果 M1 Ultra 基本上是两个 M1 Max 芯片融合在一起的。苹果特别为 M1 Max 芯片设计了硅中继器，作为整体芯片封装的一部分。中继器是一座桥梁或通道，使电信号能够通过并传输到另一个目的地。苹果使用的中继器允许两个 M1 Max 芯片连接超过 10 000 个信号，这个数量比 Intel 13 代酷睿的 LGA1700（1700 个针脚）或者 AMD Zen 4 的 AM5（1718 个针脚）的数量大很多，并保持 2.5 TB/s 的处理器之间的带宽。

苹果使用台积电开发和部署的先进封装技术之一实现了 UltraFusion，称为 CoWoS-S（带有硅中介层的晶圆级芯片互连）。CoWoS-S 是一种 2.5D 集成电路或基于硅通孔（TSV）的多芯片封装技术，专为高性能应用开发。

通过 UltraFusion，M1 Ultra 将 M1 Max 的规格和功能加倍，包括 CPU 和集成 GPU 核心数量加倍，神经引擎核心数量和处理能力加倍，以及内存带宽加倍。在此扩展基础的支持下，M1 Ultra 可以被认为是一颗巨大的单芯片，基于 5nm 工艺节点拥有总计 1140 亿个晶体管。UltraFusion 技术首先要制造一个大型硅中介层，然后通过 TSV 连接到每一颗小芯片（如 M1 Max Soc die），如图 6-9 所示，该过程大致可以分为以下几个制造流程。

- 多掩膜拼接：在 CoWoS-S 技术中，可以通过拼接多个掩膜板（例如 4 个）来扩大硅中介层的面积，每个掩膜都代表了芯片设计的一部分。相比之下，普通的光刻技术通常针对单个掩膜板进行曝光。
- 同时曝光：4 个掩膜被同时曝光，这意味着在同一步骤中，整个拼接后的掩膜区域都被光线照射，可以确保所有部分的一致性和准确性。
- 生成缝合边缘：在光刻过程中，在单个芯片中生成 4 个缝合的"边缘"。这些边缘将不同的芯片部分连接在一起，形成一个连续的逻辑电路结构。

在 CoWoS-S 技术中，大型中介层的面积可能相当于很多个全掩膜板尺寸，这决定了封装后芯片的最大面积。全掩膜板尺寸指的是单个光刻掩膜板所能够覆盖的硅晶片的最大面积。掩膜板用于通过光刻过程将电路图案转移到硅晶片上，全掩膜板尺寸是限制芯片大小的关键因素。

CoWoS-S 配合双路光刻拼接技术完成对晶圆的蚀刻。双路光刻拼接允许通过两个或更多的独立掩膜板，按照精确的对齐和顺序，在硅晶片上创建一个连续的图案。每个掩膜板代表了最终图案的一部分，通过精确的对齐和顺序，这些部分可以"拼接"在一起，形成一个更大的连续图案。

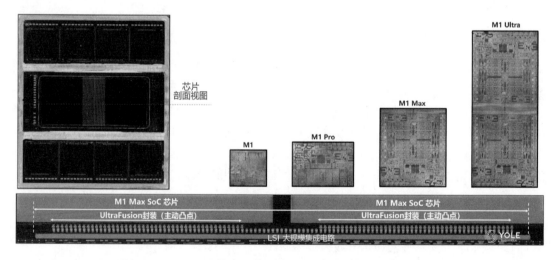

图 6-9   UltraFusion 技术通过 CoWoS-S 连接两个 M1 Max 芯片

除了硬件设计外，苹果的最终桌面级产品（如 Mac 和 MacBook），从之前使用 Intel 的 x86 处理器，到使用自研的 ARM 架构 M1 处理器，都要考虑软件兼容性问题，其中有以下两个关键软件技术。

- 第一个是 Universal 2：这是一个二进制文件格式，允许开发者在同一应用程序包中包括为 x86 和 ARM 芯片编译的代码。使用 Universal 2 的开发者可以确保其应用程序在新旧 Mac 设备上均可运行，无须进行任何特殊操作。

- 第二个是 Rosetta 2：这是一个动态二进制转译器，在运行时将 x86 指令转换为 ARM 指令。这允许 M1 处理器运行之前未修改的 x86 应用程序，提供 ARM 架构对 x86 应用几乎 100%的兼容性，当然这种方式会有一些性能消耗。

苹果在 2022 年 6 月的全球开发者大会（WWDC）上宣布了 M2 芯片，并推出了搭载 M2 的 MacBook Air 和 13 英寸 MacBook Pro 型号。M2 采用台积电的"增强版 5nm 工艺"N5P 制程生产，内含 200 亿个晶体管，比 M1 增加了 25%。2023 年 6 月，苹果推出了 M2 Ultra，与 M1 系列一样，将两个 M2 Max 芯片集成在一个封装中。

在 CPU 方面，M2 拥有 4 个高性能"Avalanche"核心和 4 个高效能"Blizzard"核心，这种设计最初出现在 A15 Bionic 芯片中。高性能核心拥有 192 KB 的 L1 指令缓存和 128 KB 的 L1 数据缓存，并共享一个 16 MB 的 L2 缓存；高效能核心拥有 128 KB 的 L1 指令缓存和 64 KB 的 L1 数据缓存，并共享一个 4 MB 的 L2 缓存。M2 还有一个由 GPU 共享的 8 MB 系统级缓存。M2 Pro 有 10 个或 12 个 CPU 核心，而 M2 Max 有 12 个 GPU 核心。

在 GPU 方面，M2 集成了一个由苹果设计的 10 核（某些基础型号为 8 核）GPU。每个 GPU 核心分为 16 个计算单元，每个计算单元包含 8 个 ALU。M2 GPU 总共包含多达 160 个计算单元或 1280 个 ALU，最大浮点算力为 3.6 TFLOPS。最高端的 M2 Ultra 包括一个 60 核或 76 核的 GPU，拥有多达 9728 个 ALU 和 27.2 TFLOPS 的最大浮点算力。

在内存方面，M2 使用 6400 MT/s 的 LPDDR5 SDRAM，和 M1 一样采用统一内存配置，由处理器的所有组件共享，SoC 和 RAM 芯片封装在一起。M2 拥有一个 128 位的内存总线，带宽为 100 GB/s，而 M2 Pro、M2 Max 和 M2 Ultra 的带宽分别大约为 200 GB/s、400 GB/s 和 800 GB/s。

苹果在 2023 年 10 月宣布了 M3 的消息，并推出了搭载 M3 芯片的 iMac 和 MacBook Pro 型号。M3 采用统一内存架构，其中 M3 Max 可支持高达 128 GB 内存。与 M2 一样，M3 系列 SoC 使用 6400 MT/s 的 LPDDR5 SDRAM。M3 针对 AI 开发和工作负载进行了特别优化，无论是通过神经网络引擎还是通过 M3 Max 所支持的更大内存，都能够处理参数数量庞大的 AI 模型。

6.4　Ampere 处理器

6.4.1　Ampere Altra

Ampere Altra 处理器由 Ampere Computing 公司开发，于 2020 年 3 月正式发布，是一款典

型的众核处理器。它包括 80 个 ARM Neoverse N1 核心，面向云数据中心应用场景。Ampere Computing 公司称在基本整数和浮点算力方面，Ampere Altra 处理器的运行速度比 AMD 的 EPYC 7742 处理器快 1.04 倍，比 Xeon Platinum 8280 快 2.23 倍；在云端工作负载处理上，Altra 在电源使用效率上比 EPYC 7742 高 14%，是 Intel Xeon Platinum 8280 处理器的 2.1 倍。2020 年 Ampere Altra 全面投产，给市场带来了不小的震撼。

在频率方面，Ampere Altra 处理器核心的最大频率为 3.3 GHz，每个核心拥有 32 KB 的 L1 指令缓存，32 KB 的 L1 数据缓存，1MB 的 L2 缓存，配备 32 MB 的分布式 L3 缓存。在制程工艺和功耗方面，采用 7nm FinFET 制程。TDP 范围是 45 W～210 W，取决于具体型号和应用场景。在内存扩展性方面，支持 8 通道 DDR4-3200 内存，最大支持 4 TB 的内存，并提供 128 条 PCIe 4.0 通道。

Ampere Altra 微架构定位于云原生，这是首款专为云原生工作负载而设计的处理器。云原生应用通常由微服务组成，每个服务可以独立扩展，Ampere Altra 的多核心设计特别适合这种需求。云计算提供商要考虑自己的采购成本和最终的销售额，换句话说，云原生 CPU 要提供尽可能多的核心数量，并且每个核心的性能稳定且尽可能高。Ampere Altra 微架构有以下几个特性，与大部分处理器有所区别。

- 放弃超线程加速：Ampere Altra 每个核心都是完全独立的，没有超线程共享资源，这有助于降低不同核心之间的争用和提高性能的可预测性。传统的超线程技术同时执行的线程可能会竞争同一物理核心的资源，这可能导致性能波动，使得性能的可预测性下降。我们之前分析过，超线程技术的性能提升比较有限，且需要在前端增加某些单元的数量来提供超线程管理。
- 缓存架构：每个核心都有一个大的私有 L2 缓存，而共享的 L3 缓存相对很小。Ampere Altra 的 L3 缓存设计更像是存储器，而非类似 L1 和 L2 缓存。
- AmpereAltra 强调时钟速度的一致性：Intel 和 AMD 的 CPU 根据使用的核心或线程数量，以及正在执行的代码类型而显著改变其核心时钟速度。Ampere 保持时钟速度相同而不考虑工作负载。做出这一决定的理由是云工作负载是多租户的，用户肯定不希望自己的 CPU 核心被其他用户频繁变化强度的负载影响了性能。

单线程核心的设计则消除了这种资源竞争，确保了每个线程在执行时具有核心上全部的资源。这使得性能更加稳定和可预测，尤其在高度并发的工作负载中，如云计算和虚拟化环境中。多线程可能会为软件开发人员带来额外的挑战。单线程核心会简化软件的开发和调优过程。

在 Ampere Altra 设计中，L3 缓存被描述为分布式系统级缓存，分布式系统级缓存不是集中在一个地方的，而是在整个芯片或多个核心之间分布的。这和非一致性缓存架构概念基本一致。每个核心或一组核心都有距离自己最短访问速度最快的 L3 缓存部分,同时这些部分通过某种互连结构连接在一起,也可以被其他核心共享访问,如在 Altra 中的 CMN-600 网格互连。这种分布式方法可以减少核心访问其 L3 缓存部分的延迟时间,并可能提供更高的吞吐量。分布式缓存架构允许在不同的型号和配置中更灵活地调整缓存大小和结构。这种可扩展性有助于优化不同工作负载和应用场景下的性能和效能。

ARM CMN-600(Coherent Mesh Network 600)是一种先进的芯片互连技术,在 Ampere Altra 的案例中,它是连接多达 80 个 Neoverse-N1 核心和其他系统资源的关键组件,可提供高性能、低延迟的连接,用于多核心和多处理器的系统架构,如图 6-10 所示。CMN-600 使用网格拓扑结构来连接不同的系统组件,包括处理器核心、缓存、存储器控制器等。

媒体 AnandTech 测试了 Ampere Altra 处理器核心到核心延迟。测试从初始化主线程开始,该主线程负责在可执行文件生成的核心上分配同步缓存行。测试人员尝试将其固定到第一个 NUMA 节点/第一个插槽的 CPU 组上(本次测试的是一套双路 Altra Q80-33 服务器)。主线程随后产生两个 Ping-Pong 线程,它们基于共享的缓存行在系统中来回传递。共享缓存行是处理器中多个核心之间共享的缓存段。在多核体系结构中,它可以用于协助同步和通信,也是实现缓存一致性的关键部分。

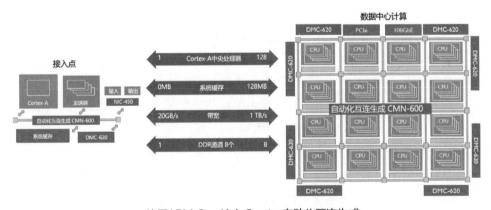

使用ARM CoreLink Creator自动化互连生成

图 6-10 CMN-600 处理器网格互连

为了测试不同核心之间的延迟,测试人员会改变线程在系统中的亲和性。这意味着线程可以被移动到不同的核心或 CPU 组上执行。大规模并行处理不只是每个核心埋头苦干自己的工作,核心间通信以及访问其他核心管理的内存资源非常频繁。

Ampere Altra 处理器核心到核心延迟如图 6-11 所示,在表示单个插槽内的 80 个核心的矩阵的左上象限中,Ampere Altra 的表现很稳定,这个结果比 Graviton2 处理器的表现结果更为均匀。这里提到的 Graviton2 是亚马逊的第二代 ARM 架构数据中心处理器，同样基于 ARM 的 Neoverse N1 微架构，拥有 64 个核心，它的设计也注重性能、效能和灵活性。

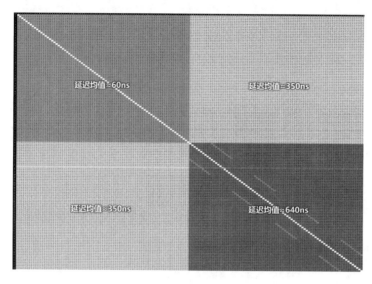

图 6-11   Ampere Altra 处理器核心到核心延迟

同插槽（也就是单个物理 CPU）内的核心到核心延迟表现正常，区域延迟为 60 ns 左右。跨插槽（从物理 CPU0 到物理 CPU1）的延迟范围是 350～360 ns，与 AMD 和 Intel 在 2020 年的主流服务器 CPU 多插槽缓存一致性实现相比，这个延迟并不算太好。同插槽内因为缓存一致性协议需要两次跨插槽（右下角区域）的内核延迟的表现非常糟糕，比如 CPU81 访问 CPU82 会产生大约 650 ns 的巨大延迟，这是由于在从一个插槽发送请求到另一个插槽的过程中，需要先经历从原生 AMBA CHI 协议到 CCIX 的转换，再转回 CHI 到初始控制器线程的常驻缓存行，然后返回到另一个插槽并进一步产生几个缓存一致性转换惩罚。

这里提到的 AMBA CHI 更侧重于片上系统内的通信和缓存一致性，特别是在 ARM 架构的环境中。CCIX 是一种开放的高速互连协议，用于连接 CPU、GPU、FPGA 和加速器等不同类型的处理器，更关注不同类型和来自不同供应商的硬件组件之间的一致性。从协议到协议的转换可能涉及复杂的翻译和同步过程，也可能会提高延迟和复杂性，尤其是在要求严格缓存一致性的环境中。

6.4.2   AmpereOne

2023 年 Ampere 发布了更加先进的自主微架构处理器 AmpereOne，如图 6-12 所示，该处理器宣布摆脱对 ARM 架构的依赖，其中包含 192 个物理核心，但是沿用 ARM 指令集，因此能与 ARM Neoverse 微架构设计的 Ampere Altra、Ampere Altra Max 处理器兼容。这意味着

AmpereOne 能够执行为 ARM 架构编写的软件，而无须任何修改，也能够利用现有的 ARM 生态系统，包括操作系统、应用程序和开发工具，同时提供可能更优化或针对特定用途设计的硬件性能。

Ampere Custom Cloud Native Core
Ampere自定义云原生核心

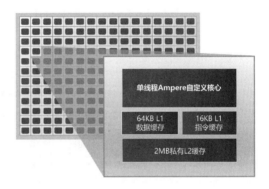

图 6-12　AmpereOne 处理器

AmpereOne 处理器提供了 136 个核心、144 个核心、160 个核心、172 个核心，以及最高 192 个核心设计供用户选择，最高运作时钟则可达 3.0 GHz，并且以 5 nm 制程生产，每组核心配置 2 MB L2 缓存，每个核心 16 KB L1 指令缓存和 64 KB L1 数据缓存，L3 缓存容量也提升到 64 MB。

AmpereOne 的内部核心微架构如图 6-13 所示，其相对于 Neoverse N1 核心产生了许多变化，主要体现在以下几个方面。

- 计算单元流水线增加：添加第 5 个整数 ALU、2 个更多的加载/存储 AGU 和 1 个专用浮点数单元（还可以进行浮点数到整数的转换）。
- 调度器布局改进：调度器的数量并不总是直接反映性能或效率的，同时调度器的角色、功能和与其他硬件组件（如计算单元、寄存器文件等）的互动方式更为关键。在乱序执行架构中，调度器起着至关重要的作用，其充当了前端（指令获取和译码）和后端（计算单元）之间的桥梁，确保即使在乱序执行的环境下，程序的逻辑和数据一致性也能得到维护。在 Neoverse N1 中没有明确标出专门用于整数运算的调度器数量，而在 AmpereOne 中，有 4 个调度器明确分配给整数运算，这有助于提升整数运算的并行处理能力和吞吐量。
- 重新排序缓冲区（ROB）扩大：AmpereOne 具有披露的 174 个条目 ROB，虽然对于现代高性能核心来说非常少，但比 Neoverse N1 的 128 个条目 ROB 有所增加。这使

AmpereOne 与 Neoverse N1 相比能够获得更好的指令级并行性，并让核心在任何时候都可以处理更多的操作。

- 加载和存储系统单元：Neoverse N1 被限制为 2 次加载（或者 1 次加载）和 1 次存储。在 AmpereOne 上，每个时钟周期增加到 2 次加载和 2 次存储。
- 缓存子系统的变化：L1 数据缓存与 Neoverse N1 的 64 KB 4-way 配置相同，AmpereOne 将 L2 缓存从 1 MB 8-way 配置增加到 2 MB 8-way 配置，有助于保持数据局部化，这对于云工作负载非常重要。从 64 KB 4-way L1 指令缓存减少到 16 KB 4-way L1 指令缓存，是一个很有勇气的改进。

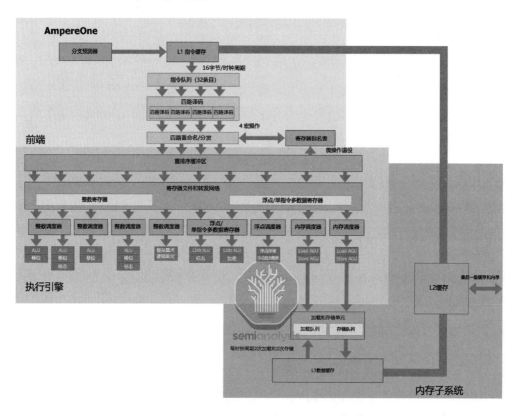

图 6-13　AmpereOne 的内部核心微架构

关于 AmpereOne 选择减小 L1 指令缓存，有以下两个原因。

- 为了节省面积，因为 L1 指令缓存使用非常不密集（Non-Dense）的 SRAM，因此将其削减到 16 KB 能节省很多面积。
- CPU 设计者发现当工作负载从 16 KB 到 32 KB 再到 64 KB 时，性能的边际提升显著降低。

L1 指令缓存通常使用非常不密集的 SRAM，因为其需要满足特定的性能和延迟要求。处理器核心需要同时从多个存储位置读取指令，不密集的 SRAM 结构通常允许更高的并发访问。低密度可能与缓存到核心或其他高速计算单元的连接方式有关。更多的空间用于提供更多的连接点或更大的通道，从而提高吞吐量。

作为数据中心专用产品，AmpereOne 系列在机架性能上具有明显优势，这是数据中心和大规模计算环境中一个非常重要的指标。它影响着机架和地板空间的使用、电力需求，以及运营成本。AmpereOne 也在电源管理特性方面做出改进：高级配置电源接口，用于操作系统与硬件之间进行电源管理的一个开放标准；根据芯片的实际需求动态调整电压；允许系统根据负载动态调整电压和频率；提供更详细的温度和电源使用数据；实时估算并调整电源需求。

服务器市场正在迅速变化，Graviton2 和 Ampere 等处理器的推出标志着 ARM 服务器芯片从一个小众案例转变为一个真正具有竞争力的选项，具有更高的性能和更低的功耗表现。Ampere Altra 系列 80 核的 Q80-33 旗舰型实际上达到了 2020 年同期 AMD 旗舰 Rome 芯片 EPYC 7002 的类似性能，AmpereOne 的性能也可以和 EPYC 9004 竞争。Ampere 微架构的处理器在计算密集型工作负载中具有优势，但在高缓存压力的工作负载中表现不佳，这主要是因为其 L3 缓存相对较小。

6.5　IBM POWER 处理器

POWER 微架构的全称是 Performance Optimized With Enhanced RISC，POWER 这个概念不只属于 IBM 一家公司，主流的 PowerPC 处理器制造商有 IBM、Freescale（原摩托罗拉半导体部）、AMCC、LSI 等。本节的主要分析目标是 IBM 开发设计的面向高性能计算领域的 POWER 微架构处理器。

POWER 迭代开发处理器的脚步从未停止，虽然这几年其无论是在性能、创新性方面还是在市场占有率方面都出现了很大下降，但 POWER 微架构依然是高性能计算领域不可不提的一个重要角色。POWER 曾经在高性能计算领域领先于很多竞争对手，而且向用户提供了较高的稳定性和安全性，POWER 也定义了很多概念，被同行沿用至今。下面我们对 POWER 微架构历史做简单的回顾。

- POWER1：1990 年，IBM 为 PowerServer 和 PowerStation 工作站推出了基于 RISC 系统的第一代 POWER 处理器，为 IBM 今日在 UNIX 领域的辉煌奠定了基础。POWER1 集成了 80 万～100 万个晶体管，最初的 POWER1 芯片实际上是一个主板上的多个芯片，后来变成了单一芯片。POWER1 最成功的应用是被用于火星探路者宇宙飞船。

- POWER2：发布于 1993 年，每个芯片封装了 1500 万个晶体管。POWER2 增加了第二个浮点数单元和更多的缓存。被称为 P2SC（Power 2 Scalable Chip）的超级芯片使用 CMOS-6S 技术，用一个芯片实现了 POWER2 8 个内核的架构（在 1993 年，IBM 就已经开始了多核芯片的设计）。1997 年，使用 POWER2 的 32 个节点的 DEEP BLUE（深蓝）超级计算机战胜了国际象棋冠军，展示了多核架构在高性能计算的能力。

- POWER3：1998 年 IBM 推出全新的 64 位 POWER3 处理器，该处理器将 POWER2 架构与 PowerPC 架构相结合。这是 IBM 第一款 64 位对称多处理器结构（SMP），与原有的 POWER 指令集完全兼容，也兼容 Power PC 指令集，在高性能计算领域得到应用。它具有数据预取引擎和非阻塞性的内置数据缓存，同样拥有双浮点数单元。

- 2000 年秋季，IBM 增强了基于 POWER3 的 RS64 III 处理器设计，开始使用铜芯片和 SOI 绝缘硅技术，使时钟频率增加到 600 MHZ，形成了 RS64 处理器的最新版本，即 RS64 IV。在相同型号上，L2 缓存大小被增加到 16 MB，随着 RS64 的发展，这种处理器的设计可以提供 750 MHz 的时钟频率。

- POWER4：2001 年第二季度，世界上第一个双核处理器 POWER4 芯片诞生。以 180nm 铜导线搭绝缘硅（SOI）制程打造的工程样本于 2000 年 1 月研制成功，时钟频率冲上 1.3 GHz，同时引发业界对双核及多核处理器的关注。x86 架构的竞争对手在 4 年之后才推出了双核处理器。

- POWER5：该芯片一共有 8 个核心，由 4 个 CPU 组成，可称之为多芯片模块（MCM），一个 MCM 包括 4 个 POWER5 模片和 4 个 36 MB 三级缓存模片，但其核心面积仅有 389 mm^2，而作为竞争对手的 Intel 的安腾处理器面积为 450 mm^2。在虚拟化方面，在 POWER5 支持了微分区的功能，可以将一个处理器内核虚拟切分成多个处理器，供操作系统使用，最小的分配粒度为 0.1 个 CPU，共享使用粒度是 1/100 个 CPU。2006 年 IBM 推出了主频提高、封装变化的 POWER5，被称为 POWER5+，最高主频为 2.2 GHz。

- POWER6：这是一款双核处理器，每个内核支持双路 SMT，大约有 7.9 亿个晶体管，面积为 341 mm^2，采用 IBM 的 65 nm 绝缘硅 SOI 工艺、10 层金属片制造。与 POWER5 最显著的区别是：POWER6 是按顺序执行指令的，与大部分乱序执行有显著差异。顺序执行可以实现更高的时钟频率和更快的响应时间，这对于某些特定类型的计算任务是非常有用的，其中响应时间可能比吞吐量更为关键。顺序执行也有助于降低功耗和热问题，这在数据中心和高性能计算环境中是一个重要考虑因素。POWER6 在 2017 年以 65 nm 工艺达到了 4.7 GHz，这在当时也是非常难以想象和无法超越的高性能CPU时钟频率。

- POWER7：发布于 2010 年，主要用于高性能计算、数据中心，以及企业级服务器。POWER7 的重点是多路处理器，随着处理器数量的增加，处理器互连总线的带宽需求呈非线性增长，一般的 x86 架构处理器 SMP 系统在 4 路到 8 路左右就已经达到饱和，更大的系统必须采用其他的拓扑结构。POWER7 实现了 32 路 SMP，其处理器间总线可以提供 360 GB/s 的带宽，而且它通过特定的硬件一致性协议来确保所有处理器都能快速而准确地访问共享数据。在拓扑结构方面，它采用多维网格和环状混合的结构来处理多核心通信问题。

  POWER7 标志着 IBM 向 PFLOPS 级别计算性能进发。在 2006 年，IBM 收到了 DARPA（美国国防部高级研究计划局）提供的 2.44 亿美元的资金，用于建设一台 PFLOP 级别的超级计算机。当然 IBM 在 PFLOPS 目标上也有其他技术储备，2008 年 IBM 开发完成了使用 PowerXCell 8i 3.2 GHz 芯片的 Roadrunner 超级计算机，Roadrunner 是由美国洛斯阿拉莫斯国家实验室（Los Alamos National Laboratory，LANL）与 IBM 合作开发的，于 2008 年开始运行，成为当时世界上最快的超级计算机。

- POWER8：发布于 2013 年，定位仍然是高性能计算、大数据分析和云计算。它支持多达 12 个内核，每个内核支持 8 个硬件线程，单芯片线程束达到 96 个。POWER8 增加了各级缓存和内存，L3 缓存最高可达 96 MB。在制造工艺方面，采用当时主流的 22 nm 工艺。POWER8 首次引入了 Coherent Accelerator Processor Interface（CAPI），允许硬件加速器直接访问 CPU 的内存。虽然 AMD 和 Intel 在相似的时间范围内也有探索和发展，但 IBM 的 CAPI 提供了一种更直接的硬件级解决方案，这一点在当时是相对独特和领先的。

  在 POWER8 时代，IBM 的目的是通过构建 OpenPOWER Foundation 这个组织，营造一个开放和多样化的生态系统，从而鼓励硬件和软件的创新。这是一种战略性转变，它使第三方制造商能够设计和制造自己的 POWER8 兼容硬件，这一开放性对于加速生态系统的成长和鼓励创新有非常重要的作用。OpenPOWER 现在也开始与其他开源硬件项目（如 RISC-V）和软件项目（如 Linux 和 Kubernetes）进行更紧密的集成。

- POWER9：这款处理器于 2017 年发布，主要针对高性能计算（HPC）、云计算、大数据分析和机器学习等应用场景。相对于 POWER8，POWER9 使用了更先进和高效的微架构，这个微架构提供了更多的计算单元和更优化的流水线设计。POWER9 的 SIMD 单元支持更多精度级别的浮点和整数数据类型，以适应不同精度需求的 AI 和 ML 算法。

6.5.1　POWER9 架构设计

POWER9 基本的计算模块是一个 64 位的"切片"，它包含一个向量和标量单元（VSU），以及加载/存储单元（LSU）。切片设计使得 POWER9 具有很高的灵活性，让 IBM 能够用相同的模块来构建不同类型（SMT4 和 SMT8）的核心，这在硬件设计中降低了生产成本，降低了复杂性，提高了资源的利用率。POWER9 处理器 SMT4 架构如图 6-14 所示，两个 64 位切片组成一个 128 位的 Super-Slice，它是构成 POWER9 SMT4 核心的基础块。SMT8 核心实际上是两个 SMT4 核心的组合，这样的设计使得核心更加模块化和可扩展。这些模块也支持从 128 字节到 64 字节不等的扇区，适应不同的带宽和数据传输需求。

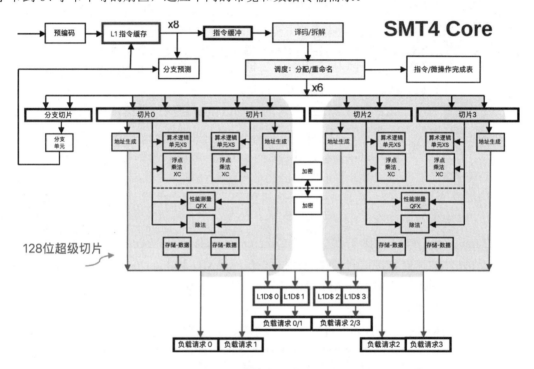

图 6-14　POWER9 处理器 SMT4 架构

在微架构内部，POWER9 的模块化设计将取指到计算的延迟减少了 5 个时钟周期。对于整数运算从取指到退役也减少了相似数量的时钟周期。对于浮点数指令从取指到退役额外减少了 8 个时钟周期。POWER9 进一步增加了融合，并减少了指令的拆解数量（和 x86 处理器类似，POWER 通过将复杂指令"拆解"成两三个简单的微操作来处理）。

POWER9 的扩展型（Scale Up）设计主要用于企业服务器，并带有两种变体：一种是 12 核的 SMT8 模型，另一种是 24 核的 SMT4 模型。SMT4 主要针对 Linux 生态系统进行了优化，SMT8 则针对 PowerVM 生态系统社群（以 AIX 系统为主）进行了优化。

POWER9 继承了首次在 POWER8 中引入的缓冲内存架构。POWER9 有两个内存控制器，能够驱动 4 个差分内存接口（DMI）通道，每个通道的最大信号速率为 9.6 GT/s，可提供 28.8

GB/s 的持续带宽。每个 DMI 通道连接到一个专用的 Centaur 内存缓冲芯片，该芯片又提供了 4 个运行速度高达 3200 MT/s 的 DDR4 内存通道以及 16 MB 的 L4 缓存。POWER9 的扩展型可以使用 8 个缓冲内存通道来访问多达 32 个的 DDR 内存通道，并提供额外的 128 MB 的 L4 缓存。

　　和 POWER8 一样，POWER9 的单芯片线程束也达到 96 个，在单芯片规模方面没有提升，但是作为 NVLink 技术的首要使用者和联合开发者，POWER9 通过 NVLink 2.0 与 NVIDIA 深度捆绑，试图在 AI 领域扩大自己的业务版图。

6.5.2　POWER9 拓扑技术

　　每个 POWER9 CPU 和每个 GPU 都有 6 个 NVLink 2.0 通道，如图 6-15 的右下角所示，被称为 NVLink Bricks，每个通道可提供高达 50 GB/s 的双向带宽。这些通道可以聚合，以增加更多带宽或更多点对点连接。

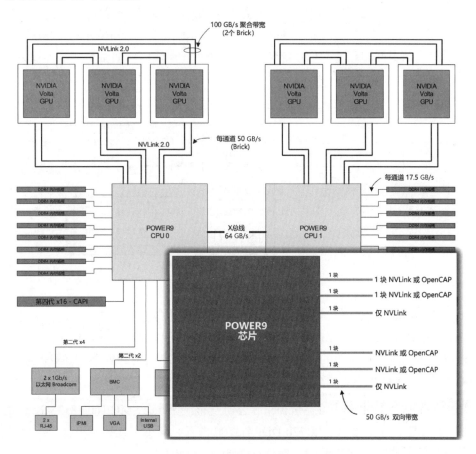

图 6-15　POWER9 深度整合 NVLink 2.0 互连技术

在传统的处理器中，通信是通过 PCIe Gen3 总线完成的。为了减少对 GPU 到 GPU 通信的影响，NVLink 提供了一个 50 GB/s 的双向带宽，减少了依赖 PCIe 总线进行 GPU 之间数据交换的需要，但仍依赖于 PCIe Gen3 进行 GPU 到系统内存的通信。

POWER9 上的 NVLink 2.0 聚合了 NVLink Bricks，以实现 GPU 和系统内存到 GPU 之间快 3 倍的通信，从而减少了整个系统中可能出现的瓶颈。POWER9 深度整合 NVLink 2.0 互连技术，其中 6 个 NVLink Bricks 被分成 3 组，每组 2 个 NVLink Bricks，这样可以在 GPU 之间实现 100 GB/s 的总线带宽。

在 4 个 GPU 和 6 个 GPU 的配置中，NVLink Bricks（NVLink 的物理通道）的分组策略是不同的。对于 4 个 GPU 的配置，使用了 3 个 NVLink Bricks 的组合提供了 150 GB/s 的总线带宽。而在 6 个 GPU 的配置中，使用了 2 个 NVLink Bricks 的组合，每组总线带宽是 100 GB/s。

Open Memory Interfaces（OMI）是一种用于连接存储设备和系统内存的接口，能够提供高带宽和低延迟的内存访问。OMI 可以连接到各种类型的内存和存储解决方案，如 GDDR DIMM 和存储类内存 Storage Class Memory。OMI 技术细节如图 6-16 所示，OMI 帮助计算机系统构成了更复杂多样的存储架构，CPU 不再直接和内存通信，而是增加了一级缓冲层，而且 OMI 系统内部还可以对内存进行再次分层，比如速度最快但容量有限的高速层，以及速度稍慢但容量巨大的低速层。

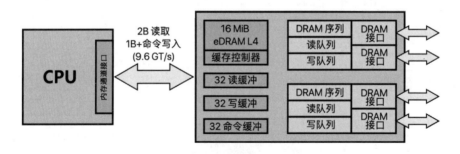

图 6-16　OMI 技术细节

OMI 使用 Buffer 转接芯片和差分信号的串行协议，在带宽和容量上实现灵活性。这种设计允许内存、存储和 I/O 从计算逻辑中解耦，使得各组件可以独立进行优化和扩展。使用 OMI 系统可以支持不同类型和容量的内存，无须更改或升级 CPU 内的内存控制器，降低了 CPU 开发的难度。

市场上的第一个 OMI 产品由 Microchip 公司发布，型号是 SMC 1000 8x25G，这是一个符合标准的 8b OMI 芯片，可以连接 72b DDR4-3200 内存。其与美光和三星合作，提供各种 84 针差分双联存储器模块（DDIMM），容量范围是 16～256 GB。

每个 DMI（Differential Memory Interface）通道连接到一个 Centaur 芯片，该芯片提供 4 个 DDR4 内存通道和 16 MB 的 eDRAM L4 缓存。Centaur 接收来自处理器的高级命令，并尽快处理这些请求，包括可能的 DRAM 请求重排序。

OMI 作为开放、标准化的内存接口，相当于之前 IBM 自己设计的 Centaur 产品，其中最大的不同是它使用开放的协议，这使得技术实现成本降低。OMI 和 Centaur 都是"内存不可知"的，即它们不关心实际使用何种类型的内存，这样的设计使得系统架构更加灵活。

与标准的直接连接的 DDR4 相比，使用 Centaur 芯片的 OMI DDR4 DIMM，将获得 3~4 倍的带宽，但需要付出 5~9 ns 的加载到使用（Load-to-Use）的延迟，使用 Microchip OMI 控制器提供的增量延迟时间少于 4 ns。尽管延迟略微增加，但从近几年间内存发展的趋势来看，每一代 DDR 内存的延迟时间都在增加，更高频率和更多通道数可以换来更好的性能。

在数据校验方面，ECC（Error-Correcting Code）是一种常见的错误纠正技术，通常用于高可靠性场景，如服务器内存模块，它不仅可以检测，还可以自动纠正一定数量和类型的错误。在 OMI 内存模块上，增加了 CRC 这项技术，CRC 用于在数据从内存传输到 CPU（或反之）过程中确保数据完整性。CRC 能够快速检测数据包是否在传输过程中受到损坏。与 ECC 不同，CRC 通常不能纠正错误，只能检测到错误的存在。在一个 OMI 内存模块的实现中，读内存可以绕过 CRC，使用所谓的"Deferred Error"机制，在出现错误时进行重播（Replay），届时错误已经被纠正。

6.5.3　POWER10 架构分析

IBM POWER10 架构是在 2020 年 8 月公开发布的，旨在满足企业级和高性能计算应用的需求，在线程密集度、内存支持特性方面做出较大提升。在处理器核心规模方面，Single-Chip Module（SCM，单芯片模块）模式最多支持 15 个核心，每个核心支持 8 个硬件超线程，Dual-Chip Module（DCM，双芯片模块）模式最多支持 30 个核心，每个核心支持 8 个硬件超线程。支持 PCIe 5.0 和 CAPI 3.0，带宽和延迟得到了进一步优化。内存方面也支持更高速度和更大容量的内存，以及新的内存架构（OMI Memory DDIMM）。

SCM 模式的单个芯片封装包含一个处理器核心，所有的处理器核心、缓存和 I/O 都集中在单一的芯片上。这种模式在某些方面更为简单，因为它不需要两个芯片间复杂的通信和协调机制。一般来说，SCM 模式在能效和成本方面更具优势。DCM 意味着单个封装内包含两个处理器芯片，每个芯片都有自己的核心、缓存和 I/O 资源，但两个芯片可以通过某种高速互连方式进行通信。这种模式通常用于更高端的、需要更多算力和资源的应用场景。

6.5.4　POWER10 拓扑技术

OpenCAPI 连接方案如图 6-17 所示，为各种硬件（内存、加速器、网络、存储等）提供一种高带宽、低延迟的连接方式。OpenCAPI 是一个开放的标准，允许其他硬件开发者加入和扩展。与 PCIe 相比，OpenCAPI 具有显著较低的延迟，这对于需要快速数据访问的应用（例如实时分析、高性能计算等）是非常有利的。OpenCAPI 和 NVLink 2.0 使用相同的电气互连，允许灵活的硬件配置，但使用 OpenCAPI 适配器会限制可用于 GPU 通信的 NVLink 端口数量。OpenCAPI 不局限于特定的处理器架构，增加了其在不同系统和应用场景中的适用性。

系统异构性和数据平面容量：OpenCAPI

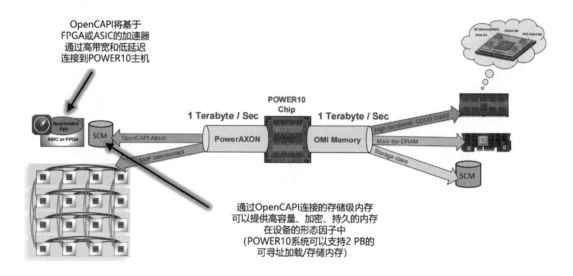

图 6-17   OpenCAPI 连接方案

在 IBM 的 POWER10 系统中，OpenCAPI-attached SCM 支持高达 2 PB 的可寻址加载/存储内存。这种巨大的内存容量能够极大地提高数据密集型应用的性能，比如大数据分析、机器学习、高性能计算等。与传统的 RAM 不同，Storage Class Memory 提供了数据持久性，即在断电后数据不会丢失。

PowerAXON 互连技术主要用于 C2C 和 Multi-Socket（多路系统）互连。它是一个集成了多种总线和接口标准（A-bus、X-bus、OpenCAPI 和 NVLink）的复合体系结构，其目标是提供一种多功能、高带宽、低延迟的解决方案，能适应多种应用场景，提供芯片与芯片（Chip-to-Chip）以及多路系统之间的通信。

在 SCM 配置下，PowerAXON 使用高达 32 GT/s 的高速接口，合计可达 512 GB/s 的带宽。每 X16 数据路径组成一个 Link，最多可提供 8 个这样的 Link 用于芯片之间的通信。对于 DCM，

2 个 Link 用于片内通信，剩下的 12 个 Link 则用于片间通信。DCM 实际上提供了比 SCM 多 1.5 倍的互连接口。

PowerAXON 还可以组成 Memory Clustering 内存集群，该功能实质上是一种分布式内存架构的实现。这意味着多个独立的系统可以通过高速的 PowerAXON 接口进行聚合或"集群"，从而实现各自的内存共享。这样，每个系统在访问集群中其他系统的内存时，就好像访问自己本地的内存一样。

通过 Memory Inception，系统之间的内存不再是孤立的，而成为一个大型的、可共享的内存池。这在高性能计算、大数据分析、实时数据处理和其他数据密集型应用中具有重要意义。例如，如果一个机器正在运行内存密集型任务，并且另一个机器有未使用的内存，那么第一个机器就可以利用这些额外的资源，从而提高整体性能和效率。

Distributed Memory Disaggregation and Sharing，可译为分布式内存解聚和共享，是 IBM 提出的一个存储拓展方案，该设计方案主要是将多个物理系统的内存资源解聚（Disaggregate）并重新组合，以便能够按照不同的用例和需求进行共享。这通常在一个封闭的环境中进行，其中包含多个直接相互连接的系统。该模式下内存被分为两种。

● 低延迟本地内存（Low Latency Local Memory）：这种内存用于需要快速访问数据的任务。

● NUMA 延迟远程内存（NUMA Latency Remote Memory）：对于不需要即时访问数据的任务，可以使用有更高延迟的远程内存。最高可达到 2 PB 的内存大小，这为某些巨型计算任务提供了内存保障。

假设一个集群包含 8 个系统，每个系统有 8 TB 的内存，那么在此环境下可以有多种工作负载需求。

● 工作负载 A：需要 4 TB 的低延迟内存。

● 工作负载 B：需要 24 TB 的松弛（或更高）延迟内存。

● 工作负载 C：需要 8 TB 的低延迟内存以及 16 TB 的松弛延迟内存。

分布式内存解聚和共享适用于需要大量、多种类型内存资源的大规模计算环境。通过内存解聚和共享，不同的系统和工作负载可以更有效地使用可用内存。低延迟和高延迟内存的混合使用提供了更多的性能调优选项。尽管这种方法需要复杂的管理和优化，但优势在于可以优化资源和提升性能，适合数据中心和高性能计算场景。

6.5.5　POWER10 SIMD 单元改进与 MMA 加速器

POWER10 处理器针对 AI 方面的性能也做了强化设计，一方面增加 SIMD 单元的吞吐量，另一方面直接引入了一个新的矩阵处理器 MMA，该处理器非常类似于谷歌的 TPU，采用脉动阵列构造。IBM 强调 POWER10 在 AI 方面的改进主要体现在以下几个方面。

- 为 AI 提供足量的计算单元和带宽：POWER10 处理器显著提高了带宽和计算单元的可用性。与 POWER9 相比，带宽从各个数据源（包括 OMI、L3、L2 和 L1 缓存）提升了 2 倍。每个 SMT8 核心可以进行 4 次 32 字节的加载和 2 次 32 字节的存储，每个线程最多可以进行 2 次 32 字节的加载和 1 次 32 字节的存储。针对每一个 DCM 处理器，在 4 路系统中，OMI 可以提供峰值带宽 256 GB/s，持续带宽 120 GB/s。

- 多种精度和兼容性：POWER10 支持多种计算精度，包括单精度、双精度和减小的精度。这种灵活性使得 POWER10 可以适应不同的 AI 工作负载和需求，从而实现更高效的资源利用。

- SIMD 单元算力改进：与之前的 POWER9 相比，POWER10 的 SIMD 单元带来了至少 2 倍的带宽和算力的提升。每个核心拥有 8 个独立的 SIMD 引擎，可以进行整数、浮点数和置换等多种类型的计算。

- MMA 单元计算：矩阵处理器 MMA 是为 AI 推理而构建的，专门用于矩阵数学运算，这在 AI 和深度学习算法中是非常常见的，如图 6-18 所示。

  MMA 架构支持各种 AI 推断模型所需的广泛数据类型。其中一个关键概念是累加器寄存器的引入，这对矩阵乘法运算至关重要。MMA 引入了分为两类的新指令集：累加器操作指令，用于在向量-标量寄存器（VSR）和其关联的累加器寄存器之间移动值；外积指令，用于执行实际的算术运算。

  MMA 还引入了名为通道屏蔽的高级功能，允许在计算过程中对较小尺寸的输入执行操作或跳过某些元素。指令译码为 64 位，前缀是前 32 位，后缀是后 32 位。通道屏蔽指令具有 5 个输入参数，在前缀中：前 3 个参数（AT、XA 和 XB）与普通的 32 位单精度 MMA 指令相同，最后两个参数（XMSK 和 YMSK）是输入 VSR XA 和 XB 的屏蔽值，每个屏蔽值的大小为 4 位。

- 对编译器的兼容性：POWER10 还考虑了与现有编译器和软件生态的兼容性，IBM 为它优化了很多第三方库，以便使用 PyTorch 和 TensorFlow 的 Python 运行的 AI 应用程序可以利用 MMA。此外，多种经过优化的数学库（如 OpenBLAS、IBM ESSL 和 Eigen Libraries）也已适应 MMA 指令，为开发者提供了尽可能简单方便的高级语言 C 或 Python。

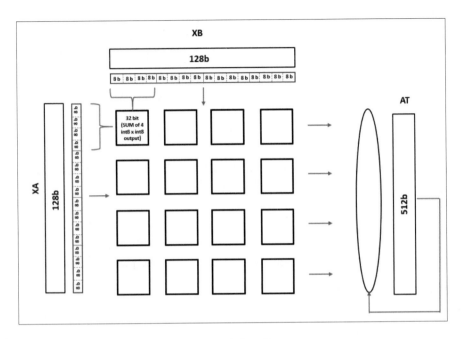

图 6-18　矩阵处理器 MMA

6.6　EPYC 9004 处理器

EPYC 是 AMD 为服务器市场设计的高性能、高并行度 CPU，本节对 EPYC 系列做简单介绍。关于单核心架构设计部分，我们回顾 Zen 微架构的设计特色。关于多核心架构设计部分，我们讲解 EPYC 9004 拓扑方式。

6.6.1　Zen 微架构介绍

在 AMD 推出 Zen 微架构之前，公司在桌面和服务器 CPU 市场的表现并不理想。其 Bulldozer 微架构及该架构的后续版本在性能和效能方面都与 Intel 的产品存在较大的差距。尤其在数据中心和高性能计算领域，AMD 几乎被 Intel 边缘化。AMD 急需一款能与 Intel 产品竞争的高性能和高效能的 CPU 微架构。

Zen 微架构引入 Infinity Fabric 作为一种灵活的互连架构，用于连接处理器内的各个核心，以及与其他处理器或外部设备的连接。Infinity Fabric 总线带来了多核心和多处理器的强大扩展性，特别适用于服务器和数据中心环境，为面向高性能计算市场的 EPYC 处理器打下了坚实基础。

AMD 的第一代 Zen 微架构桌面处理器，即 Ryzen 1000 系列，于 2017 年 3 月发布。Ryzen 1000 系列的入门级产品就具有 4 核 8 线程的配置，在高端产品中提供了多达 8 核 16 线程的选项，如 Ryzen 7 1800X。Zen 微架构在多核心拓扑方面展现出近乎可怕的能力，AMD 在 2017 年 8 月发布了 Threadripper 1950X 线程撕裂者处理器，提供了单处理器 16 核 32 线程和 12 核 24 线程等型号。AMD 在落后于 Intel 十多年之后，通过 Threadripper 1950X 处理器，第一次获得了高端桌面级产品的性能反超，Zen 微架构也激发了 Intel 加快迭代步伐，为消费者带来新的选择。

AMD 在 x86 处理器中大胆采用全新理念：小芯片模块化布局。AMD 没有构建更大、更昂贵的单片芯片，而是采取了被称为小芯片的处理器构建块，这正是高性能计算领域算力芯片的设计思路。但是这也意味着在一定程度上放弃了单核心性能目标，所以该决策意味着必须要准确预测未来的 CPU 应用场景为高并行度场景。

Zen 2 微架构于 2019 年发布，AMD 在生产工艺、单核心微架构设计、拓扑方式方面做了改进。这些改进弥补了第一代 Zen 微架构的不足，也为后期 Zen 3 和今天活跃在市场上的 Zen 4 处理器指明了迭代方向。

在生产工艺方面，Zen 1 微架构主要使用 GlobalFoundries（GF）的 14 nm 或 12 nm 工艺。相比之下，Zen 2 微架构使用了台积电的 7 nm 工艺。由于 GF 决定暂停 7nm 及以下工艺的研发，AMD 不得不将 7 nm 工艺的 CPU 和 GPU 订单全部转交给台积电，7 nm 工艺能提供更高的频率，同时保持更低的功耗。这也解决了 Zen 1 在单核性能和功耗方面存在的一些限制。7 nm 工艺拥有更高的晶体管密度，这意味着更多的逻辑单元可以被集成到同样大小的硅片中，这进一步提升了芯片性能。

此时 Intel 依然采用 14 nm 工艺，虽然经过反复改良，其工艺成熟度得到提高，频率和功耗表现比上一代更强，但是无法和台积电的 7 nm 工艺相提并论。根据 2019 年 11 月的数据，台积电的 7 nm+工艺是当时唯一进入大规模生产的最先进工艺。Intel 的 10 nm 工艺在 SRAM 方面比台积电的 7 nm 工艺稍微密集一些，但在逻辑单元方面，台积电的 7 nm 工艺实际上比 Intel 的更密集。

Techcenturion 统计了从 7 nm 到 16 nm 时代部分工艺的晶体管密度，如表 6-1 所示。其中台积电的 7 nm 工艺有多个变种，7 nm FF（FinFET）的晶体管密度约为 96.49 MTr/mm^2（MTr/mm^2 是每平方毫米百万晶体管数量），而 7 nm（HPC）的密度为 66.7 MTr/mm^2。以 7 nm FinFET 为例，该工艺比台积电 10 nm 的工艺密度高 1.6 倍。相比于 10 nm 工艺，7 nm 工艺能提供更好的性能（提高 20%）和更低的功耗（降低 40%）。台积电 7 nm（HPC）是专为高性能 IP 核心优化的，通过较低的密度换取更高的频率。台积电 7 nm（Mobile）在移动端设备中使用更多，包括 Apple 的 A12 Bionic（iPhone XS Max）和 A13 Bionic（iPhone 11 系列）、高通的骁龙 855 和 865，以及华为的麒麟 980。

表 6-1　部分工艺的晶体管密度

集成密度排名	工艺名称	MTr/mm² 每平方毫米百石晶体管数量
#1	台积电 5 nm EUV	171.3
#2	台积电 7 nm+ EUV	115.8
#4	Intel 10 nm	100.8
#5	台积电 7 nm（Mobile）	96.5
#6	三星 7 nm EUV	95.3
#7	台积电 7 nm（HPC）	66.7
#8	三星 8 nm	61.2
#9	台积电 10 nm	60.3
#10	三星 10 nm	51.8
#11	Intel 14 nm	43.5
#12	格罗方德半导体 12 nm	36.7
#13	台积电 12 nm	33.8
#14	三星 / 格罗方德半导体 14 nm	32.5
#15	台积电 16 nm	28.2

在多核心物理互连方面，针对 Zen 2 微架构，AMD 采用的 Chiplet 设计思路是重大创新，尤其在高性能计算和数据中心环境下。该设计允许 AMD 在不同的工艺节点上制造不同的组件，并在一个封装中整合它们。桌面级的 Ryzen 处理器通过分离 IOD 最高获得了 16 核心 32 线程，EPYC 服务器级别处理器通过 8 组 CPU 核心、1 组 IOD 堆出了 64 核 128 线程处理器。

通过将不同功能的组件分离（如图 6-19 所示），AMD 能够对每一种组件选择最适合其功能和性能需求的工艺。使用 7 nm 工艺制造高度集成和能效出色的计算核心（CCD），同时使用 12 nm 或 14 nm 工艺制造不太受制程尺寸影响的 I/O 和存储控制器 IOD。在半导体制造中，Chiplet 通常意味着更高的良品率，因为一个大型硅晶圆中含有的物理缺陷对小型芯片的影响较小，通过切割众多小芯片来避过缺陷的概率较高，但对大型芯片的影响较大。通过使用小型的计算核心芯片，AMD 能够提高整体硅片产出，进一步降低成本。

采用 Chiplet 设计，AMD 可以容易地通过添加或删除计算核心芯片来扩展或定制其产品线。这种设计也使得 AMD 能够更灵活地适应市场的不同需求，包括桌面、服务器和高性能计算。分离 I/O 核心后，CCD 里有更大比例（86%）的面积用于计算。这意味着 AMD 能够在相同尺寸的硅片上集成更多的计算资源，从而提高计算密度和性能。AMD 披露的资料显示，在 Zen 1/Zen+ 微架构中，一个 CPU 核心里有 56% 的面积用于计算，剩下 44% 的面积用于互连。

图 6-19 Zen 2 微架构计算与 I/O 芯片分离

AMD 在设计 Chiplet 方案时有多种选择，比如最昂贵的基于硅中介层的晶圆级芯片互连（CoWoS）、低成本的基板上走线互连（MCM），以及 Intel 提出的折中方案 EMIB 2.5D 封装，考虑到扩展性和成本等因素，Zen 2 选择了较低成本的 MCM，所以我们看到消费级的 Ryzen 处理器基板上直接出现了 2 个计算核心和 1 个 I/O 互连核心，服务器级别的 EPYC 处理器基板上出现了 8 个计算核心和 1 个 I/O 互连核心，它们的互连速度并不是最理想的，MCM 方案是权衡过成本和效能后的综合考虑。

在单核心微架构设计方面，Zen 2 相对于 Zen 1 的改进是多层次的。前端部分改进了分支预测器：分支预测器的准确性直接影响 CPU 的性能，这种改进带来了更少的分支错误，从而有更少的流水线清空操作，提升了效率。在 Zen 2 微架构中，AMD 引入了两级分支预测机制，以进一步提高预测的准确性和效率。

- 一级分支预测器：基于神经网络的预测器（Neural Network-based Predictor），这是一个相对复杂的预测器，它使用神经网络模型来预测即将执行的分支指令的走向（是取还是不取）。这种类型的预测器通常更准确，但也更复杂和耗电。
- 二级分支预测器：TAGE 预测器（TAgged GEometric Predictor），是一种更为先进的分支预测算法，它使用多个预测表和一个复杂的标记系统来进行预测。TAGE 预测器可以更准确地预测复杂的控制流，其设计可以适应多种不同类型的分支行为。

在两级分支预测机制工作流程的初始阶段，首先一级分支预测器尝试预测分支（一级预测器相对简单且快速，可以迅速给出一个预测结果）。然后二级分支预测器会根据更多的信息和上下文来细化或修正这个预测，这一步可能相对较慢，但通常更准确。最后，根据两级预测器的结果，CPU 决定接下来的操作，包括预先加载指令、优化指令流水线等。

后端部分提供更大的指令退役带宽，从 Zen 1 的 192 个入口提升到 Zen 2 的 224 个入口。指令退役是流水线执行过程的最后一个阶段，在这个阶段已经成功执行并完成的指令（或微操作）被从乱序执行缓冲区中移除，并且对应的处理结果被提交到体系结构状态（如寄存器或者内存）中。更大的退役带宽意味着 CPU 可以在每个时钟周期内提交更多的指令，这有助于增加整体的指令吞吐量 IPC。

Zen 1 和 Zen 2 的微架构计算单元部分如图 6-20 所示。在浮点数单元方面，Zen 2 微架构 SIMD 单元数据通道和计算单元宽度加倍，从 128 位增加到 256 位。具体来说，在 Zen 1 中，256 位的 AVX2 指令通常会被分解为两个 128 位的操作，并且需要两个时钟周期来完成。Zen 2 微架构可以在一个时钟周期内完成 256 位的 AVX2 指令，从而实现了对 AVX2 的全速支持。Zen 2 微架构 FMA 指令宽度从 128 位增加到 256 位。FMA 指令宽度的提升一般也会被应用到 ADD 和 MUL 指令上，从而增加它们的吞吐量。

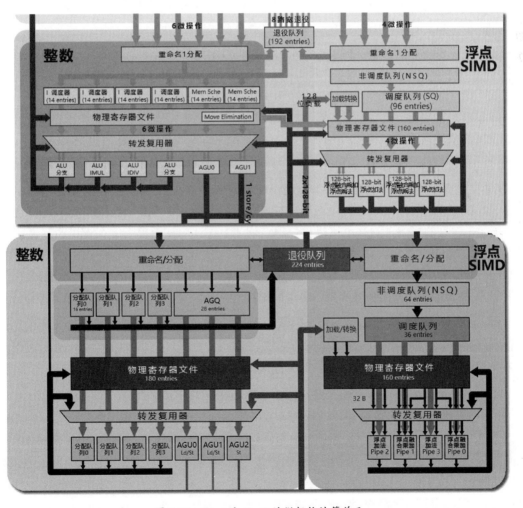

图 6-20　Zen1 和 Zen2 的微架构计算单元

在整数单元方面，对 Zen 2 寄存器堆和 AGU（地址生成单元）做了增加。Zen 2 的整数单元寄存器堆从 Zen 1 的 168 个增加到 180 个。这提升了 CPU 在没有额外寄存器冲突或者寄存器重命名的情况下同时处理更多指令的能力。Zen 2 增加了一个地址生成单元（AGU），从 Zen 1 的 2 个增加到 3 个。与其他两个单元不同的是，这个单元专门用于存储。加载位操作可以在 AGU0 和 AGU1 上执行，而存储可以发送到 3 个单元中的任何一个。增加的 AGU 数量允许更多的并发内存访问操作，这在内存密集型应用程序中尤其有益。

Zen 2 有更大的调度器和指令重排序缓存。Zen 2 的调度器变得更大了，从 Zen 1 的 4 个 14 ALU 条目和 2 个 14 AGU 条目增加到 4 个 16 ALU 条目和 1 个 28 AGU 条目，这意味着更多的指令可以被同时调度和执行。乱序执行的核心在于指令调度，重排序缓冲区、寄存器重命名和发射队列的宽度通常被用于评估 CPU 的执行能力，Zen 2 指令重排序缓存从 Zen 1 的 192 个增加到 224 个，这有助于更有效地管理流水线中的指令。

在内存子系统方面，Zen 2 的一级指令缓存从 Zen 1 的 64 KB 缩小到 32 KB。一般而言，缩小缓存可能会降低命中率，但这并非绝对。Zen 2 的 L1 指令缓存从 4 路组关联提升到 8 路组关联。这增加了每个缓存行存储在缓存中的可能位置，从而提高了缓存命中率。在 Zen 2 中，L2 DTLB 的容量提升了 1.33 倍，从 Zen 1 的 1536 个条目增加到 2048 个条目。这意味着 CPU 能更高效地管理更大的内存地址空间，从而减少昂贵的页表查询。

Zen 2 的 L3 缓存设计对 AMD 的处理器架构较为重要，特别是在它采用 Chiplet 设计并将 I/O 和计算核心分离的情况下，IF 总线延迟相当于是 Zen 1 增加。Zen 2 中的 L3 缓存设计是典型的受害者缓存，可以提高数据项在将来被再次访问时的命中率。Zen 2 微架构在 L3 缓存中复制了 L2 缓存的标签，这样就可以更快地查询 L3 缓存，从而提高缓存查找的效率。Zen 2 中的 L3 缓存增加了 1 倍，达到了每个内核 16 MB，更大的缓存可以容纳更多的数据和指令，从而提高缓存命中率。同时，16 MB 的 L3 缓存被划分为 4 MB 的缓存分片。在 Zen 1 微架构中，L3 缓存通常为 8 MB 并被分为两个 4 MB 的分片。

Zen 3 相对 Zen 2 的改进在架构图上有的可见，有的不可见。按照 AMD 披露的资料，最明显的改进在于，Zen 2 的 CCD 有两个 CCX，每个 CCX 有 4 个物理核心+16 MB L3 缓存；而 Zen 3 的 CCD 有一个 CCX，每个 CCX 是 8 个物理核心+32 MB L3 缓存。

Zen 3 的 CCD 使用一个双向环形总线来连接处理器上的各个组件，包括 8 个 CPU 核心和 32 MB 的 L3 缓存。环形总线拓扑结构因为延迟的增加而有其扩展性的局限，这是 Intel 从环形总线转向更高级的网状拓扑的原因，但是 AMD 并不特别在意 CCD 内部的延迟问题，因为这种方案为每个 CPU 计算核心带来了更大的共享 L3 缓存，且跨 CCX 通信延迟降低了，从最终的延迟测试效果也能看出 Zen 3 的拓扑结构相对于 Zen 2 确实获得了性能改进，如图 6-21 所示。

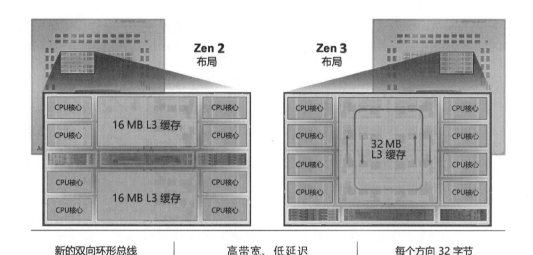

图 6-21　每个计算核心中 Zen 3 对 Zen 2 的布局方式改进

在前端部分，AMD 披露 L1 分支目标缓存（L1 BTB）被加倍到 1024 条，实现了更低的分支延迟，同时增加了分支预测器的带宽。增加分支预测器的带宽通常意味着处理器能更快地处理条件分支，减少因为错误预测导致的性能下降。这与 L1 BTB 大小加倍到 1024 条目的改进是相辅相成的。更大的 L1 BTB 意味着更多的分支目标地址可以被缓存，从而减少访问主存储器的需求并提高执行速度。

分支预测错误通常会导致整个流水线被清空，产生一系列的"冒泡"，这会降低处理器的指令吞吐量和效率。通过采用"Zero-Bubble"（无冒泡）分支预测机制，Zen 3 微架构试图最小化这种性能损失。我们不知道具体的实现方式，但是 AMD 确实通过更大的 BTB、更大的乱序执行窗口、更短的流水线，以及部分资料所说的选择性流水线清空（在预测分支出错时尽量保留那些与出错预测无关的指令，而不是简单地抛弃流水线中的所有指令，这样做的目的是降低由于分支预测错误导致的性能损失），实现了更快地从预测失误中恢复。

在微操作缓存部分，我们推测 AMD 在 Zen 3 中做了优化，本书在前文讲述过微操作缓存的原理，引用了论文 "Improving the Utilization of Micro-operation Caches in x86 Processors" 中关于经典 x86 前端的功能单元图。该论文提供了通过 CLASP（Cache Line Aware uop Storage Policy）和压缩（Compaction）两个优化策略提高微操作高速缓存的性能，其操作原理如图 6-22 所示。

一组相关的 Uop（微操作）可能会跨越一个或多个 I-cache 行边界。在未优化的情况下，跨越 I-cache 行边界的 Uop 可能会被存储在不同的 Uop 缓存行中，如图 6-22 所示的上半部分，这会导致更多的缓存和内存访问，从而使性能下降。例如，一个 Uop 组从 I-cache 的第一行的末尾开始，并延伸到第二行的开头。在没有 CLASP 的情况下，硬件必须从两个不同的 I-cache 行中获取这个 Uop 组，并需要进行额外的操作来组合这些部分。

CLASP 试图减少这种情况，其核心思想是更智能地管理 Uop 在缓存中的存储，以减少不必要的缓存访问和提高性能。

图 6-22 下半部分的 CLASP 技术展示了如何形成比图 6-22 上半部分中更大的 OC（Operation Cache）条目。在图 6-22 中，CLASP OC 入口 1 由上半部分中的入口 1 和入口 2 组成的 Uop 构成，并且只占用一个 Uop 缓存集（集合 3 和集合 1）。由于每个 Uop 缓存条目的元数据需要保留该条目所涵盖的起始和结束地址，因此我们可以使用 Uop 缓存条目的起始地址，重用基线 Uop 缓存查找机制以索引正确的集合。CLASP 技术让整个 CLASP OC 入口 1（由入口 1 和入口 2 的 Uop 组成）在一个时钟周期内被分发到后端，从而提高了分发带宽。此外，确定下一个获取地址的获取 Uop 的缓存逻辑在 CLASP 中不会改变，因为在基线中计算下一个获取地址也使用由 Uop 缓存条目提供的结束地址。

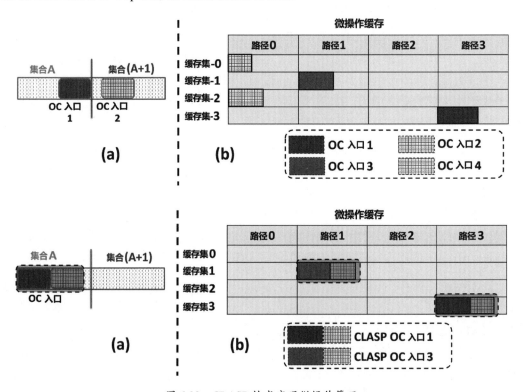

图 6-22   CLASP 技术实现微操作管理

在原理方面，CLASP 首先识别跨越 I-cache 行边界的 Uop 组，并进行适当的分类。基于运行时信息或预测算法，CLASP 决定是否将跨越 I-cache 行边界的 Uop 组存储在同一个 Uop

缓存行中。通常 CLASP 允许将跨越多个 I-cache 行的 Uop 组存储在单个或更少数量的 Uop 缓存行中。有时 CLASP 使用预测机制来猜测哪些 Uop 组可能会被频繁地一起使用，并据此进行优化。在某些实现中，CLASP 可能与编译器进行协作，以生成更适合其存储策略的代码。

"Compaction"（压缩）是一种针对微操作缓存（Uop Cache）的优化方法，主要目的是提高缓存的空间利用效率，这通常是通过重新组织缓存行以使其能够容纳更多的有效数据而实现的。

当 Uop 组被随机存储在缓存中时，可能会出现碎片，即一些缓存行只包含少量的 Uop 组而浪费了空间。碎片化会导致更频繁的缓存失效和更多的内存访问，从而影响性能。更多的缓存和内存访问意味着更高的功耗，尤其是在多核或多线程环境中，有效地利用微操作缓存是非常重要的，这有两个主要原因：其一是在多核和多线程环境中，CPU 内部资源（如缓存、总线、计算单元等）常常需要在多个核心或线程之间共享，一个高效的微操作缓存可以减少对这些资源的竞争，从而提高整体性能；其二是多核系统通常执行一个任务的多个部分，有效的微操作缓存能够更快地调度和执行这些任务，从而提高系统的并发性能，有效的微操作缓存能够利用高并行度任务的数据局部性，减少需要从更远处（如内存）获取数据的次数。

论文提出了 3 种不同的分配（压缩）技术，这 3 种策略都是围绕如何更有效地管理微操作缓存空间进行设计的，每种策略都有其适用场景和优缺点。例如，RAC 更适用于短时间内多次访问的缓存条目，而 PWAC 和 F-PWAC 则更关注如何将相关的 Uop 条目有效地组织在一起，以提高整体缓存的效率和性能。3 种压缩策略和 CLASP 技术带来了更低的电力消耗，如图 6-23 所示。

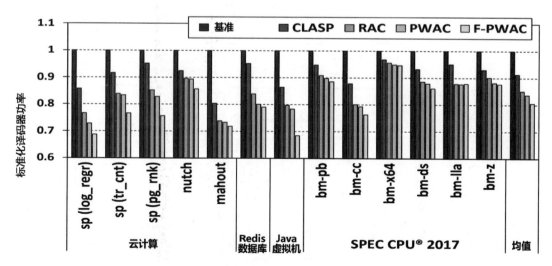

图 6-23　3 种压缩策略和 CLASP 技术带来更低的电力消耗

- 置换感知压缩（RAC）：RAC 的核心是尽量将时间接近的微操作缓存条目压缩在一起。这样可以提高微操作缓存的获取比率和性能。由于微操作缓存是多线程核心中由所有线程共享的，因此 RAC 无法保证同一线程的 OC 条目总是一起被压缩的。
- 预测窗口感知压缩（PWAC）：PWAC 只压缩属于同一预测窗口（PW）的微操作缓存条目。这是因为属于同一基本块的微操作条目将被一起取出，因此最好也一起被压缩。为了实现 PWAC，每个微操作缓存条目都必须与预测窗口标识符（PW-ID）相关联。
- 强制预测窗口感知压缩（F-PWAC）：F-PWAC 旨在解决 PWAC 在某些情况下无法成功压缩的问题，通过强制将同一 PW 的微操作缓存条目压缩在同一行来实现。尽管这需要额外的读取和写入操作，但由于其提高了微操作缓存的获取比率，因此这种操作在稳态下不是频繁的。

这 3 种压缩策略都显著改善了微操作缓存获取比率、平均调度带宽和分支预测误差，从而提高了整体性能。特别是，F-PWAC 在所有这些方面都表现得更好。CLASP 通过更多的 Uop 组绕过译码器，将译码器功耗相对于基线降低了 8.6%。RAC、PWAC 和 F-PWAC 进一步降低了译码器功耗，分别为 14.9%、16.3% 和 19.4%。

在执行端首先新增的就是加载/存储单元硬件规模，在 Zen 2 中，每个处理周期能处理 2 次加载操作和 1 次存储操作。在 Zen 3 中这个数值提升到了每个处理周期处理 3 次加载操作和 2 次存储操作，如图 6-24 所示。加载单元增加了 50%，存储单元增加了 100%，内存密集型应用因此获得了更大的性能提升。存储队列节点从 48 个增至 64 个，同时增大了与 32 KB L1 指令缓存之间的带宽，每个时钟周期可以执行 3 次加载，或者 2 次浮点计算与 1 次存储，另外还改进了预取算法，以更好地利用容量翻番的 L3 缓存。

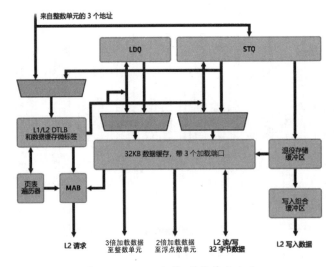

图 6-24 Zen 3 加载/存储单元改进

Zen 3 整数、浮点数单元如图 6-25 所示，Zen 3 的发射宽度从 Zen 2 的 7 增加到 10，包括 4 个 ALU、3 个 AGU（地址生成单元）、1 个分支单元、2 个存储数据单元。整数单元仍然有 4 个 ALU，其中一个分支端口单独成为它自己专用的单元，而另一个单元仍然与其中一个 ALU 共享同一个端口，允许未共享的 ALU 更多地专注于实际的算术指令。

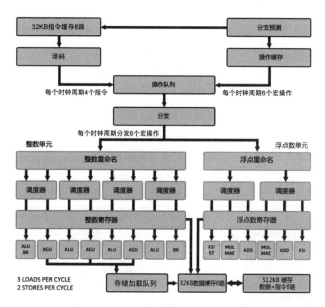

图 6-25　Zen 3 整数单元、浮点数单元

在整数调度方面，Zen 3 整数调度器节点从 Zen 2 时代的 92（16(ALQ)×4+28(AGQ)×1=92）个增至 96 个。其中 ALQ（Arithmetic Logic Queue）是一个用于算术和逻辑运算指令的调度队列，AGQ（Address Generation Queue）是一个用于地址生成（通常用于内存访问）的调度队列。关于整数调度方面可能存在分歧，有的资料认为 Zen 3 的整数调度部分从 16（ALQ）×4 升级到 24（ALQ）×4，没有提到 AGQ，似乎将这些专用队列的功能集成到了新的集中调度器中。

在乱序执行窗口资源方面，Zen 3 整数部分的物理寄存器文件从 180 个条目增加到 192 个条目，Zen 3 的整数 ROB 大小也从 Zen 2 的 224 提高到 256。

浮点数单元部分，Zen 3 的发射宽度从 Zen 2 的 4 增加到 6，将每个计算核心整体发射宽度从 Zen 2 时代的 11 增加到 16。类似于整数管道，AMD 选择了分离一些管道的功能，例如将浮点存储和浮点数到整数转换单元分别移到它们自己专用的端口和单元，这样主执行管道能够达到实际计算指令更高的利用率。指令延迟方面一个较大的改进是将融合乘加操作（FMAC）从 5 个时钟周期减少到 4 个时钟周期。尽管 AMD 在这里没有披露确切的增加，但见到浮点数方面的调度器增加了，以处理更多的在途指令，因为整数方面的加载此时正在获取所需的操作数。我们可以认为，AMD 对浮点数流水线做了解耦设计。

在 AMD 的内部评估中，Zen 3 实现了预期目标，包括 IPC 平均提升 19%、降低延迟（每个 CCD 有一个 CCX，包含 8 核心与 32 MB L3 缓存）、内存访问加速、频率提高到最高 4.9 GHz、增加游戏帧率。

但是 Zen 3 的改进并没有止步，2022 年 AMD 发布了 Ryzen 7 5800X3D 处理器，这是一款集成了巨大容量的 L3 缓存处理器。X3D 是 AMD 开发的 Extended 3D Technology（EXT）特性的缩写，这项技术首次被添加到 2022 年的 Ryzen 7 5800X3D 中，该处理器成为当时消费级市场上性能最佳的游戏 CPU 之一，这项技术通过非常巧妙的方式加大了 L3 容量，加大了对内存密集型操作的性能优化力度。它具体的实现方式是在现有 L3 缓存上增加额外的一层，从而将 L3 缓存容量增加 3 倍。该安装过程使用硅通孔（TSV）通过混合键合将第二层 SRAM 固定到芯片上，如图 6-26 所示。

AMD 3D V-CACHE™: 整合在一起

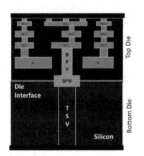

图 6-26　通过硅通孔（TSV）加入更大的 L3 缓存

AMD 的 3D V-Cache 技术已经研发多年，因为在标准的 Ryzen 9 5950X 样品上找到了连接点和 3D 堆叠缓存的空间，而在 Ryzen 9 5950X 发布时，AMD 并未对外发布过任何关于 3D V-Cache 技术的信息。所以 Zen 3 CPU 从设计之初就考虑到了这种堆叠缓存，凭借 3D V-Cache，在单核心游戏性能方面，Zen 3 微架构大面积领先 Intel 第 11 代和第 12 代酷睿系列的旗舰 CPU。

到了 Zen 4 时代，AMD 依然坚持从多个角度微调架构来优化性能。不同的是，由于要支持 DDR5 内存，所以 AM4 插槽在使用了 5 年多之后，终于在 Zen 4 时代被更换为针脚更多的 AM5。

Zen 4 微架构的另一大设计方向调整是，全面关注物理并行度的提升，也就是在相同面积的芯片上设计更多核心，当然这并不意味着单核心性能的提升停止，大部分媒体的测试显示，Zen 4 微架构相对于上一代产品在同样频率下还有 10%以上的性能提升，在浮点数部分提升更明显。

在新一代 Zen 4 微架构中，CCD 从台积电的 7 nm 工艺升级到了 5 nm 工艺，而 IOD（输入/输出部件）则从 GF 的 12 nm 工艺跳跃到台积电的 6 nm 工艺。这些工艺的升级有助于提高集成度和减少芯片面积，特别是对 IOD 部分的改变更为显著，有猜测认为减少 IOD 的面积有助于在一个 CPU 基板上放置更多的 CCD 单元。对于桌面级的 Ryzen 处理器，IOD 首次集成了基于 RDNA2 架构的 GPU 图形核心，这一特性在桌面 APU 中尚未出现。台积电 5 nm 工艺也分为高性能和移动版的设计，显然高性能版本是为 CPU 和 GPU 准备的。

Zen 4 也引入了多项首次集成的特性，包括支持 DDR5 内存控制器，其最高标准频率为5200 MHz，并可进一步超频。在带宽方面，这和 DDR4 拉开了巨大的性能差异，同时还支持ECC。支持 DDR5 这一改进在 EPYC 服务器领域更加显著，AMD 依靠 EPYC 9004 系列的 12通道 DDR5 4800 获得了 460.8 GB/s 的巨大带宽，而上一代 EPYC 7003 使用 8 通道 DDR4 3200获得 204.8 GB/s 带宽，Zen 4 在服务器领域超越 Zen 3 达到 1 倍多的内存带宽。

Zen 4 在单核心微架构方面的改进并不激进，Zen 4 的改进主要在以下几方面。

- 分支预测优化：Zen 4 微架构强化了分支预测能力，每个时钟周期现在能预测两个跳转分支。L1 缓存 BTB（分支目标缓冲）增大了 50%，达到 1500 个条目，另外 L2 缓存 BTB 也从 6500 条目微增至 7000。
- 指令缓存扩容：Uop 指令缓存在 Zen 4 微架构中增大了 68%，达到 6750 条目，而且每个时钟周期可以完成 9 个宏指令，比 Zen 3 增加了 1 个。
- 乱序执行窗口扩容：ROB 扩大了 25%，从 256 个条目增加到 320 个条目。整数寄存器和浮点数寄存器也相应增加，分别从 192 个增至 224 个和从 160 个增至 192 个。
- 加载/存储单元优化：在加载/存储单元方面，加载队列从 72 个增加到 88 个，而存储队列维持在 64 个。L2 缓存 DTLB（数据页表缓冲）增加了 50%，达到 3000 个条目。
- 浮点数单元和 AVX-512 指令：Zen 4 微架构中的浮点数单元现在支持 AVX-512 指令集，虽然是有折扣的支持，但是也非常有助于更高效地处理高性能计算类任务。
- 缓存体系优化：L2 缓存容量翻倍，每个核心现在有 1 MB 的缓存，而且速度也得到了提升。L1 缓存和 L3 缓存的结构基本维持不变。

AMD 继续与台积电合作，在 Zen 4 微架构中采用了专门的 5 nm 高性能计算工艺，这种先进的制程工艺允许处理器达到更高的加速频率。得益于这部分改进，Zen 4 在频率方面表现较好，在消费级的旗舰 Ryzen 9 7950X 上最高可以加速到 5.7 GHz，甚至可以短暂达到 5.85 GHz频率。AMD 也公布了 Ryzen 9 7950X 在不同核心/线程下的最高加速频率，2 核心为 5.6 GHz，8 核心为接近 5.4 GHz，16 核心（32 线程）为 5.2 GHz，这是全核心在 OCCT 压力测试模式下的频率。

基于以上的各种优化，AMD 的基准测试显示 Zen 4 在相同性能下的功耗比 Zen 3 降低了 62%，在相同功耗下，Zen 4 的性能比 Zen 3 提升了 49%。Zen 4 单个核心加 L2 缓存总面积仅为 3.84 mm^2，这非常利于小核心的设计，或者说利于在一个基板上集成更多核心的设计。与基于 Intel 7 工艺的第 12 代 Core 处理器每个性能核心的面积为 7.46 mm^2 相比，Zen 4 的计算核心和 L2 缓存的芯片占用面积缩小了 50%。

6.6.2　EPYC 处理器设计

在 EPYC 处理器系列推出之前，AMD 在服务器市场的份额相对较小，Intel 的 Xeon 系列几乎主导了这一市场，特别是在数据中心和高性能计算领域。AMD 曾经推出过 Opteron 系列服务器处理器，这些处理器在 2000 年年初曾经取得了一定的成功，但由于多种原因（包括性能、功耗和生态系统支持等）逐渐失去了与 Intel 竞争的能力。自 2017 年 AMD 发布第一代 EPYC 处理器，宣布正式重新进入服务器市场以来，在 Zen 系列微架构的设计模式推动下，EPYC 处理器得以迅速成长。

AMD 的 EPYC 处理器采用了模块化和多核心的设计思路，第四代 EPYC 处理器规模参数到了 Zen 4 微架构时代，已经高达 128 个核心和 256 个线程。这种设计特别适用于高度并行的高性能计算和数据中心的云计算工作负载。EPYC 强大的扩展能力，主要基于 AMD 的 Infinity Fabric 总线技术，它连接 CPU 核心、内存和其他硬件资源。这提供了高带宽和低延迟，有助于不同计算和存储元素之间的快速数据传输。

本节聚焦 EPYC 9004 系列处理器的相关特性，尤其是扩展性。AMD EPYC 9004 系列，代号为"Genoa"（热那亚），其最多拥有 96 个核心和 360W 的 TDP，支持 12 通道 DDR5 内存，极限传输率为 4800 MT/s。EPYC 9004 拥有多达 128 条 PCIe5.0 通道，并实现了对 CXL 1.1+的支持，能够提供突破性的内存扩展能力。AMD 还对内核的 Infinity Guard 功能集做了强化补充，以推动加密计算。

EPYC 9004 处理器的物理构建方式与第三代 EPYC 7003 系列处理器相似，平台由一个中央 I/O Die（IOD）组成，该 IOD 被多个 Core Complex Dice（CCD）围绕。在 EPYC 7003 系列中，CCD 的数量最多为 8 个，但 EPYC 9004 系列处理器最多可以使用 12 个。CCD 使用先进的 5 nm 工艺技术构建，IOD 使用更成熟的 6 nm 工艺技术，在某种程度上 IOD 的缩小也帮助处理器扩容更多 CCD 核心。

AMD 的战略与 Intel 的形成鲜明对比。与 Intel 重点投资特定工作负载的硬件加速器（比如扩充各种 SIMD 单元）不同，AMD 更注重提供更多的通用计算核心。当然 AMD 也没有完全放弃硬件加速，它通过增加对 AVX-512 等指令的支持采取了前文所述的更为审慎的折中实施方案。

在内存带宽方面,按照每个核心的资源计算,第三代 EPYC 平均每个核心 3.2 GB/s,第四代 EPYC 平均每个核心 4.8 GB/s,做到了在处理器核心数量更多的情况下,每个核心内存带宽依然保持提升 50%。EPYC 9004 系列处理器根据要优化的工作负载可以使用几种不同的每个插槽节点配置(1、2 或 4)。在单路配置下,EPYC 9004 系列最多可搭配 24 条 DDR5 内存,每条内存通道装 2 条 DDR5 内存(2DPC)。在双路配置下,每条内存通道只能装 1 条 DDR5 内存(1DPC),最多装 12 条 DDR5 内存。但无论如何,AMD 的目标是提供接近最大带宽的性能。在容量方面,第四代 EPYC 的 6 TB 相对于第三代的 4 TB 也增加了 50%。

DDR5 内存延迟上升,这也是在消费级平台回测中已经被证实的。按照 AMD 披露的资料,EPYC 9004 的 CPU 内存控制器的延迟为 73 ns 左右,DDR5 内存设备的延迟为 45 ns 左右,因此总延迟为 118 ns 左右,全面大于第三代 EPYC 的 70 ns、35 ns 和 105 ns,但考虑到 IOD 的延迟在增加内存通道数 50% 的情况下相对于第三代 EPYC 只有 3 ns 的增加,这个结果已经不错。

EPYC 9004 系列处理器也支持 CXL,EPYC 9004 系列处理器定位于 CXL 1.1+,重点关注内存扩展。"加号"表示对某些 CXL 2.0 特性的支持,包括持久内存和 RAS 报告。如果需要,用户可以选择将多个 CXL 设备合并为一个交错的 NUMA 节点,NUMA 节点可以在没有分配任何 CPU 的情况下"无头"(Headless NUMA)运行。

目前 AMD 最多允许将 64 条 PCIe 5.0 通道分配给 CXL 1.1+,单个 CXL 1.1+ 允许最多 16 条通道,因此单个 CXL 1.1 总线带宽为双向 128 GB/s。如果启用全部 64 条通道的话,则带宽会高达双向 512 GB/s,这已经高出了 12 通道 DDR5 内存的 460 GB/s。

之前有部分消费者认为较大的 PCIe 5.0 带宽意义不大,但是在服务器领域,AMD 从第一代 EPYC 开始就提供了丰富的 PCIe 通道资源,在实际使用中如果大量安装 GPU 和硬盘,那么对这里的需求将会非常明显。单路 EPYC 处理器支持最大 128 通道的 PCIe 5.0,双路 EPYC 处理器支持最大 160 通道的 PCIe 5.0,后者并不是"128+128"通道的原因是,部分通道被 IF 总线用作两个核心之间的通信(80 条对外、48 条用于彼此互连),单路和双路第四代 EPYC 处理器的拓展方式如图 6-27 所示。

顶级的 EPYC 9004 芯片具有 96 个核心,该架构可以根据需要缩减 CCD 以达到不同的价格和性能目标。这种扩展的一个关键方面是,随着 CCD 的减少,它们保持了逻辑上的 GMI 链接。GMI 将 CCD 链接到 IOD,而不是计算节点之间的直接连接,AMD 在这一代产品中设计了充足的 GMI 链接。一个有 8 个 CCD 配置的第四代 EPYC 处理器(64 个物理核心)填充 IOD 的 GMI0~GMI7 链接,这种模式被称作 GMI-Norrow。对于 4 CCD(32 个物理核心)和更低型号,AMD 可以实施 GMI-Wide 模式,该模式将每个 CCD 与两个 GMI 链接连接到 IOD,让每个 CCD 获得更高的带宽。这种设计有助于这些部件更好地平衡 I/O 需求,还有一个优势是，无论一个第四代 EPYC 处理器有多少个 CCD 核心，它都享有 12 通道的 DDR5 内存和 128 条 PCIe 5.0 通道。

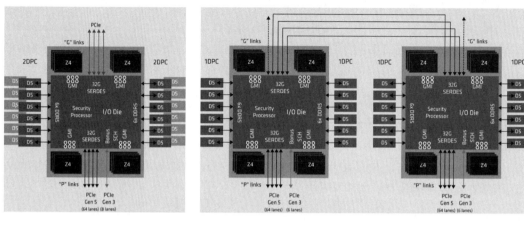

图 6-27　单路和双路第四代 EPYC 处理器的拓展方式

6.6.3　Zen 4c 小核心设计策略

为了进一步增加单位面积和单位功耗的计算核心集成度，AMD 也推出了类似于 Intel 的大小核策略，但是和 Intel 重新设计微架构的方式不同，AMD 的 Zen 4c 小核心仅降低了 L3 缓存和 CPU 整体运行频率（Zen 4c 的 L3 缓存每个核心 2 MB，不及 Zen 4 所拥有的每个核心 4 MB，基础频率从 EPYC 9654 型号的 2.4 GHz 降低到 EPYC 9754 型号的 2.25 GHz，最高频率从 EPYC 9654 型号的 3.7 GHz 降低到 EPYC 9754 型号的 3.1 GHz），保持了和 Zen 4 完全一致的其他微架构特性，AMD 通过采用和 Zen 4 完全相同的寄存器传输级（RTL）描述来设计 Zen 4c 这款小核心微架构。

Zen 4c 逻辑分区如图 6-28 所示，Zen 4c 单核心在 TSMC 5 nm 制造工艺下的面积仅为 2.48 mm^2，比原来的 Zen 4 单核心的 3.84 mm^2 减少了约 35%。这使得 AMD 能够在一个 CCD（核心芯片组）中集成 16 个 Zen 4c 核心，并通过使用 8 个 CCD 来实现 128 个核心的配置。尽管 Zen 4c 的 CCD 面积比 Zen 4 的 CCD 面积略大，但 AMD 只用了额外 9.6% 的面积就实现了核心数量的翻倍。

据 SemiAnalysis 分析，从微架构层面看，Zen 4c 保留了 Zen 4 的设计，包括相同的特性和每个时钟周期的指令性能，但其配置和实现方式有显著不同。为了实现这些变化，AMD 采取了以下几项设计策略。

- 降低了提升时钟频率的目标，从 3.70 GHz 降低到 3.10 GHz，简化了时序闭环，减少了为满足宽松时序约束所需的额外缓冲器单元的数量。降低频率允许信号路径的更紧密打包，提高了标准单元的密度。

- 减少了芯片的物理分区数量并将逻辑元素布置得更紧密，虽然这使得调试和修复变得更加困难，但缩小芯片尺寸。

- Zen 4c 使用了密度更高的 6T 双端口 SRAM 单元，与 Zen 4 使用的 8T 双端口 SRAM 电路相比，缩小 SRAM 面积。因此，尽管 Zen 4 和 Zen 4c 的 L1 缓存和 L2 缓存大小相似，但 Zen 4c 使用的缓存面积更小。在采用 5 nm 技术的 SRAM 缓存相关论文"A 4.24 GHz 128×256 SRAM Operating Double Pump Read Write Same Cycle in 5 nm Technology"中，台积电提出了一种 6T 高速 1R1W 双端口 32 Kb（128×256）SRAM，这可能就是 Zen 4c 所使用的缓存结构。

- 为了进一步节省硅材料，移除了用于 3D V-Cache 的硅通孔（TSV）阵列。

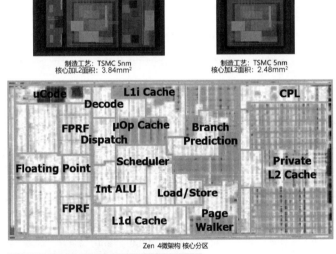

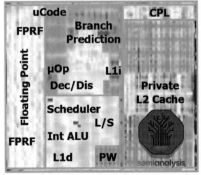

图 6-28　Zen 4c 逻辑分区

通过较低的时钟频率目标，设计人员在关键路径的设计上有更多的工作空间，从而简化了时序收敛，并减少了为满足宽松时序约束所需的额外缓冲器单元的数量。内核中的每个逻辑块都有许多分区，通过合并 Zen 4 中的这些分区，这些区域可以更紧密地封装在一起，通过进一步提高标准单元密度来增加面积。

AMD 代号 Bergamo 的芯片基于包含 16 个 Zen 4c 核心的 8 个 Vindhya 小核心 CCD，这使得核心数量增加，但也影响了时钟频率的潜力。每个 CCD 包含两个 8 核心的 CCX 和 32 MB 的 L3 缓存。相比之下，每个 Zen 4 CCX 拥有 32 MB 的 L3 缓存。

在计算核心设计细节方面，如果不计算 L2 缓存和芯片普遍逻辑（Chip Pervasive Logic，CPL）区域，核心缩小了 44.1%，流水线前端和执行引擎（Engine）区域的面积几乎减半。图 6-29 展示了 Zen 4 与 Zen 4c 核心数量的对比，虽然 Zen 4c 的 CCD 面积仅比 Zen 4 的面积大了不到 10%，但它却能容纳双倍的核心数量。

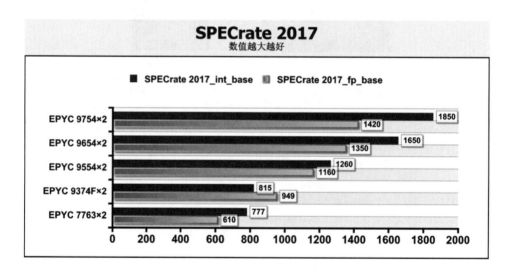

图 6-29　Zen 4c 与 Zen 4 核心数量的对比

AMD 在 2023 年 6 月发布了新一代 EPYC 9004 系列处理器，包括采用 Zen 4c 微架构的三款处理器：EPYC 9754、EPYC 9754S 和 EPYC 9734。这些处理器的最大特点是提供了更多的核心数量，高达 128 个核心。

知名杂志《微型计算机》测试了双路 EPYC 9754（Zen 4c 微架构）和双路 EPYC 9654（Zen 4 微架构）的性能差异，同样使用 DDR5 4800 64 GB 内存，在 12 通道双路 24 条内存的环境下，EPYC 9654 处理器（双路 384 线程）虽然有更大的 L3 缓存，但由于其核心、线程数不如 EPYC 9754（双路 512 线程），所以 Zen 4c 依靠更多的计算单元能够战胜 Zen 4。

EPYC 提供了高性价比的解决方案，使企业和研究机构能够更容易地获得高性能算力。高核心数和内存带宽使 EPYC 非常适用于各种高性能计算应用，包括但不限于人工智能、大数据分析、科学模拟和金融建模等。基于集成度和性价比考虑，大量算力型服务器和数据中心云服务器开始从使用 Intel 的 Xeon 产品转向使用 AMD 的 EPYC 产品。EPYC 的出现促使了整个行业在研发和创新方面更加努力，从而推动了高性能计算技术的快速发展。总体而言，AMD 的 EPYC 处理器通过其独特的设计思路和不断的性能改进，在高性能计算市场中产生了深远的影响，推动了整个行业的创新发展。

6.7　Sapphire Rapids 微架构 Xeon 处理器

在 2020 年，Intel 首次提及 Sapphire Rapids 微架构代号。该微架构被用在第四代至强可扩展（Xeon Scalable）处理器产品中，旨在为数据中心和企业服务器环境提供更高的性能和新功能。从那时起，Intel 在各种场合和发布中逐步透露了更多关于 Sapphire Rapids 微架构的信息。

Intel 于 2023 年 1 月 11 日正式发布了代号为 Sapphire Rapids 的 Xeon 处理器，以及英特尔数据中心 GPU Max 系列加速器（代号为 Ponte Vecchio）。与前几代产品相比，这一代 Xeon 处理器在使用内置加速器时，目标工作负载的平均性能每瓦效率可提高 2.9 倍，在优化的功耗模式下，每个 CPU 可节省高达 70 W 的功耗，同时将特定工作负载的性能损失降至最低。通过这一系列产品我们看到，Intel 已经开始聚焦 AI 计算，并且通过加速器带来了和大部分 x86 架构处理器不一样的设计思路。

在核心数量方面，第四代 Xeon 处理器从上一代的 40 个核心升级到 60 个核心。在内存支持方面，第四代 Xeon 处理器单路 CPU 内存支持 8 通道 DDR5 4800，单/双路节点比第三代 Ice Lake-SP 的 8 通道 DDR4 3200 提高了 50%，4/8 路节点比第三代 Cooper Lake 的 6 通道 DDR4 3200 提高了 100%；部分 MAX 型号片上封装了 HBM 内存，可以提供更高的内存带宽。单路 CPU 支持 80 通道 PCIe 5.0，单/双路节点比第三代 Cascade Lake-SP 的 64 通道 PCIe 4.0 提高了 150%，4/8 路节点比第三代 Cooper Lake 的 48 通道 PCIe 3.0 提高了 566.7%。此外新增了对 CXL（Compute eXpress Link，计算快速链路）1.1 的支持。在互连带宽方面，多路系统中 CPU 之间的互连升级到 4×24 UPI 2.0，数据速度为 16 GT/s；单/双路节点比第三代 Cascade Lake-SP 的 3×20 UPI 11.2 GT/s 提高了 128%；4/8 路节点比第三代 Cooper Lake 的 6×20 UPI 10.4 GT/s 提高了 23%。

在多路扩展方面，使用 Sapphire Rapids 微架构的第四代 Xeon 处理器将具备最多 4 个 x24 UPI 2.0 连接，用以在多插槽设计中与其他处理器连接。这意味着每个处理器可以与最多 4 个其他处理器建立高速连接，从而提高数据传输和通信效率。Intel 通过在第四代 Xeon 处理器中实现最多 8 插槽平台的设计（单主板 8 路 CPU），这将需要更高的带宽，因此从 Cascade Lake 微架构的 3 个连接升级到 4 个连接，并转向 UPI 2.0 设计。新拓扑结构将使每个 CPU 直接连接到另一个 CPU，更趋向于一个完全连接的拓扑结构。

6.7.1 EMIB 封装

为了实现更高的性能和更低的功耗，芯片设计师们开始将不同的功能单元划分到各种芯片片段或模块中，这种方法被称为"芯片分割"。但是这种设计方式带来了一个新的挑战：如何有效地连接这些不同的芯片片段。传统的多片封装技术可能会带来额外的功耗和延迟，而且可能无法提供足够的带宽。为了解决这些问题，有别于 AMD 直接用铜线连接多颗芯片的简单方案，Intel 引入了 EMIB（Embedded Multi-Die Interconnect Bridge）。

Sapphire Rapids 子核心如图 6-30 所示，表示第四代 Xeon 处理器中 4 个 CPU 核心中的一个，可以看到除了大面积的 CPU Tile 子芯片，右侧和下方有 EMIB 物理连接，图 6-30 描述的是处理器中左上方的那个 CPU 核心，因为它需要和右侧以及下方的 CPU 通过 EMIB 保持互连。

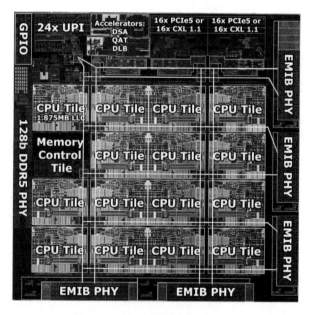

图 6-30　Sapphire Rapids 子核心

EMIB 在封装的有机基板上使用了一个小而薄的硅桥来连接芯片片段。这个硅桥内嵌在基板中，并与其上的芯片片段连接。通过这种方式，芯片片段之间可以实现直接的电连接，从而提供高带宽和低延迟的互连。EMIB 的应用范围广泛，可以用于连接 CPU、GPU、FPGA、存储器和其他各种功能模块。

与传统的 2D 和 3D 封装技术相比，EMIB 提供了更高的互连密度、更低的功耗和更高的带宽。在传统的 2D 封装中，多个芯片或组件是在一个单一平面上布局的，它们通过电路板上的线路和焊点相互连接，这种技术的制造成本和技术复杂度较低，但带宽受限，而且通常会有更高的延迟。与 2D 封装不同，3D 封装涉及将多个芯片或组件垂直堆叠在一起，可以提供更高的带宽和更低的延迟，因为芯片之间的物理距离更短。然而，它也带来了更高的制造成本和技术挑战，如热管理和测试复杂性。

2.5D 封装技术实际上是一个中间地带，它结合了 2D 封装技术和 3D 封装技术的特点。在 2.5D 封装技术中，芯片或组件在一个单一平面上布局，但它们是通过一个嵌入基板中的硅互连桥（如 EMIB）连接的，而不是通过电路板上的线路和焊点连接的。这里使用"2.5D"这个术语是因为，虽然芯片或组件在一个平面上布局（就像 2D 封装），但它们之间的连接是通过一个三维的互连桥实现的（有点像 3D 封装）。这样可以提供比传统 2D 封装更高的带宽和更低的延迟，同时避免了 3D 封装的一些技术挑战和高成本。

如果需要更多的带宽，Intel 可以在两个芯片之间嵌入多座桥，桥的成本远低于 3D 封装技术的大型中间层。EMIB 封装剖面视图如图 6-31 所示。

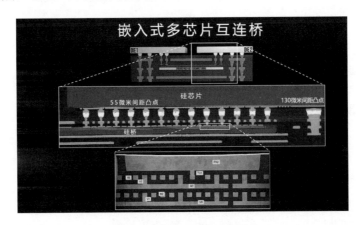

图 6-31　EMIB 封装剖面视图

其实 EMIB 相对于 Intel 曾使用过的逐层芯片堆叠技术（被称为 Foveros 技术）也是一种折中方案。Intel 于 2019 年引入逐层芯片堆叠技术，推出的首款产品是 Lakefield（一款为低闲置功耗设计的移动处理器）。尽管该处理器已进入生命周期的末期，但这种技术仍是 Intel 未来产品组合和代工服务的核心组成部分。

逐层芯片堆叠技术在很大程度上与 EMIB 部分提到的中继器技术相似，但是这里的基础硅片包含有助于上层硅片主要计算处理器完全操作的活跃电路。Lakefield 的核心和图形处理器位于采用 Intel 10 nm 工艺节点制造的顶层硅片上，而基础硅片含有所有 PCIe 通道、USB

端口、安全功能和与 I/O 相关的所有低功耗功能，并采用 22FFL 低功耗工艺节点制造，移动端的 Lakefield 处理器将核心与非核心功能上下堆叠封装，如图 6-32 所示。

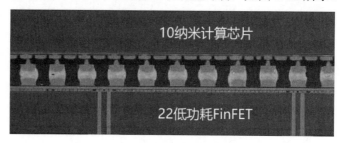

图 6-32　移动端的 Lakefield 处理器将核心与非核心功能上下堆叠封装

Foveros 技术采用了全新的 3D 堆叠模式，但其主要面临两个挑战：热量和功率控制。为了解决热量问题，Intel 设计了底层硅片，其中包含较少的逻辑电路，并采用了低功率工艺。这样做的目的是减少热量的产生。在功率方面，关键是为顶层的计算硅片提供足够的电力，以支持其逻辑运算需求。这一过程需要通过从封装底部穿过底层硅片到达顶层硅片的高功率硅通孔（TSV）来实现。然而，这些用于传输电源的 TSV 存在一个问题：高电流的流动可能会对局部的数据信号产生干扰，影响整体的电路性能。

携带电源的 TSV 会在信号传输过程中产生很多局部干扰，将它们放在底层硅片的外部是理想的。Foveros Omni 是一种允许顶层硅片超出底层硅片的技术，它通过从基板到顶层硅片构建铜柱来提供电源。将电源的 TSV 移出底层硅片，Foveros Omni 允许在逐层硅片间改进凸点间距。

Sapphire Rapid 采用了多 Tile（子芯片）的设计，模块化的设计思路提高了芯片设计的扩展性，通过 EMIB 技术保障了 CPU 多个核心的高效互连。EMIB 技术支持更多小芯片，整体上扩大了单插槽 CPU 芯片规模，在数据访问延时上也提供了较低的延时，与 AMD 在 EPYC 处理器中所使用的直接通过铜线把基板上不同的小芯片连起来的方案相比，EMIB 显然延迟更低，信号完整性更好。

Sapphire Rapid 微架构集成在片上的 HBM 高速内存可以运行在以下 3 种模式中：

- 仅 HBM 模式：不会有任何 DIMM 插槽被占用。这会导致内存容量限制为每个 CPU 64 GB，但节省了 DDR5 的功耗和成本作为抵消。
- HBM 平坦模式：将 HBM 高速内存与 DDR 内存分开处理，提供了一个快速和一个较慢的内存层次。
- HBM 缓存模式：其中数据被缓存在 HBM 内存中，这对主机是透明的。Intel 过去在 Intel Xeon Phi x200 中有过类似的内存方案，之前 Intel 用 Optane DIMM 进行了分层 DRAM 缓存，现在使用了更快速的 HBM 高速内存。

6.7.2 Golden Cove 微架构

Golden Cove 微架构是 Intel 一次重大的微架构更新，第四代 Xeon 处理器的计算核心采用最多 60 个 Golden Cove 微架构作为一个单核心，它被设计为服务于下一个十年的计算需求。Intel 在 2020 年的架构日活动中首次揭示了 Golden Cove 微架构，并在 2021 年 8 月的同一活动中提供了更多详细信息。

Golden Cove 微架构基于 Intel 的 10 nm Enhanced SuperFin 节点工艺，后更名为 Intel 7，是 Intel 10 nm Sunny Cove 微架构的后续版本，它跟随了 Willow Cove（Tiger Lake 中的核心）、Sunny Cove（Ice Lake 中的核心）和 Cypress Cove（Rocket Lake 中的核心）的设计。在桌面级别产品中，Golden Cove 微架构已经通过第 12 代和第 13 代酷睿处理器，与 AMD 的 Zen 3 和 Zen 4 处理器竞争。

Golden Cove 微架构的主要参数和改进点如下，其逻辑图如图 6-33 所示。

- 译码宽度：Golden Cove 微架构支持 6 宽译码（比之前的 4 宽更高），并分割了执行端口以允许同时执行更多的操作，这使得可以从利用它的工作流程获得更高的 IPC 和 ILP。L1 缓存的带宽也扩大了 1 倍，达到 32 B，可满足 6 宽译码器的需要。

- µOP 缓存和前端改进：宏指令（µOP）的吞吐量从每个时钟周期 6 个增加到 8 个。µOP 缓存大小增加到 4000 个条目（从 2250 个增加到），前端也得到了改进，使得译码引擎有 80% 的时间处于功率门控状态。增加译码器宽度会增加处理器的流水线长度，这让分支预测错误的惩罚更重。Intel 选择增加分支预测缓冲区来应对这一问题，其分支条目数量从 5000 直接增加到 12000，比 Zen 3 的 6500 多了将近 1 倍。

- 乱序执行部分：在指令发射阶段，可以在一个时钟周期内发射更多的指令（从 5 条增至 6 条），增加了指令的并行处理量，从理论上提高了处理器的性能。在执行发射端口方面增加两个，从 10 个端口变为 12 个端口，不过整数和浮点数仍然共用发射端口，也就是继续使用合并执行端口/预留站设计。与 Sunny Cove 相比，其拥有更大的乱序指令窗口，重新排序缓冲区的大小从 352 个条目增加到 512 个条目，拥有更大的向量/浮点数寄存器文件，其大小从 224 个条目增加到 332 个条目。

- 计算单元部分：在整数方面，现在有第五个执行端口和管道，具有简单的 ALU 和 LEA（Load Effective Address，用于计算一个内存地址并将结果存储在目标寄存器中，而不是从该地址加载数据）功能，理论上这使它成为原始 ALU 吞吐量最宽的 x86 核心。在浮点数方面，增加专用 FADD 功能，这比使用 FMA 单元更高效，延迟更低。FMA 单元也增加了对 FP16 数据类型的支持。

- 指令集扩展：引入了一系列新的指令集扩展，包括 PTWRITE、用户模式等待（WAITPKG）、架构上次分支记录（LBRs）、超级管理线性地址转换（HLAT）、

SERIALIZE、增强硬件反馈接口（EHFI）、HRESET、AVX-VNNI、AVX-512 与 AVX512-FP16 等。

- 缓存和队列增加：L2 缓存大小为每个核心 1.25 MB（针对第 12 代酷睿的桌面级处理器）和每个核心 2 MiB（针对第四代 Xeon 处理器的服务器版本）。内存操作的加载/存储队列也相应增加，增加了一个带有加载 AGU 的专用执行端口，将每个时钟周期的可能加载次数从 2 增加到 3，加载队列增加到 192 个，存储队列增加到 114 个（相比 Sunny Cove 的 128 个和 72 个都有所增加）。除了 L2 容量提升，Golden Cove 改进了预取，引入"全行写预测带宽优化"的机制，可以通过避免 RFO 读取将要被完全重写的缓存行来提高带宽，这在很大程度上改善了常见的通用操作，如内存复制的带宽。

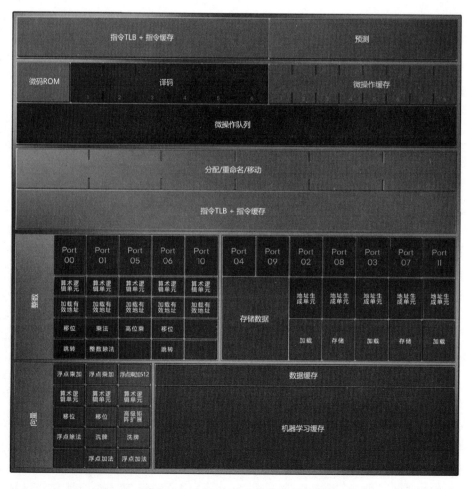

图 6-33　Golden Cove 微架构逻辑图

与上一代微架构 Cypress Core 相比，高性能核心的 Golden Cove 有了平均约 19% 的同频性能提升。这里的 19% 包括 SPEC CPU 2017、SYSmark 25、Crossmark、PCMark 10、WebXPRT3 和 Geekbench 5.4.1 基准测试。Golden Cove 是近几年 Intel 做出的较大规模的一次微架构改进。

6.7.3　其他硬件加速单元——Intel IAA 内存分析加速器

在高性能服务器 CPU 领域，如果用户想要每个处理器达到最高性能（整数与浮点理论算力），那么 AMD EPYC 9004 系列显然是最佳选择，但 Intel 的 Xeon 处理器内置了许多加速器，范围从用于 AI 推理的 AMX 等功能到 QAT、IAA、DLB 和 DSA 等专用加速器。使用这些加速器，CPU 传统的计算内核和内存控制器可以获得大幅度减负，压力将卸载到专用内核上，所以 Xeon 处理器可以在使用更少内核和更低能源消耗的情况下，在某些特殊场景下以极高的性能运行，这种由硬件加速器带来的性能提升往往是非线性的。

In-Memory Analytics Accelerator，简称 IAA，是一种硬件加速器，它提供了非常高的吞吐量压缩（Deflate）和解压缩功能及数据分析功能，这些功能通常用于分析查询处理期间的数据过滤。它主要针对大数据和内存分析数据库应用，也适用于像内存页面压缩这样的透明应用。IAA 对其他如数据完整性功能（例如 CRC64）也有支持。设备支持 Huffman 译码和 Deflate 格式，对于 Deflate 格式，它支持对压缩流进行索引，以实现高效的随机访问。

在对 zRAM 的测试中，压缩速度能达到 3.5 GB/s，解压缩速度能达到 2.5 GB/s，相比于同算法的 CPU，解压缩速度提升了 7 倍，压缩速度提升了 26 倍。zRAM 是一个 Linux 内核功能，它提供了一种虚拟的内存交换分区，该交换分区使用压缩算法存储数据，以节省物理内存空间。这使得它可以在系统内存不足时更高效地利用 RAM，因为它可以存储更多的数据，但这是以 CPU 周期为代价的，因为它需要对数据进行压缩和解压缩。对 zRAM 的压缩和解压缩测试是比较通用的测试项目，主要用于评估系统在使用 zRAM 时的性能和效率。

IAA 主要是针对内存数据库应用场景，大部分内存数据库用于数据分析，还有一部分用于 SQL 函数的硬件实现。IAA 最有优势的地方在于内存数据库用户可以放心启用压缩和加密功能，启用压缩功能可以节约内存采购成本，开启加密功能可以保护机密数据不被非法授权用户恶意应用访问。

IAA 加速器逻辑上包含 3 个主要功能块：压缩、加密和分析。分析管道包含 3 个子块：解密、解压缩和过滤。这些功能连接在一起，使得每个分析操作都可以执行任何解密/解压缩/过滤的组合。另外，可以压缩或加密输入数据，但是压缩和加密不能与其他操作连接。IAA 加速器的主要功能和流程如图 6-34 所示。

Intel IAA 的压缩单元有 3 种操作模式：哈夫曼模式（Huffman-Mode）、统计模式（Statistics-Mode）和哈夫曼生成模式（Huffman-Generation Mode），用于生成和译码数据流。

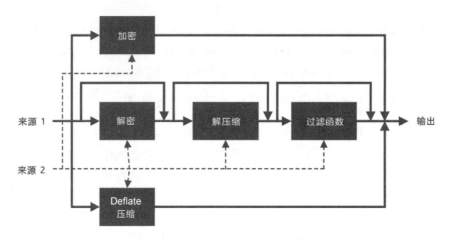

图 6-34   IAA 加速器的主要功能和流程

Intel IAA 支持数据加密和解密功能，可以处理多种加密算法，并可以将加密/解密操作与其他操作（如解压缩）配合使用。在加密/解密过程中，Intel IAA 可以通过 AECS 在多个描述符之间传递内部状态，其支持的加密算法包括 GCM、AES-CFB 和 AES-XTS，支持的密钥大小为 128 位和 256 位。

6.7.4   其他硬件加速单元——Intel DSA 数据流加速器

DSA（Data Streaming Accelerator），即数据流加速器，是一款高性能数据复制和转换加速器，从第四代 Intel Xeon 处理器开始被集成在 Intel 处理器中，旨在优化高性能存储、网络、持久内存和各种数据处理应用中常见的流数据移动和转换操作。

根据处理器型号，每个插槽（每一路 CPU）可以有 1 个、2 个或 4 个 DSA 设备。一个双路 Xeon 系统最多可以有 8 个 DSA 设备。

DSA 支持高性能的数据移动功能，能够在易失性内存、持久性内存、内存映射 I/O，以及系统芯片中的非透明桥（NTB）进行数据传输。DSA 提供了一个与 PCI Express 兼容的编程接口给操作系统，并可以通过设备驱动程序进行控制。除执行基本的数据移动操作外，DSA 还可以在内存上执行一些更高级别的转换操作。

DSA 可以生成 CRC 校验和校验数据完整性字段（DIF），以支持与存储和网络应用程序相关的用途。它支持内存比较操作以确定等值、生成差异记录，并将差异记录应用于缓冲区。DSA 作为数据移动卸载引擎，可减少数据中心在内存复制、清零等方面的负担，从而释放 CPU 周期进行基础设施工作，DSA 有以下几种主要用途。

- 存储：用于存储设备中的数据移动操作，无论是在节点内还是通过非透明桥（NTB）跨节点，无论是同时移动数据还是单独进行。

- 网络：用于数据包处理管道中的数据复制。比如用于虚拟机间的数据包切换。
- 虚拟机快速检查点和虚拟机迁移：虚拟机快速检查点和虚拟机迁移流程需要虚拟机监视器（VMM）识别虚拟机的修改页面，并将它们高效地发送到目的机器，以将网络流量和延迟降到最低。
- 从设备到设备的数据移动：可以用于从对等加速器设备到主机内存或在两个对等设备之间的数据移动，以减轻此类基础设施工作的 CPU 周期负担。
- 虚拟机之间的数据移动：为了释放 CPU 核心，将 CPU 从执行例行基础设施任务中解放出来，包括在虚拟机、容器和裸机主机之间移动数据。

具体来说，DSA 支持以下数据操作。

- 数据块移动（Memcpy）：数据块移动操作可用于从源到目标的大块数据传输。
- 填充：可以将一段内存填充为指定的字节值。
- 比较：可以比较两个内存区域以确定等值，从而支持内存去重。
- CRC 生成和验证：可以生成和验证 CRC 校验和。
- 数据完整性字段生成和验证：可以生成和验证数据完整性字段（DIF）。
- 读取描述符指针：可以读取指针值，以指示描述符处理的进度。
- 清除/设置：可以清除或设置描述符指针或其他状态信息。
- 等待：可以先等待一个事件或条件发生，再继续处理后续描述符。

Intel 提供了一个关于视频数据流优化的案例，在测试中，利用 DSA 进行复制操作可以显著减少 CPU 资源的消耗，同时增加每秒 60 帧的 1080p 视频流的数量。与仅使用 CPU 的方案相比，当流量卸载到 DSA 时，可以用更少的核心实现最大的网络带宽。

Intel 团队测试了维持 200 Gb/s 网络带宽需要多少核心：使用 54 路 1080p 视频内容，每秒 60 帧，在使用 CPU 的解决方案中，需要 6 个核心；在使用 DSA 的方案中，仅需要 2 个核心，每个核心的最大会话数从 12 降至 9。这是因为仅依赖 CPU 的解决方案的可扩展性受到全局系统资源可用性的深刻影响，例如多个核心同时使用 LLC（最后一级高速缓存）和 DDR 内存带宽。DSA 可以提供更高的性能和效率，在处理大数据流时，尤其是视频数据流，它可以减少处理器的负担，提高数据传输的速度和效率，同时降低系统资源的消耗，降低成本。

6.7.5 Intel QAT 数据保护与压缩加速技术

QAT（Quick Assist Technology）是 Intel 推出的一种硬件加速技术。QAT 是一种硬件辅助的解决方案，能够提升特定工作负载的性能，例如加密、解密和数据压缩等操作。

在将这些功能集成到 CPU 中之前，Intel 是通过 QAT 加速器实现这些功能的，比如 QuickAssist 适配器 8950 为虚拟专用网络（VPN）提供高达 50 Gb/s 的速度，功耗为 40W，其通过 PCIe x8 接口被安装在主板上，提供对多种操作系统的支持。

AI 类应用、数据库分析、高性能存储和云应用服务等数据和计算密集型工作负载的指数级增长，给计算机的 CPU 带来了显著的需求。一次性需要数据压缩和加密的应用程序会大幅度占用处理资源并增加数据流瓶颈，导致延迟增加。高性能的标准压缩算法可以消耗大量的CPU 资源，使用多达数百个内核。

QAT 能够提高数据压缩和加密的效率，从而使企业能够更有效地使用其核心和资源。QAT还能够增强云服务提供商对内容分发网络（CDN）、负载均衡器、网关和微服务的支持，提高防御分布式拒绝服务（DDoS）攻击的能力。在同样的功耗下，通过 QAT 技术能够加快数据备份和归档的速度，降低总体拥有成本（TCO）和能源消耗。

QAT 通过将原本需要 CPU 处理的数据，卸载到能够优化这些功能的硬件上来加速和压缩加密工作负载，这使得开发者更容易将内置的加密加速器集成到网络和安全应用中。

使用 Intel QAT 有多种优势，它可以通过选择具有不同性能特征的加速器或在单个平台上使用多个加速器来进行扩展。它的另一个优势是通过实施一套可以跨产品和多个开发周期使用的一致 API，降低软件开发的消耗，允许同一软件在不同的部署平台上无须修改地运行。该 API 是为了独立于操作系统、用户空间与内核空间而设计的，为了提高性能，可以支持同步和异步调用模式。

QAT 技术框架如图 6-35 所示，应用程序开发者可以通过 Intel QuickAssist API 来访问QuickAssist 的特性。该 API 简化了客户应用程序和 QuickAssist 加速驱动之间的接口。同时也可以通过一个 SHIM 适配层将 QuickAssist 与开源软件框架结合使用。在 QuickAssist API 访问Intel QuickAssist 驱动程序后，该驱动程序负责将加速服务暴露给应用程序软件。该驱动包含两层：加速驱动框架（ADF）、服务访问层（SAL）。

图 6-35   QAT 技术框架

Intel 展示了部分 QAT 技术在 Xeon 处理器上的性能细节，具体如下。

在配备 QAT 的第四代 Xeon 处理器上运行线上事务处理（OLTP）工作负载时，开启 QAT 后备份速度可提高 2.6 倍。在使用 IPSec 时，与上一代相比，配备 QAT 的第四代 Xeon 处理器需要的服务器核心数量减少 33%。

QATzip 是一个针对 QAT 设计的软件工具，QATzip 测试指标被用来提高 OLTP（在线事务处理）的效率和处理更多事务的能力。配备 Intel QAT 的第四代 Xeon 处理器在处理 QATzip 时，可以减少 96% 的核心数量并实现 1.37 倍的一级压缩吞吐量。在多级压缩策略中，一级压缩通常是第一个执行的压缩步骤，这一步通常会使用相对简单但高效的算法来实现初步的数据减少，其目的是在不牺牲太多压缩比的情况下尽可能快地处理数据。

6.7.6　Intel DLB 动态负载均衡器

DLB 即动态负载均衡器。数据中心的服务器往往是多核心处理多请求的。在传统的多个软件队列模式中，资源生产者与消费者都需要更新队列指针，经常会出现跨核心访问，在以独占模式修改队列指针时会引起锁争用。DLB 动态负载均衡器的原理如图 6-36 所示。

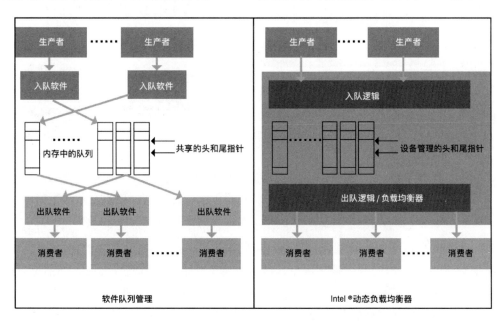

图 6-36　DLB 动态负载均衡器的原理

Intel DLB 最早也是 PCIe 设备，从第四代 Xeon 处理器开始被集成在 CPU 中，对连接资源生产者与消费者的队列和仲裁进行管理。DLB 对于虚拟交换机、路由、VPN 应用非常有用，除可以释放 CPU 资源外，还可以减少跨核心访问、锁争用带来的延时。

Intel 在《DLB 白皮书》中描述了其 CPU 架构系统中的基于内存的排队，修改一个指针涉及在本地核心缓存中获取一个独占副本，当需要与队列伙伴共享时就会出现困难。现代 CPU 核心在操作来自其本地缓存的情况下性能极高，其读取延迟在 3 ns 到 7 ns 的范围内。但是从不同核心的本地缓存中获取（或使无效）头和尾指针的延迟小于 50 ns。

DLB 队列和仲裁器系统如图 6-37 所示，Intel DLB 是一个由硬件管理的队列和仲裁器系统，连接生产者和消费者。Intel DLB 与运行在内核上的软件及其他设备进行交互。Intel DLB 实现了之前概述的负载平衡特性，包括以下几点。

- 无锁多生产者/多消费者操作。
- 为不同类型的流量提供多个优先级。
- 各种分配方案。

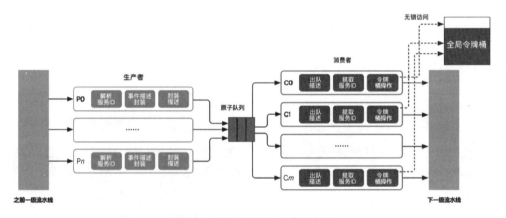

图 6-37　DLB 队列和仲裁器系统

数据平面软件（处理数据包或其他形式的网络流量的软件部分）通过标准的内存映射接口，以简单、低周期成本的方式与 Intel DLB 进行通信。DLB 支持使用行业标准技术进行虚拟化，它不仅是一个独立的技术，而且是 Intel 架构平台上虚拟网络功能基础架构的一部分。

来自腾讯和 Intel 的工程师，利用 DLB 的 Atomic Queue（可以在多核心的场景下实现无锁限速方案），将待处理的网络报文按照其所属的限速网络数据流进行分组。DLB 的 Atomic Queue 能够把属于同一分组的报文调度到同一个处理器核心进行处理；Atomic Queue 还会为每一条流动态地选择处理器核心，当有多条网络数据流时，流量能够较为均匀地被分散到各个处理器核心，确保处理器中多个核心的负载均衡。

在无锁限速方案中，处理器核心被分成了两组，从队列操作的角度分别被称为生产者和消费者。生产者为每个报文生成 Atomic Queue 所需的 Flow ID，随后将报文入队到 DLB 的 Atomic Queue 中。DLB 在消费者线程间分发消息，同时保证原子性。消费者从 Atomic Queue

获取报文之后，以无锁的方式安全地访问 Flow ID 对应的全局令牌桶，完成限速相关操作。

在无锁限速方案中，由于只使用了全局令牌桶，因此不存在低速率时本地令牌桶预留令牌导致的限速后速率偏低，以及预取令牌导致的限速后速率偏高的精度问题。图 6-38 是基于 DLB 技术的无锁限速方案效果。

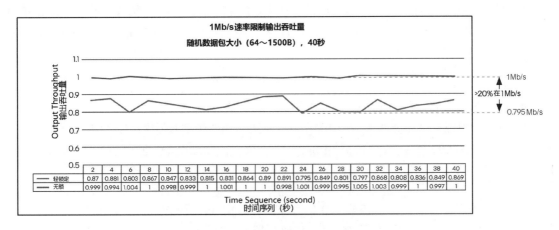

图 6-38　基于 DLB 技术的无锁限速方案整体稳定

在测试中以目的 IP 地址区分不同的需要限速的网络数据流，通过网络测试仪向被测设备（Device Under Test，DUT）发送不同目的 IP 地址的网络数据流，数据包在被测设备处理后返回给网络测试仪；网络测试仪每 2s 统计一次数据包的接收速率，连续统计 20 次，共 40s，然后记录结果。限速软件限制每个目的 IP 的速率为 1Mb/s，网络测试仪发送的待观测数据流速率超过 1Mb/s，使限速软件丢弃部分网络报文，以便观察限速精度。

从图 6-38 中可以看到，无锁限速方案的整体限速非常稳定且准确，整体误差小于 1%；而轻量化锁限速方案限速后的流量速率偏小，且有大幅度波动，甚至出现了大于 20% 的误差。以上测试说明，使用基于 DLB 的无锁限速方案相比轻量化锁限速方案能够获得更高的限速精度。

6.8　Tesla Dojo 超级计算机和 D1 处理器

特斯拉不仅拥有巨大的 NVIDIA GPU 集群，还正在设计自己的 AI 训练基础架构。由于自动驾驶技术带来了巨大的训练数据，所以特斯拉拥有一个巨大的 AI 训练农场是合理的。但令人佩服的是，特斯拉不仅采购商业可用的系统，还开发出自己的芯片和系统，这套超级计算机系统就是 Dojo。

Dojo 的基本单元是 D1 芯片，D1 芯片在标量方面的一些指令集参考了 RISC-V 架构，但是在向量方面和很多其他架构细节是特斯拉自定义的。

这款 D1 芯片由台积电使用 7 nm 半导体节点制造，拥有 500 亿个晶体管和 64 5mm² 的大型芯片面积。该芯片是特别为机器学习设计的，拥有准确的应用场景，目的是消除带宽瓶颈，属于典型的近存计算架构。在 2022 年 AI 日更新中，特斯拉宣布 Dojo 将通过部署多个 ExaPOD 来实现扩展。结合 Hot Chips 34 会议上放出的资料，我们可以获得每个 ExaPOD 的拓扑结构。

- 每个 D1 芯片包含 354 个计算核心。
- 每个训练瓦片包含 25 个 D1 芯片（8850 个核心）。
- 每个系统托盘包含 6 个训练瓦片（53 100 个核心）。
- 每个机柜包含 2 个系统托盘（106 200 个核心，300 个 D1 芯片，12 个训练瓦片）。
- 每个 ExaPOD 包含 10 个机柜（1 062 000 个核心，3000 个 D1 芯片，120 个训练瓦片）。

6.8.1　D1 芯片微架构

D1 芯片采用分布式结构，搭载 500 亿个晶体管，由 354 个 Training Node 组成，仅内部的电路就长达 17.7 千米，实现了超强算力和超高带宽。Training Node 是一个独立的 64 位通用 CPU，它能提供低精度的 1 TFLOPS 算力（频率为 2 GHz）。这个 CPU 具有超标量核心，它支持内部指令级并行性，并包括同时多线程，但它不支持虚拟内存，且使用有限的内存保护机制。

D1 芯片上的每个 CPU 的微架构如图 6-39 所示，指令集支持 64 位标量和 64 位单指令多数据向量指令。其整数单元混合了 RISC-V 和自定义指令，支持 8 位、16 位、32 位或 64 位整数。其自定义向量数学单元针对机器学习内核进行了优化，并支持多种数据精度，具有多种精度和数值范围，其中许多是编译器可组合的，最多可以同时使用 16 种向量精度。

每个 CPU 芯片使用一个 32 位的取指窗口，可以容纳 8 个指令。一个 8 通道的译码器每个时钟周期支持两个线程。4 路 SMT 标量调度器具有两个 ALU 整数单元、两个 AGU 地址单元和一个寄存器文件/线程。一个双向向量调度器具有 4 路 SMT，可以发送一个 64 位宽的 SIMD 单元或 4 个 8×8×4 矩阵乘法单元。

通过片上网络 NoC 的路由器，D1 芯片将核心连接成一个 2D 网格。2D 网格可以在每个时钟周期内向本地 SRAM 发送一份 64 位读消息和一份 64 位写消息，或者从每个邻居节点的 4 个方向发送一份数据包进来和一份数据包出去。

硬件原生操作可以在内存和 CPU 之间传输数据、信号和屏障约束。系统范围内的 DDR4 内存的工作方式类似于大容量存储。

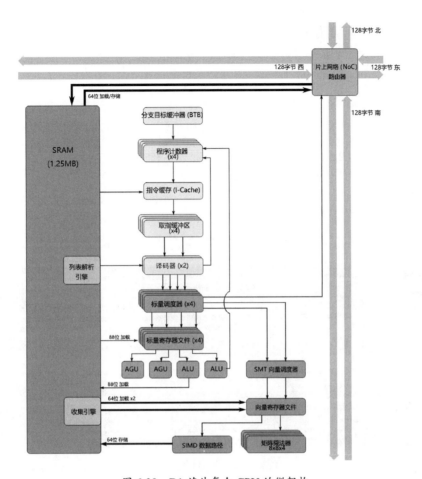

图 6-39 D1 芯片每个 CPU 的微架构

每个 CPU 核心拥有 1.25 MB 的 SRAM 主内存,其加载和存储速度分别达到 400 GB/s 和 270 GB/s。芯片有显式的核心到核心数据传输指令。每个 SRAM 都有一个独特的列表解析器,它可以发送一对译码器和一个聚合引擎,这个聚合引擎可以发送向量寄存器文件,这些设备可以直接在节点之间传输信息。

每个 D1 芯片节点被排列成 18×20 的数组,其中 354 个核心可用于应用程序,总共有 440 MB 的 SRAM(360 个核心×1.25 MB 每个核心)。每颗 D1 芯片可以使用 BF16 或可配置的 8 位浮点数(CFloat8)达到 376 TFLOPS 算力,这是特斯拉比较推崇的数据精度,并且在 FP32 下可以达到 22 TFLOPS 算力。

每个 D1 芯片有 576 个(芯片每一侧有 144 个)双向串行器/解串器(SerDes)通道沿着周边连接到其他 D1 芯片,并为每个边缘上的邻居 D1 芯片提供了 4 TB 的读/写带宽,每个 D1 芯片的热设计功率约为 400 W。

6.8.2　训练瓦片和存储资源

水冷训练瓦片由 25 个 D1 芯片打包成一个 5×5 的数组构成。每个瓦片具有一个硬件，从片上网络的一个端点，串行线缆穿过每个芯片的角落，使瓦片上的所有 D1 芯片都能够以 36 TB/s 的速率相互通信。每个芯片通过高速链路与主机接口芯片通信，总共可以提供 1.2 TB/s 的吞吐量。所以每个瓦片有 9 PFLOPS 的 BF16/CFP8 算力和 36 TB/s 的瓦片外带宽。

在实际的产品中，DIP 被放置在芯片底部，通过传统的 PCIe 接口和瓦片相连。DIP 也被称为高带宽内存卡，它提供了大容量的共享内存支持，每个 D1 芯片只有 440 MB 的 SRAM，而每个瓦片也只有 440×25 = 11 000 MB（10.74 GB）的内存，这个容量的存储虽然速度极快，但在特斯拉看来是不够用的。每个接口处理器提供 32 GB 的高带宽内存，每个瓦片底部安装 5 个 DIP，总共提供 160 GB 容量的内存。用于内存扩展的 DIP 卡如图 6-40 所示。

图 6-40　用于内存扩展的 DIP 卡

DIP 从外观看是 PCIe 接口规范的板卡，可以插入一个 PCI-Express 4.0 x16 插槽，但是使用了特斯拉自己的传输协议 Tesla Transport Protocol（TTP）。每个 DIP 配备有 32 GB 的 HBM 高速内存，最多可以有 5 张这样的卡以单卡 900 GB/s 的速度连接到一个训练瓦片，对训练瓦片的总带宽为 4.5 TB/s。

主机系统为 DIP 提供电源并执行各种系统管理功能。一个 DIP 内存和 I/O 协处理器拥有 32GB 的共享 HBM（HBM2e 或 HBM3），以及可以绕过网格网络的以太网接口。每个 DIP 卡采用双芯片设计，有两个 I/O 处理器，带有 4 个内存芯片。特斯拉传输协议（TTP）是一个基于 PCI-Express 物理层的专有互连协议，能够以 50 GB/s 的 TTP 协议链路通过以太网运行，可访问单一的 400 Gb/s 端口或一对 200 Gb/s 端口。穿越整个 2D 网格网络可能需要 30 跳，而通过以太网的 TTP 只需要 4 跳（尽管带宽较低），从而降低了垂直延迟。

如图 6-41 所示，训练瓦片电源供应也是定制化的。特斯拉在电源供应上进行了创新，以垂直方式提供电源。定制的电压调节器使电压直接重新流向扇出晶圆。每个瓦片的功耗是 15 kW，即使芯片本身只有 10 kW 总功耗。电源供应、I/O 和晶圆线也消耗了大量的电力。电源从底部进入，热量从顶部排出。

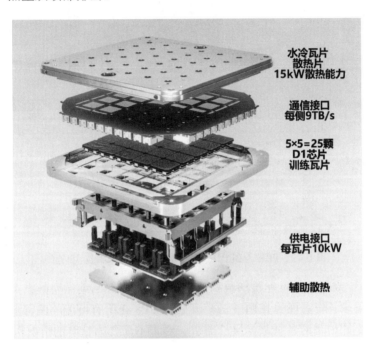

水冷瓦片
散热片
15kW散热能力

通信接口
每侧9TB/s

5×5=25颗
D1芯片
训练瓦片

供电接口
每瓦片10kW

辅助散热

图 6-41　每个训练瓦片的硬件拓扑方式

对特斯拉来说，Dojo 的规模单位不是每一个 D1 芯片，而是由 25 个 D1 芯片组成的训练瓦片。特斯拉不用考虑其他厂商的需求，以及兼容各种通用标准，只需要精确地按照自己的应用场景设计芯片即可。同时，这款芯片的设计完全没有任何一级缓存逻辑，极度简化控制逻辑导致芯片不支持虚拟内存。

Dojo 在一个机柜里垂直堆叠训练瓦片，以缩短它们之间的距离和通信时间。Dojo ExaPod 系统包括 10 个机柜，120 个瓦片，总计 1 062 000 个可用 CPU 核心（D1 芯片），1.33 TB 的 SRAM 和 13 TB 的 HBM 高速内存，达到 1.1 EFLOPS 的 BF16 和 CFP8 格式下算力，或者 67.8 PFLOPS 的 FP32 精度下算力。

6.8.3　丰富的低精度数据类型

FP32、BFP16、CFP8 和 CFP16 数据类型特性如图 6-42 所示，任何时候都最多可以使用 16 种数据类型，每个 64 字节包共享一种类型。

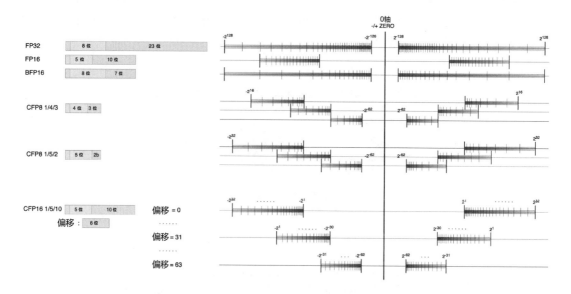

图 6-42 FP32、BFP16、CFP8 和 CFP16 数据类型特性

CFP8 具有 4 位或 5 位的可配置指数和偏移量,它可以灵活地调整数据类型的表示范围来满足特定应用的需求。与常规的 IEEE FP16 相比,CFP8 在所有可能的偏移量中具有更大的表示范围,这能够更好地适应各种数据层的需求。对于不需要高精度的情况,使用 CFP8 可以更有效地节省资源和带宽。

BFP16 具有较少的尾数位,从 FP32 转换到 BFP16 可以显著降低内存占用和网络带宽需求。

CFP8 可以用于大多数数据层的参数和激活,而对于需要更高精度的梯度,则可以选择使用 FP32 或 CFP16,后者具有类似于 CFP8 的表示范围,但提供了更高的精度。CFP16 与 CFP8 一样,可以通过可变偏移量机制来调整其表示范围和精度,使其成为一种在许多情况下可以有效替代 FP32 的数据精度,特别是当与随机舍入技术结合使用时。

在技术实现方面,Dojo 节点允许 CFP8 和 BFP16 作为源操作数参与三乘单元的运算,同时还支持以更宽的 FP32 精度进行累加。在 SIMD 单元中,这些格式都可以作为操作数,但累加仅限于 FP32 精度。上述所有精度都支持基本算术指令,如最大值、最小值和比较等,这提高了算法处理的灵活性和效率。但是 D1 芯片的 FP32 算力与 BF16 和 CFP8 算力差距较大,这一点和 NVIDIA 消费级 GPU 的 FP64 和 FP32 比例类似(NVIDIA 很多代产品的单双精度性能差异可达到 8～32 倍)。

6.8.4 设计独特性与思考

Dojo 所使用的 D1 芯片的 SRAM 块不是一个缓存系统，其大小更接近一个 L2 缓存但能够以与 L1 缓存类似的延迟进行数据访问。D1 芯片能够每个时钟周期处理两个 512 位的加载，这与具有 AVX-512 支持的 Intel CPU 的带宽相匹配。由于 D1 芯片不是缓存，因此不需要与数据一起存储标签和状态位，而且前面没有 L1D 缓存，从而降低了延迟并节省了面积和能源。

Dojo 整体系统不支持虚拟内存，因此不存在 TLB 或页面遍历机制，降低了核心复杂性和延迟。现代操作系统通常使用虚拟内存来隔离进程和管理内存，但 Dojo 更侧重于单一应用的明显并行性而非多任务性能。同时 Dojo 可以仅使用 21 个地址位来访问 SRAM，从而简化了 AGU 和寻址总线，避免在其前面实现单独的 L1 数据缓存。

Dojo 芯片不能直接连接到系统内存，而是通过连接到配备有 HBM 的接口处理器卡（DIP）来实现与系统内存的通信。DIP 也负责与主机系统通信，但是访问 HBM 需要通过一个单独的芯片，这可能导致访问延迟非常高。

总体上看，D1 芯片是一个拥有一定程度的乱序（OoO）执行能力、良好向量吞吐量和矩阵乘法单元的 8 路核心，但即使拥有 1.25 MB 的本地 SRAM，它仍然是一个非常小的核心。富士通的 A64FX 在同一工艺节点上占据的面积是 D1 芯片的 2 倍多。

特斯拉希望通过在芯片上打包大量核心来最大化机器学习的吞吐量，所以单个核心必须小。为了实现其面积效率，Dojo 极致精简功能单元，包括 DDR 内存控制器和 PCIe 控制器，且运行于保守的 2 GHz 频率，低时钟电路通常占用较少的区域。它可能有一个基本的分支预测器和一个小的指令缓存，如果程序具有大的代码占用或大量的分支，则运行效率会受到影响，但是大部分的机器学习任务在分支方面不会令人过度担心。

D1 芯片的设计思路在一般的消费者或服务器 CPU 中可能是不切实际的，因为它牺牲了通用性和灵活性以换取更高的计算密度和效率。在过去 20 年，单线程性能的提升速度已经放缓，主要是因为制程节点的改进变得越来越慢。在过去 5 年，电源和冷却限制也开始影响 CPU 多线程性能的提升。但尽管如此，对更高算力的需求并没有减缓。特斯拉的 Dojo 是一个突出的例子，它向业界展示了如何通过反复取舍来提高计算密度，最终带来强大的算力。

第 7 章　从图形到计算的 GPU 架构演进

7.1　GPU 图形计算发展

7.1.1　从三角形开始的几何阶段

在现代图形渲染中，三角形是最常用的基本图形元素之一，用来构建复杂的 3D 模型和场景。三角形具有稳定性，任意 3 个非共线的点在空间中都可以构成一个平面。三角形的稳定性使其成为一个可靠的基本图形元素。三角形还具有灵活性，很多复杂的多边形都可以被分解成三角形，例如，一个四边形可以被分割成两个三角形。

在图形学中，图元是图形的基本元素，它可以是一个点、一条线或一个面。在 3D 图形渲染中，最常用的图元是三角形，如图 7-1 所示。要渲染一个复杂的 3D 模型（例如人脸），模型通常由数千或数百万个三角形组成。通过细分这些三角形，并调整它们的位置和方向，可以创建出非常具体和真实的形状。这些细分的三角形捕捉了模型的微小细节，如眼睛、鼻子和耳朵的曲线。渲染的细节级别越高，所需的三角形数量就越多。

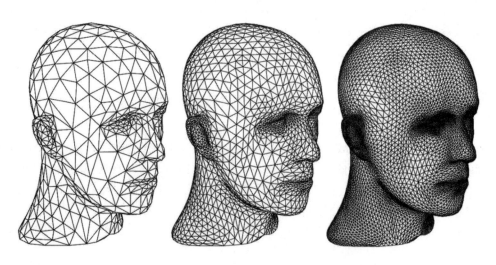

图 7-1　三角形图元

在图形渲染中，一个三角形的每个顶点都包含位置、颜色、纹理坐标等属性。在可编程着色器（如 Vertex Shader，简称 VS，顶点着色器）出现之前，许多与顶点处理相关的任务都是在 T&L（Transform and Lighting，变换与光照）阶段完成的，这一阶段属于固定功能流水线（Fixed-Function Pipeline）的一部分。T&L 包含如下两阶段工作。

- Transform（变换）：该阶段负责几何变换，即将顶点从一个坐标空间变换到另一个坐标空间。它会处理模型变换（将物体从对象空间变换到世界空间）、视图变换（从世界空间变换到摄像机空间）和投影变换（从摄像机空间变换到屏幕空间）。
- Lighting（光照）：该阶段根据场景中的光源、材质属性以及顶点的位置和法线，计算顶点的颜色和亮度。

Transform 阶段的本质是对整个图像做旋转、平移、缩放等操作，它具体通过几个变换实现，如图 7-2 所示，这几个变换简介如下。

- 模型（Model）变换：每个 3D 物体（例如游戏中的角色或建筑物）都有其自己的局部坐标系，这被称为模型空间。在这个模型空间中，物体的原点通常是其中心点或某个关键点。模型变换是将物体从其模型空间变换到一个统一的世界空间，其中所有物体都被放置在一个大的 3D 场景中。这涉及对物体进行旋转、平移和缩放操作，以确定它在整个 3D 世界中的位置、方向和大小。
- 观察（View）变换：一旦所有物体都被放置在世界空间中，下一步就是确定观察者（或相机）如何查看这个世界。观察变换负责将整个 3D 世界从世界空间转换到观察空间，使得相机位于原点，并且正面朝向一个特定方向，它会考虑相机的位置、方向。
- 投影（Projection）变换：将 3D 世界投影到 2D 屏幕上就要使用投影变换。投影变换将观察空间的 3D 场景变换到一个被称为裁剪空间的空间中。在这个空间中，所有即将显示在屏幕上的物体都位于一个定义的立方体内（通常被称为裁剪体或视椎体）。这个变换也定义了是使用正射投影还是透视投影。

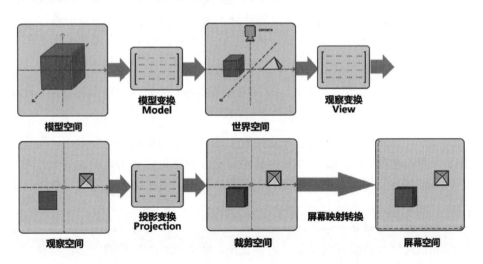

图 7-2　Transform 阶段，也被称为 MVP 矩阵

这 3 个连续的变换确保 3D 模型最终显示在 2D 屏幕上。这些变换不仅影响物体的形状和位置，还决定了使用者在游戏中如何看到人物移动、旋转和改变姿势。这些变换涉及矩阵计算，为每个顶点所做的矩阵与向量的乘法是高度并行的，因为每个顶点的变换都是独立的。

在 Lighting 阶段也是可以并行化的，因为每个顶点或片段的光照计算是独立的。根据所使用的光照模型进行多次向量计算、标准化和点积计算。

熟悉硬件的读者可能会想到一个关键词"硬件 T&L"。在硬件 T&L 流水线提出的早期阶段，都由 CPU 负责相关计算。从 1999 年开始，GPU 集成了这部分的硬件逻辑单元，把 CPU 从繁重的矩阵计算中解放出来。"硬件 T&L"的产生是 GPU 诞生并立足的标志性事件，也标志着显卡从简单的视频显示适配器变为专用的图形加速硬件。

T&L 计算是一个计算密集型的任务，CPU 可能会成为其性能瓶颈。在 GPU 上集成硬件 T&L，这些计算被移至显卡，从而大大提高了渲染速度。有了硬件加速的 T&L，开发者可以在场景中使用更复杂的光照模型和更多的多边形，从而实现更加逼真的渲染效果。顶点着色器在后来的流水线中替代了硬件 T&L，虽然它们都处理顶点变换和光照，但顶点着色器提供了更强大的灵活性、并行性和功能集。

顶点着色器允许开发人员编写自定义的着色器代码来定义顶点的处理方式。这种可编程性使开发者可以实现各种效果，从简单的顶点变换到复杂的动画和光照模型都可实现。相反，传统的硬件 T&L 是固定功能的，其操作和功能是预定义的。顶点着色器是为高度并行处理设计的，因为现代 GPU 有数百到数千个处理核心，可以同时处理多个顶点，这种高度并行的结构使得顶点着色器在性能上具有优势。除了传统的变换和光照，顶点着色器还允许开发者实现更多的功能，如法线贴图、顶点动画、置换贴图等。顶点着色器与像素着色器紧密集成，使得顶点和像素级别的操作可以更为协调和连贯，顶点着色器可以为像素着色器传递自定义的数据和属性。

DirectX 11 定义的图形渲染流水线，在几何处理阶段，还有两个重要的功能：曲面细分和几何着色器。它们能增加模型顶点，让画面更加真实。

- 曲面细分：曲面细分的目的是在原始模型的基础上增加更多的顶点，使得模型更为细致和平滑。这是通过在原有图元内部添加更多的三角形来实现的。这个过程通常用于更加精细地展示模型的曲面细节。一个简单的平面通过曲面细分可以变成一个多顶点的高分辨率平面，通过 Hull Shader、Tesselator 和 Domain Shader 共同新增顶点。
- 几何着色器：几何着色器的功能是接收一个图元，并且可以输出零个、一个或多个新的图元。几何着色器可以对图元进行变换、裁剪或者生成新的图元，以及可以在图元外添加额外的顶点或者根据需要生成新的图元。

7.1.2　光栅化衔接 3D 和 2D 世界

在顶点计算和像素计算之间有一个重要的步骤，即把信息串在一起，这就是光栅化（Rasterization）。光栅化是将矢量顶点组成的图形进行像素化的过程，它是一个桥梁，连接了 3D 顶点数据和 2D 屏幕像素。这个步骤将 3D 的几何结构变换为屏幕上的 2D 像素。所以顶点着色器之后是图元装配，它针对顶点、曲面细分或者几何阶段产生的顶点进行分组，将它们分成适合光栅化的图元，比如三角面片图元。

光栅化联系了几何与平面，光栅化过程如图 7-3 所示。光栅化过程首先确定了一个 2D 的渲染目标（屏幕或纹理的某部分），然后计算每个像素如何与输入的三角形相关联。每个相关的像素会产生一个"片段"（Fragment）。这些片段包含了像素的颜色、深度等信息。在光栅化阶段，系统需要确定三角形是如何在屏幕上分布的，即确定哪些像素位于三角形内部。三角形遍历的规则用于实现这个目的。经过光栅化生成的每个片段接下来会被传递给像素着色器进行进一步的处理，如进行颜色计算、纹理映射等。

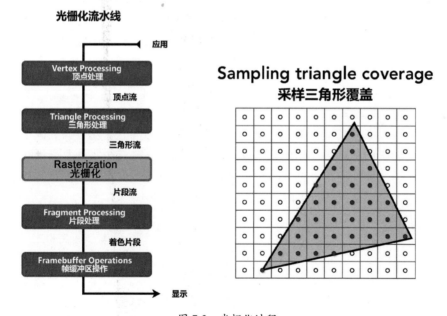

图 7-3　光栅化过程

以下是光栅化过程的详细步骤，重点是三角形遍历。

- 屏幕映射：三角形的顶点坐标（在裁剪空间中）会映射到屏幕坐标系，这通常涉及透视除法和视口变换（Viewport Transformation），将 3D 空间中的坐标变换为屏幕上的 2D 像素坐标。

- 边界确定：在知道三角形顶点在屏幕上的位置后，就可以确定三角形的边界框。这是一个矩形区域，包含了整个三角形，用于进一步优化遍历过程，因为只有在这个框内的像素才可能被三角形所覆盖。
- 三角形遍历：系统遍历边界框内的每个像素，以确定它们是否在三角形内部。判断像素是否在三角形内部的常用方法是边测试：对于三角形的每条边都可以使用线性方程来描述；测试屏幕上的点（像素中心）是否在该方程的正确一侧，如果屏幕上的点在3 条边的正确一侧，则它位于三角形内部。
- 片段生成：在三角形内部的每个像素都会生成一个片段。这个片段会包含屏幕上的位置信息及其他与该位置相关的数据。例如，通过插值三角形顶点的数据（如颜色、纹理坐标等），为每个片段生成相应的数据。

生成的片段接下来会被传递给像素着色器，进行进一步的处理，例如进行纹理采样、光照计算等，最终确定该片段的最终颜色和深度。

在这里，我们要引入一个知识点：不可被用户编程的"固定功能单元"。光栅化就是这样一个单元，它衔接顶点着色器和像素着色器流程，采用固定逻辑电路的功能单元能够针对特定任务进行优化，从而达到所需的性能。并且光栅化过程必须具备确定性，确保在给定的输入下，输出是一致的和可预测的。如果允许使用通用计算或可编程的方法，则可能会引入不确定性或不精确性。

在硬件设计中，由于被面积、功耗和发热要求所限制，因此存在很多的折中考虑，比如固定功能单元的高效率和低可编程性之间的折中考虑。专门为光栅化设计的固定功能单元可以使硬件设计更加简单和高效。相比之下，一个可编程单元具有更高的复杂性，包括但不限于更多的控制逻辑、更大的寄存器文件和更复杂的执行单元。光栅化主要涉及像素位置和三角形的决策过程，它不是一个可以广泛使用通用计算的任务。

7.1.3 像素着色阶段

像素着色器（Pixel Shader）是图形流水线中算力相当强大的功能单元，因为它可以为每个片段执行复杂的计算，从而为最终渲染的图像添加细节和视觉效果。随着技术的发展，像素着色器的功能在增加，复杂性也在提高。像素着色器并不直接对每个像素进行计算，而是对每个片段进行计算。在大多数情况下，一个片段对应一个像素，但也有例外，例如在多重采样抗锯齿（MSAA）中，一个像素可能对应多个片段。但是确实存在一个阶段，特别是在高分辨率显示器普及的阶段，更高的输出分辨率给 GPU 的像素着色器带来了更大的压力。

像素着色器的工作流程大致分为如下几个阶段。

- 输入：像素着色器的输入是从光栅化过程中得到的片段。这些片段包含了位置、颜色、纹理坐标、深度、法向量等信息。这些信息是从顶点数据插值得到的。
- 纹理采样：基于片段的纹理坐标，着色器从纹理图像中抽取颜色或其他数据。这允许在渲染的图像上应用具体的纹理或图案。
- 光照和阴影计算：在此阶段，根据片段的位置、法向量及光源的位置和属性，可以计算光照效果。
- 其他效果阶段：着色器语言（如 GLSL 或 HLSL）具有强大的灵活性，使开发者能够使用着色器语言实现各种复杂的效果，如环境遮挡、深度模糊、色彩校正、透明度等。
- 输出：像素着色器的主要输出通常是片段的最终颜色，但也可能包括深度、透明度或其他值。这些输出数据随后会被传递给后续的渲染阶段，如混合和深度测试。
- 混合和深度测试：混合和深度测试通常不被视为像素着色器的一部分。混合涉及将片段的颜色与已存在于帧缓冲器中的颜色进行混合（例如考虑透明度）。深度测试则是将片段的深度值与深度缓冲器中的值进行比较，以确定片段是否应该被写入帧缓冲器。

光照模型是计算机图形学中的重要概念，它描述了物体的表面如何与光源相互作用以产生最终的颜色。在图形流水线中，光照模型主要在像素着色器中实现。

当我们说"像素"的时候，通常指的是屏幕上的一点。但在图形学术语中，特别是在像素着色器中，我们处理的是"片段"。片段是光栅化过程中的一个中间产品，它包含了最终可能出现在特定屏幕像素位置的所有信息。在一些情况下，一个屏幕像素可能对应多个片段。这种情况发生在具有一定的透明度或进行多次过程渲染等情况下。

DirectX 和 OpenGL 作为主流的图形 API，都增加了对可编程着色器的支持，使游戏设计师在创建自定义图形效果时拥有更高的自由度。计算机图形设计者可以直接在 GPU 上执行程序，而不仅仅是组合预先设定的效果。从 DirectX 8 开始，可以为场景中的每个对象指定两种类型的着色器：顶点着色器和像素着色器。

顶点着色器是在 3D 对象的每个顶点上调用的函数，该函数转换顶点并返回其相对于摄像机视图的位置。通过转换顶点，可有助于实现真实的皮肤、衣物、面部表情等效果。

像素着色器是在特定对象覆盖的每个像素上调用的函数，返回像素的颜色。为了计算输出颜色，像素着色器可以使用各种可选的输入，还可以读取纹理、凹凸贴图和其他输入。

7.1.4　DirectX API 推动 GPU 演进

DirectX 是由微软设计和维护的图形应用程序接口。从 1995 年首次推出以来，DirectX 已经成为 Windows 平台上 3D 游戏和多媒体应用开发的核心部分。在 DirectX 出现之前，游戏开发者需要针对各种不同的硬件制造商和驱动程序编写特定的代码。DirectX 提供了一个统一的、跨硬件的接口，使得开发者只需针对一个 API 进行编程即可。DirectX 还定义了一系列图形和声音功能的标准，这使得硬件制造商知道自己的设备需要支持哪些功能，同时也让开发者知道自己可以使用哪些功能。

DirectX 7 发布于 1999 年，并带来了硬件 T&L 的革命性支持。硬件 T&L 的引入意味着顶点变换和光照计算可以直接在图形硬件上进行，而不是由 CPU 来处理。这释放了 CPU 的负担，允许更加复杂的场景和更多的交互。DirectX 7 标志着真正的现代 GPU 的诞生，为图形技术的进步开辟了道路。像 NVIDIA 的 GeForce 256 就是在 DirectX 7 时代推出的，GeForce 256 是首款声称自己是 "GPU" 的图形卡，这正是因为它在硬件上实现了 T&L 功能。

图 7-4 展示了一张 20 多年前的显卡，它有一个独立的与主板相连的 AGP 接口，有 VGA 输出显示接口，有 GPU、显存、散热器，甚至还有硬盘 D 型独立供电接口。供电接口表明 AGP 总线接口供电不足，主动散热表明它的发热较高。虽然最新的 Geforce RTX 4090 和这块显卡相比已经今非昔比，但是这些核心的东西基本上都被保留了下来。这块显卡的设计也反映了供电不足和散热困难的情况延续到了今天，体现出图形处理在计算机任务中的重要地位和存在芯片设计瓶颈。

图 7-4　早期的 AGP 接口独立显卡产品

到了 DirectX 8 时代，顶点和像素运算的需求量猛增，微软首次引入了 Shader Model 概念，Shader Model 就相当于 GPU 的图形渲染指令集。顶点着色器和像素着色器都是 Shader Model 1.0 的一部分，此后每逢 DirectX 有重大版本更新时，Shader Model 也会推出相应的升级版本，技术特性都会大大增强。

表 7-1 提供了 DirectX 11 时代及之前，着色器可编程性方面的重要改进。其中，DirectX 9 在其发布后的多年里持续地影响着游戏和图形硬件的发展，很多支持 DirectX 9 的游戏大作在

当时诞生，这主要是因为 DirectX 9 带来了许多关键的特性和增强功能，从而推动了计算机游戏图形的质量和复杂性向前发展。

表 7-1　着色器可编程性方面的重要改进

Shader Model 版本	GPU 代表	API 时代	特　点
	1999 年第一代 NVIDIA Geforce 256	DirectX 7 1999—2001 年	GPU 可以处理顶点的矩阵变换和进行光照计算（T&L 功能），操作固定，功能单一，不具备可编程性
1.0	2001 年第二代 NVIDIA Geforce 3	DirectX 8	将图形硬件流水线作为流处理器来解释，顶点部分出现可编程性，像素部分可编程性有限（访问纹理的方式和格式受限，不支持浮点计算）
2.0	2003 年 ATI R300 和第三代 NVIDIA Geforce FX	DirectX 9.0b	顶点和像素可编程性更通用化，像素部分支持 FP16/24/32 计算，可包含上千条指令，处理纹理时更加灵活；可用索引进行查找，也不再限制在[0,1]范围内，从而可用作任意数组（这一点对通用计算很重要）
3.0	2004 年第四代 NVIDIA Geforce 6 和 ATI X1000	DirectX 9.0c	顶点程序可以访问纹理 VTF，支持动态分支操作，像素程序开始支持分支操作（包括循环、if-else 等），支持函数调用、64 位浮点纹理滤波和融合、多个绘制目标
4.0	2007 年第五代 NVIDIA G80 和 ATI R600	DirectX 10 2007—2009 年	统一渲染架构，支持 IEEE 754 浮点标准，引入 Geometry Shader（可批量进行几何处理），寄存器从 32 个增加到 4096 个，纹理规模从 16+4 个增加到 128 个，材质 Texture 格式变为由硬件支持的 RGBE 格式，最高纹理分辨率从 2048 像素×2048 像素提升至 8192 像素×8192 像素
5.0	2009 年 ATI RV870 和 2010 年 NVIDIA GF100	DirectX 11 2009—2015 年	明确提出通用计算 API Direct Compute 概念，与 OpenCL 分庭抗衡，以更小的性能衰减程度支持 IEEE754 的 FP64 计算、硬件曲面细分单元、更好地利用多线程资源加速多个 GPU

DirectX 9 引入了高版本的顶点着色器和像素着色器（比如 VS 3.0 和 PS 3.0），这允许开发者编写更复杂和灵活的图形效果。DirectX 9 增加了对浮点型数据的处理功能。以前的版本主要依赖于整数来处理图形，这在精度上有限制。通过使用浮点计算，DirectX 9 可以实现更高的颜色精度和动态范围，从而创建出更逼真的图像和更复杂的光照效果。许多游戏开发者采纳了 DirectX 9，因为它为创建视觉上令人惊叹的现代游戏提供了强大的工具，而图形硬件制造商为支持这些特性也推出了新的 GPU。

DirectX 9 每个子版本都修复了一些错误和更新了一些特性。其中，DirectX 9.0c 可能是最知名的子版本，它增加了对 Shader Model 3.0 的支持，这允许生成更复杂的图形效果。Shader Model 3.0 提供了更多的顶点着色器和像素着色器指令，以及其他增强功能。这支持了更高的效果复杂性，包括更复杂的光照和材质效果。DirectX 9 标志着游戏图形从简单、固定功能渲染迈向复杂、可编程着色器的转变。这个版本不仅引领了技术的进步，也定义了一个飞速发展的图形时代。

在 SIGGRAPH 2003 大会上，许多业界泰斗级人物发表了关于利用 GPU 进行各种计算的设想和实验模型。SIGGRAPH 会议还特地安排了时间进行 GPGPU（General-Purpose Graphics Processing Unit，通用图形处理器）的研讨交流，使用 GPU 进行非图形并行计算的大门打开了，经过多年的发展，GPU 已经拥有超过 CPU 的浮点算力和并行度。

Folding@home 是具有一定知名度的分布式 GPGPU 计算项目，该项目专注于精确地模拟蛋白质折叠和错误折叠的过程，以便能更好地了解多种疾病的起因和发展，包括部分癌症、阿尔茨海默病（老年失智症）、牛海绵状脑病（疯牛病）、囊胞性纤维症，并将所有计算成果和论文公开发表。2006 年 9 月底，ATI 发布了其通用计算 GPGPU 架构，并得到了斯坦福大学 Folding@Home 项目的大力支持。ATI 从 Radeon X1900 系列开始支持 Folding@Home 加速计算，如图 7-5 所示。在 R580 架构的 48 个像素着色器支持下，其 FP32 峰值算力达到426 GFLOPS，而当时同期的高端 CPU Core 2 Quad QX6700 F32 算力仅有 43 GFLOPS。2007年 3 月，游戏主机 PS 3.0 正式加入 Folding@Home 项目，有超过百万名 PS 3.0 玩家注册参与。NVIDIA 于 2008 年 6 月宣布基于 G80 及以上核心的显卡产品都支持 Folding@Home 加速计算，这更是对分布式计算的重要贡献。

图 7-5   ATI 率先开始支持 Folding@Home 加速计算

在非统一着色器的年代，不管是像素着色器还是顶点着色器，其实都是 SIMD（单指令多数据）结构的，依靠 4D 矢量处理器，可以一次性计算像素的 RGBA 数据或者顶点的 XYZW数据。GPU 就这样很自然地由图形任务驱使，依靠巨大的消费级市场需求量，不断实现自我进化迭代，通过其算力优势打开了 GPGPU 的大门。

到了 NVIDIA G80 和 ATI R600 时代，统一着色器架构的 GPU 继续保持了算力大幅度非线性提升，同时 GPU 的通用性、计算效率和编程的便利程度也不断发展，GPGPU 以势不可挡的发展速度为人工智能领域提供强有力算力支持，我们在第 10 章经典 GPU 算力芯片解读章节会详细回顾这些 GPU 的发展历程。

7.2　GPGPU 指令流水线

我们通常谈论的指令流水线，指的是将指令执行过程分解为多个阶段，这样在任何给定的时刻，多条指令可以在不同的阶段同时执行，这种并行方式可以提高处理器的吞吐量。GPU 已经通过非常多数量的执行单元，或者说划分为很多个分区的流多处理器（Streaming Multiprocessor，SM）来提高指令并行度，但是指令并行度仍然能够采用流水线的方式进一步提高。

和 CPU 指令流水线的执行单位是每条指令不同，并行计算模式（而非图形模式下）GPGPU 的流水线是针对线程束进行管理的，也就是 NVIDIA 所说的 CUDA 环境下的 warp 或者 AMD 所说的 OpenCL 环境下的 wavefront。GPGPU 也仿照 CPU 将指令执行过程分解成多个步骤或阶段，每个步骤或阶段专门处理一项任务（如取指、译码等）。在流水线的任意给定时间点，多个线程束的指令可以在这些不同阶段中同时执行。

每个线程束都可以独立于其他线程束进入其指令流水线阶段。这提供了强大的并行性，因为在同一时刻，许多线程束可以在各种阶段同时执行。由于线程束中的所有线程都在同一流水线阶段同时执行相同的指令（只是在不同的数据上），因此 GPGPU 可以在任何给定时刻同时处理数百个甚至数千个线程，这为数据并行任务带来了巨大的性能提升。每个线程束包含的线程数是 32 或者 64，GPGPU 能并行执行的线程数从这个角度已经比 CPU 高了一个数量级。

针对线程束设计的 GPGPU 流水线有以下几个优势。

- 有效利用资源：通过将线程组织成线程束，并以线程束为粒度执行指令，GPGPU 能够更有效地增加计算单元硬件资源，减少调度单元硬件资源，适合高密度向量矩阵计算。
- 隐藏延迟：在 GPGPU 中，当某个线程束因等待数据或其他资源而被阻塞时，其他线程束可以继续执行。这种快速切换有助于隐藏延迟，确保处理器的执行单元始终保持忙碌状态。
- 灵活性：尽管每个线程束中的线程执行相同的指令，但每个线程束可以执行不同的代码路径。这为处理各种任务提供了足够的灵活性，同时仍能保持高并行性。

如图 7-6 所示，GPGPU 的流水线和超标量 CPU 的设计非常类似，都包括取指、译码、发射、执行、写回阶段。GPGPU 的流水线被描述为一个 SIMT（Single Instruction, Multiple Threads，单指令多线程）前端和一个 SIMD（Single Instruction, Multiple Data，单指令多数据）后端的结合。

- SIMT 前端：在流水线的前端，每个线程都有自己的控制流。例如，程序可能在某些线程上执行 if 分支，而在其他线程上执行 else 分支。但在一个线程束中，所有线程都会执行相同的指令，并根据需要进行遮蔽（masked）。这种方式允许 GPU 以线程为中心的方式进行编程，从而提供了高度的并行性和灵活性。
- SIMD 后端：一旦线程达到后端执行阶段，各种计算单元就会对数据进行操作，流水线就会变得更像传统的 SIMD。在这个阶段，一组线程（可以认为是一个线程束）会一起执行相同的操作，但作用于不同的数据上。这可以被视为纯粹的数据并行处理。

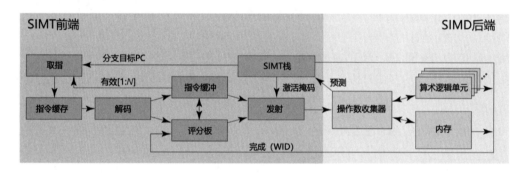

图 7-6　GPGPU 流水线

通过将 SIMT 前端与 SIMD 后端结合，GPGPU 能够提供强大的编程模型，同时还能在硬件上实现高效的并行执行。这种设计允许程序员使用以线程为中心的方式编程，而硬件可以以数据为中心的方式优化执行，从而最大限度地提高吞吐量。

通过使用 SIMD 指令集，CPU 可以提高数据级并行度，执行多个数据元素上的相同操作，从而加速计算过程。SIMD 指令将多个数据元素打包成向量，并在单条指令中对向量进行并行计算。GPU 中的 SIMT 带来的则是指令级并行度。在 GPU 中，SIMT 架构将多个线程组织成线程束、线程块和线程网格的形式，每个线程束同一时刻执行相同的指令，但每个线程可以处理不同的数据。这意味着在一个线程束中，又实现了数据级并行度。

接下来，我们开始对 GPU 指令流水线过程进行描述。

7.2.1　取指阶段

和 CPU 类似，为了提高效率，GPGPU 也拥有指令缓存。指令缓存是 GPGPU 流水线的

第一个调度部分。当线程束的指令被取出时，首先会查看这些指令是否已经在指令缓存中了。如果是，指令可以被快速地取出并发送到流水线的下一阶段。取指后的指令被送入译码阶段，此时，这些指令将被译码为可以由执行单元理解和执行的微操作。虽然一个线程束在某一时刻可能在取指阶段，但其他线程束可能在流水线的其他阶段，如执行或写回阶段，这为 GPGPU 提供了高度的并行性。

程序计数器（Program Counter）是计算机体系结构中的一个关键组件，其主要功能是存储正在执行指令的地址或下一条要执行指令的地址。这个概念在 CPU 中经常被讨论，但在 GPU 中，由于其具有并行性，程序计数器的角色和实现稍有不同。

在 GPU 中，每个线程都有自己的程序计数器（在 NVIDIA 的 Volta 架构之前，只能做到每个线程束有自己的程序计数器），由于 GPU 被设计用于高度并行的计算，这意味着它同时管理成千上万个线程。因此，每个线程都需要有自己的程序计数器来追踪其执行到哪条指令。在 GPGPU 中采用了被称为 SIMT 的并行模型。在这种模型中，一个线程束（通常包括 32 个线程）会同时执行相同的指令，但是计算过程发生在不同的数据上。虽然整个线程束共享一条指令流，但由于控制流的分叉，每个线程可能会走向不同的执行路径，因此仍然需要为每个线程维护独立的程序计数器。

当某些线程在线程束内选择了不同的执行路径时，线程束的执行可能会串行，即首先执行一条路径，然后执行另一条路径，这种情况被称为线程分歧（Thread Divergence）。在这种情况下，程序计数器对于追踪哪些线程正在哪条路径上执行变得尤为重要。管理大量线程的程序计数器对于存储和性能都是考虑点。GPU 的设计者需要确保程序计数器的存储和访问既高效又经济。

7.2.2　译码阶段

无论 CPU 还是 GPU，译码阶段都是为了将指令从一种形式转换为另一种形式，以便后续的执行单元可以理解和执行。比如，在 x86 指令集架构的 CPU 中，译码阶段将 x86 指令译码为微操作，这些微操作是 CPU 内部使用的更简单、更原始的操作集，它们对应于硬件可以直接执行的基本操作。但是由于 CPU 和 GPU 的设计和目的存在差异，译码阶段存在一些不同之处。

译码目标介绍如下。

- CPU：被设计为通用处理器，可以运行各种应用程序和操作系统，因此，其指令集通常非常丰富，包括许多复杂的指令。译码阶段可能会涉及处理多种长度和复杂度的指令。
- GPU：专为图形和大规模并行处理任务而设计，其指令集更为简化，专注于为并行操作提供支持。因此，译码阶段可能更为简单和统一。

指令类型介绍如下。

- CPU：包括许多复杂的、有状态的指令，如条件跳转、复杂的算术和逻辑操作等。
- GPU：主要关注与并行计算相关的指令，例如数学计算、数据移动和同步。

并行性介绍如下。

- CPU：虽然现代 CPU 也支持并行性（如多核心、超线程等），但其并行度相对较低。一个译码单元通常为每个核心译码一条指令。
- GPU：支持更高的并行度。译码阶段 GPU 可能会同时译码多条指令，每条指令针对一个线程束或一组线程。

译码结果介绍如下。

- CPU：译码的结果通常是一组微操作，这些操作被送入执行单元进行处理。
- GPU：译码的结果可能是为执行单元定制的更为简化的操作或信号。

这里需要简单介绍 GPU 的指令集。以 NVIDIA 产品为例，SASS（NVIDIA 的低级汇编语言）和 PTX（Parallel Thread Execution，NVIDIA GPU 架构的中间表示形式）是 NVIDIA GPU 架构中的两种指令表示。

PTX 是 NVIDIA 为其 GPU 设计的中间表示（Intermediate Representation，IR），可以将其视为半抽象的汇编语言。PTX 提供了一个平台中立的 IR，这意味着不同的 NVIDIA GPU 架构可以从相同的 PTX 代码生成特定的机器代码。当新的 GPU 架构发布时，无须重新编写或重新编译高级语言源代码，因为 PTX 可以被重新编译为新架构的目标代码。PTX 暴露了 GPU 的并行性和内存层次结构，但是隐藏了具体的硬件细节。这允许代码对特定的 GPU 架构进行优化，同时保持对其他架构的兼容性。

SASS（Streaming Assembly Shader ISA）是 NVIDIA GPU 真正执行的机器代码。它是指令的译码，通常针对 SASS 指令。指令译码阶段是在翻译 SASS 指令，而不是翻译 PTX。PTX 不直接在 GPU 上执行，而是通过 Just-In-Time（JIT）编译器在运行时被进一步编译为 SASS 指令，针对的是特定的 GPU 设备。

SASS 作为 NVIDIA GPU 的低级指令集，每种 NVIDIA GPU 架构都有其特定版本的 SASS。例如 Maxwell、Pascal、Volta、Turing 和 Ampere 等都有各自不同的 SASS 变种。SASS 是从 PTX 编译而来的，在具体的 NVIDIA GPU 上执行。SASS 是极为底层的，它考虑了特定 GPU 架构的所有细节，从寄存器文件到执行单元，SASS 指令通常对应于 GPU 上的实际硬件操作。

PTA 和 SASS 的关系体现在以下几个方面。

- 编译流程：通常，开发者会写 CUDA C++代码，该代码首先被 NVCC 编译器编译为 PTX 代码。然后，PTX 代码在安装时（JIT 编译）或在构建时被进一步编译为 SASS 代码，从而在具体的 GPU 上执行。
- 灵活性与性能：通过使用 PTX，开发者可以为 NVIDIA 的多种 GPU 架构编写并维护单一的代码库。但是对于性能关键应用，开发者可能会直接使用 SASS，以确保充分利用特定 GPU 架构的所有优势。

PTX 和 SASS 分别代表 NVIDIA GPU 编程的不同层次。PTX 更为抽象，提供了代码与多个 GPU 架构的兼容性，而 SASS 提供了对特定 GPU 架构的最大优化能力。由于没有完全公开的文档来描述 SASS（NVIDIA 没有完全公开 SASS 指令集的细节），因此 NVIDIA 有更高的自由度来更新、修改或完全重新设计其指令集架构，而不需要担心硬件级别的向后兼容性。这为产品开发迭代提供了更高的灵活性，使得从一个 GPU 架构到下一个可能有显著的改变。

当然这也带来了问题，这意味着除非你是 NVIDIA 内部的工程师或与 NVIDIA 有特殊合作关系的公司，否则你可能无法直接访问 SASS 的完整规范。尽管如此，但许多开发者和研究者依然希望能够深入了解和分析 GPU 上的代码执行，以便优化性能或进行研究。由于不能直接查看 SASS 指令，因此需要工具来反汇编已编译的代码，所以一个有用的工具 Decuda 诞生了，Decuda 不是 NVIDIA 官方的产品，其目的是反汇编 SASS 指令集。这个工具是为了满足上述开发者和研究者的需求而生的。

讨论完指令集后，我们重新回到译码阶段。指令缓存（Instruction Cache，简称 I-Cache）和指令缓冲（Instruction Buffer，简称 I-Buffer）是 CPU 和 GPU 流水线中的两个关键组件，用于提高处理器性能。指令缓存是在译码单元之前，用于加速从内存获取指令的过程；而指令缓冲是在译码单元之后，用于临时存储已译码的指令，等待它们被送到执行单元。虽然两者的中文名称一字之差，但是两者的功能和目标完全不同，前者是 CPU 和 GPU 流水线的起点，后者用于解耦指令译码逻辑和发射逻辑。

一旦指令被译码，它们通常会被存放在指令缓冲区中，等待被执行单元取出并执行。指令缓冲区可以暂时存储多条已译码的指令，并按照适当的顺序将它们发送到适当的执行单元。

每个指令条目一般包含一条译码后的指令和两个标记位，即一个有效位和一个就绪位。有效位的含义是确认这个指令条目是否是已经译码但尚未发送到执行单元的有效指令。如果有效位被设置为 1，那么意味着这是一条有效指令；如果被设置为 0，那么这个条目是空的或无效的。就绪位的含义是指示这条指令是否准备好被发送到执行单元。如果就绪位被设置为 1，则这条指令已满足所有的依赖性并可以被发送；如果被设置为 0，则还有一些前置条件或依赖性尚未被满足。指令不仅需要满足上述的就绪条件，还需要确保硬件资源是空闲的（例如需要的执行单元或寄存器是空闲的），并且没有其他冲突或依赖关系才能发射。

指令缓冲会告知取指单元（负责从内存或指令缓存中获取新指令的部分）它是否有足够的空间来存放新的指令。如果有足够的空间，那么取指单元会继续获取新的指令；如果没有，那么取指单元会等待，直到有足够的空间。

7.2.3 发射阶段

译码后的指令即将送往 GPU 庞大的执行单元，包括整数、浮点数、特殊函数等的执行单元，部分先进的 GPU 架构还配有张量处理器，指令应该被送往什么单元，以及各单元目前是否能接收新的指令，以及指令是否存在相关关系（数据依赖），都是发射单元要考虑的。

指令的发射在 GPGPU 中更多地被称为调度过程，它大致被划分为以下几个环节。

- 读取指令：调度单元首先从指令缓冲中读取指令。这些指令已经被译码并准备好发射。
- 检查依赖性：调度单元需要确保没有数据依赖性，即一条指令不依赖于另一条尚未完成的指令的结果。
- 检查资源可用性：调度单元还会检查必要的计算单元、寄存器或其他资源是否可用。
- 分发指令：对于算术指令（如加法、乘法等），它们通常会被发送到 ALU 或 FPU。访存相关指令（如加载、存储）则会被发送到内存访问单元或缓存系统。特定的特殊功能指令可能会被发送到专门的硬件单元，例如纹理采样单元。
- 选择线程或线程束：在某些 GPU 架构中，调度单元可能在同一时间有多个线程束可供选择。选择哪个线程束执行可能基于多种因素，如线程束的优先级、资源需求或其在流水线中的位置。

发射调度器是 GPGPU 流水线的第二个调度部分，功能是从指令缓冲中选择一个线程束发射到后续流水线中。此调度器独立于之前的取指调度器，调度方式是循环优先级策略（指不同线程束）。发射调度器可以进行配置，每个时钟周期从同一个线程束中发射多条指令。

在具体的硬件设计方面，线程束调度器在 NVIDIA 的 SM 内部发挥了关键作用。线程束调度器在每个时钟周期选择一个线程束来执行。选择可能基于多种因素，例如优先级、资源可用性或尝试避免长时间的延迟。《通用图形处理器设计——GPGPU 编程模型与架构原理》一书认为线程束调度器主要完成如下两个设计目标。

- 利用并行性掩盖长延迟操作。比如，某个线程束产生访存操作，导致高延迟，这个线程束应该较早发射执行，以达到后续线程束的计算和这个线程束的访存重叠计算的效果。
- 利用局部性提高片上资源复用率。比如，通过降低同时活跃的线程块或线程束数量，提高每个线程束分配得到的缓存容量。

下面展开讲解发射阶段的两个核心技术点。

- 记分牌（Scoreboarding）依赖检查：线程束调度器使用内部的记分牌机制来跟踪各种资源和依赖性，确保只有在其所有的源操作数都可用时，才会发射一条指令。记分牌是一种旨在增加指令并行度的动态调度技术。其基本思想是允许在某一指令等待某些数据时，后续的指令（如果它们与等待的指令不相关）提前发射和执行。这有助于提高流水线的利用率和整体性能。

  记分牌的工作原理大致如下：每条指令的状态（例如，是否已发射、是否正在等待操作数、是否已完成执行等）都被跟踪和维护。当一条指令进入译码阶段时，它的源操作数被检查以确定是否可用。如果所有的源操作数都可用，则这条指令被标记为就绪状态。如果某些源操作数不可用（例如，因为前一条指令正在修改它），则这条指令被标记为等待状态。

  如果流水线的下一阶段是空闲的，并且有一个被标记为就绪状态的指令，则这条指令可以被发射。当一条指令执行完成并更新其目标操作数时，记分牌将检查是否有其他指令正在等待这个操作数。如果有，则那些指令的状态会被更新为就绪。

- 锁步管理和活跃掩码：由于 SIMT 模型的特性，同一个线程束中的不同线程可能会执行不同的控制流路径。线程束调度器使用一个活跃掩码（Active Mask）或者谓词来确定哪些线程应该执行当前的指令。这确保了只有应执行该指令的线程才会真正执行。以 NVIDIA 的 GPU 为例，线程束中的 32 个线程都是以 "lock-step"（锁步）的方式执行的，每个线程可以有独立的操作数据，但是必须执行相同的指令。

  每个线程都有一个对应的谓词，当一个线程束中的线程遇到分支指令时，如果线程的分支条件为真，那么它的谓词被设置为 1（真），否则被设置为 0（假）。GPU 会根据谓词的值来选择性地执行指令。如果线程的谓词为 0，那么它对应的指令将被忽略，不执行任何操作；如果线程的谓词为 1，那么它对应的指令将会被执行。

调度过程通过在多个线程束之间切换来隐藏延迟。当一个线程束等待数据时，调度器可以选择另一个已经准备好执行的线程束。调度器还负责为即将发射的指令分配资源，例如寄存器文件、共享内存或执行单元。

高效的调度不仅需要强大的线程束调度器，也需要庞大的存储资源和存储体系来支撑。GPU 的寄存器资源相对于传统的 CPU 来说是比较大的，这是由 GPU 的设计理念和应用场景决定的。为了支持 GPU 高度并行执行线程，需要为每个线程分配一组寄存器，且 GPU 经常需要处理内存访问延迟，为了隐藏这些延迟，GPU 会快速切换到另一个已准备好的线程。为了做到这一点，每个线程的状态（其寄存器的内容）需要被迅速地保存和恢复，这进一步增加了对寄存器资源的需求。

除了传统的寄存器，GPU 还有其他几种存储层次，如共享内存、常量缓存和纹理缓存，它们都有各自的用途和优势。例如，共享内存允许同一个线程块中的线程快速共享数据，而常量缓存为所有线程提供了对常量数据的快速访问。存储体系不属于调度的逻辑，为线程调度提供了支持，我们将在本书第 8 章"GPGPU 存储体系与线程管理"中做详细介绍。

总之，发射阶段是 SIMT 流水线中承上启下的重要步骤。指令的发射是有顺序的，即指令按照它们在程序中的顺序进行译码和发射。但要注意，虽然发射是有顺序的，但并不意味着所有指令都会立即被发射。有结构竞争或 WAW（写后写）冒险时，指令会被暂停发射。当成功发射指令后，它们不必等待前面的指令执行完成。记分牌算法会监视所有活动指令的数据依赖关系，确保没有 RAW（读后写）冒险。这意味着只要源操作数就绪，即使指令没有顺序，它们也可以开始执行。执行是乱序的，但结果的写入是有顺序的，这是为了保持程序的语义正确性并避免潜在的 WAR（写后读）冒险。

7.2.4 执行阶段

典型的 GPGPU 流水线进入执行阶段后，包含以下几个流程，如图 7-7 所示。

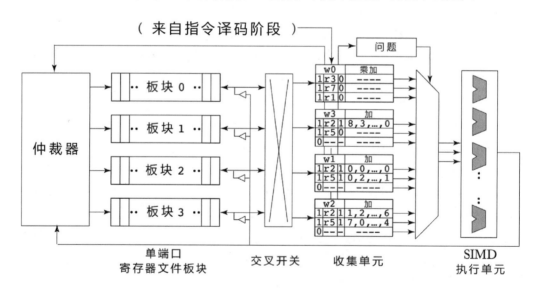

图 7-7　GPGPU 流水线执行阶段

- 仲裁器（Arbitrator）：仲裁器的主要作用是在多条可能的指令中选择其中一条执行。在 GPU 中，由于其高度并行的特性，可能有多条指令或线程束一同等待执行。仲裁器的任务就是基于某种策略（例如优先级、轮转或任何其他策略）从这些等待着的指令中选择其中一条来执行。

- 单端口寄存器文件板块（Single-Ported Register File Bank）：这些寄存器文件用于存储线程的局部数据。在 GPU 中，有成千上万个线程可以并行执行，这需要大量的寄存器来满足线程对局部数据的需求。"Single-Ported"的意思是，在任意时刻，每个板块都只允许执行一个读操作或一个写操作。这与多端口的寄存器不同，后者允许同时执行多个操作。这里要注意板块冲突问题，由于是单端口设计，如果两个或更多的线程试图在同一个时钟周期内访问同一个板块，就会发生板块冲突，导致其中一个线程必须等待。

- 交叉开关（Crossbar）：交叉开关是一种交换机制，用于连接多个输入和多个输出，而不需要固定的一对一连接。在 GPU 的上下文中，它使得多个操作数收集单元可以从多个寄存器文件板块中读取数据。交叉开关可以在不产生冲突的情况下高效地处理多个并发请求，但由于设计复杂，随着连接数的增加，面积和功耗可能急剧增加。

- 收集单元（Collector Unit）：当指令在流水线中运行时，收集单元负责从寄存器文件中收集所需的操作数。为每条指令提供一个缓冲区，用于存储它所需的所有操作数。这确保了即使出现板块冲突或其他延迟，指令的执行也不会受阻，因为一旦所有操作数都被收集完毕，指令就可以立即被发送给执行单元。操作数收集这个过程涉及检查数据是否就绪、处理数据依赖及确保数据可以在需要时被取出和使用。为了提高性能，GPGPU 可能采用各种技术，如乱序执行、寄存器重命名等，以确保在等待数据时可以执行其他指令。收集单元在这个过程中起到了关键的作用，因为它要确保正确的数据被发送给正确的执行单元。

- SIMD 执行单元（SIMD Execution Unit）：这是指令实际被执行的地方。SIMD 执行单元允许一条指令同时操作多个数据元素。在 GPU 中，由于其具有数据并行性特性，SIMD 执行单元可以处理来自不同线程的相同指令（但对应不同的数据元素），从而实现高效的并行处理。

它们的整体协作流程描述如下。

当进入执行阶段后，首先由仲裁器决定哪一条指令应该被执行。选定的指令由收集单元开始，从单端口寄存器文件板块中收集所需的操作数。这可能需要经过多个时钟周期，因为可能会遇到板块冲突。为了从多个寄存器文件板块向多个收集单元传输数据，可使用交叉开关。一旦收集单元收集了指令所需的所有操作数，该指令就会被发送给 SIMD 执行单元进行实际的执行操作。

在 NVIDIA Hopper 架构 H100 芯片中，图 7-8 是 H100 芯片 SM 单元的一部分，整数单元和浮点数单元是分开的，FP32 单元和 FP64 单元也是分开的，这意味着这些操作可以在同一时钟周期内并行执行。整数和浮点数等各种单元是物理上分离的，但它们仍然遵循 SIMD 的原则。所以，当我们说到 GPGPU 流水线的 SIMD 后端时，是指一个指令流控制多个数据流在多个标量执行单元上进行计算，达到向量化效果。

GPGPU 流水线到了后端都遵循 SIMD 的执行模式，允许多线程在不同的数据上并行执行同一条指令。GPU 的执行单元里有 ALU，用于执行整数算术和逻辑操作，也有 FPU，专门用于浮点计算，还有 SFU（Special Function Unit，特殊功能单元），用于执行 SIN、COS 等和平面属性插值，以及专门用于张量计算的张量核心。我们将在第 10 章详细介绍 GPU 内部计算单元的迭代。

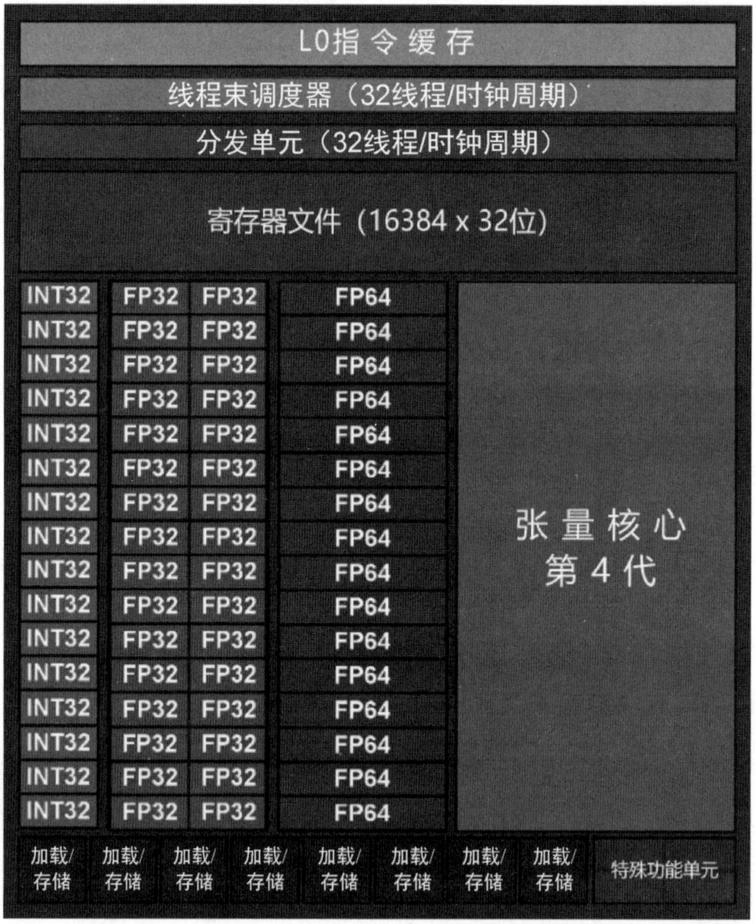

图 7-8　H100 芯片 SM 单元的一部分

7.2.5　写回阶段

GPU 拥有非常丰富的存储体系，特别是多种类型的片上高速存储，包括共享存储器、L1

缓存、常量缓存和纹理缓存等。每种存储空间都有其特定用途和优势，为特定类型的数据或指令提供了快速、高效的存取。在某种程度上，可以认为 GPU 使用了存算一体或者近存计算的思路来进行存储体系设计，我们在第 8 章会介绍 GPU 各级别存储单元的用途。这些存储体系必须和同样庞大的 ALU 紧密相连。存储访问单元是专门负责加载和存储指令的部分，这些指令在通用处理程序中是必需的。通过提供字节寻址能力的指令，GPGPU 具备了进行通用处理的能力。

　　如图 7-9 所示，AGU（Address Generation Unit，地址生成单元）在 GPGPU 流水线中扮演着关键角色，其主要任务是为存储器访问操作（如加载和存储指令）生成地址。基于指令提供的基址、偏移量、索引等信息，AGU 负责计算出最终要访问的内存地址。AGU 生成的地址会用于查找多级缓存（例如 L1 缓存、L2 缓存等）。如果数据存在于某个缓存级别中，则直接从该缓存级别读取数据；如果不存在，则可能需要进一步的存储器访问。

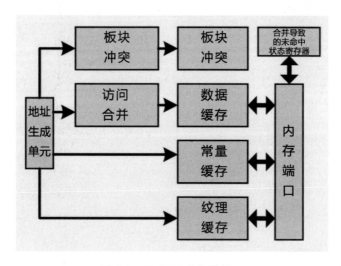

图 7-9　GPGPU 流水线写回

　　AGU 支持高度并行的访问，在 GPGPU 中，由于其 SIMT 架构，通常会有大量的线程同时执行。这意味着在一个给定的时刻可能会有大量的加载和存储指令准备执行。AGU 必须能够快速地为这些指令生成所需的地址。AGU 可能会对生成的地址进行优化，以确保连续的存储器访问，我们将这一过程称为地址合并，这有助于提高存储器子系统的带宽利用率。

　　当多个线程尝试在同一时刻访问同一个存储板块的不同部分时，就会发生板块冲突。这可能会导致延迟，因为存储系统必须在不同的时钟周期处理这些访问请求。

　　MSHR（Miss Status Handling Register，缺失状态处理寄存器）是一个关键特性，它不是传统意义上的"硬件缓存"，但它是一个关键组件，用于跟踪和管理缓存不命中的状态。当请求的数据不在缓存中（缓存未命中）时，这些寄存器用于跟踪未完成的请求。它们有助于管理未解决的存储访问，从而增加带宽并降低访问延迟。它对于流水线的核心贡献在于保持处理器前进，即使在等待缓存缺失的数据返回时，由于 MSHR 的存在，GPU 也可以继续执行其他指令或处理其他缓存缺失。MSHR 可以同时跟踪多个缓存缺失，并发地从更低层次的缓存或主内存中取数据，提高带宽利用率和性能。在大量线程频繁访问内存的情况下，缓存缺失是常见的，MSHR 能够帮助合并许多这样的请求，有效地管理缓存缺失并在最大限度上增加带宽和提高性能，隐藏更多的存储器访问延迟。

第 8 章 GPGPU 存储体系与线程管理

8.1 GPGPU 多级别存储体系

之前我们已经了解了 GPU 图形流水线的演化，在正式讲解线程模型及更细致和抽象的知识点之前，我们先来了解一些看上去更直观和有直接硬件单元对应的知识——GPGPU 存储体系。需要说明的是，本章对于存储器的描述方式采用了 CUDA 编程框架术语，基本上每个 CUDA 单元在 OpenCL 编程框架中都有对应的单元。

现代计算机发展所遵循的基本结构形式依然是冯·诺依曼结构的，如图 8-1 所示。在计算机高速运算过程中，需要有数据来源，以及计算过程中的数据暂时寄存地，也需要在计算完成后有最终数据存储地，如何快速地传输数据给 GPU 的计算核心（CUDA Core）决定了 GPU 有多高的运行效率，以及是否尽可能少地浪费资源（计算核心等待数据的过程）。

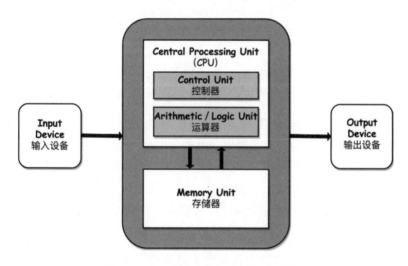

图 8-1　冯·诺依曼结构存储程序计算机

我们熟悉的 CPU 可粗略分为 3 部分存储单元。

- 内存（DRAM）。
- 缓存（特指集成在 CPU 核心内的，也被称为片上的高速缓存）。
- 寄存器（Register，集成在 CPU 计算核心周围的，容量最小、速度最快的缓存）。

但是 GPU 更复杂，大致分为以下几部分。

- 显存（DRAM），也被称为全局内存（Global Memory），可拆分为局部内存（Local Memory）和常量内存（Constant Memory）。
- 缓存（Cache，L1 和 L2 缓存）。
- 寄存器（Register，属于每个 CUDA 计算核心独享的片上存储资源）。
- 共享内存（Shared Memory，在每个 SM 内部多个线程可共享的缓存）。
- 纹理内存（Texture Memory，完全为图形而生，但是在 GPGPU 应用中也能被调用）。

初学者认为 GPGPU 的存储体系层次较多、容易混淆，可能有多个原因。

- 在 CPU 编程中，几乎不用考虑数据从主机（Host）端传输到设备（Device）端，因为只有一个计算核心 CPU，以及它独享的内存空间，缓存也不需要程序员显式控制。在进行 GPGPU 编程时，要站在线程的角度考虑存储体系。
- GPGPU 存储体系层次较多，且经过 NVIDIA 和 AMD 这几年的技术迭代，使得每一代产品有不同的存储特性。线程模型的变化常伴随着访存方式的变化，多级存储体系访问效率是代码优化的重点。

从硬件结构理解，存储分为片上存储和片下存储。片上存储都是容量小且速度快的，如寄存器、L1 和 L2 级别的缓存、共享内存。其他存储单元都集中在 DRAM 芯片上，被放置在 GPU 核心的周围，焊接在 PCB 电路板上，速度慢了很多。当然最慢的当属通过 PCIe 总线，从计算机的系统内存（由 CPU 管理的内存）中调用数据了。

深入 GPU 的每个 SM 单元，从线程运行所需的数据支持角度（软件角度）理解，寄存器是每个线程独享的，无法共享。局部存储器虽然慢，但也独立服务于某一个线程，无法共享。共享内存顾名思义就是不同线程可以共享的，但是如果两个线程不在一个 SM 单元内，那么也无法共享（直到 Hopper 架构提出分布式共享内存技术后才可以）。之前我们讲过，一个线程束是在一个 SM 内执行的，且多个线程块可以被分配到 GPU 的同一个 SM 上执行。

GPGPU 存储体系的访问速度从快到慢依次为：寄存器→多级缓存→共享内存→全局内存或局部内存。具体到带宽方面：GPU 上访问速度最慢的片下 DRAM 显存依然比 CPU 上内存的访问速度要快很多，比如，目前 H100 显存带宽为 3 TB/s，最新发布的 H200 甚至可达到 8 TB/s，其使用的是 HBM3 内存，而 Zen 4 架构的 AMD EPYC 9004 系列支持 12 个 DDR5 内存通道。在标准的 4800 MHz 频率下，峰值理论带宽为 460 GB/s，和 H100 相比相差 6 倍多，和 H200 相比相差超过 10 倍。

图示最利于我们理解和记忆芯片布局和编程模型，所以通过图 8-2 可以清晰地看到不同存储单元所在的位置。

图 8-2 是一张精确描述了存储体系和编程模型的架构图。我们首先可以看到 GPGPU 线程

管理中熟悉的关键字：Grid（线程网格）、Block（线程块）和 Thread（线程），还可以看到前面介绍的不同的存储单元。

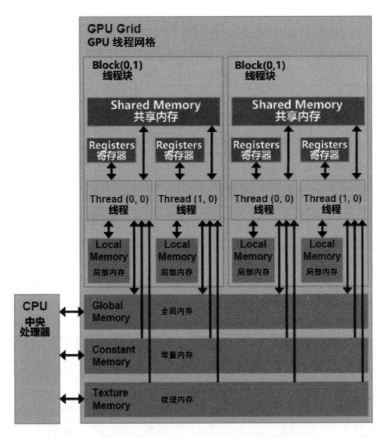

图 8-2　GPGPU 存储体系（以 NVIDIA 常见架构为例）

　　线程块是 SM 硬件单元，我们偶尔会将其称为 GPU 上的完整功能单元，因为一个 GPU 只要有一个 SM 就能正常工作，高端产品与低端产品的差异就在于 SM 的规模不同。GPU 线程网格框内是一个完整的物理 GPU 芯片+DRAM 显存，可以认为其是一张完整的显卡。

　　这里有一个特例，即局部内存。局部内存通常用于存储寄存器中无法容纳的局部变量或需要频繁访问的临时数据，它服务于每个独立线程，但是物理区域却不在 GPU 内部，而是从 DRAM 显存中划分了一部分。GPU 常通过 L1 和 L2 缓存对局部内存进行访问优化，因为它的访问速度相对较慢。因此，在编写 CUDA 程序时，应尽量减少对局部内存的访问，并优化算法以充分利用寄存器和共享内存，从而提高性能和效率。读者可以把局部内存想象成 GPU 找 DRAM 显存租用的一个区域，给每个线程用（容纳较大的本地数组或结构体）。表 8-1 总结了 GPGPU 存储体系的特点。

表 8-1　GPGPU 存储体系的特点

存储类型	位置 是否在 GPU 片内	是否被 缓冲	读/写权限	服务范围	生命周期
寄存器	是	否	读/写	1 个线程	线程
局部内存	否	2	读/写	1 个线程	线程
共享内存	是	否	读/写	1 个线程块内的所有线程	线程块
全局内存	否	1	读/写	所有线程+主机	主机分配管理
常量内存	否	是	读	所有线程+主机	主机分配管理
纹理内存	否	是	读	所有线程+主机	主机分配管理
1：在计算能力版本号为 6.0 和 7.x 的设备上，默认情况下，数据会在 L1 和 L2 缓存中进行存储。 对于计算能力较弱的设备，默认只在 L2 缓存中存储数据。但是，某些设备允许通过编译标志选择性地在 L1 缓存中存储数据					
2：默认情况下，数据会在 L1 和 L2 缓存中进行存储，除了计算能力版本号为 5.x 的设备。 计算能力版本号为 5.x 的设备只在 L2 缓存中存储局部变量					

在 CPU 编程中，缓存是透明的，不用程序员考虑，不属于可编程内存，因为它的操作大部分由硬件自动完成。在 GPU 中情况类似：L1 缓存位于 SM 单元内部，用来缓冲全局内存和局部内存，L2 缓存位于 GPU 不同的 SM 单元之间，所有 SM 单元可以访问一个共享的 L2 缓存（部分大芯片的 L2 缓存分为两部分，两块 L2 缓存分别服务一部分 SM 单元），它们都试图降低计算核心对 DRAM 显存的访问频率，L1 和 L2 缓存是由硬件算法控制的，程序员一般不能控制其读/写，也不能决定程序是否驻留在缓存中。

图 8-3 是 Hopper 架构 H100 芯片布局图，从中可以看到 L2 缓存被分为两部分，但是这两个部分高速互连，开放给所有 SM 单元共享，GPU 整体上也类似于双芯互连。每个 L2 缓存分区都为与其分区直接连接的 SM 单元提供缓存数据。

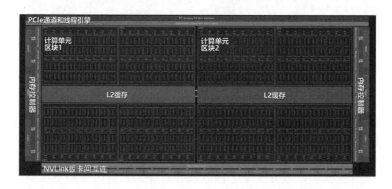

图 8-3　Hopper 架构 H100 芯片布局图

8.1.1　大容量寄存器与倒金字塔结构

《通用图形处理器设计——GPGPU 编程模型与架构原理》一书中提到过一个有趣的现象：CPU 的存储体系是速度越快的单元拥有越小的容量，速度越慢的单元拥有越大的容量，这是符合常识的。因为小容量单元设计困难，必须放置于计算单元的周围，以提供快速缓冲，而大容量单元（比如 L3 缓存）一般服务于多个核心，可以集中放置，通过较长的连线（承受高于 L1 缓存和寄存器的延迟）给核心传递数据。

GPU 则不是这样的，如图 8-4 所示。例如，在 Pascal 架构 GP100 芯片中，超过 60% 的片上存储容量都被分配给寄存器，寄存器的大小超过了 CUDA 计算核心独享的 L1 缓存和 SM 独享的共享内存之和，当然这个情况是阶段性的。直到 A100 芯片出现，L2 缓存才真正被有效放大，而于 2022 年年底发布的 H100 则进一步放大 L2 缓存到 60 MB（理论完整版本）。但是倒金字塔结构确实体现出 GPU 拥有巨大的寄存器资源，这是 SIMT 线程管理模式下的必然设计方向。

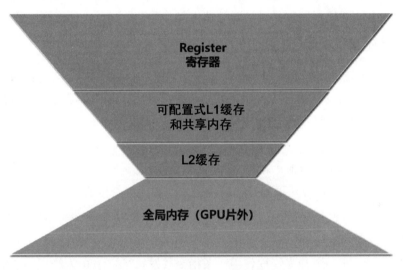

图 8-4　倒金字塔结构 GPU 存储体系

GPU 设计如此大的寄存器实际上是为了满足线程束的零开销切换。之前提到过 CUDA 中定义的线程通常以线程束的形式捆绑在一起进行调度。线程束的零开销切换是指当一个线程束执行结束后，立即启动下一个线程束的执行，而不需要额外的开销。这种切换是通过 GPGPU 的硬件和软件机制来实现的。如果有足够的并发活跃线程，则可以让 GPU 在每个时钟周期内的每一个流水线阶段中忙碌，GPU 的指令延迟被其他线程束的计算隐藏，而实现这种零开销切换的核心资源就是庞大的寄存器。

较大的 L2 缓存对于性能的提升更有帮助，一个显著案例发生在消费级市场上。NVIDIA 于 2023 年 5 月发布了 RTX 4060 Ti 显卡，这款显卡采用了 Ada Lovelace 架构，核心设计同 H100 芯片，只不过 SM 规模被缩小到 4352 个 CUDA 核心，配备了 8 GB 或 16 GB 的 GDDR6 显存，但其显存位宽只有 128 位，相比上一代的 RTX 3060 Ti 的 256 位被砍掉太多，这引发了部分用户担忧其性能。但是其 L2 缓存拥有 32 MB，又比上一代 RTX 3060 Ti 的 4 MB 增加了 8 倍。

NVIDIA 在测试此显卡时，特意将 RTX 4060 Ti 的 L2 缓存缩小到 2 MB，并与正常版本的 32 MB 进行对比。结果发现在各种游戏和综合基准测试中，32 MB L2 缓存将显存总线流量平均降低了 50%，更大的缓存减小了对显存的读/写压力，或者说不再需要更大位宽的显存。NVIDIA 认为图形领域的 Ada Lovelace 架构 288 GB/s 峰值显存带宽的性能与具有 554 GB/s 峰值显存带宽的 Ampere 架构 A100 芯片的性能相似。大容量的 L2 缓存提高的缓存命中率将游戏帧率提高了 34%。

显存位宽一直被用于确定新 GPU 的速度和性能等级。但是显存位宽本身并不能充分表明存储子系统的性能。GPU 存储体系设计对整体性能（无论是图形还是计算）都有很大的影响。

8.1.2　不同时代 NVIDIA GPU 片上存储器容量

NVIDIA 倾注大量资源为 HPC 和 AI 领域开发 GPGPU 的时间点，或者说 NVIDIA 意识到 GPU 通用计算即将蓬勃发展的时间点，和大部分媒体宣称的从 2010 年的 Fermi 架构开始不同，笔者认为是从 2007 年的 G80 产品 Tesla 架构开始的。

G80 是第一款支持 C 语言的 GPU，CUDA 是 NVIDIA 伴随着 G80 推出的。G80 是第一款用统一的流处理器取代独立的顶点和像素管道的 GPU，该处理器可以执行顶点、几何、像素和计算程序，而且既能够执行对顶点操作的指令（代替顶点着色器），又能够执行对像素操作的指令（代替像素着色器）。GPU 内部的统一着色器能够根据需要随意切换调用。

G80 也是第一款使用标量流处理器的 GPU，无须程序员手动管理向量寄存器。G80 引入了 SIMT 执行模型，即多个独立线程使用一条指令并发执行。G80 为线程间通信引入了共享内存和屏障同步（Barrier Synchronization）。G80 架构的显卡（如 NVIDIA GeForce 8800 GTX）具有共享内存，其大小为 16 KB，可由同一个线程块中的线程共享和访问，同时其配置了 96 KB L2 缓存。

到了 2010 年，NVIDIA 在 40 nm 工艺的基础上尝试把 GPU 做得非常大，Fermi 架构也拥有了足量的存储资源。Fermi 架构拥有 64 KB RAM，可配置共享内存、L1 缓存及它们的占用比例，被划分为 16 KB+48 KB 共 64 KB，还拥有 768 KB 的统一 L2 缓存，可在 GPU 内部所有单元之间实现数据共享。

在 Kepler 架构中，每个 SM 单元的 CUDA 核心数由 Fermi 架构的 32 个激增至 192 个。它的 L1 缓存和共享内存是共用的，且可以做几种情况的配置，例如 48 KB+16 KB 或者 32 KB+32 KB 等。Kepler 架构 GK110 产品 1536 KB 的专用 L2 缓存，是 Fermi 架构中 L2 缓存的 2 倍，Kepler 架构的 L2 缓存提供的每时钟带宽也是 Fermi 架构的 2 倍。

　　Maxwell 架构将共享内存增加到 64 KB，对于 9 系显卡的 Maxwell 2.0，则将共享内存增加到 96 KB。上一代的 Kepler 架构的 L1 缓存和共享内存是共用的，这一代 Maxwell 架构却是和纹理缓存共用的，而且没有计算卡专用架构，用于 Tesla 系列计算卡的 GM200 也有着巨大的双精度性能缺失。有趣的是，这一代核心衍生出的面向移动端的 SoC——Tegra X1 具有原生的 FP16 算力，吞吐量为 FP32 算力的 2 倍。Maxwell 架构 L2 缓存容量达到 2048 KB，上升得比较缓慢。

　　Pascal 架构相对于 Maxwell 架构整体进步较大。CUDA 核心总数从 Maxwell 时代的每组 SM 单元 128 个减少到了每组 64 个，Pascal 架构恢复了 DP 计算单元。在共享内存方面，Maxwell 架构和 Pascal 架构由于 L1 缓存和纹理缓存合并，因此为每个 SM 提供了专用的共享内存存储，GP100 的每个 SM 拥有 64 KB 共享内存，GP104 的每个 SM 拥有 96 KB 共享内存。每个线程块最多允许使用 48 KB 共享内存。当然，英伟达推荐每个线程块最多使用 32 KB 共享内存，因为这能使每个 SM 单元至少可同时驻留两个线程块。L2 缓存稳步上行到 4096 KB。

　　从 Volta 架构开始，NVIDIA 将一个 CUDA 核心拆分为两部分——FP32 单元和 INT32 单元，在同一个时钟周期内，可以同时执行浮点数和整数指令，提高了计算速度。Volta 架构还增加了专用的张量核心，用于深度学习、AI 运算等。Volta 架构的定位是通用计算的高度优化架构，所以在线程管理方面也有升级，每个线程都有独立的程序计数器和栈。在共享内存方面，Volta 架构和 Kepler 架构一样，将共享内存和 L1 缓存整合在一起，共享内存部分可以分配到 96 KB，两者一共 128 KB。L2 缓存继续稳步上行到 6144 KB。

　　Ampere 架构 A100 产品 GPU 包含 40 MB L2 缓存，一改之前慢速迭代的特性，比 GV100 的 L2 缓存增加了 6.7 倍，更类似于 CPU 的 L2 缓存设计功用，服务于复杂的 AI 计算任务，比如深度学习推理和 LSTM（长短时记忆）网络训练等任务。为了利用大容量片上存储进行性能优化，NVIDIA Ampere 架构提供了 L2 缓存驻留控制，让开发者自行决定保留或舍弃缓存数据。L2 缓存分为两个分区，以实现更高的带宽和更低的延迟内存访问，达到两种不同的设计目的。每个 L2 分区可直接连接到该分区的 GPC（图形处理团簇）中的 SM，进行显存访问。这种结构使 A100 的带宽相比 GV100 增加了 2.3 倍。Ampere 架构的 L1 缓存和共享内存能够让它在每个 SM 上提供相当于 GV100 1.5 倍的总容量。

　　Hopper 架构 H100 产品 GPU 的 L2 缓存容量迭代不再过度激进扩大，只是从上一代的 40 MB 提升到 60 MB，但是初期由 PCIe 5.0 和 SXM5 封装的 H100 都暂时只有 50 MB。Hopper 架构的 L1 缓存和共享内存能够让它在每个 SM 上提供相当于 A100 1.33 倍的总容量（从上一代的 192 KB 提升到 256 KB），共享内存最高支持配置到 228 KB。NVIDIA 步步为营地改进存储体系，这一代架构还带来了新技术（如图 8-5 所示）：分布式共享内存（Distributed Shared Memory）。

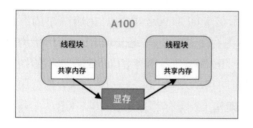 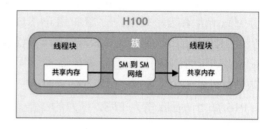

图 8-5　分布式共享内存

分布式共享内存是 H100 产品的一个新功能，允许在使用线程块簇时，所有的线程都可以直接访问其他 SM 的共享内存。这意味着不同的 SM 中的线程块可以直接交换数据，无须通过显存。实际上，这种方法可以使数据交换速度提高约 7 倍。

DSMEM 的核心特点是，它允许在逻辑上跨多个线程块簇的所有块来共享内存的虚拟地址空间。通过简单的指针引用，每个线程都可以直接访问所有的 DSMEM。张量内存加速器（TMA）也是存储体系中对于张量核心的有效支持，我们会在第 9 章中详细介绍。这一技术带来了新的线程调度层次——线程块簇，使得同一个 GPC 内的多个 SM 之间可以通过专用的通信带宽进行高效交互。通过线程块簇层次，可以确保同一集群中的不同线程块被调度到同一个 GPC，使得线程间的同步、数据交换和内存访问更加高效。这种结构的引入旨在更好地利用空间局部性原理，优化大量 SM 的运行效率。

GPU 的缓存一致性是通过软件层面的机制来管理和保证的，而不是通过硬件层面的缓存一致性方案。在传统的多核 CPU 中，常见的做法是通过硬件实现缓存一致性协议（如 MESI 协议）来保证多个处理核心之间的数据一致性。但是由于 GPU 的架构和设计目标不同，NVIDIA 选择在 GPU 中采用由软件定义的缓存一致性方案。

软件定义的缓存一致性方案意味着 GPU 的缓存一致性是由编程模型和软件开发人员来管理和控制的。在 GPU 编程中，开发人员需要显式地使用内存屏障（Memory Barrier）或同步指令（Synchronization Instruction）来确保数据在不同核心之间实现正确共享和一致性。这样的设计可以提供更大的灵活性和可编程性，但也需要开发人员在编写代码时更加注意数据共享和一致性的问题。

如图 8-6 所示，针对 GPU 各种存储资源最后做一个总结。

● 每个线程都有自己的寄存器，速度最快。当寄存器溢出时，可以用局部内存来缓冲，但是速度慢了很多，因为局部内存的位置在片外。

● 每个线程块都可以调用共享内存，可以被线程块中所有的线程共享，其生命周期与线程块一致。

● 所有处于同一个 SM 中的线程都可以访问全局内存。

- 只读内存块是常量内存和纹理内存。
- 每个 SM 都有自己的 L1 缓存，SM 通过 L2 缓存连接到全局内存。

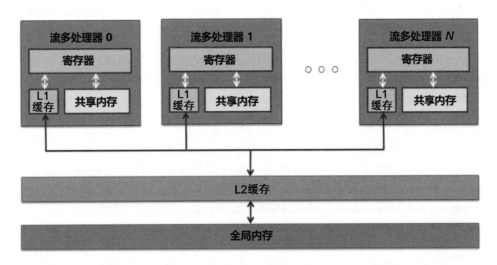

图 8-6　主要 GPGPU 存储单元

共享内存是开发者可配置的编程资源，使用门槛较高，编程上需要更多的人工显式处理。NVIDIA 每一代产品的共享内存和 L1 缓存的空间配置都是有最小粒度的。它作为可编程的最快资源，很多时候会用来做可编程缓存，或者软件视角的线程块内或硬件视角的 SM 内的数据交换。而 L1 缓存对开发者是透明的，所以 L1 缓存的持续增加对于编程方面不会带来压力。

GPU 开发者需要了解和注意缓存的使用和管理，合理地利用缓存可以提高计算性能，避免频繁的内存访问，降低数据的传输延迟。因此在编写 GPU 程序时，仍然需要考虑缓存的命中率、数据局部性和数据访问模式等因素，以优化代码的性能。事实上，大部分 GPU 代码优化的核心点都在存储体系的优化方面。

8.1.3　GPGPU 存储组织模式之合并访存

CPU 的缓存行是计算机体系结构中的一个重要概念，它表示主存和 CPU 缓存之间进行数据传输的最小单位。缓存行通常是以字节为单位的固定大小的数据块，典型的大小为 64 B 或者 128 B。

关注缓存行的原因在于缓存系统的设计和性能优化。CPU 的缓存是为了解决主存和处理器之间的速度差异而引入的，它可以存储最近访问的数据和指令，以提供更快的访问速度。缓存行的大小是根据数据传输的特性和处理器架构进行选择的。

当 CPU 需要访问内存中的数据时，它通常会将相邻的数据也一并加载到缓存中，以提高数据的连续访问性能。这就是局部性原理的体现，即程序倾向于访问附近的内存位置。缓存行的存在意味着即使只需要访问特定的数据，也会将相邻的数据一同加载，这提供了数据局部性的优势。

如果程序的数据访问模式能够充分利用缓存行的大小，即一次加载的缓存行中的数据能够得到合理的利用，那么可以显著提高访问效率。相反，如果程序的数据访问模式跨越了缓存行的边界，那么就会发生缓存不命中的情况，需要额外的开销从主存中加载数据，导致访问延迟。

同样的问题也出现在 GPU 中，如图 8-7 所示，全局内存上访存粒度是 32 B，每 32 B 组成一个扇区（Sector），一个缓存行则对应 4 个扇区，总大小为 128 B。CUDA 执行指令的单位是线程束，当发生一次访问的时候，其实是该线程束的所有线程执行访存操作。每个线程访存粒度可以是 1 B、2 B、4 B、8 B、16 B。

假设每个线程访问一个 4 B 的浮点型数据（比如 FP32 数据），并且一个线程束中的线程访问的地址是连续的，那么每 4 个线程的内存访问可以合并成一个扇区的访问，这就是常说的合并访存（Coalesced Memory Access）。

可以通过一个简单的例子进行理解：如果 4 件货物（每个大小为 4 B）分布在超市的 4 个扇区的某个角落，则会消耗很多取货的路程时间；如果超市工作人员把这 4 件货物放在一个扇区，就减少了我们在路程上消耗的时间。工作人员的这个动作就是合并访存。

图 8-7 GPU 缓存行与扇区概念

如果线程束中每个线程访问的地址都是连续的，如图 8-8 上半部分所示的合并访存，每个线程束读取一个 4 B 数据，4 个扇区即可满足一个线程束的读取需求（总共 128 B，每个扇区完成 8 个 4 B 数据支持）。注意图中只绘制了 16 条直线，实际上一个线程束有 32 个线程。

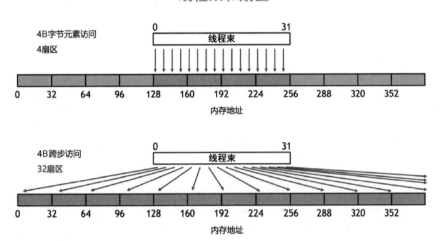

图 8-8　模拟一个线程束中 32 个线程合计读取 128 B 数据的场景

如果线程束中每个线程访问的地址是不连续的（如图 8-8 下半部分所示的步进式的访存就是一种低效率的访存模式），那么每个线程依然读取一个 4 B 数据，每两个线程的访存地址间隔为 32 B（假设间隔刚好是一个扇区的容量，这导致了最低效率），一共要访问 32 个扇区才能满足一个线程束的读取需求。从硬件消耗的角度，这次访存总共传输了 32 个扇区 × 32 B =1024 B 的数据，但实际读取用到的只有 4 个扇区 × 32 B =128 B，带宽和数据利用率只有 128/1024=12.5%。

合并访存将多个线程的内存访问操作合并为一个缓存行的访问，也就是说，当一个线程束中的线程访问的内存地址是连续的，并且每个线程访问的数据大小是一致的（例如每个线程访问一个 4 B 的浮点型数据）时，这些访存操作就可以被合并成一个连续的内存访问，这种操作能减少访存次数，更加高效地利用带宽，甚至降低硬件功耗。

开发者需要关注的是如何编写代码以促进合并访存的发生。这包括优化数据结构和访存模式，使得线程可以以连续、规则的方式访问内存，从而提高合并访存的可能性。这通常包括使用连续的内存地址、访问连续的数据块、合理设置线程块的大小等。

8.1.4　GPGPU 存储组织模式之板块冲突

GPU 的共享内存被划分为多个板块，共享内存读/写速度极快，并且每个板块都可以同时处理读/写操作，分割方法通常是每 4 B 一个板块，如图 8-9 所示，用户创建的共享内存就按照地址依次映射到这些板块中，连续的 128 B 的内容被分摊到 32 个板块的某一层中，每个板块负责 4 B 的内容。当多个线程同时访问共享内存的不同地址时，每个线程可以独立地读/写自己所访问的板块，从而提高并行度和访存带宽。读/写 n 个地址的行为则可以以 m 个独立的板块同时操作的方式进行，这样有效带宽就提高到了一个板块的 m 倍。

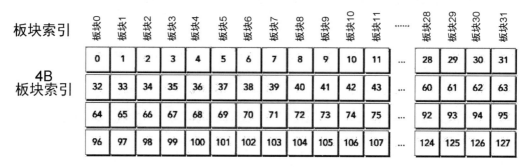

图 8-9　将连续的 128 B 的内容分摊到 32 个板块

在理想情况下，当一个线程束中的多个线程访问的地址位于不同的板块时，这些板块可以同时准备不同的数据，并在一个时钟周期内完成数据的准备工作，从而提高访存效率。当线程访问共享内存时，如果多个线程同时访问不同的板块，它们的访存操作就可以并行执行，不会产生冲突。但如果多个线程同时访问同一个板块的不同地址，就会发生板块冲突。如果多个线程同时访问同一个板块的同一个地址，由于多播（Multicast）机制（也就是当一个线程束中的几个线程访问一个板块中的同一个字地址时，就会向这些线程广播这个字），此时只要不触发板块访问的上限，就不会发生板块冲突。

如果两个线程访问同一个 32 位字内的任何地址（即使这两个地址落在同一个板块内），那么它们之间也不会产生板块冲突。在这种情况下，对于读取访问，该字会被广播到请求的线程；对于写入访问，每个地址只由其中一个线程写入（哪个线程执行写操作是未定义的）。

图 8-10 左侧是一些跨步访问的示例，图 8-10 右侧是一些涉及广播机制的不规则的共享内存读取访问的示例。

- 左图 a：带有 1 个 32 位字步幅的线性寻址（没有板块冲突）。
- 左图 b：带有 2 个 32 位字步幅的线性寻址（两路板块冲突）。
- 左图 c：带有 3 个 32 位字步幅的线性寻址（没有板块冲突）。
- 右图 a：随机排列，无冲突访问。
- 右图 b：无冲突访问，因为线程 3、4、6、7 和 9 访问了板块 5 内的同一个字。
- 右图 c：无冲突的广播访问（线程访问同一个板块内的相同字）。

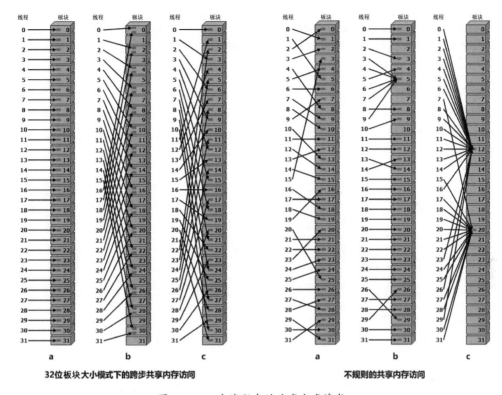

图 8-10　一个线程束的共享内存请求

如果一个线程束中的多个线程访问同一个板块内的不同地址，就会发生板块冲突。当发生板块冲突时，硬件会将一个访存请求拆分为多个没有冲突的子请求，然后按照一定的调度策略在多个时钟周期内依次响应这些子请求，相当于并行访问被强制拆分成串行执行。访存操作的延迟时间会增加，因为每个子请求需要单独等待响应。合理地组织共享内存的访问模式，避免或减少板块冲突，对于提高性能是很重要的。

下面有两段代码。

代码 1：

```
int x_id = BlockDim.x * BlockIdx.x + ThreadIdx.x;      // 列坐标
int y_id = BlockDim.y * BlockIdx.y + ThreadIdx.y;      // 行坐标
int index = y_id * col + x_id;

__shared__ float sData[BLOCKSIZE][BLOCKSIZE];

if(x_id < col && y_id < row)
{
```

```
    sData[ThreadIdx.y][ThreadIdx.x] = matrix[index];
    __syncThreads();
    matrixTest[index] = sData[ThreadIdx.y][ThreadIdx.x];
}
```

在代码 1 中，数据在共享内存中以行主序的方式存储，即使用 ThreadIdx.y 作为行索引，ThreadIdx.x 作为列索引，将数据存储在 sData[ThreadIdx.y][ThreadIdx.x]位置。

代码 2：

```
int x_id = BlockDim.x * BlockIdx.x + ThreadIdx.x;    // 列坐标
int y_id = BlockDim.y * BlockIdx.y + ThreadIdx.y;    // 行坐标
int index = y_id * col + x_id;

__shared__ float sData[BLOCKSIZE][BLOCKSIZE];

if(x_id < col && y_id < row)
{
    sData[ThreadIdx.x][ThreadIdx.y] = matrix[index];
    __syncThreads();
    matrixTest[index] = sData[ThreadIdx.x][ThreadIdx.y];
}
```

在代码 2 中，数据在共享内存中以列主序的方式存储，即使用 ThreadIdx.x 作为行索引，ThreadIdx.y 作为列索引，将数据存储在 sData[ThreadIdx.x][ThreadIdx.y]位置。

代码 1 与代码 2 的主要区别在于共享内存 sData 的访问方式。在代码 1 中 sData 的访问方式为 sData[ThreadIdx.y][ThreadIdx.x]，而在代码 2 中 sData 的访问方式为 sData[ThreadIdx.x][ThreadIdx.y]。在代码 1 中，假设一个线程束（32 个线程）在连续的地址空间（同一行）中执行，那么由于 ThreadIdx.x 的值是连续的，因此这些线程会访问不同的板块，从而避免了板块冲突。

但在代码 2 中，同一个线程束在共享内存的同一列上操作，而这一列的地址空间在物理内存上是不连续的。因为 ThreadIdx.x 作为行索引，ThreadIdx.y 作为列索引，所以同一个线程束中的线程可能会访问同一个板块的不同地址，从而导致板块冲突。

8.2　GPGPU 线程管理

为什么在高性能计算领域，尤其是极高并行度的 AI 计算领域，业界选择让 GPU 通过长期演化适应这个场景，而基本放弃了 CPU 呢？

答案显而易见，因为 GPU 是图形处理器，而图形渲染任务具有高度的并行性，GPU 可以仅通过增加并行处理单元和存储器控制单元便取得比 CPU 更高效的处理能力和更高的存储器带宽，提高一个数量级的计算速度。CPU 是基于延迟优化的，而 GPU 是基于带宽优化的。CPU 虽然有多核，但常见的高端消费级 CPU 核心总数大约为两位数（如 Intel 13900K 拥有 8 P core+16 E core=32 线程），每个核心都有足够大的缓存与足够多的数字和逻辑计算单元，并辅以很多加速分支判断，甚至更复杂的逻辑判断硬件。

GPU 的计算核心资源远超 CPU，其被称为众核（如 NVIDIA H100 产品拥有 14592 个 FP32 内核）。每个核心拥有的缓存相对较小，数字逻辑计算单元也少而简单。长期的分工和演化导致 CPU 更擅长处理复杂的逻辑计算和进行状态管理，而 GPU 更适合对大量数据进行并行的简单计算。

GPU 能够从图形领域走向通用并行计算领域的核心原因是数据的并行性特征。GPU 最初被设计为并行地将几百个三角形/顶点映射为几十万个像素，这种并行性是由数据提供的，在所有的数据上执行同样的程序/指令。

8.2.1　GPU 线程定义

在并行计算架构中，线程是最基础的执行单元，包括在许多 GPU 架构中。线程可被理解为独立的指令流，它执行一系列指令，而且这些指令可以和其他线程的指令并行执行。这种模型非常适合并行计算，因为大量的线程可以同时运行，从而充分利用硬件资源。

通过利用数据的局部性完成线程级并行性是 GPU 的关键特性，可以充分利用 GPU 的大量计算资源。线程作为最小的执行单位，可以独立执行不同的任务，从而实现并行计算。理论上完全并行的数据不需要线程之间互相等待，这样可以提高内存访问效率，从而提高计算性能。

在 NVIDIA 的 GPU 架构中，最小的并行执行单元被称为线程。一个线程负责执行一部分程序代码。GPU 将多个线程组织成一个线程块，并将多个线程块组织成一个网格以便管理。

然后，GPU 会将线程块分配给其上的一个或多个 SM，并在其中执行。每个线程块中以线程束（一般含 32 个线程）作为一次执行的单位（真正地同时执行）。每个 SM 都包含了一定数量的 CUDA 核心，这些 CUDA 核心会并行地执行线程中的指令。

线程是 GPU 最基本的执行单元。通过调度和执行大量的线程，GPU 可以实现高效的并行计算，其适用于许多需要大量并行处理能力的任务，如图形渲染和深度学习。我们之前提到的 SIMT 执行模型，就是在描述这个过程：每个线程都执行相同的指令（比如为一个三角形内不同的像素点计算最终要渲染出的颜色），但可以并行处理不同的数据（这个三角形内的每个像素点）。

图 8-11 左侧是逻辑视图，也是软件视角的 GPGPU 线程关系，自上而下，由线程构成线程块，再构成线程网格。对应右侧的是硬件实现，也就是 CUDA 核心（比如一个 FP32 单元）、SM、整块 GPU。

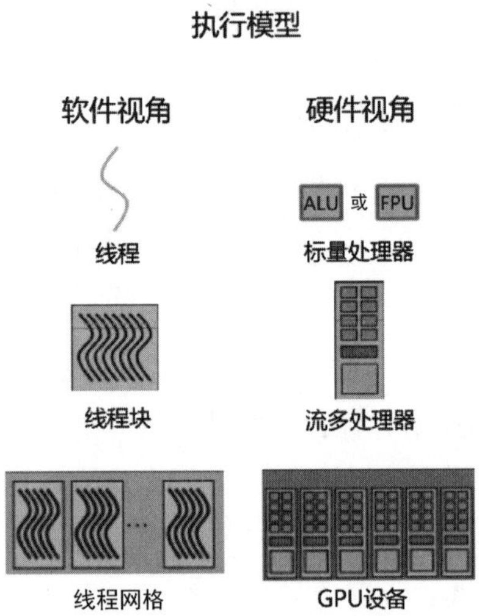

执行模型

图 8-11　软件和硬件视角看 GPGPU 线程管理

一个线程块只能在一个 SM 上被调度，一旦被调度，就会一直保留在该 SM 上，直到执行完成。然而线程块和 SM 之间并非完全一一对应，因为同一时间一个 SM 可以容纳多个线程块。

在 SM 中，共享内存和寄存器是非常重要的资源。共享内存被分配给 SM 上的常驻线程块，寄存器被分配给线程。线程块中的线程可以利用这些资源进行协作和通信。虽然线程块中的所有线程都可以在逻辑上并行执行，但并非所有线程都能在物理层面同时执行。因此，线程块中的不同线程可能以不同的速度前进。为了实现线程的同步，可以使用 CUDA 语句执行同步操作。

虽然线程块中的线程束可以以任意顺序调度，但 SM 的资源限制了活跃线程束的数量。当有线程处于空闲状态（例如等待从设备内存读取数据）时，SM 可以从同一 SM 上的其他常驻线程块中调度可用的线程束。在并发线程束之间进行切换没有额外的开销，因为硬件资源已经分配给了 SM 上的所有线程和线程块。这种策略有效地帮助 GPU 隐藏了内存访问的延迟，因为随时可以调度大量的线程束，使得计算核心一直处于繁忙状态，从而实现高吞吐量。

SM 是 GPU 架构的核心，是一个全功能的处理器，在之前分析 SIMT 模型的时候，我们也讲到了并行是在 SM 单元内部实现的，一个 SM 单元可被认为是一个完整的处理器，寄存器和共享内存是 SM 中的宝贵资源。CUDA 将这些资源分配给 SM 中的所有常驻线程。这些有限的存储资源限制了 SM 上活跃线程束的数量，而活跃线程束的数量对应于 SM 上的并行度。以开发者视角，所有线程都是并行执行的；但是在硬件上，在一个 SM 内同一时刻只有同一线程束中的 32 个线程是严格并行执行的。

8.2.2　线程束宽度

我们可能会产生疑问，为什么线程束要管理 32 个线程，而不是 16、64 或其他数字的线程？实际上，GPU 中的线程束宽度通常是由硬件架构设计决定的，并且在不同的 GPU 架构中可能存在差异。例如，NVIDIA 的 GPU 将线程束的宽度设置为 32，而 AMD 的 GCN 架构 GPU 将线程束的宽度设置为 64，迭代到 RDNA 架构时则将宽度改为了 32 或 64 可选。

线程束的宽度决定了一次性执行的并行线程数量，如图 8-12 所示。较大的线程束宽度可以减少执行应用所需的线程束数量，从而提高并行度和调度能力。同时，较大的线程束宽度可以减少前端取指次数和访问缓存的次数，从而有助于提高性能。

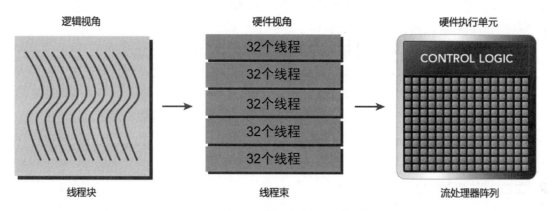

图 8-12　逻辑、硬件视角看 GPU 线程管理

然而，增加线程束宽度也会带来一些问题。当线程束遇到分支时，不同的线程可能会执行不同的代码路径，这可能导致一些线程处于空闲状态，浪费硬件资源。较大的线程束宽度还可能增加分支发生的概率，导致性能下降。

确定线程束宽度需要考虑多个因素，通常是硬件设计、架构特点和应用需求之间的权衡。不同的 GPU 架构可能根据其设计目标和优化策略选择不同的线程束宽度。同时，应用的特点和需求也会影响对线程束宽度的选择。在实际编程中，开发人员可以根据应用的特点和需求来选择合适的线程束宽度，以获得最佳的性能和并行效率。

所以，线程束宽度是由 GPU 硬件架构设计决定的，并在架构特点和应用需求之间进行权衡。合适的线程束宽度可以提高并行度、调度能力和性能，但也需要注意对分支和资源利用等方面的影响。根据我们对 GPU 的大致了解，拥有更多可编程缓存资源、更强调度能力的 GPU，可以拥有更小的线程束宽度，我们称之为可以允许 SIMT 模型运行在更小的线程颗粒度上。你可以设想，理论上的线程束最小宽度等于 1，这意味着单指令驱动单线程，或者说有足够的指令调度能力来服务这么多的线程，GPU 将不再限于执行拥有数据独立性的任务，而能够胜任 CPU 熟悉的程序环境，但是这显然不可能，GPU 内部最多的还是庞大的计算执行单元，线程的调度非常消耗资源。

AMD 在 RDNA 架构文档中提供的 RDNA 架构（32 宽度线程束）和 GCN 架构（64 宽度线程束）的对比如下。

- RDNA 架构：较低的延迟、较短的线程生命周期；执行屏障操作后，RDNA 架构能够更快地利用所有的 WGP 执行计算任务，从而提高并行计算的效率和性能；即使线程束中的线程数量不是满额的，通过优化部分填充线程束的处理方式，RDNA 架构可以更好地利用计算资源，提高计算效率和性能；在由 32 个线程组成的线程束中，每个线程可以以更紧凑的方式访问内存，这意味着它们可以更有效地利用内存带宽，并降低对内存访问的延迟。
- GCN 架构：通过增加每个线程束包含的线程数量，可以更充分地利用计算资源，提高并行计算的峰值效率和性能；属性插值是图形渲染中常用的技术，用于在三角形或其他几何形状上插值计算出顶点之间的属性值。GCN 架构 64 宽度线程束的设计使得属性插值更高效，可以更快地计算出插值结果，提高渲染的速度和质量。

图 8-13 通过一段编译器代码，展示了在处理小规模任务时，RDNA 架构的 32 宽度线程束相对于 GCN 架构的 64 宽度线程束表现更优秀。这段代码包括两个主要部分：浮点倒数计算（RCP）和浮点乘加计算（FMA）。

指令延迟：GCN架构与RDNA架构

■ 64宽度线程束(GCN架构中)

■ 2×32宽度线程束(RDNA架构中)，每个线程束运行在一个SIMD32执行单元上

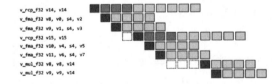

图 8-13　32 和 64 宽度线程束的差异

这段编译器代码介绍如下。

- v_rcp_f32 v14, v14：执行浮点倒数计算，计算 v14 的倒数，并将结果存储在 v14 中。
- v_fma_f32 v8, v0, s4, v2：执行浮点乘加计算，将 v0 乘以 s4（这里 s4 是标量寄存器），然后加上 v2，并将结果存储在 v8 中。
- v_fma_f32 v9, v1, s4, v3：执行另一个浮点乘加计算，将 v1 乘以 s4，然后加上 v3，并将结果存储在 v9 中。
- v_rcp_f32 v15, v15：执行浮点倒数计算，计算 v15 的倒数，并将结果存储在 v15 中。
- v_fma_f32 v10, v4, s4, v5 和 v_fma_f32 v11, v6, s4, v7：执行两个浮点乘加计算。
- v_mul_f32 v8, v8, v14 和 v_mul_f32 v9, v9, v14：最后，将 v8 和 v9 乘以 v14，并将结果分别存储回 v8 和 v9 中。

这段代码的一部分优化在于，线程束宽度较小的 RDNA 架构可以尝试在执行浮点倒数计算的同时执行其他计算（在计算 v14 和 v15 的倒数的同时执行浮点乘加计算），因此提高了代码的运行效率。

在 RDNA 架构中，AMD 使用了异步计算能力，让 GPU 在等待一些长时间计算（如 v_rcp_f32）完成的同时执行其他的计算任务（如 v_fma_f32）。我们可以注意到，两行 v_rcp_f32 代码占用了大部分时间，因为倒数计算在 GPU 中通常是一种需要较多计算周期的操作（这是因为浮点倒数计算需要较多的硬件资源及更复杂的算法）。

在 AMD 的 GCN 架构中，对于比较复杂的操作，如计算倒数，需要更多的指令周期。这就意味着 GPU 在完成这种操作时可能会被阻塞，直到倒数计算完成。这是因为 GCN 架构的 SIMD 单元一次只能执行一条指令，当 GCN 架构在执行一个需要多个时钟周期的操作时（比如计算倒数），其他的线程必须等到该操作完成。GCN 架构的计算核心是 4 个 SIMD 单元，每个单元能并行处理 16 个线程。GCN 架构的线程束包含 64 个线程，这意味着在 4 个周期内，4 个 SIMD 单元会依次轮询执行这 64 个线程的指令。

在 AMD 的新的 RDNA 架构中，它不再使用固定的指令发射周期，而是可以在一个周期内发射一条指令，然后在下一个周期内发射另一条指令，即使前一条指令还未完成，也不会产生阻塞。RDNA 架构的线程束包含 32 个线程，且取消了对 SIMD 的轮询，RDNA 可以在一个周期内完成指令的发射、取数、计算等操作，而不需要像 GCN 架构那样等待 4 个周期。即使某些操作需要较多的周期，其他无数据依赖的指令仍可以立即被发射，如果有数据依赖，那么就需要等待依赖的数据准备好后再发射。RDNA 架构在理论上可以比 GCN 架构实现更高的指令并行度，从而提高了硬件的利用率和计算效率。

AMD 还提供了一段非常简单的 4 行代码，用于解释线程束宽度对于执行效率的影响，代码如下。图 8-14 中的 "VEGA" 是 GCN 架构的显卡产品，"NAVI" 是 RDNA 架构的显卡产品，后者可以执行 32 和 64 两种宽度的线程束。

```
s_add_i32 s0,s1,s2
v_mul_f32 v0,v1,s0
v_add_f32 v5,v4,v3
v_sub_f32 v6,v7,v0
```

这段代码使用 AMD 的 Shader Assembly 着色器语言编写，其中有 4 行指令。

- s_add_i32 s0,s1,s2：一个标量操作，将标量寄存器 s1 和 s2 的值相加，结果存储在标量寄存器 s0 中。无数据依赖。
- v_mul_f32 v0,v1,s0：一个向量操作，将向量寄存器 v1 的值和标量寄存器 s0 的值相乘，结果存储在向量寄存器 v0 中。依赖于第 1 行代码的执行结果，因为它需要 s0 的值。
- v_add_f32 v5,v4,v3：一个向量操作，将向量寄存器 v4 和 v3 的值相加，结果存储在向量寄存器 v5 中。无数据依赖。
- v_sub_f32 v6,v7,v0：一个向量操作，将向量寄存器 v7 的值减去向量寄存器 v0 的值，结果存储在向量寄存器 v6 中。依赖于第 2 行代码的执行结果，因为它需要 v0 的值。

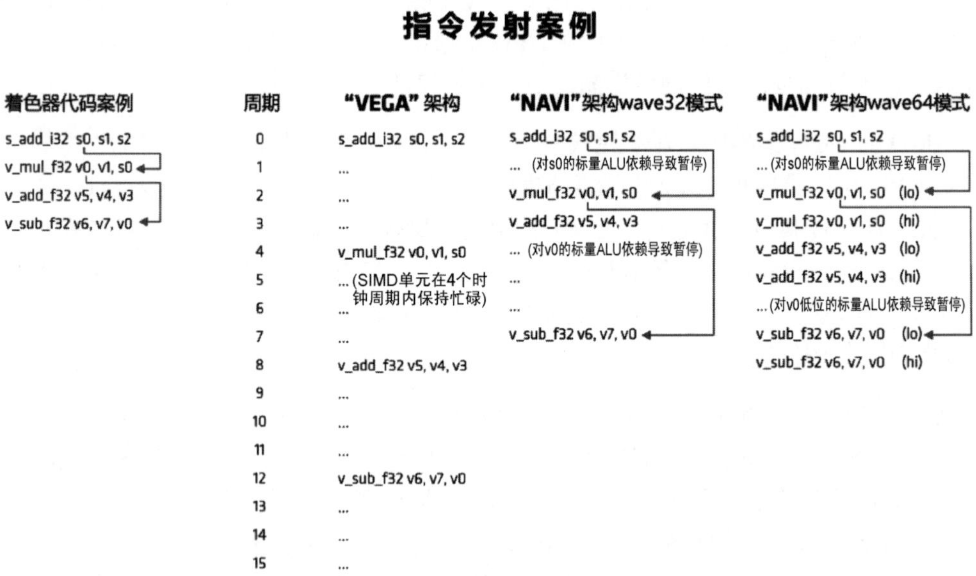

指令发射案例

图 8-14　线程束宽度对于执行效率的影响

这 4 行代码中并没有显式的分支指令。分支指令通常会根据某个条件选择执行不同的代码路径，例如 if-else 语句或者 switch 语句。在底层汇编代码中，分支指令是像 jump、branch 等指令。

上面这段代码存在明显的数据依赖，数据依赖通常会降低并行处理的效率，因为线程需要等待其他线程完成计算以获得需要的数据。在这种情况下，如果代码是顺序执行的，那么在第 1 行执行后，第 2 行会等待第 1 行的结果。同样，第 4 行也要等待第 2 行的结果。第 3 行是唯一一行没有任何依赖关系的代码，可以立即执行。在 GPU 架构中，无论是线程束宽度为 32 的 RDNA 新架构，还是线程束宽度为 64 的 GCN 老架构，都有相似的处理机制来处理这种数据依赖，即它们都会使用某种形式的线程同步机制来确保数据依赖的正确性。

当一个线程束中存在数据依赖时，比如一部分线程需要等待另一部分线程完成计算，就可能需要进行线程同步。这种同步操作可能会导致一些线程处于等待状态，从而降低并行计算的效率。理论上，一个线程束中的线程数量越多，处理数据依赖问题时可能需要执行的同步操作也越多。

通过示例的执行周期可以看到，32 宽度线程束需要 7 个执行周期，传统的 GCN 架构 64 宽度线程束需要 15 个周期。案例代码说明了在图 8-14 左侧的着色器案例代码中，新的双计算单元如何在 SIMD 单元上利用指令级并行性，在 wave32 模式下具有一半的延迟，并且与先前一代的 GCN SIMD 相比，在 wave64 模式下的延迟降低了 44%。

对于我们观察到的 AMD 的 RDNA 架构而言，线程束的线程数量从 64 减少到 32，这样的变化有以下优点。

- 提升指令发射和执行效率：一次指令发射涉及的线程数量减少，这使得在处理线程间不均匀的延迟（如内存访问的延迟不均匀）时，更少的线程需要等待，从而提高了计算和内存访问的并行性和效率。
- 提升分支效率：如果线程束中的线程在执行指令时产生分支，就会导致一些线程需要等待其他线程完成分支路径。如果线程束宽度较小，如 32，那么在分支执行的情况下，由于需要同步的线程数量减少，分支效率可能会提高。
- 节省寄存器资源：线程束中的每个线程都有自己的一组寄存器。如果线程束宽度减小，那么每个线程束需要的寄存器资源就会减少，这使得更多的线程束同时存在于 GPU 上，提高了并行度，也可以允许每个线程使用更多的寄存器，提高计算效率。

8.2.3　线程调度和管理

在 GPU 中，线程以线程束为单位进行调度和执行。每个线程束通常包含 32 个线程。线程束调度器负责管理和切换不同的线程束以执行不同的指令。指令调度单元负责从指令缓存中取出着色器程序中的操作指令，并将其分配给每个 CUDA 核心执行。

在一个线程束中，所有线程执行的是相同的指令，因为指令调度单元将相同的指令分配给每个核心，这种执行方式被称为 SIMT，其中一个线程束中的所有 32 个线程都是同步执行的。它们以锁步的方式执行，即执行完当前指令后，指令调度单元发送下一条指令给所有线程执行，保持同步。

在图 8-15 右侧的示意图中，展示了以 Fermi 架构为例两个线程束中的线程执行情况。对于线程束 1（线程 0~31），由于程序中存在分支（if-else 语句），部分线程执行 if 分支，另一部分线程执行 else 分支。由于线程束需要同步执行指令，因此先对所有 32 个线程执行 if 分支，再对所有 32 个线程执行 else 分支，这会导致性能损失。刚才我们提到一个词"锁步"，其意思是所有线程执行相同的指令，在执行完当前指令后，分发单元再发送下一条指令给计算核心执行。在第二个线程束（线程 32~63）的程序中可能也有 if-else 语句，但是所有线程只执行 if 分支或 else 分支中的一个分支，因此不需要等待其他分支就直接执行。在锁步情况下所有线程同步执行，提高了执行效率，简化了硬件设计（可以采用统一的控制逻辑来调度线程），确保了线程之间的同步，这对于需要协同工作的任务非常重要，如数据依赖关系较强的计算任务。

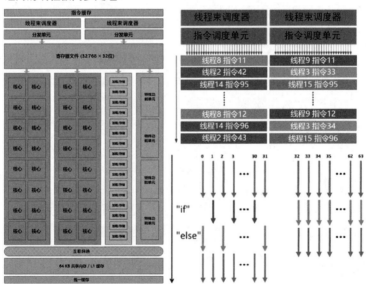

图 8-15　Fermi 架构线程管理

　　线程以线程束为单位进行调度和执行，线程束调度器负责切换不同的线程束来执行不同的指令，而指令调度单元将相同的指令分发给每个核心执行。"锁步"只锁指令，不锁数据，所以这种线程管理机制类似于 SIMD，在 GPU 中被称为 SIMT。当线程束中的线程存在分支发散时，需要等待满足分支条件的线程先执行，这可能会导致性能损失。尽量减少分支可以提高 GPU 程序的执行效率。

　　在 GPU 中，某些指令的处理可能比其他指令的处理消耗更多的时间，尤其是涉及内存加载的指令。因此线程束调度器在执行过程中可能会切换到另一个线程束，而不是等待需要进行内存操作的线程束。这是 GPU 克服内存延迟的重要概念，即通过简单地切换活动线程束来隐藏内存延迟，这是 GPU 能够保持竞争力的核心所在。

　　为了实现快速切换，所有由调度器管理的线程都在寄存器堆中拥有自己的寄存器。寄存器是用于存储线程执行过程中的数据和计算结果的关键资源。当程序需要越多寄存器时，每个线程或线程束可用的寄存器空间就越少。

　　当 GPU 等待指令完成（尤其是访问内存）时，无法进行其他工作。因此，减少使用寄存器的线程数量和减少切换的线程束数量，是 CUDA 编程优化的重点。这可以提高 GPU 的利用率，使其能够更有效地隐藏内存延迟，并在等待期间执行其他计算任务。

　　执行线程束的时候线程会被分配相同的指令，处理各自私有的数据。在 CUDA 中支持 C 语言的控制流，比如 for、while 等，但是如果一个线程束中的不同线程包含不同的控制条件，那么当我们执行到这个控制条件时就会面临不同的选择。

　　如下面一段代码：

```
if (con)
{
    //做某事
}
else
{
    //做某事
}
```

　　如图 8-16 所示，当线程束中的线程发生分支时，所有线程都会执行每个分支，但对于不应执行某个分支的线程，结果将被掩盖和丢弃。这就是所谓的分支发散、分歧或者分化。实际上，线程束中所有线程都会尝试执行所有分支，但在执行不应该执行的分支时，这些线程实际上是在做无用功，分支造成了较大的开销，我们也把这种状态称为陪跑（陪伴其他线程做无意义的跑步，虽然浪费计算资源，但是节省调度资源）。

如果一个线程束中的线程分支较少，即大部分线程的分支条件相同，那么执行分支操作的线程将会掩盖不执行分支操作的线程，从而最大限度上避免了性能下降。然而如果线程束中的线程分支过多，那么对谓词的控制开销可能会导致性能下降。

要解决线程束分支导致的性能下降，在编程阶段就应避免同一个线程束中的线程分支，而让我们能控制线程束中线程行为的原因是，线程块中的线程分发给线程束是有规律的而不是随机的，这就使得我们需要根据线程编号来设计分支。当一个线程束中的所有线程都执行 if 分支或者都执行 else 分支时，不存在性能下降；只有当线程束内产生分支的时候，性能才会下降。如果一个线程束中有两个分支，那么 GPU 可能需要执行两次计算，因为它需要处理每个分支。如果线程束中的线程平均分布在两个分支上，那么每次计算只有一半的线程是有效的，所以性能可能会下降 50%。同理，如果有 4 个分支，那么性能可能会下降 75%。在极端情况下，如果每个线程都执行不同的分支，那么线程束的效率可能和单线程的效率一样低。

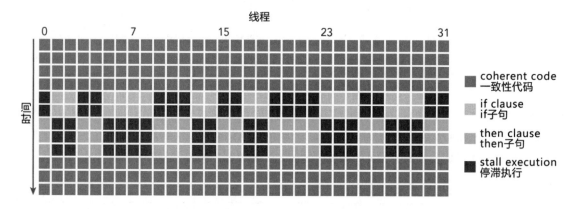

图 8-16　32 个线程构成的线程束分支应对方式

实际情况可能比这更复杂。线程束中的线程并不总是平均分布在各个分支上的，且 GPU 的调度器可能能够通过并行执行多个线程束来提高利用率。此外，GPU 的硬件也可能有一些机制来降低分支发散的影响。线程束中的线程是可以被开发者控制的，要尽量把执行同一分支的线程放在一个线程束中，或者让一个线程束中的线程都执行分支 1，其他线程都执行分支 2，这种方式可以将效率提高很多，也就是说节约了 GPU 资源，使其少计算一些没有意义的（后期要抛弃的）结果。

8.2.4　线程块在线程管理中的作用

刚才我们讲到，线程作为 GPU 最基本的执行单位，硬件的并行结构允许线程并发地处理数据，而对于如何将线程映射到 GPU 硬件上，以及运行期间哪个执行单元执行了哪个线程的问题，我们只要从软件视角给 SM 单元分配任务来解决就好，线程的抽象充分挖掘了硬件的潜力，同时屏蔽了硬件实现上的细节。线程之上并非直接就是整个 GPU 资源，在 GPU 被抽象为网格的同时，还有一个介于两者之间的概念，这就是线程块。无论是 CUDA 还是 OpenCL，在线程的抽象基础上都引入了线程块的概念，建立了"线程—线程块—线程网格"的层次化线程模型，线程网格和线程块如图 8-17 所示。

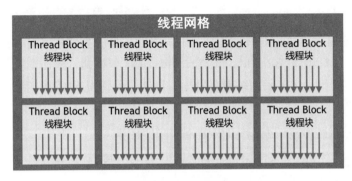

图 8-17　线程网格和线程块

线程块的引入给 CUDA 和 OpenCL 带来了效率上的提升，主要有以下几方面的原因。

- 划分并行任务：线程块允许将大规模的并行任务划分为更小的任务单元，即线程块。这样做的好处是可以更好地管理和调度并行任务，以便在 GPU 上充分利用计算资源。线程块内的线程可以协同工作，在共享内存上进行数据交换和协同计算，从而降低了线程之间的通信和同步开销。

- 优化内存访问：线程块内的线程可以共享局部内存和共享内存。这些内存区域对于线程块内的线程来说是可见的，而对于其他线程块内的线程来说是不可见的。通过合理地利用共享内存和局部内存，可以减少全局内存的访问次数，从而提高内存访问效率和整体性能。

- 并行同步：线程块可以通过同步机制实现线程间的协作和同步。在线程块内，可以使用同步指令确保所有线程在某个点上达到同步，从而避免数据竞争和不确定的执行结果。这种细粒度的同步方式可以提高并行任务的正确性和效率。

- 资源管理：线程块是 GPU 中资源管理的基本单位。通过合理地划分和管理线程块，可以控制并发执行的线程块数量，以避免资源过度分配或竞争。线程块的引入使得 GPU 能够更好地管理计算资源，提高资源利用率和整体性能。

- 线程管理的层次结构：当主机端（CPU）启动一个内核函数时，会转移到 GPU 上执行，并产生大量的线程。为了方便管理这些线程，CUDA 采用了一种层次结构。所有由一个内核函数启动的线程都被统称为一个线程网格，而线程网格由多个线程块组成，每个线程块中又包含多个线程。这种层次结构可以是 1D、2D 或 3D 的，根据应用的需要进行选择。

- 坐标变量和索引：为了区分不同的线程，CUDA 运行时为每个线程分配了两个坐标变量，即 BlockIdx 和 ThreadIdx。这两个变量都是结构体类型的，其中包含了 x、y、z 共 3 个字段。这 3 个字段对应着不同的维度，在线程网格和线程块的组织方式中起到了标识的作用。BlockIdx 表示线程块在线程网格中的索引，ThreadIdx 表示线程在线程块中的索引。通过这两个变量，可以确定每个线程在各自维度上的坐标。

CUDA 通过使用层次结构对线程进行管理，将线程划分为线程网格、线程块和线程的层次。每个线程通过坐标变量 BlockIdx 和 ThreadIdx 来区分彼此，进而在执行内核函数时能够对线程进行管理和控制。这种层次结构和坐标变量的引入使得 CUDA 能够更灵活地组织和操作大量的并行线程。

8.2.5　SIMT 堆栈与 Volta 架构对线程管理的改进

每一代 GPU 产品都在升级以获得更强大的算力，包括更多整数和浮点数单元带来的理论上更大的吞吐量，以及更高的频率和更大的存储空间（特别是可编程寄存器）。从 Pascal 架构开始，NVIDIA 在通用计算领域加快了脚步，Volta 架构同样不断迭代升级，其中有一个重点非常引人注目——独立线程调度（Independent Thread Scheduling）。

SIMT 计算模型最重要的特征就是一个线程束中的 32 个线程共享一个程序计数器和栈。而在 Volta 架构中，每个线程都有自己的程序计数器和栈。如图 8-18 所示。

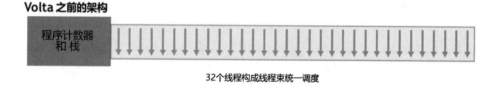

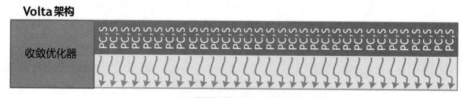

图 8-18　独立线程调度

程序计数器是一种特殊的寄存器，用于存储当前正在执行的指令的地址或索引，可以简单地认为其是当前执行的指令地址，而且可跟踪下一条要执行的指令在程序中的位置。在 Volta 架构出现之后，每个线程都有自己的程序计数器，用于指示该线程当前应该执行的指令。

当线程执行完一条指令后，程序计数器会自动递增，指向下一条要执行的指令。这样，每个线程都可以独立地执行自己的指令流，从而实现并行计算。

栈是一种数据结构，用于存储临时数据和函数调用的相关信息。栈的主要作用是保存局部变量、函数参数和返回地址等数据。当线程执行函数调用时，会将相关的数据推入栈中，执行完函数后再弹出。栈的大小通常是固定的，由硬件设计决定。当栈空间不足时，可能会导致栈溢出错误。栈遵循"后进先出"（Last In First Out，LIFO）原则，即最后被放入栈中的元素会被首先取出。因此，栈有两种基本操作：压栈（push）和弹栈（pop）。压栈是在栈的顶部添加一个元素，弹栈是从栈的顶部移除并返回一个元素。

之前我们讲过，GPU 的核心逻辑是 SIMT（一条指令在一个线程束中被并行地应用于多个线程，也就是说一个线程束中的所有线程都会执行相同的指令），最影响 SIMT 效率的问题就是分支。在面对分支时，SIMT 模型的基本特性是，当执行一条分支指令时，掩码会确定哪些线程是活动的，只有活动的线程才会执行该指令，而非活动的线程则会被屏蔽。这样可以确保只有需要执行的线程才会参与计算，而非活动的线程则暂时停止工作，以节省计算资源。即使在一个线程束内，非活动的线程仍然存在，并且它们会被掩码屏蔽，不参与当前指令的执行。只有活动的线程才会执行程序计数器指向的当前指令。

SIMT 堆栈是一个硬件结构，用于跟踪分支指令在线程束中的线程执行状态。SIMT 堆栈的每个条目包含 3 个字段：一个重汇编程计数器（Reconvergence Programming Counter，RPC）、下一条指令的地址（Next PC）和一个活动掩码。在 SIMT 的执行环境中，尽管所有的线程都开始执行相同的指令，但是它们也可能会由于分支或跳转指令而走向不同的执行路径。SIMT 堆栈的目标就是在这种情况下有效地管理和恢复线程的执行状态。

SIMT 堆栈的工作原理是：当线程束遇到一条分支指令时，某些线程可能会走向 if 分支，而其他线程可能会走向 else 分支。为了跟踪这种情况，SIMT 堆栈将当前线程束的执行状态（谓词或掩码）压入堆栈，并为执行 if 和 else 分支的线程设置不同的状态。当分支执行完成并在后面的代码中再次汇合时，SIMT 堆栈将之前保存的状态弹出，使得线程束中的所有线程再次同步执行。这种机制确保了即使在面对复杂的控制流时，线程束中的线程仍然能高效且同步地执行。

SIMT 堆栈的硬件实现通常涉及一组专门的寄存器和控制逻辑。这些寄存器用于存储每个线程在分支指令处的活动/非活动状态。控制逻辑确保在遇到分支指令时，状态被正确地压入堆栈，并在合适的时机被恢复。在 Volta 架构出现之后，每个线程都有自己的栈空间，而在 Volta 架构出现之前，每 32 个线程被编为一个线程束，共享一个栈空间。

我们做一下简单总结，SIMT 堆栈主要解决两个问题：（1）嵌套的控制流，一个分支的执行依赖于另一个分支的结果；（2）跳过计算，如果一个线程束中的所有线程都避免了一个控制流路径，那么可以跳过整个计算部分。在传统 CPU 中，处理嵌套控制流的方法是使用多个谓词寄存器，而在 GPU 中，采用的 SIMT 堆栈可以同时处理嵌套控制流和跳过计算这两个问题。

这里涉及一个关键概念，即"重汇点"（Reconvergence Point），这是程序中的一个位置，分支发散的线程可以在此被强制再次同步执行。在遇到发散的分支后，应该以什么顺序将条目添加到堆栈中呢？答案是为了降低重汇堆栈的最大深度，最好先将具有最多活动线程的条目放在堆栈中，然后放具有较少活动线程的条目。

如图 8-19 所示，PDOM 机制是一种基于后支配器（Post-Dominator）的重汇策略，专门为 SIMT 体系结构设计，以优化分支发散时的线程重汇。SIMT 体系结构中的线程可能由于条件分支而发散，导致线程束中的不同线程执行不同的指令路径。为了高效地管理这种分支发散并在合适的时间重汇这些线程，GPU 采用了重汇策略。

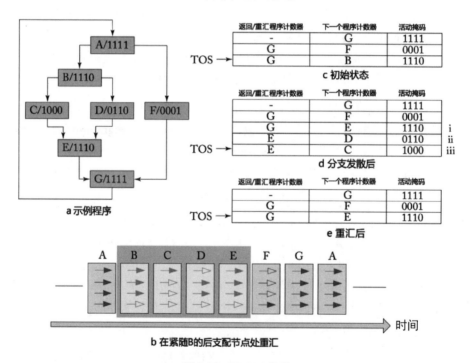

图 8-19　PDOM 案例

PDOM 机制的基本概念和工作方式介绍如下。

- 后支配器：在一个控制流图（CFG）中，如果节点 A 是节点 B 的后支配器，那么在从节点 B 到图的结束节点的所有路径上都必须经过节点 A。换句话说，A 后支配 B 意味着从 B 到控制流图的结束节点的所有路径都会经过节点 A。

- 最近后支配器：给定节点 B，它的最近后支配器是离 B 最近的后支配器。
- SIMT 的分支发散：当一个 SIMT 线程束遇到一个条件分支，并且不是所有的线程都满足该条件时，会引起发散。例如，if 语句中的某些线程可能会执行 then 块，而其他线程可能会跳过它。
- PDOM 重汇策略：当线程束中的线程由于条件分支而发散时，它们会被标记在不同的执行路径上。为了确定何时应该重汇这些线程，系统会找到引起发散的条件分支的最近后支配器。这个节点被认为是线程可以安全地重汇的地方，因为在这个节点之前，所有的线程都会经过它，不论它们选择的执行路径是什么。

为了跟踪分支发散和确定何时重汇，GPU 使用了一个堆栈结构。当遇到分支发散时，重汇点（基于最近后支配器）和相关的线程掩码会被压入堆栈。当达到重汇点时，堆栈上的相应条目会被弹出，表示线程已经重新同步。使用 PDOM 策略，可以确保线程在最早的可能时间点重汇，从而最大限度地提高 SIMD 的执行效率。

Volta 架构引入了新的线程级并行度和指令级并行度的概念，以提高线程遇到分支时的计算速度。这种设计使得线程可以更独立地执行指令，降低了线程束级别的依赖和分支导致的性能损失。Volta 架构还引入了更多的硬件调度器和执行单元，Pascal 架构的每个 SM 内部是两组子 SM 单元，每个 SM 单元都包括 1 套指令缓存、2 套指令缓冲器、2 套线程束调度器和 4 套指令发射单元，Volta 架构的每个 SM 内部都包括 1 套 L1 指令缓存、4 套 L0 指令缓存、4 套线程束调度器和 4 套指令发射单元。Volta 架构相比之前的架构在线程管理方面具有更高的灵活性和并行性，能够更好地处理线程遇到分支时的计算。

在 Volta 之前的 GPU 架构中，通过使用活动掩码（也就是前面提到的谓词）来确定哪些线程是处于活动状态的。活动掩码是一个 32 位的二进制掩码，其每个二进制位代表一个线程。如果一个线程处于活动状态，则对应的掩码位为 1，否则为 0。当执行到分支指令时，GPU 会根据条件判断来更新活动掩码，使得只有满足条件的线程对应的掩码位为 1，其他线程对应的掩码位为 0。在执行分支部分的代码的过程中，只有处于活动状态的线程会继续执行分支对应的指令，而处于非活动状态的线程会被暂停或阻塞。在分支部分的代码执行完毕后，之前保存的活动掩码会被恢复，使得线程束中的所有线程再次一起运行。

NVIDIA 官方给出了一段简单的代码以便我们理解 Volta 架构提出的独立线程调度：

```
if(ThreadIdx.x<4){
    A;
    B;
} else {
    X;
```

```
    Y;
}
Z;
__syncwarp()
```

如图 8-20 所示，假设线程束内共 8 个线程，这段代码的含义是：前 4 个线程执行 if 分支，执行语句 A、B，后 4 个线程执行 else 分支，执行语句 X、Y，然后都需要执行 Z。由于 A、B 和 X、Y 之间没有相互依赖关系，因此它们可以并行执行。当其中一个分支（if 或 else）处于 stall（暂停）状态时，也就是等待某些资源可用时，另一个分支仍然可以继续执行。这种交错执行可以提高并行性和整体性能，因为线程在一个分支中等待时，其他线程可以继续执行没有依赖的指令。

在所有线程执行完 A、B 和 X、Y 之后，它们都需要执行 Z。这是因为 Z 不依赖于 A、B 或 X、Y 的结果，它是在整个线程束中的所有线程都完成了 A、B 和 X、Y 之后执行的共享指令。

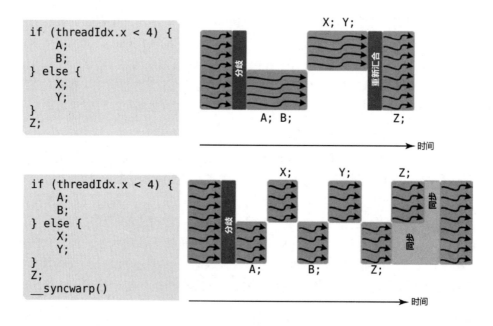

图 8-20　独立线程调度效果

独立线程调度对性能的关键影响在于：同一个线程束的不同分支之间，可以通过交错执行，形成线程级并行效果。案例中由于 B 和 Y 对 A 和 X 有依赖，管道中出现了 stall 状态。分支经常会导致线程束的运行停滞，也就是刚才说的 stall 状态（某个线程或某个分支由于等待某些操作或条件满足而暂停执行的情况）。在这种情况下，线程或分支无法继续向下执行，从而产生了延迟。stall 状态的延迟只能通过其他线程束来隐藏，其他线程束可以继续执行并利用处理资源。

在 Volta 架构出现之前，这个 stall 状态只能通过切换到其他线程束来隐藏。但在出现 Volta 架构之后，X 可以在 B 等待 A 输出的时候运行，B 可以在 Y 等待 X 输出的时候运行，同一个线程束内部就可以调度不同线程继续工作，这尽可能地节约了分支的等待时间。

在这段代码中，有一个 __syncwarp() 函数，用于同步一个线程束内的所有线程。它是一个内建函数，用于确保线程束中的所有线程在达到该函数之前的代码位置时都执行完毕，然后继续执行后续的代码。这种同步操作可以保证线程束中的线程在执行后续指令之前强制到达一个同步点，从而确保线程之间的操作按照预期顺序执行。在 Volta 架构于 2018 年提出独立线程调度之后，通过 __syncwarp() 函数同步线程束已经成为一种 GPGPU 编程习惯。

无饥饿算法（Starvation-free Algorithm）是独立线程调度的关键模式，在 Volta 架构的 GPU 产品中得以实现。饥饿是指在并发计算中，进程一直无法获得运行所需的必要资源而发生的问题。调度、互斥锁算法、资源泄漏等都可能导致饥饿。在并发计算中，如果饥饿不可能发生，这个算法就被称为 "starvation-free"（无饥饿）、"lockout-freed"（无闭锁）的。

无饥饿算法是一种能够保证线程公平访问共享资源的并发计算算法。在 Volta 架构的 GPU 产品中，通过独立线程调度的支持，系统能够确保所有线程都适当地访问争用资源，避免了某个线程因被其他线程长时间占用而无法正常执行的情况。

8.2.6 Cooperative Group

Cooperative Group（协同组）是一种新的编程模型，它可以帮助开发人员更好地组织和管理进行通信的线程。Cooperative Group 是 CUDA 9.0 引入的一个新概念，主要用于实现跨线程块的同步。在 CUDA 9.0 出现之前，CUDA 仅支持线程块内的同步，不同线程块仅能在内核执行结束时同步，在 CUDA 9.0 出现之后开发者可以通过 grid_group 结构执行网格级同步。

通过使用 Cooperative Group，开发人员可以更细致地控制线程之间的通信，并实现更高效的并行计算。Cooperative Group 则可以保证所有线程块同时运行，实际上基本的 Cooperative Group 功能在从 Kepler 架构开始的所有 NVIDIA GPU 上都得到了支持。Pascal 和 Volta 架构支持新的 Cooperative Launch API，以及针对 Cooperative Group 的新的同步模式。Cooperative Group 可以在线程块之间实现同步，甚至可以实现线程束内的部分线程同步。

```
__global__ void cooperative_kernel(...)
{
 //获取默认的"当前线程块"组
Thread_group my_Block = this_Thread_Block();
```

```
//将其分割为 32 个线程，平铺子组
//平铺子组将父组均匀分成相邻的线程集
//在这种情况下，每个子组为一个线程束
Thread_group my_tile = tiled_partition(my_Block, 32);
//此操作将仅由每个线程块的前 32 个线程组执行
if (my_Block.Thread_rank()< 32) {
…
my_tile.sync();
}
}
```

Cooperative Group 允许程序员表达他们以前无法表达的同步模式。当同步的粒度与自然的架构粒度（线程束和线程块）相对应时，这种灵活性的开销可以忽略不计。使用 Cooperative Group 编写的集体原语库通常仅需要较少的复杂代码就可以实现高性能。

考虑一个粒子模拟示例，在模拟的每一步我们都有两个主要的计算阶段。首先，将每个粒子的位置和速度积分到时间前进，也就是通过数学上的积分方法来更新粒子的位置和速度，以便模拟粒子随时间的运动。其次，构建一个规则的网格空间数据结构，以加速寻找粒子之间的碰撞。模拟中的每个粒子都可能与其他粒子发生碰撞，所以需要"寻找"或检查每对粒子，以确定它们是否足够接近以至于被认为是碰撞，这种检查会涉及大量的计算。

如图 8-21 所示，编号的箭头表示并行线程到粒子的映射。在整合并构建规则的网格数据结构之后，内存中的粒子顺序和映射到线程的顺序发生了变化，这需要在阶段之间进行同步。

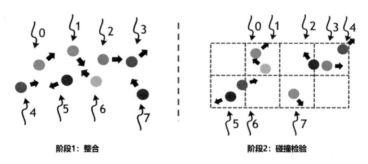

阶段1：整合   阶段2：碰撞检验

图 8-21   粒子模拟的两个计算阶段

在 Cooperative Group 出现之前，实现这样的模拟需要多次内核启动。构建规则网格数据结构的过程重新排序了内存中的粒子，需要进行新的粒子到线程映射。这样的重新映射需要线程之间的同步。连续内核启动之间的隐式同步满足了这个要求，如下面的 CUDA 伪代码所示。

```
//线程并行更新粒子
integrate<<<Blocks, Threads, 0, s>>>(particles);
//注意：内核启动之间的隐式同步
//使每个粒子与邻域中的其他粒子发生碰撞
collide<<<Blocks, Threads, 0, s>>>(particles);
```

Cooperative Group 为类似上述示例的并行重新映射情况提供了灵活和可扩展的线程组类型和同步原语，这些情况都在单个内核启动内。以下 CUDA 内核提供了如何在单个内核中更新粒子系统的概述。this_grid()函数的使用定义了一个包括所有内核启动线程的线程组，然后在两个阶段之间进行同步。

```
__global__ void particleSim(Particle *p, int N) {

grid_group g = this_grid();
//第一步
for (i = g.Thread_rank(); i < N; i += g.size())
integrate(p[i]);
g.sync() // Sync whole grid
//第二步
for (i = g.Thread_rank(); i < N; i += g.size())
collide(p[i], p, N);
}
```

这种内核编写方式使得将模拟扩展到多个 GPU 变得简单。要使用跨多个线程块或多个 GPU 的组，应用程序必须使用 cudaLaunchCooperativeKernel()或 cudaLaunchCooperativeKernelMultiDevice() API。同步需要所有线程块同时存在，因此应用程序还必须确保启动的线程块所使用的资源（寄存器和共享内存）不超过 GPU 的总资源。

```
__global__ void particleSim(Particle *p, int N) {

multi_grid_group g = this_multi_grid();
//第一步
for (i = g.Thread_rank(); i < N; i += g.size())
integrate(p[i]);
g.sync() // Sync whole grid
//第二步
for (i = g.Thread_rank(); i < N; i += g.size())
collide(p[i], p, N);
}
```

在 A100 架构中，Cooperative Groups 执行模型得到了进一步的扩展和加速。传统的数据传输涉及从全局内存加载到寄存器文件，然后从寄存器文件写入共享内存。新的异步复制

（Async Copy）API 允许直接将数据从全局内存复制到共享内存，绕过中间寄存器，从而提高效率并降低功耗。

在没使用 A100 架构的异步复制功能之前，数据从 DRAM 显存或 L2 缓存加载，经过 L1 缓存，然后进入寄存器文件，最后从寄存器文件存储到共享内存。但是在 A100 架构上，数据可以直接从 DRAM 显存或 L2 缓存读取并直接存储到共享内存，同时可以选择是否访问 L1 缓存，从而大大提高了内存复制效率。

8.2.7 Hopper 架构对线程管理的改进

在 2022 年发布的 Hopper 架构中，NVIDIA 支持一种可选层次结构，其被称为线程块集群或称线程块簇，如图 8-22 所示。线程块集群是由多个线程块组成的，类似于保证线程块中的线程在一个 SM 上同时调度执行，也保证线程块集群中的线程块在 GPU 的 GPC（图形处理团簇）上同时调度执行。线程块集群让数据无须通过全局内存进行中转，降低延迟且提升交互效率。

与线程块类似，线程块集群也可以按照 1D、2D 或 3D 的方式组织，如图 8-22 所示。线程块集群中线程块的数量可以由用户定义，并且 CUDA 支持最多 8 个线程块作为可移植集群大小。

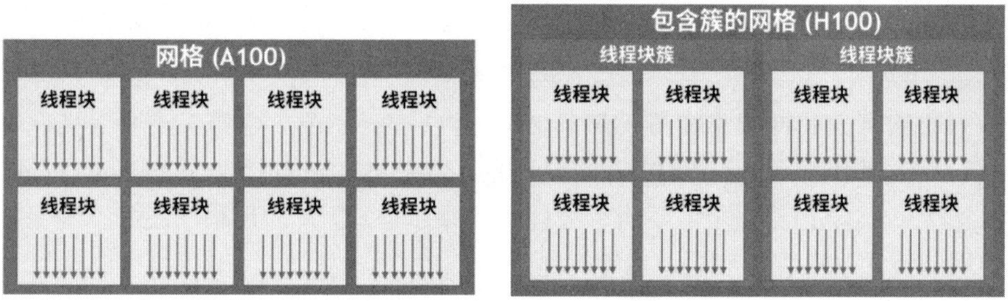

图 8-22 线程块集群（或称线程块簇）

线程块集群是一组可以确保并发调度到一组 SM 上的线程块，其目的是支持跨多个 SM 的线程高效协作。在硬件层面，线程块集群在 GPC 内并发运行，这个 GPC 包含了一组在物理上紧密相邻的 SM。

线程块集群在现有的 CUDA 编程模型中提供了一个新的层次，扩展了线程、线程块和网格的结构。这种层次结构允许跨多个 SM 的线程更高效地进行协作，并通过专有的 SM 到 SM 网络进行快速的数据共享。如图 8-22 所示，在 CUDA 中可以选择在内核启动时将网格中的线程块分组为集群（或称簇），并且可以通过 CUDA cooperative_groups API 使用线程块集群功能。在传统 CUDA 编程模型中，网格由线程块组成，如图 8-22 左半部分的 A100 所示。Hopper 架构的线程块集群层次结构，如图 8-22 右半部分所示。

程序员可以使用线程块集群来直接控制 GPU 的更大部分而不是单个 SM。这种结构允许系统协同执行更多线程，与仅使用单个线程块相比，可以访问更大的共享内存池。使用线程块集群，所有的线程都可以通过加载、存储和原子操作直接访问其他 SM 的共享内存，此功能被称为分布式共享内存。

8.3　通用矩阵乘法与 AI 类任务

深度学习和神经网络的计算在很大程度上依赖于通用矩阵-矩阵乘法。这是因为神经网络中的前向和反向传播操作可被表示为一系列的线性代数运算。在这种情况下，矩阵乘法成为一个核心组成部分，因为它允许并行化和高效计算，这是深度学习算法的一个显著特点。乘法矩阵和 AI 类的对应关系如下。

- 在前向传播过程中，每层的输出是通过将输入（或前一层的输出）与权重矩阵相乘并添加一个偏置向量来计算的。这种矩阵-矩阵或矩阵-向量乘法是 GEMM 的一个实例。
- 在反向传播过程中，计算梯度也涉及一系列的矩阵乘法。这些操作用于计算权重和偏置的梯度，从而可以使用梯度下降或其他优化技术来更新网络参数。
- 虽然卷积操作本质上不是矩阵乘法，但可以通过某些变换（如 im2col）重写为 GEMM，以利用优化的矩阵乘法库提高计算效率。
- RNN 中的时间步迭代也涉及一系列的矩阵乘法，每个时间步涉及输入与权重的乘法，以及隐藏状态与另一权重矩阵的乘法。

图 8-23 描述在深度学习计算中，特别是在卷积神经网络的计算中，通过矩阵乘法来理解和计算前向卷积、激活梯度和权重梯度。它详细描述了如何将卷积参数转换为对应的 GEMM 参数，并强调了这种虚拟矩阵的构建方式是一种抽象，其目的是解释计算过程，而非实际在内存中创建和存储这样大小的矩阵。

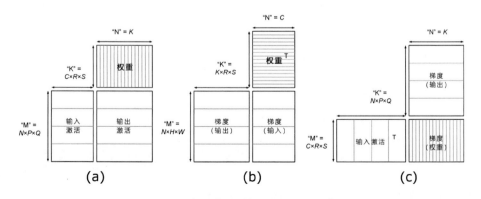

图 8-23　卷积参数到相应的 GEMM 参数

8.3.1　利用线程块优化矩阵计算

线程块的设计为 GPU 编程提供了一种高效、灵活和易用的方式来组织和管理并行线程，从而充分利用 GPU 的强大计算能力。在 CUDA 编程模型中，GPU 的计算资源被组织为线程、线程块和线程网格 3 级。线程是基本的执行单元，线程块是包含多个线程的组，线程网格是包含多个线程块的组。线程块和线程网格的概念可以帮助我们更好地组织和管理线程，从而优化 CUDA 程序。

线程块设计为 GPU 编程提供了一些关键优势，这些优势主要体现在性能优化和编程模型的易用性上。

- 共享内存和同步：每个线程块都有一块可由其内部线程访问的共享内存，这是一种比全局内存访问速度更快的内存类型。通过在线程块内部的线程之间共享数据，可以减少昂贵的全局内存访问，并大大提高性能。此外，CUDA 提供了同步机制，这对于很多并行算法来说都非常重要。
- 占用率优化：线程块的设计也有助于提高 GPU 的占用率。在 GPU 中，线程块是调度的基本单位。通过调整线程块的大小和数量，可以优化 GPU 的占用率，从而提高程序的性能。为了达到最优占用率，线程块应该足够大，以使得在任何给定时刻，都有足够多的线程可以隐藏内存访问的延迟。
- 分块和数据局部性：线程块的设计也有助于分块和数据局部性。通过将数据划分到线程块中，可以利用数据的空间和时间局部性，进一步提高程序的性能。例如，在执行矩阵乘法时，可以将大矩阵划分成小矩阵，每个线程块处理一个小矩阵，这样可以将所需的数据预加载到共享内存中，从而减少了全局内存访问。

针对一个具体的矩阵计算，A 乘以 B 得到 C。A、B、C 这 3 个矩阵的维度分别为 $m \times k$、$k \times n$、$m \times n$。在 GPU 中，我们开启 $m \times n$ 个线程，每个线程需要读取矩阵 A 的一行与矩阵 B 的一列来执行计算，然后将计算结果写到矩阵 C 中。在没有线程块的模式下，完成计算一共需要从全局内存中进行 $2 \times m \times n \times k$ 次读操作和 $m \times n$ 次写操作。

对于结果矩阵 C 中的每个元素，我们都需要进行 k 次乘法和 $k-1$ 次加法。每次乘法需要读取一个矩阵 A 的值和一个矩阵 B 的值，因此需要 $2k$ 次读操作。对于结果矩阵 C 中的所有 $m \times n$ 个元素，总共需要进行 $2 \times m \times n \times k$ 次读操作。对于写操作，对于结果矩阵 C 中的每个元素，我们都只需要进行一次写操作，将计算结果写到全局内存中。因此，对于所有 $m \times n$ 个元素，总共需要进行 $m \times n$ 次写操作。

接下来，我们使用 GEMM 的优化思路拆分大矩阵为小矩阵。GEMM 矩阵乘法的优化思路是将矩阵 A 和 B 分解为多个小矩阵的乘积，然后通过矩阵加法和矩阵乘法的组合来计算矩

阵 **C**。GEMM 矩阵乘法的优化思路可以大大提高矩阵乘法的计算效率。在 CPU 计算环境下，它可以利用 CPU 的缓存机制，减少内存访问次数，从而提高计算效率，它还可以利用 SIMD 指令集，实现向量化计算，进一步提高计算效率。在 GPU 计算环境下，它可以充分利用线程块对线程的精细化管理，降低全局内存的内存访问频率，使用共享内存加速同一个线程块内部的计算。

8.3.2　通过流实现任务级并行

在 CUDA 编程中，从主机到设备（Host to Device，H2D）和从设备到主机（Device to Host，D2H）的数据传输通常是非常费时的操作。这是因为数据需要通过 PCIe 总线在 CPU 和 GPU 之间进行传输，这个过程的带宽远低于 GPU 内部的带宽。为了提高 GPU 性能，一种常见的策略是尽可能地将数据保留在设备内存中，而不是频繁地在主机和设备之间进行数据的传输。但是这并不总是可实现的，因为有些计算任务需要在主机和设备之间频繁交换大量数据。

在默认情况下，GPU 上的操作（例如内存传输和内核函数调用）都是串行的，在一个操作完成之前，下一个操作无法开始。在这种情况下，如果单个任务不能充分利用 GPU 的全部资源（例如核心、内存带宽等），则 GPU 资源利用率较低。

使用 CUDA 流，我们可以组织代码，使得一些操作可以在不同的流中同时执行。例如，我们可以在一个流中执行内存传输操作，同时在另一个流中执行计算操作。这种并行性允许我们隐藏内存传输的延迟，因为在数据从主机传输到设备的同时，设备上的另一部分数据已经在计算了。流还可以用于设备内的任务并行化。如果有多个不相互依赖的计算任务，我们可以将它们放在不同的流中同时执行，从而提高整体的计算效率。

利用流实现计算与传输重叠的基本思路如下。

- 利用 cudaStreamCreate()函数创建多个流。
- 在多个流上利用 cudaMemcpyAsync()函数将主机数据异步传输到设备中。
- 在多个流上执行核函数。
- 在多个流上利用 cudaMemcpyAsync()函数将设备数据异步传输到主机中。
- 利用 cudaStreamSynchronize()函数或 cudaDeviceSynchronize()函数对多个流进行同步。
- 利用 cudaStreamDestroy()函数销毁多个流。

以上思路对应的 CUDA 代码如下：

```
//定义流的数量
const int num_streams = 5;

//创建并初始化流
```

```
cudaStream_t streams[num_streams];
for(int i = 0; i < num_streams; i++) {
    cudaStreamCreate(&streams[i]);
}

//假设我们有两个大向量 a、b 和一个结果向量 c，它们已经在主机内存中进行了初始化
//假设 d_a、d_b、d_c 是在设备内存中的对应向量
//我们将每个向量分成 num_streams 个部分，并在每个流上并行处理每个部分

int segment_size = big_vector_size / num_streams;
//假设 big_vector_size 可以被 num_streams 整除

for(int i = 0; i < num_streams; i++) {
    int offset = i * segment_size;

    //异步地将数据从主机复制到设备中
    cudaMemcpyAsync(d_a + offset, a + offset, segment_size * sizeof(float),
cudaMemcpyHostToDevice, streams[i]);
    cudaMemcpyAsync(d_b + offset, b + offset, segment_size * sizeof(float),
cudaMemcpyHostToDevice, streams[i]);

    //在每个流上执行核函数
    vector_add<<<segment_size/256, 256, 0, streams[i]>>>(d_c + offset, d_a +
offset, d_b + offset, segment_size); //假设 segment_size 能被 256 整除

    //异步地将结果从设备复制回主机中
    cudaMemcpyAsync(c + offset, d_c + offset, segment_size * sizeof(float),
cudaMemcpyDeviceToHost, streams[i]);
}

//对所有流进行同步
for(int i = 0; i < num_streams; i++) {
    cudaStreamSynchronize(streams[i]);
}

//销毁流
for(int i = 0; i < num_streams; i++) {
    cudaStreamDestroy(streams[i]);
}
```

通过这种方式，每个流可以独立于其他流进行操作，实现了任务级的并行。数据传输的过程一般是最耗时的，也是最容易带来 GPU 闲置的，所以很多流的案例程序用 H2D（把数据从主机复制到 GPU 设备）、K（Kernel 执行）、D2H（把数据从 GPU 设备复制到主机）来展示 CUDA 流的重要性。通过使用流，我们可以在数据从主机传输到设备中的同时，在设备上进行计算，从而实现传输和计算的重叠，这大大提高了 CUDA 程序的执行效率。在没有流的情况下，我们讨论的并行都是线程级别的，即通过 CUDA 开启多个线程，并行执行核函数代码。

在处理大规模任务时，比如处理大向量的计算，CUDA 的多流技术可以将任务分解为更小的部分。每一部分任务都被放入一个单独的流中执行，因为每个流中的任务都可以独立于其他流执行，这就使得数据复制和计算任务可以并行执行。

以图 8-24 展示的向量加法为例，如果不使用流技术，那么将数据复制到设备、执行计算以及将数据复制回主机的过程都是顺序执行的，也就是 Stream 0。当数据规模很大时，每个步骤都会耗费很长时间，而且后面的步骤必须等前一个步骤完成后才能开始，从而导致整体运行效率低下。如果采用多流技术，我们就可以把整个大任务分解成多个小任务，使多个小任务在不同的流中并行执行，从而极大地提升了运行效率。

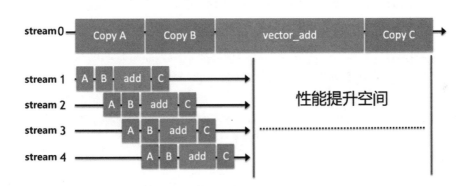

图 8-24　多流技术将任务分解并实现并行

当然这种方法也有局限性，每个流中的操作仍然必须按照它们被发起的顺序执行。如果你在一个流中先发起一个内存传输操作，然后发起一个内核操作，那么这个内核操作必须等待内存传输操作完成后才能开始。

8.4　VLIW 指令结构在 GPU 中的应用历史

VLIW 代表超长指令字架构（Very Long Instruction Word，VLIW）。为何说超长？因为它通过编译器，将多个相互无依赖关系的指令封装到一个超长的指令字中，然后 CPU 中有对应宽度的 ALU 来完成相应的指令操作。这是一种非常经济的硬件设计方式，它的核心逻辑是通过简单的硬件构造，实现尽可能高的指令并行度。

在 VLIW 架构中，指令级并行的发现和指令执行顺序的调度是完全交由编译器来完成的，而不是由硬件来处理的。这是 VLIW 与传统 RISC 的主要区别。编译器将多条指令译码为一个很长的指令字，指示这些指令可以在同一时钟周期内并行执行。硬件只需按照编译器生成的指令字执行指令，无须复杂的逻辑来发现指令之间的并行性和依赖关系。

AMD 的 GPU 单元长期使用 VLIW 的逻辑设计流处理器，所以 AMD（特别是 ATI 时代的 GPU）有一个特点——峰值浮点吞吐量高，但是实际难以达到，软件开发人员需要花费很大的精力考虑如何让编译器把更多的指令打包在一起发送给 SIMD 单元执行。如果打包失败，也要强行凑出一个和 SIMD 单元等宽的指令，比如在 VLIW 架构中，插入 NOP（No Operation）指令表示在指令流中插入一个空操作。NOP 指令本身不执行任何操作，它只占据一个指令槽位，使得指令字保持对齐，以确保指令流的并行性和正确性。

当然最早的 VLIW 在 GPU 还没有出现前就已经有应用案例了，我们比较熟知的 Intel Itanium 处理器采用的是 IA-64 指令集体系结构，它基于的就是 VLIW 设计思想。Itanium 处理器采用了一个特定的 VLIW 宽度，即每个 VLIW 指令字的宽度都为 128 位。

我们用 AMD 对其流处理器的设计思路进行改进，分析 VLIW 对于指令的处理能力。从 2003 年开始的 DirectX 9 时代，像素着色器和顶点着色器仍然是独立的实体，AMD（当时的 ATI）选择了 VLIW5 设计作为顶点着色器设计。根据 AMD 提供的数据，这被认为是顶点着色器块的理想配置，因为它能同时处理 4 个分量的点乘和 1 个标量分量（例如光照）。这种设计保持到了 2007 年的 R600 时代，AMD 面对 DirectX 10 时再次选择了 VLIW5（每个流处理器中有 5 个流处理单元，分别是 1 个全功能 ALU 和 4 个小 ALU）设计，因为 AMD 认为仍然有必要构建一个能够最优化兼容处理 DirectX 9 顶点着色器的设计。

当时的通用计算市场总体规模小，但是 Windows 7 和各家游戏厂商在力推 DirectX 10/11 游戏，导致市场需求快速变化。AMD 自己内部的游戏数据库展示了一个有趣的情况：VLIW5 的平均槽位利用率为 3.4，也就是说平均每一帧渲染中只有 68% 的 SIMD 单元在工作，其他的被浪费了。对于 DirectX 9 时代的顶点着色器来说，VLIW5 设计是非常合理的选择，但现在这种设计变得过于宽泛，标量和窄工作负载（不能利用 VLIW 宽度）的指令数量正在增加，于是诞生了于 2010 年年底发布的 Cayman 架构，这一架构使用 VLIW4 流处理器进一步提升了效率。到了 GCN 架构，其仍然基于 SIMD 体系，但是 AMD 完全抛弃了 VLIW 指令打包方式，将多个 SIMD 阵列与多个 ALU 的组合（每个 CU 单元的 SIMD 阵列可以同时执行不同的指令流），并且同时处理不同的指令流，它展现了类似于 MIMD 体系的特点，提供了更好的并行计算能力。

NVIDIA 的 MIMD 结构流处理器，与 AMD 相比走了完全不一样的路。G80 架构之后的 GPU（如图 8-25 所示的 GT200 架构）流处理器中包含统一标量着色器，其被称作 Stream Processor，我们将其简称为 SP。每个 SP 包含一个全功能的 1D ALU。该 ALU 可以在一个时钟周期内完成乘加操作（MADD）。SIMD 架构的 GPU 中需要 1 个时钟周期完成的 4D 矢量操作，在这种 MIMD 标量架构中需要 4 个时钟周期才能完成，或者说 1 个 4D 操作需要 4 个 SP 在 1 个时钟周期内并行处理完成。

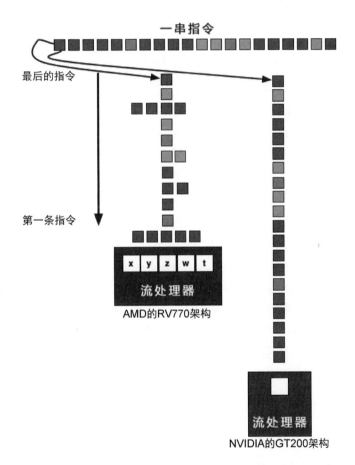

图 8-25　RV770 架构和 GT200 架构不同的流处理器组织方式

这种实现的最大好处是灵活，不论是 1D 指令，还是 2D、3D、4D 指令，G80 架构都会将其全部拆成 1D 指令来处理。但是它也有明显的问题，那就是需要使用更多的调度资源和寄存器资源来支撑这种被"打散"的流处理器运行。要达到同样的峰值算力，MIMD 结构芯片功耗和面积相对于 SIMD 结构有较大消耗。所以 SIMD 结构是理论上峰值算力更强的结构，而 MIMD 结构是理论上效率最高（容易被开发者优化，以接近峰值的速度运行）的结构。这也是为什么 AMD 在连续几代产品中都获得了更高的理论浮点峰值算力，但是却在实际图形和通用计算任务中略慢于 NVIDIA 产品的主要原因。

总体而言，为图形计算设计的 GPU 主要用于处理大规模的图形数据，并执行高度并行的图形渲染和图像处理操作。在这种情况下，需要对大量的图形数据执行相同的计算操作，例如对每个像素应用相同的着色算法或执行纹理采样操作。在这种情况下，使用 SIMD 架构非常有效。SIMD 架构可以通过一条指令同时对多个数据元素执行相同的操作，从而实现高度并行的数据处理。在图形设计中，通过 SIMD 架构，GPU 可以同时处理多个像素或顶点数据，从而加快图形渲染的速度。

为通用计算设计的 GPU 主要用于执行通用计算任务，如科学计算、机器学习和数据分析等。这些任务通常涉及对大规模数据集进行不同的计算操作，例如矩阵计算、向量计算和复杂的算法。在这种情况下，使用 MIMD 架构更加灵活和适合。MIMD 架构允许同时执行多条不同的指令，每条指令可以操作不同的数据元素。通过 MIMD 架构 GPU 可以并行执行不同的计算任务，每个任务可以有不同的指令流和数据流，从而更好地满足计算设计的需求，所以 NVIDIA 被认为更早地看到了 GPU 通用计算市场（G80 芯片时代），在提升指令级别并行度的道路上，它选择了更为激进的处理方式。

总体来看，VLIW 架构的主要优势在于简单。由于它将调度并行操作的责任从硬件转移到了编译器，所以它可以简化处理器设计，降低功耗，并提高性能。然而，VLIW 架构也有一些重要的缺点，包括代码冗余（因为不是所有的指令都可以并行执行），以及对编译器的要求较高（需要复杂的调度算法和对目标硬件的深入了解）。在通用处理器领域，VLIW 架构并没有被广泛接受，但是其在某些特定的应用领域中仍然活跃。比如，在数字信号处理器（DSP）领域，VLIW 由于能够提供高度并行性和预测性，因此得到了广泛的应用。在这种应用中，指令序列通常是固定的，并且可以高度优化，因此 VLIW 的优势可以得到充分的发挥。

第 9 章　张量处理器设计

9.1　张量的定义

标量、向量、矩阵和张量是在数学和物理领域常见的概念，它们之间存在以下关系，如图 9-1 所示。

- 标量（Scalar）：标量是一个单独的数值，它没有方向和维度。例如，温度、质量、速率等都是标量，用一个实数或复数表示。标量可被视作零维张量。
- 向量（Vector）：向量是有方向和大小的量。它由一组有序的标量组成，可以在空间中被表示为一个有限维度的坐标向量。向量可被表示为一维数组。例如，位移、速度、力等都是向量。向量可被视作一维张量。
- 矩阵（Matrix）：矩阵是一个二维数组，包含多行和多列的数字。它可被视为一个平面，表示多维数据的关系或变换。矩阵可被视作二维张量。
- 张量（Tensor）：张量是一个多维数组，可以具有任意维度。它是由一组数字按照规则排列组成的数据结构。在数学和物理中，张量被广泛用于描述多维数据和多维空间中的物理量。例如，二维矩阵是一个二维张量，三维图像是一个三维张量。张量的每个元素都可以是标量、向量或其他更高维度的张量。

图 9-1　标量、向量、矩阵、张量之间的关系

张量的图形化表达如图 9-2 所示，一个一维数组可被看作一个向量（也可以被看作一个张量），而一个二维数组则是一个矩阵（也是一个二维张量）。在深度学习和神经网络中，我们经常使用高维的张量来表示图像、音频、文本等数据。因此，可以说矩阵是张量的特例，张量是矩阵的推广。

张量在神经网络中扮演着重要的角色，它是神经网络中数据的基本表示形式。神经网络是一种由多个层级组成的模型，每一层都包含一组神经元（或节点），这些神经元对输入数据进行处理和变换。

在神经网络中，数据通常以张量的形式表示。输入数据、权重参数、激活值、损失函数等都可以表示为张量。通过在神经网络的各个层级之间进行张量的传递和计算，神经网络能够学习和处理复杂的输入数据，执行特征提取、分类、回归等任务。张量作为神经网络中数据的基本形式，提供了一种便捷且高效的方式来处理和传递复杂的输入数据，并进行模型训练和推理。

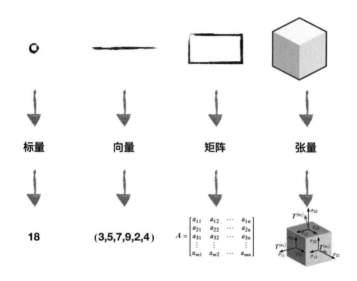

图 9-2 张量的图形化表达

9.2   脉动阵列计算单元

脉动阵列（Systolic Array）是一种高效的计算硬件结构，这种结构适用于进行大量的并行计算，尤其是矩阵乘法，也是深度学习中最常见的操作。脉动阵列的名字来源于它的工作方式，即数据在阵列中"脉动"式地流动，就像心脏在血管中泵血一样。

在脉动阵列中，每一个计算单元都与它的邻居连接，形成一个网格状的结构。在执行矩阵乘法时，矩阵 A 和矩阵 B 的元素会被"注入"阵列，然后在阵列中按照一定的顺序流动，每一个计算单元都会计算乘法并累积求和，最后得到结果矩阵 C。

深度学习中的张量计算，尤其是卷积和矩阵乘法，都可被看作在张量的元素之间进行大量的并行计算。这种运算模式与脉动阵列的结构高度匹配，使得脉动阵列成为执行这种计算的理想硬件结构。脉动阵列作为一种特殊的并行计算硬件结构，特别适合进行张量计算，尤其对于深度学习中的矩阵计算。相对于没有脉动阵列的情况，如果由 SIMD 单元计算矩阵，那么数据需要被多次读/写到内存中，这会增加内存访问开销，并降低数据局部性。

脉动阵列也必然存在局限性，比如它的计算模式相对固定，不适合执行有大量控制流的计算。不过，在深度学习中，大部分的计算都是数据流式的，且执行并行的矩阵计算，因此这个局限性的影响并不大。

脉动阵列中的每个计算单元并不是单纯的计算单元，而是计算-存储单元，符合"近存计算"和"存算一体"的概念。这是因为每个计算单元都可以存储一部分数据，然后将这部分数据发送给邻近的计算单元进行计算。这就实现了让数据在计算单元里流动起来。

当一个数据元素被注入阵列中时，它首先会在一个计算单元中参与计算。然后这个数据元素会被自动发送给邻近的计算单元，参与下一步的计算。这个过程会在整个阵列中持续进行，直到数据元素被使用完。

数据元素在被使用之前，会被暂时存储在计算单元的寄存器中。在数据元素被使用之后，它会自动从一个计算单元的寄存器移动到另一个计算单元的寄存器中。这种设计降低了内存访问的需求，提高了计算效率，还提高了能效，因为在芯片内部移动数据的能耗通常比从内存中读取数据的能耗要低得多。

谷歌的 TPU 中的脉动阵列参考了论文 "Why Systolic Architectures?"，它是由计算机科学家 H. T. Kung 于 1982 年发表的经典论文。这篇论文主要介绍了一种计算机体系结构，该结构被称为 "systolic array" 或 "systolic architecture"，论文中还探讨了该结构的优点和应用领域。这篇论文被广泛引用和研究，并对后来的并行计算和体系结构设计产生了深远的影响。

论文中的脉动阵列是针对矩阵乘法专门设计的，它是谷歌 TPU、Intel AMX 单元和 IBM MMA 单元等众多矩阵（张量）处理器的设计思路来源。针对这种设计的核心目的 Balancing computation with I/O（平衡计算和 I/O），图 9-3 给出了说明。

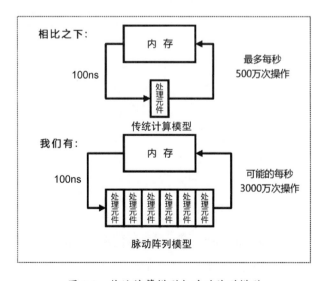

图 9-3 传统计算模型与脉动阵列模型

图 9-3 上半部分是传统计算模型。一个处理元件从存储器读取数据，进行处理，然后写回存储器。在 10 MB/s 带宽限制下，系统最大吞吐量为 5 MOPS。如果能够串联 6 个计算单元形成一个脉动阵列，则吞吐量能够达到 30 MOPS，因为从第二个处理元件开始，不再需要访存，它的数据来自第一个处理元件的输出。脉动阵列的设计目标是通过优化数据流动的方式，使得中间数据在处理元件中停留的时间更长，从而减少对集中式存储器的不必要访问，这样可以降低访存开销对系统性能的影响。

如图 9-4 所示，我们以神经网络的环境举例：脉动阵列接收权重矩阵和激活值矩阵作为输入数据，并将数据存放在阵列左侧和顶部的内存缓冲区中。根据不同的脉动方式，控制信号会选择一侧或两侧缓冲区中的数据，并将其按照固定的节奏发射到阵列中，触发阵列单元的计算。水平的缓冲区之间也支持相邻或跨越多行的数据互传，这为数据的跨行复用提供了一种更灵活、便捷的途径。

在脉动阵列中，权重矩阵由上向下流动。通常脉动阵列的顶部会有存储权重的单元，然后通过逐行或逐列的方式将权重值传递到脉动阵列的下方。激活值矩阵数据从左向右流动。激活值会在脉动阵列的每个时钟周期中向右移动，经过一系列的计算和处理，直到最终输出结果。图 9-4 中的乘累加单元（Multiply-Accumulate，MAC）与图 9-3 中的处理元件含义一致。

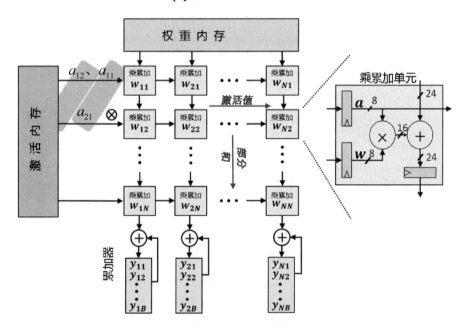

图 9-4　脉动阵列模型与一个 MAC 单元

通过这种方式，脉动阵列可以高效地执行矩阵计算操作，因为数据的流动方向符合计算规则和数据依赖关系。这种并行的数据流动方式可以充分利用硬件结构的并行性，加速矩阵计算过程。

在脉动阵列的一个 cell 中（图 9-4 右半部分），几组寄存器分别存储权重（Weight）、激活值（Activation）和来自上方 cell 的部分和。权重从上向下传播，可以在权重内存中存储。权重内存可以把数据发送给乘累加单元进行处理，也可以直接传递给下方的单元；同样激活内存也可以把数据发送给乘累加单元进行处理，或者直接传递给右侧的单元。所有计算和传递都由控制寄存器控制。

从流水线角度，脉动阵列的工作可分为以下几个过程。

- 数据加载和分发：在开始时，权重矩阵会被加载到脉动阵列中。与此同时，输入数据（例如一个神经网络层的输入向量）会被送入阵列的一侧。
- 计算过程：一旦数据被加载，它们就开始在阵列中"流动"。每个处理元件在每个时钟周期内都会完成一个乘法和一个加法操作（乘累加），同时将结果传递给下一个处理元件。这种数据流的方式允许高效的并行计算，因为每个处理元件在每个时钟周期内都在处理来自前一个处理元件的数据。
- 结果累积和传递：数据流过脉动阵列并被处理时，结果会被逐渐累积到阵列的另一侧。这个过程被称为"脉动"，因为数据就像在脉动阵列内部"流动"一样。
- 结果收集：一旦所有的计算都完成，结果矩阵就会从脉动阵列的输出端被收集。

在全流水线工作状态下，由于每个处理元件都可以同时进行计算和数据传递，因此脉动阵列可以高效地执行矩阵乘法（脉动阵列在每个时钟周期内可以启动一次新的矩阵乘法）。这使得脉动阵列能够实现非常高的吞吐量。这里所说的全流水线工作状态就是阵列中的每个计算单元都忙碌的时候，而不是每次计算任务的开始或结束的时候。

但是脉动阵列的大小和配置可能会限制其适用于特定大小和类型的矩阵乘法的能力，所以它可能不太适合执行更复杂或更通用的计算任务。并且，有研究认为脉动阵列难以扩展，因为它需要带宽的成比例增加来维持所需的加速倍数，这违反摩尔定律，而且存储速度落后于逻辑速度。

9.2.1 谷歌 TPU 处理器

在谷歌"I/O 2016"的主题演讲进入尾声时，谷歌 CEO 桑达尔·皮查伊提到了一项在 AI 和机器学习领域取得的成果，即一款叫作张量处理单元（Tensor Processing Unit）的处理器，简称 TPU。第一代谷歌 TPU 处理器如图 9-5 所示。业界普遍认为没有厂商比谷歌更懂 AI 用户的需求，所以谷歌根据自己的需求定制化开发的 TPU 芯片一经发布就引发了大量讨论，有很多人认为这是芯片行业的风向标。

在大会上，谷歌只介绍了这款 TPU 处理器的一些性能指标，并在随后的博客中公布了一些使用场景。谷歌认为深度学习神经网络技术自 2009 年开始在语音识别方向大放异彩以来，几乎每年在不同领域都能看到因其而产生的突破性进展。但是深度学习模型在图像识别和分类方向的表现高度依赖于 GPU 的浮点算力，需要消耗大量计算资源供 AI 模型做学习训练，而因模型训练运用 GPU 衍生出的计算成本十分昂贵，所以谷歌才毅然决定自行开发深度学习专用的处理器芯片。

图 9-5　第一代谷歌 TPU 处理器

　　与 CPU 和 GPU 相比，单用途的 TPU 就是一个单线程芯片，不需要考虑缓存、分支预测等问题。在图 9-6 中，右上角的矩阵乘法单元代表计算单元；统一缓冲区、主机接口及累加器是数据缓冲单元；下半部分 DRAM 端口、PCIe 接口及其他 I/O 负责输入/输出，而控制逻辑单元仅占 2%晶体管资源（数量或面积）。

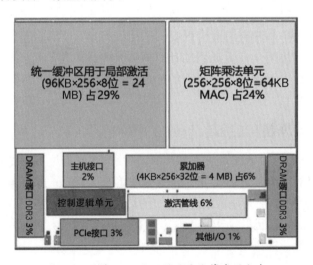

图 9-6　谷歌 TPU 处理器的晶体管资源分布

　　与 CPU 和 GPU 相比，TPU 的控制逻辑单元更小、更容易设计，面积只占整体芯片面积的 2%，给片上存储器和矩阵计算单元留下了更大的空间。

　　确定性是 TPU 这种单用途处理器带来的另一个优势。对于 CPU 和 GPU，需要考虑各种任务的性能优化，因此会有越来越复杂的机制，带来的副作用是这些处理器的行为非常难以预测。TPU 结构清晰，芯片设计者能轻易计算出运行一个神经网络或一批大小固定的矩阵乘加计算需要多少时间或延迟。对于谷歌这样的大公司，可以清晰评估需求，按需设计芯片，这样能尽量让芯片以吞吐量接近峰值的状态运行，同时严格控制延迟。

　　第一代 TPU 产品的 MXU 的脉动阵列包含 256×256 = 65536 个 ALU，也就是说 TPU 每个时钟周期内可以处理 65536 次 8 位整数的乘法和加法计算。TPU 以 700 MHz 频率运行，它每秒可以运行 $65536 \times 700000000 \approx 46 \times 10^{12}$ 次乘法和加法计算，或约每秒 92 万亿（92×10^{12}）次矩阵单元中的计算。TPU v1 的工作频率为 700 MHz，而 TPU v2 提高到了 1.6 GHz。

9.2.2　TPU v4 芯片概览

　　谷歌 90% 以上的人工智能训练工作都在使用这些芯片，TPU 支撑了包括搜索、语音识别、自然语言处理、图像识别等谷歌主要业务。TPU 采用低精度计算，以精度换速度的方式适应了深度学习神经网络类的计算，在几乎不影响处理效果的前提下大幅降低了功耗、加快了运算速度。TPU 支持谷歌的 TensorFlow 框架，并且谷歌提供了大量的工具和库，以便用户可以更方便地利用 TPU 进行深度学习的开发和计算。

　　2023 年 4 月谷歌首次公布了其用于训练人工智能模型的 AI 芯片 TPU v4 的详细信息，并称比英伟达系统更快、更高效。通过谷歌公布的信息，TPU v4 与同等规模的系统相比，运算速度最高提升 1.7 倍，节能效率提高 1.9 倍。

　　图 9-7 是 TPU v4 芯片，由 TSMC 制造代工，同时引入 Samsung 或 SK Hynix 的 HBM 存储颗粒（合计 32 GB）以尽力避免内存瓶颈，每个物理 TPU v4 芯片内部都集成了两个 TPU 计算核心，各对应一组 16 GB 的 HBM 存储颗粒。每 4 颗 TPU v4 封装在一个 PCB 上，使用水冷方式散热（TPU v2 采用风冷方式散热，有被动鳍片加热管散热系统），以获得较高的计算密度。每颗芯片可以提供高达 260 TFLOPS 的算力。TPU v4 集群（包含 4096 个 TPU 核心）可以提供上至 1 EFLOPS 的算力，在目前的超级计算机中是顶级性能水平。

　　每颗 TPU v4 都包含两个张量核心，每个张量核心都包含 4 个 128×128 矩阵乘法单元（MXU）、1 个向量处理单元（VPU）和 1 个向量存储器（VMEM）。每颗 TPU 芯片的内存带宽都是 1200 GB/s，使其可以更有效地处理大规模张量。每个 TPU 核心的峰值算力可以达到 22.5 TFLOPS。

图 9-7　TPU v4 芯片

根据谷歌在论文"An Optically Reconfigurable Supercomputer for Machine Learning with Hardware Support for Embeddings"中披露的信息，TPU v4 的硬件结构指标大致如下。

TPU v4 芯片上的 160 MB SRAM 分配给 Scratchpad 及两个张量核心（每个张量核心都包含 1 个 Vector_Unit 和 4 个矩阵乘法单元，以及 16 MB 的 Vector_Memory）；这两个张量核心共享 128 MB 内存；它们在 BF16 下支持 275 TFLOPS 算力（或 INT8 精度）。

TPU v4 的内存带宽为 1200 GB/s，通过 HBM 存储封装模式达到互连。

TPU v4 包含 VLIW 标量单元，VLIW 指令簇可以包含 2 个标量指令、2 个 vector ALU 指令、1 个 vector-load 和 1 个 vector-store 指令，以及 2 个用于将数据传入和传出 MXU 单元的指令槽。TPU v4 的向量单元搭配了 32 个 2D 寄存器，构成 2D 向量 ALU，以及包含了 128×128 的 MXU 矩阵乘法单元。

谷歌认为矩阵吞吐量和利用率之间的最佳平衡点是 128×128 数组。谷歌从 TPU v2 开始模拟了 4 个 128×128 MXU 的矩阵吞吐量和利用率，与 1 个 256×256 MXU 相比要高出 256%，但 4 个 128×128 MXU 占用的面积与 1 个 256×256 MXU 占用的面积却是相同的，显然更小的 MXU 设计更灵活且节省晶体管。

TPU v4 集群（包含 4096 个 TPU 核心）的速度已经达到 2021 年年中全球最快的超级计算机"富岳"的 2 倍。谷歌 CEO 桑达尔·皮查伊表示："以前要想获得一个 EFLOPS 的算力，通常需要建立一个定制的超级计算机，但我们已经部署了许多这样的计算机，很快就会在我们的数据中心有几十个 TPU v4 Pod（集群节点），其中许多将以 90% 或接近 90% 的无碳能源运行，我们的 TPU v4 Pod 将提供给云客户。"

9.2.3　自研光学芯片用于 TPU 节点拓扑

谷歌设计 TPU 的目的就是构建自己的超级计算机，不考虑小规模部署，但避免不了的问题是：如何高速度、低延迟地把尽可能多的 TPU 芯片连接起来。其实每一台超级计算机的互连拓扑结构都在设计中起着关键的作用，对系统的性能、可扩展性和通信效率有重要影响。但是这次不同的是，谷歌在常规的互连拓扑结构中罕见地自研了光学芯片。

TPU v4 开始的目标就是极高的可扩展性，以及极高的容错性，可以有数千个芯片同时加速，从而实现一个为机器学习模型训练而设计的超级计算机，且当其中一部分芯片出现问题时，可快速切换到其他部分以确保整个系统正常运行。TPU v2 可以扩展到 256 颗芯片，TPU v3 可以扩展到 1024 颗的片间互连（ICI），而如今的 TPU v4 单个 Pod 内可以扩展到 4096 颗芯片。

在谷歌的设计中，超级计算机的拓扑结构为：将 4×4×4=64 个 TPU v4 芯片互连在一起，形成一个立方体结构，然后把 4×4×4 这样的立方体结构连在一起，形成一个总共有 4096 颗 TPU v4 的超级计算机。

如图 9-8 所示，1 个 4×4×4 的立方体结构节点（顶部）与 3 个可重配置的光互连开关（OCS）连接。具有相同维度和索引的 "+" 和 "-" 连接再与同一个 OCS 相连，48 个这样的输入/输出对分别连接到不同的 OCS。

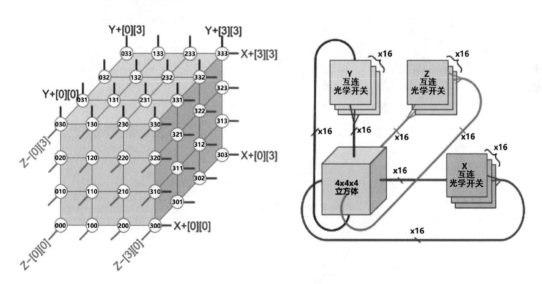

图 9-8　自研光学芯片用于 TPU 节点拓扑

每个立方体结构节点和 TPU SuperPod 超级机柜相连的光互连部分，采用了一种可重配置的 OCS。这种 OCS 的重要性在于提供了高可靠性。当 TPU SuperPod 中的某些立方体结构节点的 ICI 网络发生错误或失效时，可重配置的 OCS 可以动态地调整互连和路由，以绕过出现问题的部分，从而不会影响整体功能。这种动态调整可以使系统在出现部分故障的情况下继续正常运行，以确保高可用性。虽然在绕过失效部分时可能会有一些微小的性能损失，但整体功能仍然可以保持，并且系统能够继续提供可靠的计算能力。

谷歌 TPU v4 设计的其中一个重点就是自研光学芯片 Palomar，使用该芯片实现了全球首个数据中心级的可重配置 OCS，而 TPU v4 搭配了这款自研光学芯片，从架构上实现了高性能和高可靠性。谷歌 TPU v4 的路由设备中使用了一个 2D MEMS 反射镜阵列，通过控制反射镜的位置来调整光路，从而实现光路的切换。使用 MEMS 的光路开关芯片可以实现低损耗、低切换延迟（毫秒级别）及低功耗。

图 9-9 展示了 OCS 如何使用两个 MEMS 阵列工作，不需要从光到电再到光的转换，也不需要耗电的网络分组交换机（左上角的 2.5 mm 字样仅为某款 MEMS 芯片大小的示意）。典型的 MEMS 结构大小一般在微米级别，MEMS 技术的应用模式一般是将 MEMS 结构+ASIC 封装成一个元件。

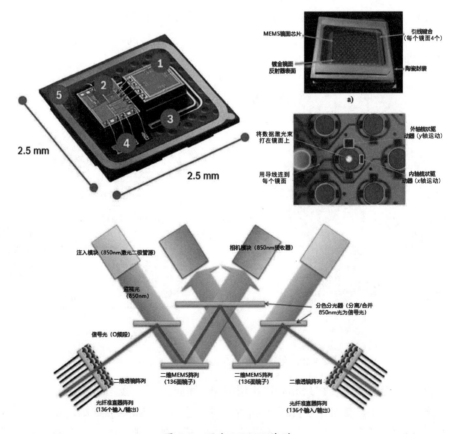

图 9-9　两个 MEMS 阵列

MEMS 反射镜阵列是一种由微电子机械系统技术制造的微小反射镜阵列设备。这些微小的反射镜通常为微米级大小，并且可被单独控制倾斜或旋转，从而能够在不同的方向上反射光线。MEMS 反射镜阵列的基本结构包括安装在微小铰链或扭转梁上的反射镜。通过施加电场或电磁场，可以激活微小反射镜以控制其倾斜或旋转。这种运动能够使光线以不同的角度反射，实现光束的重定向或调制。

谷歌自研光学芯片 Palomar 可以实现低损耗、低切换延迟及低功耗。在 Palomar 芯片加入后，立方体结构节点之间的互连并非一成不变的，而是可以现场重配置的。这样做可以带来很多好处，其中最主要的就是可以根据具体的机器学习模型来改变拓扑，以及改善超级计算机的可靠性。如图 9-10 所示，谷歌在相关论文中描述到，在使用可重配置光互连（以及光路开关）时，系统有效吞吐量和利用率大幅度提升。

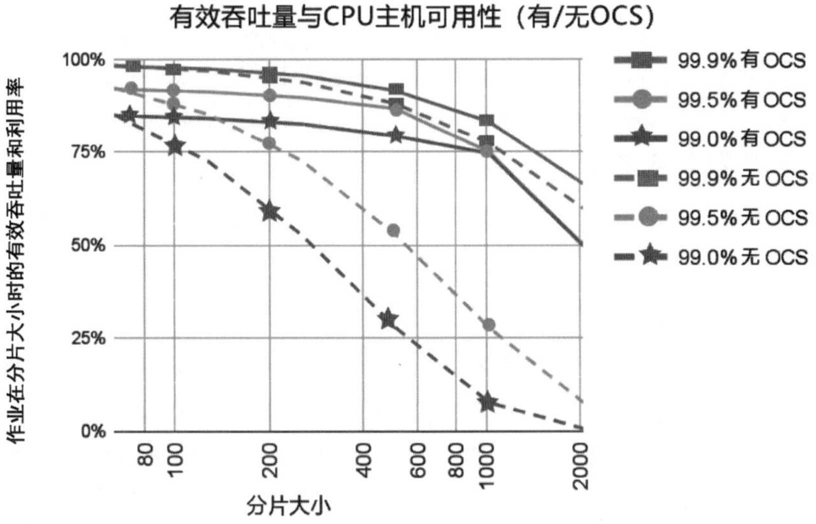

图 9-10　谷歌自研光学芯片 Palomar 的性能

由于不对外出售，TPU 属于典型的 ASIC（Application-Specific Integrated Circuit，专用集成电路）芯片。ASIC 是指依产品需求不同而定制化的特殊规格集成电路，具有高性能、低功耗优势，但它们只能执行特定算法。

ASIC 生产成本较高，因此当出货量较小时，采用 ASIC 并不经济。ASIC 是为特定应用或任务量身定制的，其研发和生产涉及大量的初始投资。一旦需求开始增加，就会导致 ASIC 的出货量增加，可通过芯片代工厂批量生产来降低成本。谷歌能够预估和规划自己在哪个阶段需要多少计算资源，也清晰地知道通用 GPU 上的哪些功能单元是用不到的，这也是为什么谷歌不选择使用现有的 GPU 芯片，而是自行研发生产 TPU 的重要原因。当然一旦在某种程度上实现了自己生产芯片，就不会再面临采购芯片时突然断供的问题，供应链安全问题是所有互联网大厂都非常在乎的关键问题。

9.2 节中的图片如无特殊标注，均来源于谷歌官网。

9.3　Volta 架构引入张量核心

在张量核心提出之前，NVIDIA 在 GPGPU 上的大规模战略部署经历了 G80、Fermi、Maxwell、Kepler、Pascal 等架构，它们与上一代产品相比能够提供更高的训练神经网络性能，但神经网络的复杂性和规模却在持续增长，庞大的网络需要更高的性能和更短的训练时间，是否继续依靠 SIMT 前端线程管理和由大量整数、浮点数标量单元构成的 SIMD 向量后端执行单元来应对神经网络的矩阵计算，已经成为值得考虑的问题。

在 Volta 架构的 GV100 芯片中，NVIDIA 加入了一部分新的硬件逻辑——张量核心，帮助提升训练大型神经网络的性能。Tesla GV100 的张量核心提供了 125 TFLOPS（FP16 精度下）的训练和推理应用。与传统的浮点数单元相比，它可以在一个时钟周期内完成更多的运算，这显著提升了处理器的计算性能。

张量核心是专门设计用于执行低精度（如 FP16）浮点计算的硬件单元。张量核心能够同时执行 16 个 FP16 乘累加操作，以及数值转换和标准化等操作，从而在相同的时间内实现更高的计算吞吐量。

张量核心通过使用混合精度计算（Mixed-Precision Computing）技术，首先将输入数据从 FP32 降低到 FP16，然后执行高效的并行计算，最后将结果升级回 FP32。这种混合精度计算技术可以在保持相对较高的计算精度的同时，极大地提高计算性能和效率。

Tesla GV100 GPU 包含 640 个张量核心。每个 SM 都包含 8 个，每个 SM 中的处理块（分区）都包含 2 个。在 Volta GV100 中，每个张量核心每个时钟周期可以执行 64 次浮点 FMA（融合乘加）操作，一个 SM 中的 8 个张量核心总共可以在每个时钟周期内执行 512 次浮点 FMA 操作（或 1024 次单独的浮点计算）。

9.3.1　张量核心设计细节

张量核心及其相关的数据路径是定制设计的，以显著增加浮点计算吞吐量，同时保持高能效。每个张量核心计算单元能操作一个 4×4 的矩阵，并执行 $D = A \times B + C$ 这样的矩阵操作。其中，A、B、C 和 D 是 4×4 的矩阵。矩阵乘法的输入 A 和 B 是 FP16 矩阵，而累加矩阵 C 和 D 可以是 FP16 或 FP32 矩阵。

图 9-11 表达了一个张量核心单元执行 4×4 矩阵乘累加操作。张量核心使用 FP32 累加来操作 FP16 输入数据。FP16 乘法产生一个 FP32 结果，即使输入数据是半精度的，因为乘法的结果是一个具有更高精度的值，所以也保证了计算的准确性。然后使用 FP32 加法与其他中间过程进行累加，完成一个 4×4×4 的矩阵乘法。在实际问题中，GPU 上集成的多个 SM 中包含多个张量核心单元(如 GV100 总共包含 640 个)，用来执行更大的 2D 或更高维度的矩阵计算。

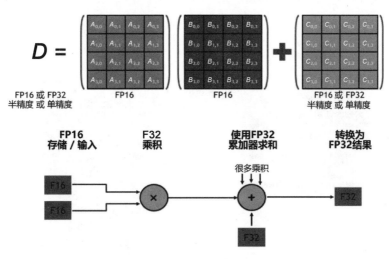

图 9-11　张量核心混合精度计算

注意： 在矩阵乘法 $A×B=C$ 中，如果 A 是一个 $m×k$ 矩阵，B 是一个 $k×n$ 矩阵，那么 C 将是一个 $m×n$ 矩阵，针对图 9-11 中的 $D = A×B + C$，矩阵加法要求 $A×B$ 的结果和 C 是同维度的，则该类计算在下文中都被表示为 $m×n×k$，如 4×4×4 的矩阵乘法，实际含义为两个 4×4 的矩阵做乘法，这里的 k 表示 A 矩阵的列数和 B 矩阵的行数。

Volta 架构引入了一种名为"wmma"的新指令，专门用于进行张量核心矩阵乘法计算。这种指令能够极大地加快处理深度学习训练和推理等任务。wmma 指令能够高效地完成 16×16×16（$m×n×k$）的矩阵乘加运算。这是一个固定尺寸，表示它可以同时处理 16 行×16 列的两个矩阵，并将结果加到一个 16×16 的输出矩阵中。该指令实际上是通过组合多个 4×4×4 的矩阵乘加计算来完成 16×16×16 矩阵乘法的。这种分块的处理方式可以更有效地利用硬件资源，提高运算效率。

如果遇到非 16×16×16 的矩阵，程序员就需要手动处理这些矩阵以适应该指令。例如，对于 15×15×15 的矩阵，需要填充额外的元素来使其成为 16×16×16 矩阵，对于 17×17×17 的矩阵，需要将其拆分为多个 16×16×16 的矩阵进行计算。

数据在张量核心中是以片段的形式进行处理的。对于 $A×B+C$ 张量核心操作，片段由 A

的 8 个 FP16×2 元素（16 个 FP16 元素）和 **B** 的另外 8 个 FP16×2 元素，以及 FP16 累加器的 4 个 FP16×2 元素或 FP32 累加器的 8 个 FP32 元素组成。

图 9-12 显示了 4×4 矩阵乘法（使用左右两侧的两个源 4×4 矩阵外部的立方体）需要 64 次操作（由立方体表示）来生成一个 4×4 的输出矩阵（显示在立方体底部）。搭载张量核心的基于 Volta 架构的 Tesla GV100 可以以比基于 Pascal 架构的 Tesla GP100 快 12 倍的速度执行此类计算。

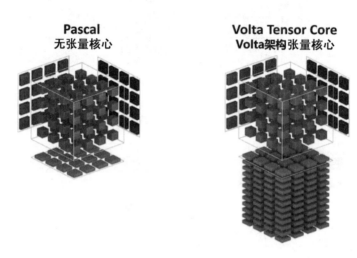

图 9-12　第一代张量核心相对于上一代 Pascal 架构的效率优势

在每个时钟周期内，每个张量核心都可以完成一个 4×4 矩阵计算。每个 wmma.mma 操作（执行矩阵乘累加计算，即 $D = A \times B + C$，其中 A、B 和 C 都是输入矩阵，D 是结果矩阵）需要 64 个张量核心操作拆分完成，因为一个 16×16 的矩阵可以被分成 64 个 4×4 的矩阵块。因为 16/4 = 4，所以在每个维度（行和列）上都会有 4 个 4×4 的矩阵块，从而形成一个 4×4 的矩阵块网格，总共有 64（4×4×4）个 4×4 的矩阵块。然后，张量核心会逐个处理这些 4×4 的矩阵块。最后，将结果整合，得到最终的 16×16 矩阵结果。

如图 9-13 所示，在 Volta 架构中，一个 SM 被划分为 4 个处理块或称子核。这样的设计可以提高并行处理能力，允许更高效的资源分配和利用。每个子核中配备有两个张量核心，专门用于执行矩阵计算。

子核内的线程束调度器每个时钟周期会向多个单位［如本地分支单元（BRU）、张量核心阵列、数学调度单元或共享的 MIO 单元］发出一条线程束指令。但这个设计并行排除了并行执行张量核心操作和其他数学操作的可能性。对于张量核心操作，输入矩阵是从寄存器接收的，然后执行 4×4×4 的矩阵乘法。在完成矩阵乘法后，结果矩阵会被写回寄存器。

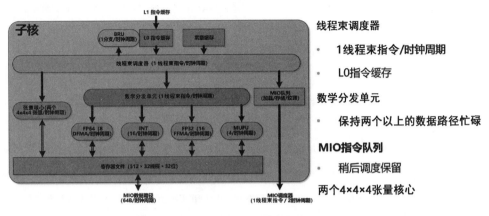

图 9-13　SM 单元进一步被拆分为子核

如图 9-14 所示，每个张量核心内部有两个 Octet，Octet 按字面意思可翻译为八元组，因为其内部有 8 个 FEDP（Four-Element Dot-Product，四元素点积）单元，每个 FEDP 内部都有4 个乘法单元，每个 FEDP 单元执行一个线程。每个乘法单元对应 NVIDIA 白皮书 GPU 架构图张量核心单元内部的小绿色方块。在每个 FEDT 单元内部，乘法计算在第 1 阶段并行执行，累加操作在其他 3 个阶段内进行，总共 4 个流水线阶段。

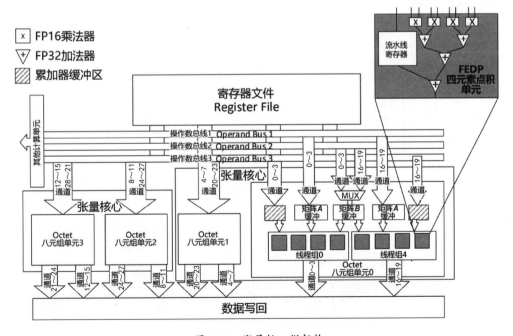

图 9-14　张量核心微架构

每个线程组有 4 个线程，每个 Octet（含 8 个 FEDP）能执行两个线程组。按照 NVIDIA 披露的算力，张量核心支持每个时钟周期 4×4×4（2 个 4×4）的矩阵计算，一个线程组每个时钟周期有 1×4×4 的计算量，每个 Octet 内部有两个线程组，即 2×4×4 的计算量，而每个张量核心内部又有两个 Octet，每个时钟周期就有 4×4×4 的计算量。

Octet 之间没有数据共享，但是每个 Octet 内共享了一个矩阵 **B** 缓冲。我们假设在一个线程束中的两个 Octet 分别访问每个张量核心。每个张量核心有 16 个 SIMD 通道，每个 Octet 分配 8 个通道，每个线程组分配 4 个通道，每个线程组通道将操作数取到内部缓冲区。对于操作数矩阵 **A** 和 **C**，每个线程组将操作数取到它的独立缓冲区，而对于操作数矩阵 **B**，两个线程组将操作数取到一个共享的缓冲区。

如图 9-15 所示，每个 Octet 单元读取矩阵 **A** 的一个 8×16 的子矩阵和矩阵 **B** 的一个 16×8 的子矩阵来执行计算步骤。这些子矩阵是更大矩阵的一部分，通过这种方式并行处理，各个 Octet 单元可以独立工作，共同完成整个矩阵乘法计算。矩阵 **B** 的特定子矩阵可以在两个线程组之间共享，可以看到线程组 X 和线程组 X+4 的矩阵 **B** 部分（乘号后面的大写字母矩阵）始终相同，这是因为在矩阵乘法中，矩阵 **B** 的相同列会被用于计算矩阵 **A** 的不同行，所以矩阵 **B** 的特定部分可能会被不同的 Octet 单元共享以减少内存读取次数和提高效率。

Octet单元	线程组	矩阵**A**	矩阵**B**
0	0 和 4	[0:7,0:15]	[0:15,0:7]
1	1 和 5	[8:15,0:15]	[0:15,0:7]
2	2 和 6	[0:7,0:15]	[0:15,8:15]
3	3 和 7	[8:15,0:15]	[0:15,8:15]

Set	Step	线程束 X	线程束 X+4
1	0	$a[0:1] \times A$	$e[0:1] \times A$
	1	$a[2:3] \times A$	$e[2:3] \times A$
	2	$a[0:1] \times E$	$e[0:1] \times E$
	3	$a[2:3] \times E$	$e[2:3] \times E$
2	0	$b[0:1] \times B$	$f[0:1] \times B$
	1	$b[2:3] \times B$	$f[2:3] \times B$
	2	$b[0:1] \times F$	$f[0:1] \times F$
	3	$b[2:3] \times F$	$f[2:3] \times F$
3	0	$c[0:1] \times C$	$g[0:1] \times C$
	1	$c[2:3] \times C$	$g[2:3] \times C$
	2	$c[0:1] \times G$	$g[0:1] \times G$
	3	$c[2:3] \times G$	$g[2:3] \times G$
4	0	$d[0:1] \times D$	$h[0:1] \times D$
	1	$d[2:3] \times D$	$h[2:3] \times D$
	2	$d[0:1] \times H$	$h[0:1] \times H$
	3	$d[2:3] \times H$	$h[2:3] \times H$

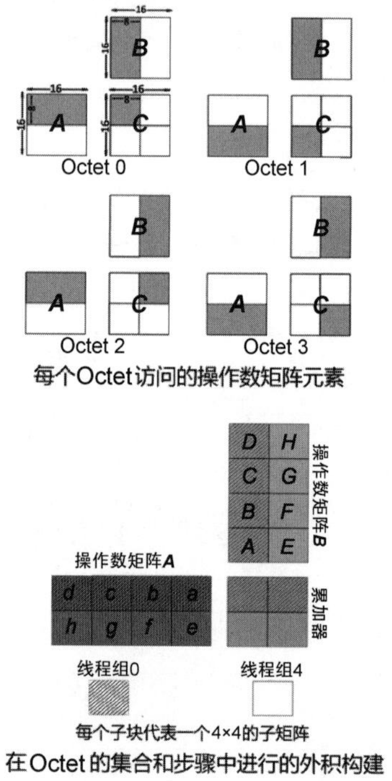

图 9-15　Octet 单元读取矩阵 **A** 和 **B** 的一部分完成计算

图 9-15 右侧，子图"每个 Octet 访问的操作数矩阵元素"描述了 4 个不同 Octet 单元访问操作数矩阵 *A*、*B* 和 *C* 的元素。每个 Octet 单元包含矩阵 *A*、*B* 的一部分以及矩阵 *C* 的完整子矩阵。Octet 0 和 Octet 2 访问矩阵 *B* 的相同部分，表明在不同的 Octet 单元之间，矩阵 *B* 的相应子矩阵是共享的。子图"在 Octet 的集合和步骤中进行的外积构建"描述了在一个 Octet 内部如何对矩阵 *A* 和 *B* 的子块进行外积计算。

9.3.2　张量核心数据加载与指令编译

为了在 PTX 级别上对张量核心执行操作，NVIDIA 在 PTX 6.0 中引入了 3 个 PTX 指令。在以下指令所示的语法中，"sync"限定符表示指令在执行前会等待线程束中的所有线程同步，每行指令都有该限定符。PTX 手册中使用"操作数矩阵"一词来指代一个矩阵块。"layout"限定符指定了操作数矩阵在内存中是以行优先还是以列优先方式存储的。"shape"限定符代表操作数矩阵的片段大小（例如，通过将 shape 设置为 m16 n16 k16 来指定 16×16×16）。"type"限定符表示操作数矩阵的精度，即 FP16 或 FP32。对于 Volta 架构，矩阵 *A* 和 *B* 必须是 FP16 的，而矩阵 *C* 可以是 FP16 或 FP32 的。

```
wmma.load.a.sync.layout.shape.type ra, [pa] {stride};
wmma.load.b.sync.layout.shape.type rb, [pb] {stride};
wmma.load.c.sync.layout.shape.type rc, [pc] {stride};
wmma.mma.sync.alayout.blayout.shape.dtype.ctype rd, ra, rb, rc;
wmma.store.d.sync.layout.shape.type rd, [pd] {stride};
```

操作数矩阵 *A*、*B* 和 *C* 必须在启动矩阵乘法操作之前从内存加载到寄存器文件中。这种数据移动是通过 3 个 wmma.load PTX 指令完成的。具体来说，wmma.load.a、wmma.load.b 和 wmma.load.c 分别将矩阵 *A*、*B* 和 *C* 加载到寄存器 ra、rb 和 rc 中，其中 ra、rb 和 rc 代表分布在一个线程束的线程中的一组通用寄存器，对应于片段的概念。pa、pb、pc 是存储在内存中的操作数矩阵 *A*、*B* 和 *C* 的内存地址。

通常，从内存加载的输入块是更大矩阵的一部分（在 9.3.2 节"矩阵拆分计算"中讲解过）。为了帮助访问更大矩阵的块，wmma.load 和 wmma.store 支持跨步内存访问。"stride"操作数指定了每一行（或列）的开始。wmma.mma PTX 指令执行线程束级的矩阵乘累加操作。该指令使用包含矩阵 *A*、*B* 和 *C* 的寄存器 a、b 和 c 来计算 $D = A \times B + C$，将计算结果存储在每个线程的通用寄存器 d 中。

张量核心与 CUDA 核心使用相同的内存层次结构。张量核心和 CUDA 核心都可以通过直接寻址从共享内存或全局内存获取数据。如图 9-16 所示，张量核心有两种内存加载方式：A100 中提出的 ldmatrix 方式，通过 per-thread（每个线程）实现；以及传统的 GV100 中提出的 wmma.load 方式，通过 per-warp（每个线程束）实现。

wmma.load 是传统的张量核心加载指令，用于从共享内存加载数据到张量核心中。它涉及特定的数据加载形状和方式，可以指定要加载的矩阵和数据类型。它在每个线程束方案中运行，线程束内的线程共同协作完成数据加载。但它有一些限制，如需要连续的内存存储和特定的数据排列方式。

ldmatrix 是相对新的指令，用于加载数据到张量核心中进行处理。ldmatrix 允许线程共同协作来更灵活和高效地加载数据，能够更好地配合张量核心的操作。它可以用来加载矩阵 **A**、**B** 和 **C**，提供了更高的灵活性来避免内存银行冲突和优化数据加载过程。ldmatrix 的优势是实现了更高效的数据搬运。ldmatrix 能够一次性从共享内存无板块冲突地加载 4 个 8×8 的局部矩阵，这显著地缩短了加载数据的时间和降低了板块冲突的发生率，从而提升了数据搬运的效率。除了数据加载，ldmatrix 还可以合并转置操作，这进一步优化了数据预处理的步骤，减少了所需的指令数。

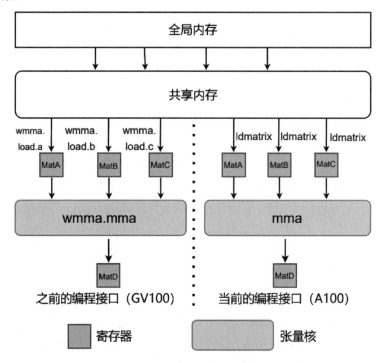

图 9-16 两种内存加载模式

图 9-17 展示了几种不同的矩阵乘累加（MMA）指令如何在不同的 NVIDIA GPU 架构（Volta、Ampere 和 Turing）上被编译成 SASS（NVIDIA 的 GPU 汇编语言）指令。不同的指令在不同架构上的行为不同。

图 9-17 右侧的 HMMA.884 和 HMMA.16816 这两种指令是半精度矩阵乘累加指令。

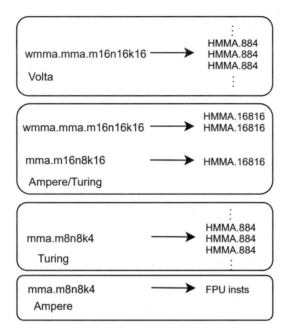

图 9-17　架构不同指令编译不同

具有不同 k（在矩阵乘法 $A \times B = C$ 中，如果 A 是一个 $m \times k$ 矩阵，B 是一个 $k \times n$ 矩阵，则该矩阵计算被表示为 $m \times n \times k$）的 MMA 指令会被编译成不同的 SASS 汇编指令。通常具有更大 k 的指令可以在张量核心上实现预期性能，具有较小 k 的指令表现不佳（无法实现峰值吞吐量）。在 GPU 编程时，选择适当的 k 值有助于优化算法的性能。当 k 值较小时，不能充分利用张量核心的全部计算资源，会降低每条指令的吞吐量，同时增加了编译和执行的开销。小的 k 值还意味着需要更频繁地重组数据，这可能会增加额外的开销。

张量核心具有独立的线程调度和执行功能，以及线程束的同步和结果分配功能。张量核心操作在寄存器级别可以执行高效的乘累加操作，充分利用了寄存器的重用。张量核心在设计和编程模型方面存在特殊和高度定制化特性，目的是实现更高的计算效率。在传统的 SIMT 模型中，程序员为每个线程编写代码，每个线程独立完成各自的计算。面对 16×16×16 的矩阵乘法计算，需要声明 16×16 个线程，每个线程负责计算结果矩阵中的每个元素，最终由这 256 个线程完成 16×16×16 的矩阵乘法。

与传统的线程声明方式不同，16×16×16 的矩阵乘法是通过特定的 API 来完成的。这些 API 以线程束为基本单位，指导张量核心的操作数读取、计算和写回过程。程序员需要在线程束这一级别上控制张量核心的工作，程序员不能看到甚至控制线程束内部的 32 个线程的具体执行情况。这种设计是为了简化编程过程，同时为了保护和优化底层硬件的工作流。

9.3.3　矩阵乘法访存优势与数据布局

张量计算的另一个高效之处体现在访存，使其能够高效地适应神经网络的计算任务。神经网络中大规模的矩阵乘法计算有很好的计算/访存比。例如，对于一个 $m×k×n$ 的矩阵乘加计算（$m×k$ 与 $k×n$ 的矩阵相乘，再与 $m×n$ 的矩阵相加），它的计算/访存比为 $2×m×k×n/m×k+k×n+2×m×n$。

计算操作次数为：矩阵乘法涉及 $2×m×k×n$ 次计算（每个元素的乘法和加法）。内存访问次数为：输入矩阵的元素数和输出矩阵的元素数的和，即 mk（第 1 个矩阵的元素数）$+ kn$（第 2 个矩阵的元素数）$+ 2mn$（结果矩阵和加法矩阵的元素数）。

按照方阵的情况来简化分析，即 $k=n=m$，计算操作次数为 $2m^3$，内存访问次数为 $4m^2$，所以计算/访存比为：$2m^3/4m^2 = m/2$。

也就是说，类似操作可以获得高算力而不会对存储带宽提出过高的要求。通过对计算/访存比的计算公式进行解析，我们发现随着矩阵规模的增加，计算/访存比也会提高。这有助于在更大规模的矩阵计算中降低存储带宽的压力，从而提高效率。在张量核心出现之前，专用加速器主要遵循两种计算模式：一种是将矩阵乘法视为多个向量的逐元素乘法与累加，另一种是将矩阵乘法分解为多个标量的乘加计算。这两种模式的主要区别在于，数据流调度方式和数据存取与复用的差异。张量核心采取了矩阵乘法计算模式，并结合了寄存器读取共享等技术，尽可能优化数据的复用，以降低功耗和提高效率。

在使用 NVIDIA 的 cuDNN 库进行神经网络计算时，张量核心要求数据布局是 NHWC 格式的。在神经网络计算中，数据通常以多维张量的形式表示。如图 9-18 所示，NCHW 和 NHWC 是两种常见的数据布局方式。NCHW 分别代表批量大小（N）、通道数（C）、图像的高度（H）、和图像的宽度（W），而 NHWC 分别代表批量大小（N）、图像的高度（H）、图像的宽度（W）和通道数（C）。

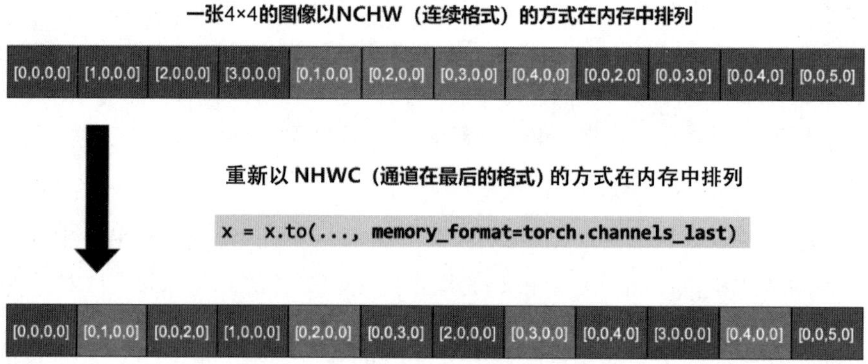

一张4×4的图像以NCHW（连续格式）的方式在内存中排列

| [0,0,0,0] | [1,0,0,0] | [2,0,0,0] | [3,0,0,0] | [0,1,0,0] | [0,2,0,0] | [0,3,0,0] | [0,4,0,0] | [0,0,2,0] | [0,0,3,0] | [0,0,4,0] | [0,0,5,0] |

重新以 NHWC（通道在最后的格式）的方式在内存中排列

`x = x.to(..., memory_format=torch.channels_last)`

| [0,0,0,0] | [0,1,0,0] | [0,0,2,0] | [1,0,0,0] | [0,2,0,0] | [0,0,3,0] | [2,0,0,0] | [0,3,0,0] | [0,0,4,0] | [3,0,0,0] | [0,4,0,0] | [0,0,5,0] |

图 9-18　两种数据布局方式

图 9-18 展示了一张 4×4 的图像数据在内存中的两种不同布局方式。在上半部分，图像数据以 NCHW 格式排列，这是一种在深度学习中常用的数据格式。在这个例子中，由于是单张图像，$N=1$，且图像为单通道，所以 $C=1$。图像数据按照图像的宽度和高度连续存储。在下半部分，图像数据被重新排列为 NHWC 格式，这里的 H 和 W 依然代表图像的高度和宽度，但通道数 C 放在了最后。这种格式也被称为"通道在最后格式"，其在某些深度学习框架和硬件上可能更加高效。

在代码示例中，x.to(..., memory_format=torch.channels_last)表示将变量 x 中的数据从 NCHW 格式转换为 NHWC 格式，这通常是通过深度学习框架中提供的方法进行的，例如这里使用的是 PyTorch 框架的转换方法。

如果输入数据的格式是 NCHW，而且通道数不是 8 的倍数，cuDNN 库会对输入和输出通道进行自动填充，使其可以利用张量核心进行计算。当张量核心被请求使用且实际可用时，cuDNN 库会自动执行从 NCHW 到 NHWC 的转换，以确保张量核心可以被有效利用。

当卷积的通道数是 8 的倍数时，可以直接使用 NHWC 格式的数据，这样可以消除数据布局转换的开销，进而提高计算效率。如果由于某种原因无法保证通道数是 8 的倍数，也可以使用 NCHW 格式的数据，cuDNN 库会自动进行必要的转换，以便能够利用张量核心加速计算。

数据布局方式的选择对性能有影响，因为为张量核心实现的卷积需要 NHWC 格式，并且当输入张量是 NHWC 格式时速度最快。NCHW 格式仍然可以被张量核心操作，但自动转换操作会产生一些开销。当输入和输出张量较大或所需计算量较小时（如当过滤器大小较小时），转换开销往往更为显著。为了最大限度地提高性能，NVIDIA 建议使用 NHWC 格式的数据布局方式。

图 9-19 展示了不需要转换的内核（NHWC 格式）的性能优于需要一个或多个转换的内核（NCHW 格式）。测试环境是 NVIDIA A100-SXM4-80GB、CUDA 11.2、cuDNN 8.1。目前许多深度学习框架已支持 NHWC 格式的数据布局方式，包括 MXNet、TensorFlow 和 PyTorch。

对于矩阵乘法,张量核心要求 M、N、K 必须是 8 的倍数。其中 AB 矩阵中 A 的维度为 $M×K$，B 的维度为 $K×N$，输出矩阵的维度为 $M×N$。K 越大，越有利于发挥张量核心的计算效率，K 越大，代表单线程的计算密度越大，所以效率也会提高。

从 NVIDIA 产品定位的战略转型来看，张量核心的加入能够有力抓住 AI 芯片市场，图形单元（特别是固定功能单元）在通用计算环境下已经是负担，传统的 FP32 和 FP64 在 AI 计算环境下使用不多，反而是低精度计算才是市场更关注的，张量核心为 NVIDIA 带来了新的市场机会。

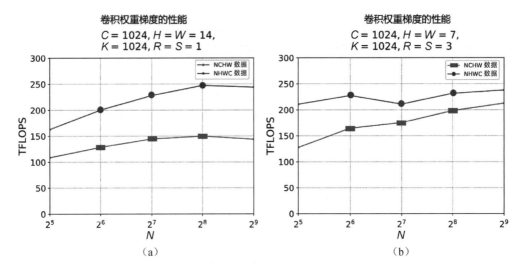

图 9-19　不同数据布局方式的性能

9.3.4　Ampere 架构引入稀疏性张量加速

2017 年 Volta 架构发布后，NVIDIA 对张量核心持续改进。2018 年利用 Turing 架构的第二代张量核心和 Tensor RT 推理优化器，NVIDIA Tesla T4 GPU 为数据中心推理带来了显著的加速和低功耗特性。张量核心还为基于 Turing GPU 的 GeForce 游戏 PC 和 Quadro 工作站带来了新 AI 功能，比如《孤岛危机 5》中的水面模拟使用的精度更低的 FP16，是由张量核心模拟实现的，张量核心还可以用来执行深度学习超采样（Deep Learning Super Sampling，DLSS），这是一个通过 AI 和机器学习来提高游戏图形质量和性能的技术。DLSS 利用深度神经网络来预测高分辨率图像的样貌，从而在较低的原生分辨率下实现类似于高分辨率下的视觉效果，同时保持较高的帧率。

在 MLPerf AI 基准测试中，张量核心在多项训练和推理类别中获得了领先，到了 Ampere 架构时代，NVIDIA 引入了第三代张量核心，核心提升了张量吞吐量，同时增加了对 DL 和 HPC 数据类型的全面支持，还加入了一个新的稀疏性特性，在某些环境下进一步使吞吐量翻倍。

稀疏性是指在神经网络中，有一部分权重或连接被设置为零，因而不再影响网络的前向和后向传播。这可以帮助减少神经网络的存储和计算需求，同时保持相对较高的准确性。稀疏性可以通过各种方式实现，包括剪枝（将不重要的连接删除）和利用特定的稀疏训练技术。正在被业界和学术界广泛而积极研究的是将密集网络修剪成具有相同精度级别的稀疏网络的技术。

深度神经网络（DNN）由多层相互连接的神经元或节点组成。通常一个完全连接的 DNN 中的每个神经元或节点都与网络下一层的每个神经元连接。这意味着，如果一个网络在一层中有 n 个节点，并且与下一层的 n 个节点相连接，则两层之间的互连数将为 n^2。过去几年新神经网络的复杂度迅速提升，导致其包含数十到数百层，以及存在具有数百万个互连的数千个神经元的 DNN。

剪枝是一种用于将几乎没有对网络最终精度做出贡献的节点和互连清零或移除的技术。对于 AI 训练，这可能意味着将很多接近零值的权重和激活矩阵清零，并对剩余的权重进行重新训练以优化。对于推理，它可以通过将接近零值的权重值减小到零或从网络中移除接近零值的互连和节点来完成。剪枝后由于节点和互连较少，网络变得稀疏。许多研究论文已探讨了稀疏网络的多种剪枝技术。

在硬件层面，可以通过以下方法来优化稀疏神经网络的性能。

- 计算优化：通过忽略权重值为零的连接，可以显著减少所需的计算量，因为这些连接不再参与前向和后向传播过程。
- 内存带宽优化：稀疏神经网络通常需要较少的内存带宽，因为存储和传输的权重数量减少了。
- 能源效率优化：由于计算和内存访问的减少，能源效率通常会提高。
- 延迟优化：在推理时，稀疏性可以帮助降低延迟，因为需要处理的数据量减少了。

为了充分利用这些方法，可以对硬件进行特定的设计和优化，如使用专门设计的芯片来支持稀疏计算，或者在现有的硬件上进行优化以更好地支持稀疏计算。

有一些工具和技术专门用于优化稀疏神经网络，例如 A100 GPU 提供了对细粒度结构稀疏性的支持，如图 9-20 所示，这允许网络稀疏，但要求每个节点执行相同的数据提取操作和计算，从而实现更均衡的工作负载分配和更高的计算节点利用率。

根据对多种流行神经网络的评估，A100 上实现的细粒度结构稀疏性，再加上 NVIDIA 提供的简单和通用的方案来稀疏深度神经网络，带来的精度损失非常微小。

细粒度结构稀疏性可以使深度神经网络的计算吞吐量翻倍。细粒度结构稀疏性对允许的稀疏模式施加了约束，使硬件能够更高效地对输入操作数进行必要的对齐。NVIDIA 工程师发现，由于深度学习网络能够在训练过程中根据训练反馈调整权重，通常这种结构约束不会影响训练网络的推理精度。这使得可以利用稀疏性来加速推理。为了加速训练，需要在过程的早期阶段引入稀疏性，以提供性能优势，不影响精度的训练加速方法是一个活跃的研究领域。

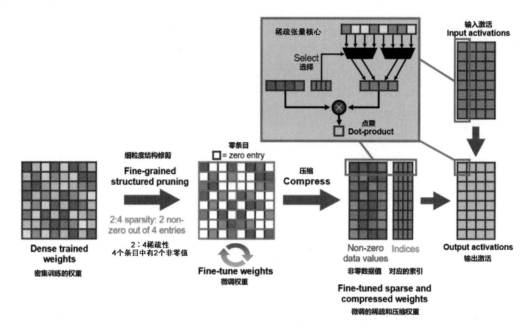

图 9-20　A100 处理 2：4 稀疏矩阵的细节

结构是通过一种新的 2：4 稀疏矩阵定义来实施的，它允许每个 4 项向量中有 2 个非零值。如图 9-20 所示，A100 支持行上的 2：4 结构稀疏性。由于矩阵的结构定义明确，它可以高效压缩，从而减少了近一半的内存存储和带宽。

细粒度稀疏计算需要特定的指令（mma.sp 指令）集，通过它可以执行稀疏-稠密矩阵乘法。在实施细粒度结构稀疏性时，程序员需要首先将稀疏矩阵 A 压缩为一个非零矩阵 sA，并附带一个索引元数据，这个元数据会标识出非零元素在矩阵中的位置。这样的处理是为了在进行稀疏矩阵乘法时，可以更高效地利用硬件资源，避免对零元素的无效计算。特别是在处理非常大和非常稀疏的数据集时，这样的处理可以显著提高计算效率和性能。由于这样的数据预处理通常需要特定的知识和技能来实现，所以通常是由程序员完成的。

A100 细粒度结构稀疏性通过非零模式来剪枝训练有素的权重，然后对非零权重进行简单和通用的微调。权重被压缩以减少一半的数据占用和带宽，而 A100 稀疏张量核心通过跳过零来实现数学吞吐量的加倍。来自论文 "Dissecting Tensor Core via Microbenchmarks: Latency, Throughput and Numeric Behaviors" 的实验结果显示，细粒度 2：4 稀疏矩阵通过张量核心计算能够实现较高的峰值吞吐量，是稠密矩阵的 2 倍，但它不能降低延迟。

表 9-1 比较了使用 2：4 稀疏性进行微调时获得的精度和使用稠密矩阵进行训练时的精度。A100 首先使用稠密权重进行网络训练，然后应用细粒度结构剪枝，最后对剩余的非零权重执

行额外的训练步骤并进行微调。这种方法几乎不会造成推理精度的损失，可基于对视觉、物体检测、分割、自然语言建模和翻译的数十种网络的评估得到上述结果。

A100 的新稀疏矩阵乘累加指令跳过了对具有零值的条目的计算，从而实现了张量核心计算吞吐量的加倍。标准的 MMA 操作不会跳过零值，而是计算 N 个时钟周期内整个 $16\times8\times16$ 矩阵乘法的结果。使用稀疏 MMA 指令（mma.sp 指令），只有矩阵 A 的每行中具有非零值的元素与矩阵 B 的相应元素相匹配。

表 9-1　使用 2∶4 稀疏性进行微调时获得的精度与使用稠密矩阵进行训练的精度对比

神经网络	在稠密 FP16 矩阵下达到的准确度	在 2∶4 稀疏 FP16 矩阵下达到的准确度
图像分类：训练数据集 ImageNet，准确度指标 = Top-1		
ResNet-50	76.6	76.8
Inception v3	77.1	77.1
Wide ResNet-50	78.5	78.4
VGG19	75.0	75.0
ResNeXt-101-32x8d	79.3	79.5
图像分割与检测：训练数据集 COCO 2017，准确度指标 = bbox AP		
MaskRCNN-ResNet-50	37.9	37.9
SSD-R50	24.8	24.8
自然语言处理：训练数据集 En-De WMT[1] 14。准确度指标 = BLEU 分数		
GNMT	24.6	24.9
FairSeq Transformer	28.2	28.5
自然语言建模：准确度指标 = Transformer XL 在 enwik8 上的 BPC 和 BERT 在 SQuAD v1.1 上的 F1 分数		
Transformer XL	1.06	1.06
BERT Base	87.6	88.1
BERT Large	91.1	91.5

9.3.5　Hopper 架构改进张量内存加速器

随着张量处理器在每一代 GPU 中不断加速发展，计算单元数量增加，对于数据的需求也随之增加，张量处理器的访存逐步成为瓶颈。为了给 Hopper 架构庞大的张量计算核心提供数据，新的张量内存加速器（TMA）在这一代架构上提出，其不仅提高了数据获取效率，还可以将大数据块和多维张量从全局内存传输到共享内存，然后再传输回来，如图 9-21 所示。

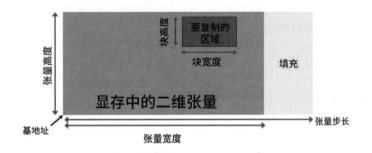

图 9-21　TMA 针对块坐标寻址

TMA 操作使用复制描述符启动，该描述符使用张量维度和块坐标指定数据传输，而不是每个元素寻址。张量数据通常会被集中存储在内存的一个相对连续的区域中，TMA 可以指定达到共享内存容量的大数据块，并将其从全局内存加载到共享内存，或从共享内存存储回全局内存。TMA 支持如图 9-21 所示的块坐标寻址方式，通过支持不同的张量布局（一维到五维张量）、不同的内存访问模式、缩减和其他功能，显著降低了寻址开销，提高了效率。

TMA 操作是异步的，利用了 Ampere 架构中引入的基于共享内存的异步屏障。此外，TMA 编程模型是单线程的，其中选择线程束中的一个线程来发出异步 TMA 操作（cuda::memcpy_async）以复制张量。因此，多个线程可以在 cuda::barrier 上等待数据传输的完成。为了进一步提高性能，Hopper 架构的 SM 增加了硬件来加速这些异步屏障等待操作。

TMA 的一个关键优点是，它可以释放线程来执行其他独立的工作。在 Ampere 架构上（图 9-22 左图），异步内存复制是使用一条特殊的 LoadGlobalStoreShared 指令执行的，因此线程负责生成所有地址并在整个复制区域中循环。在 Hopper 架构 H100 芯片中（图 9-22 右图），TMA 负责张量处理器所需的一切数据。在启动 TMA 之前，单个线程会创建一个复制描述符，地址生成和数据移动将在硬件中处理。TMA 提供了一个更简单的编程模型，因为它承担了复制张量段时计算跨距、偏移和边界计算的任务。

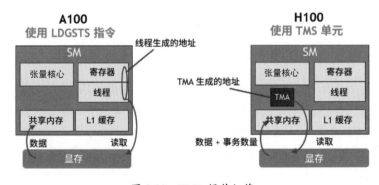

图 9-22　TMA 操作细节

9.3.6　低精度性能增益

Ampere 架构为张量核心增加了 3 种附加格式：BF16、TF32 和 FP64。BF16 是 IEEE FP16 的一种替代方案，包括 8 个指数位、7 个尾数位和 1 个符号位。已有证据显示，FP16 和 BF16 可以成功地在混合精度模式下训练神经网络，而无须调整超参数，即可匹配 FP32 的训练结果。在 A100 GPU 中，张量核心的 FP16 和 BF16 相比 FP32 提供了 16 倍的浮点计算吞吐量。

在低精度数据类型提出和广泛使用之前，大部分 AI 训练的默认数学运算是 FP32 的，且没有张量核心加速。Ampere 架构为 TF32 引入了新的支持，使 AI 训练能够默认使用张量核心，用户无须做代码修改。非张量操作将继续使用 FP32 数据路径，而 TF32 张量核心读取 FP32 数据，并使用与 FP32 相同的范围但降低内部精度，然后产生标准的 IEEE FP32 输出。TF32 包括 8 个指数位（与 FP32 相同）、10 个尾数位（与 FP16 相同）和 1 个符号位。与 Volta 一样，自动混合精度（AMP）使用户能够仅通过更改几行代码即可使用 FP16 进行 AI 训练。使用 AMP，A100 提供了比 TF32 快 2 倍的张量核心性能。

如图 9-23 所示，TensorFloat-32（TF32）提供了 FP32 的范围和 FP16 的精度，与 BF16 相比精度提高了 8 倍（图 9-23 左半部分）。A100 在支持 FP32 输入和输出数据的同时，通过 TF32 加速张量数学运算（图 9-23 右半部分），使其易于整合到深度学习和高性能计算程序中，并自动加速深度学习框架。

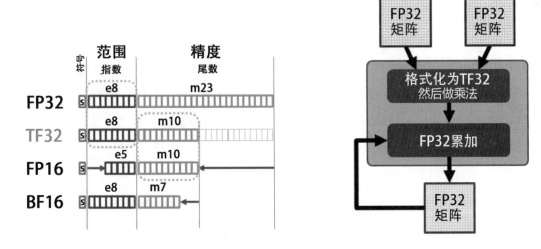

图 9-23　A100 不同精度差异与自动混合精度

Ampere 架构用于深度学习训练的数据类型选择方面，在默认情况下，将使用 TF32 张量核。与 A100 上的 FP32 相比，吞吐量最多可提高 8 倍，与 GV100 上的 FP32 相比，吞吐量最多可提高 10 倍。为了获得最快的训练速度，应使用 FP16 或 BF16 混合精度训练。

与 IEEE 标准 FP32 相比，TF32 和 BF16 具有相同的 8 个指数位，但尾数位较少，因此它们具有与 FP32 相同的范围但精度较低（更少的尾数位）。虽然 TF32 只有 19 位（1+8+10），但它存储在 GPU 的 32 位寄存器中，这意味着使用 TF32 替换 FP32 不会降低内存占用率，仅会提升计算速度。表 9-2 展示了不同数据精度类型的差异。

表 9-2　不同数据精度类型的差异

data type 数据类型	Sign 符号位	Exponent 指数	Mantissa 尾数	Register 寄存器占用
FP32	1	8	23	32b
TF32	1	8	10	32b
FP16/half	1	5	10	16b
BF16	1	8	7	16b
FP8（E4M3）	1	4	3	8b
FP8（E5M2）	1	5	2	8b

注：　● 　E4M3，具有 4 个指数位、3 个尾数位和 1 个符号位。

　　　● 　E5M2，具有 5 个指数位、2 个尾数位和 1 个符号位。

Hopper 架构 H100 GPU 新增了 FP8 张量核心，用于加速 AI 的训练和推理。如图 9-24 所示，FP8 张量核心支持 FP32 和 FP16 累加器，以及两种新的 FP8 输入类型。

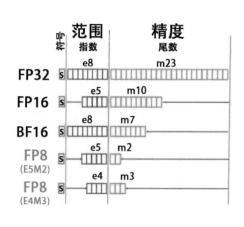
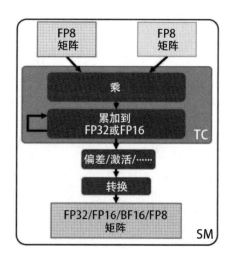

图 9-24　H100 不同精度差异与自动混合精度

E4M3 支持需要更小动态范围和更高精度的计算，而 E5M2 提供了更宽的动态范围和更低的精度。与 FP16 或 BF16 相比，FP8 减半了数据存储需求，并使吞吐量加倍。Transformer 引擎使用 FP8 和 FP16，以降低内存使用量和提高性能，同时仍然保持大型语言和其他模型的准确度。虽然低精度计算可以显著提升性能，但与 FP32 相比低精度会产生数值错误。在使用低精度计算来加速应用程序时，理解张量核心的数值行为是很重要的。表 9-3 展示了张量核心和传统 CUDA 核心的精度支持。

表 9-3　张量核心和传统 CUDA 核心的精度支持

对比项	Volta 架构	Turing 架构	Ampere 架构	Hopper 架构
Tensor Core 张量核心 精度支持	FP16	FP16、INT8、INT4、INT1	FP64、TF32、bfloat16、FP16、INT8、INT4、INT1	FP64、TF32、bfloat16、FP16、FP8、INT8
CUDA Core 传统核心 精度支持	FP64、FP32、FP16、INT8	FP64、FP32、FP16、INT8	FP64、FP32、FP16、bfloat16、INT8	FP64、FP32、FP16、bfloat16、INT8

关于不同精度的数据数字表达范围，我们在第 6 章和第 4 章也有描述，实际编程工作中建议各位读者在确保计算准确度不受影响的情况下，尽量使用低精度计算，节省计算和存储资源，提升计算速度。

9.3 节所有图片如无特别标注，均来自 NVIDIA 官网和架构白皮书。

9.4　华为昇腾 Ascend 910 NPU 芯片

华为是算力芯片市场的重要参与者，曾在 2019 年发布了震撼业界的 Ascend 910 芯片，这是一颗专门为 AI 领域计算任务深度优化的 NPU（Neural Processing Unit，神经网络处理单元）芯片。虽然受到美国制裁导致生产停滞，新型号的产品开发也受到严重影响，但是其在 AI 算力市场依然产生了较大的影响力。

Ascend 910 芯片是当时算力较强的 AI 处理器，如图 9-25 所示，基于华为达芬奇架构 3D Cube 技术，集成了 32 个达芬奇核心，架构可灵活伸缩。在算力方面，Ascend 910 FP16 的算力是 320 TFLOPS，INT8 的算力是 640 TOPS，功耗 310 W。Ascend 910 集成了 HCCS、PCIe 4.0 和 RoCE v2 接口，为构建横向扩展和纵向扩展系统提供了支持。HCCS 是华为自研高速互连接口，片内 RoCE 可用于节点间直接互连。

Ascend 910 采用 7 nm 制程，最大功耗为 350 W，它本质上是一块 SoC，集成了多个计算单元。Ascend 910 采用 8 个子芯片的 Chiplet 设计，融合了 4 颗 HBM 内存，逻辑部分与 I/O 部分分离封装，还有两个用于散热器压力平衡的 dummy die 假芯片，芯片总面积达到 1228 mm^2，属于当时巨大的芯片。华为并不像谷歌一样只在自己的服务器中使用类似 AI 云芯片的芯片，和 NVIDIA 或 AMD 的产品类似，这款芯片以 SXM 或者 PCIe 扩展卡的形式对外销售。但 Ascend 910 借助台积电代工，华为在被制裁之后，已经难以生产 Ascend 910 这颗 AI 芯片，这种情况直到 2023 年年底才有所改观。

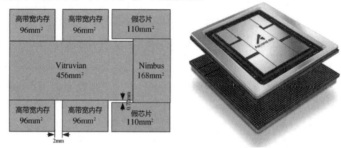

图 9-25　Ascend 910 SoC 布局

　　2019 年在发布该芯片的同时，华为还发布了大规模分布式训练系统 Ascend 集群，该集群包括 1024 个 Ascend 910 芯片，这种服务器同样在 2019 年二季度推出，每个服务器上安装了 8 个 Ascend 910 模块，运行于双路 Intel Xeon Scalable 平台。2048 个节点×每个节点 256 TFLOPS 的算力，意味着可以搭建一台 512 PFLOPS 的超级计算机。

　　与高性能、高功耗的 Ascend 910 一同推出的 Ascend 310，是昇腾迷你系列的第一款产品。该芯片采用 12 nm 工艺，算力是 16 TFLOPS，其集成了 16 通道全高清视频译码器。Ascend 310 基于单核架构设计，主要面对 AI 推理应用场景，而 Ascend 910 则是基于多核架构设计的，主要面对高密度训练场景。Ascend 310 同样基于达芬奇架构，它包括 CPU、AI Core、数字视觉预处理子系统等。目前该芯片能对 INT8、INT4 或 FP16 提供低功耗高效率的算力。

　　除此之外，华为还发布了 3 款昇腾 IP：Ascend Lite、Ascend Tiny、Ascend Nano。达芬奇架构可以面向不同场景，从高性能 AI 计算，到边缘计算，再到低功耗移动设备 AI 加速，都有应用。

9.4.1　达芬奇架构 AI Core 分析

　　CPU 的设计以指令控制为核心，以整数计算为基础，衍生出了浮点单元和 SIMD 单元，近几年少数 CPU 集成了矩阵单元。GPU 的设计通过 SIMT 前端的指令管理方式和 SIMD 后端的执行模式，以高吞吐量的浮点计算为主，衍生出矩阵单元，以适应 AI 计算任务中庞大的矩阵计算需求。华为 Ascend 系列 NPU 芯片的设计初衷就是为了适应矩阵计算的，所以其矩阵计算单元是整颗处理器的核心，而向量计算单元和标量计算单元为辅助功能。

NPU 芯片由数字视觉预处理模块、AI Core、AI CPU、任务调度器、控制 CPU 等模块构成，辅助多层级片上系统缓存。NPU 芯片的数据总线支持 USB、网卡、PCIe 接口和 DDR 或 HBM 内存接口。梁晓峣老师所著的《昇腾 AI 处理器架构与编程——深入理解 CANN 技术原理及应用》一书详细介绍了达芬奇架构 AI Core 的功能单元。

AI Core 也被称为 Da Vinci Core（代号为达芬奇架构），是 NPU 芯片的核心部分，如图 9-26 所示，AI Core 内部包括立方体（矩阵）计算单元、向量计算单元、标量计算单元等，它们各自负责不同的计算任务以实现并行化计算模型。缓冲区 A L0、B L0、C L0 用于存储输入矩阵和输出矩阵数据，A L0 和 B L0 类似于谷歌 TPU 中的激活内存和权重内存，从 L0 的命名可以看出其存储优先级属于寄存器级别，延迟极低。

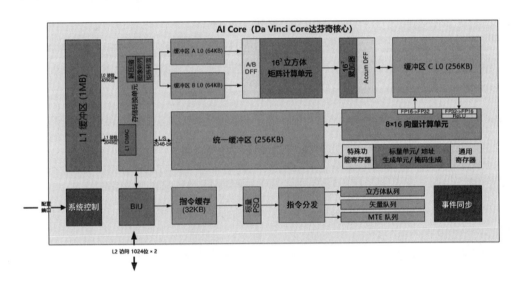

图 9-26　AI Core 完整单元构成

AI Core 的设计聚焦于低精度、高吞吐量的矩阵计算。CPU 在计算矩阵乘法时，使用传统的嵌套循环方法，需要遍历矩阵的所有元素进行逐个计算。GPU 通过通用矩阵乘法方法，将计算任务分配给多个并行线程，尽管 GPU 具有并行计算的优势，但其仍然受到线程同步和内存访问延迟的限制。AI Core 可以在一个时钟周期内完成两个 16×16 矩阵的相乘运算，相当于 $16^3 = 4096$ 次乘加运算，其"立方体单元"（在大部分资料中为 Cube）的翻译方式也因此得名。

AI Core 主要通过 3 个硬件设计的高度定制化设计，实现这一加速效果。

● AI Core 中的矩阵计算单元由 16×16=256 个子电路组成，针对 $C = A \times B$ 的矩阵运算，每个子电路负责计算矩阵 C 中的一个元素。256 个子电路可以并行工作，一条指令可以启动 256 个子电路同时进行计算。

- 为了提高内存访问效率，矩阵 *A* 和 *B* 被分别按行和列存储在输入缓冲区中。这种存储方式符合内存的读取特性，最大限度地减少内存访问延迟。
- 在矩阵计算单元后面增加了一组累加器单元，可以实现中间结果与当前结果的累加。

向量计算单元和标量计算单元也承担了一部分计算工作，但都属于非矩阵密集型任务。

- 向量计算单元适合处理一维数组或者向量类型的数据。向量计算单元负责将矩阵计算后的结果传递到输出缓冲区，还能在传递过程中进行额外的计算操作。向量计算单元可以在矩阵计算结果传递过程中直接应用 ReLU 激活函数，从而减少了额外的计算步骤和时间，还可以在数据传递过程中完成池化（Pooling）操作，进一步提高计算效率。向量计算单元的灵活性和可编程性使其成为 AI Core 计算架构中不可或缺的一部分。
- 标量计算单元作为一个微型 CPU 控制整个系统的运行。它负责控制程序中的循环和分支判断，通过事件同步模块协调其他功能性单元的操作，确保整个系统的高效运行。标量计算单元还提供数据地址和相关参数的计算，支持基本的算术运算，配备了通用和专用寄存器以加速支持各种计算需求。

总而言之：标量计算单元负责执行控制操作和标量运算。这些操作涉及对程序流的控制和简单的数值运算，通常不涉及大规模数据集。向量计算单元用于执行归一化、激活函数、数据格式转换及实现计算机视觉（CV）中某些常用算子。矩阵计算单元专门用于处理卷积、全连接层和矩阵乘法等操作，这些是深度学习中最密集和最常见的计算操作。

由于 3 个计算单元和存储转换单元并行工作，因此需要显式同步以强制不同执行单元之间的数据依赖性。图 9-27 展示了标量队列分发指令，这些指令可以并行处理，分发到不同的单元，直到遇到显式同步信号（屏障）。屏障由编译器或程序员生成。

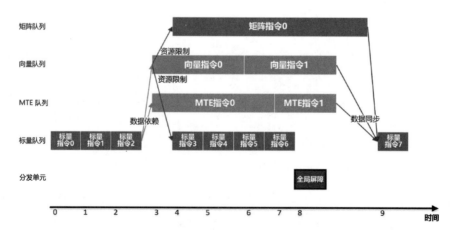

图 9-27　标量，向量，矩阵指令流水线

图 9-27 说明了如何进行数据处理的同步和控制：向量队列中的指令 0 和存储转换队列中的指令 0 都与标量队列指令 2 存在数据依赖性。矩阵队列、向量队列、MTE 存储转换队列显示了 3 种类型的指令在不同时间点的调度情况。标量管线展示了标量指令的执行流程。图中的箭头表示数据依赖、资源限制和同步，显示了不同操作之间的依赖关系和同步机制。全局屏障强调了在执行到特定点时需要进行同步以确保数据的一致性。

9.4.2 拓扑互连能力

网格结构的 NoC（片上网络）在 Ascend 910 芯片中连接了 32 个 AI Core，NoC 提供每个核心 128 GB/s 的读带宽和 128 GB/s 的写带宽，对于访存带宽方面，访问片上 L2 缓存的带宽为 4 TB/s，访问片外 HBM 的带宽为 1.2 TB/s。对于芯片间连接方面，每个 Ascend 910 芯片包括 3 个 240 Gb/s HCCS 端口，用于 NUMA 连接，以及两个 100 Gb/s RoCE 接口，用于网络连接。8 颗 Ascend 910 芯片在服务器内分为两组，组内连接基于高速缓存一致性网络，组间使用 PCIe 总线通信。

华为 HCCS（缓存一致性系统）互连技术是一种用于提升芯片间数据交换效率的高性能互连解决方案。它主要用于处理器、AI 芯片、网络处理器等多种类型的芯片之间的高速、低延迟通信，特别是在构建大规模计算集群或数据中心时，用于确保数据的一致性和互连的高效性。HCCS 技术的核心特点如下。

- 高带宽、低延迟：HCCS 技术能够提供极高的数据传输速度，这对于数据密集型的计算任务尤为重要，如大规模并行计算、AI 模型训练、大数据分析等。通过优化通信协议和数据传输路径，HCCS 技术可以实现低延迟的芯片间通信。
- 缓存一致性：在多核处理器环境中，各个处理器或节点上的缓存数据需要保持一致性，HCCS 技术通过一致性协议保证了数据在不同缓存之间保持同步，从而避免了数据不一致可能导致的错误和性能下降。
- 易扩展性：HCCS 技术支持模块化设计，可以根据实际需求灵活地扩展系统规模，方便用户根据计算需求调整硬件配置。HCCS 不仅能够支持同类型芯片之间的互连，也能够支持不同类型芯片之间的通信，这在异构计算环境中特别有用。

每台服务器具备 8 个处理器，通过两个 HCCS 环实现。每个 HCCS 环包含 4 个处理器，同一 HCCS 环内的处理器可做数据交换，不同 HCCS 环内的处理器不能通信，即同一计算节点分配的 Ascend 910 处理器（若小于或等于 4）必须在同一 HCCS 环内，否则任务运行失败。Ascend 910 处理器能做到四路互连，其拓扑结构如图 9-28 所示，图中的 A0～A7 为 Ascend 910 处理器。

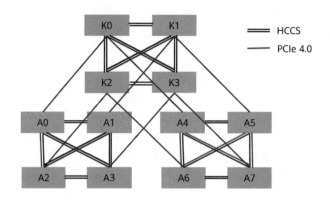

图 9-28　两个 HCCS 环构成一个 8 芯片计算节点

云服务器环境下，根据业务模型，华为对训练任务的要求如下。

- 当训练任务申请 Ascend 910 处理器的数量不大于 4 个时，需要将所需的 Ascend 910 处理器调度到同一 HCCS 环内。
- 当训练任务申请的 Ascend 910 处理器的数量为 8 个时，需要将节点的 Ascend 910 处理器分配给该任务。
- 当申请的 NPU 数量大于 8 个时，申请数量只能是 $8 \times N$（$N \geqslant 1$）个。
- 当训练任务申请的 Ascend 910 处理器数量不大于 8 个时，只能申请一个 Pod；大于 8 个时，则每个 Pod 为 8 个 Ascend 910 处理器。
- 当训练任务申请虚拟设备 vNPU 时，申请数量只能为 1。
- 遵循 Volcano 开源部分的其他约束。

在 NUMA 架构的扩展设计中，不同的芯片或芯片组之间可以通过高速的连接端口（240 Gb/s HCCS）实现快速数据交换和通信。通过这种方式，可以实现更大、更高效的计算和存储系统，能够更好地支持大规模的并行处理和高性能计算需求。图 9-29 描述了这种单节点 8 路 Ascend 910 AI 算力服务器（华为 Atlas 900 超级计算机节点）的特性。

RoCE（RDMA over Converged Ethernet）是一种网络协议，它允许在以太网上实现 RDMA（Remote Direct Memory Access）通信，即直接从一个物理地址复制数据到另一个物理地址而无须 CPU 的介入。通过 RoCE 接口，芯片可以与其他系统或网络中的节点直接进行高速数据交换和通信。在这种情况下，这两个 100 Gb/s 的 RoCE 接口可能用于连接到数据中心的其他部分或其他计算节点，以实现更广泛的网络连接和数据交换。实际上，单节点 8 路 Ascend 910 处理器通过主板安装的网卡实现了 8×100 Gb/s 光纤互连，比芯片内的两个 100 Gb/s RoCE 接口拥有更高的带宽。

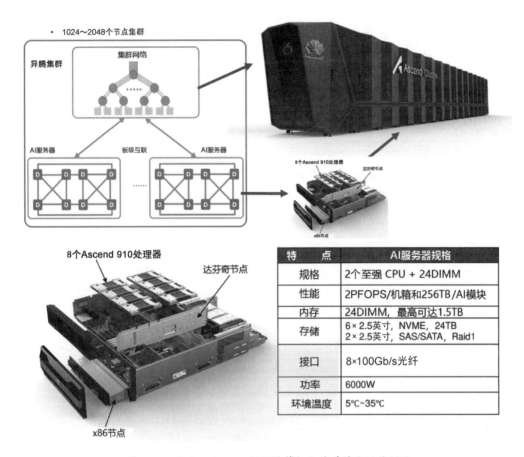

图 9-29　华为 Atlas 900 超级计算机与其单节点性能描述

这种结构能够实现高效的内部（一个最高 8 路的节点内）通信，还能够与外部系统（跨节点）和网络进行高速数据交换，从而实现更高级别的并行计算和数据处理能力，分布式训练系统昇腾集群就是通过这种方式拓展得到的。

华为 Atlas 900 超级计算机（也就是刚才提到的分布式训练系统昇腾集群）采用华为 HCCS 处理器、最新的 PCIe 4.0 总线、100 Gb/s RoCE 接口等 3 类高速互连方式，形成高速集群网络，每台 Atlas 900 超级计算机由数千颗 Ascend 910 组成，每个节点都采用"华为 Kunpeng 920+ Ascend 910"的 CPU+AI 加速芯片的组合。根据此前华为公布的数据，Atlas 900 集群的总算力可达 256～1024 PFLOPS（FP16 精度下），基于 ImageNet 数据集训练 ResNet-50 模型，用时 59.8 s，领先第二名 10.4 s。

9.4.3　CANN 与 AI 框架 MindSpore

在硬件之上，华为提出了完整的软件堆栈，以实现一次性算子开发、一致的开发和调试功能。华为希望能够帮助开发者实现一次性开发后该应用就能在所有设备端（含边缘计算设备及云端平滑）迁移的能力。

异构计算架构 CANN 对标 NVIDIA 的 CUDA + CuDNN 的核心软件层，包括引擎、编译器、执行器、算子库等，承载计算机的单元为 AI 芯片，异构计算架构主要负责调度、分配计算任务到对应的硬件上。从层次来看，CANN 连接 AI 框架应用和 AI 处理器硬件，异构架构使神经网络执行过程的硬件交互时间有效缩短，从而实现对硬件性能的进一步利用。CANN 集成了基础算子库，提供了一套丰富的基本算子，可以用于构建多种神经网络和算法。CANN 还允许开发人员定义和实现自己的算子，以满足特定的计算需求。

CANN 算子库面向人工智能不断出现的多样性算子，兼顾了高性能和高开发效率。其中的 Tensor Engine 实现了统一的 DSL 接口、自动算子优化、自动算子生成，以及自动算子调优功能。华为在 Tensor Engine 中还采用了陈天奇等人提出的 TVM 深度学习框架。CANN 同时实现了一套智能的任务调度系统，能够根据计算任务的特点和资源的状态来自动分配和调度计算任务。

MindSpore 是华为提出的 AI 框架，与 TensorFlow、PyTorch、PaddlePaddle 等框架并列，是一个开源的深度学习训练和推理框架。华为认为未来的 AI 将会由任务驱动，MindSpore 试图提供一个全面的工具套件，支持多种设备、后端和平台。

国内厂商这几年也开发了很多高性能 AI 训练和推理芯片。比如，寒武纪在 2021 年推出的思元 290 智能芯片是其首颗训练芯片，采用了台积电 7 nm 先进制程工艺，集成了 460 亿个晶体管，全面支持 AI 训练、推理或混合型人工智能计算加速任务。

壁仞科技在 2022 年推出的 BR100 采用 7 nm 制程工艺、Chiplet 小芯片设计和 CoWoS 2.5D 封装技术，集成了 770 亿个晶体管，以 OAM 模组形态部署，能够在通用 UBB 主板上形成 8 卡点对点全互连拓扑。BR100 配备了超过 300 MB 的片上高速缓存，用于数据的暂存和重用，以及 64 GB 的 HBM2E 高速内存。在性能方面，INT8 的算力是 2048 TOPS、BF16 的算力是 1024 TFLOPS，其自定义的新数据格式 TF32+的算力是 512 TFLOPS、FP32 的算力是 256 TFLOPS。

表 9-4 是民生证券研究所整理的国产 AI 算力芯片公司主要产品对比。民生证券研报认为：全球 AI 芯片市场被 NVIDIA 垄断，然而国产 AI 算力芯片正起星星之火。目前，国内已涌现出了如寒武纪、海光信息等优质的 AI 算力芯片上市公司，非上市 AI 算力芯片公司如沐曦、天数智芯、壁仞科技等亦在产品端有持续突破。

表 9-4　民生证券研究所整理的国产 AI 算力芯片公司主要产品对比

公 司 名 称	产 品 类 型	产　　品	算　　力	主　频	制　程
寒武纪	训练+推理+整机	训推一体 MLU370，训练侧 MLU290	256 TOPS/ 512 TOPS	/	7 nm
海光信息	训练	训练侧 DCU8100	/	1.5 GHz	7 nm
景嘉微	图形为主	JM9	1.5 TFLOPS@FP32	1.5 GHz	14 nm
沐曦	训练+推理	推理侧 MXN100	/	/	7 nm
天数智芯	由训练切入推理	训练侧 BI	295 TOPS	/	7 nm
壁仞科技	训练	训练侧 BR100	2000 TOPS	/	7 nm
燧原	训练+推理+整机	推理侧 i20 训练侧 T21	256 TOPS/ 256 TOPS	1.5 GHz	/
昆仑芯	训练	训推一体昆仑 2 代	256 TOPS	/	7 nm
平头哥	推理	推理侧含光 800	820 TOPS	/	12 nm
海飞科	训练	云端芯片 Compass	/	/	/
后摩智能	存算一体	边缘域 A1.0	50 TOPS	/	/
登临	由推理切入训练	推理侧 Goldwasser UL，训练侧 Goldwasser XL	32～64 TOPS/ 512 TOPS	/	/
摩尔线程	图形为主	MTT S3000	15.2 TFLOPS@FP32	1.9 GHz	12 nm
芯动科技	图形为主	风华 1 号	25 TOPS	/	12 nm
黑芝麻	自动驾驶芯片	A1000	58 TOPS	/	16 nm
地平线	自动驾驶芯片	征程 5	128 TOPS	/	16 nm

不同的 AI 芯片厂商在具体产品功能方面的侧重点不同。训练芯片通常需要有较高的可编程性和线程调度能力，且具备极大规模的计算单元，所以功耗较高。推理芯片通常仅作为生产环境下的推理预测应用设备，为低精度专门优化得到大吞吐量，拥有较低的延迟和较低的功耗，以及足够的内存带宽（推理时无法复用数据，输入新数据非常重要），适合安装在通用的 2U 服务器、1U 服务器上或者小体积低功耗的嵌入式设备中。

第 10 章 经典 GPU 算力芯片解读

10.1 NVIDIA GPU 芯片

NVIDIA 引入 GPU 的概念是在 1999 年，具体来说就是当时发布的 GeForce 256 显卡，这个显卡被称作"世界上第一个 GPU"。GeForce 256 的出现标志着一个转折点，因为它开始承担起更多复杂的图形处理任务，释放了 CPU 的负担，开始成为新型算力芯片的雏形。这一概念进一步推动了图形计算和并行计算的发展。

GPU 的出现和发展也对计算科学领域产生了深远影响。早期的 GPU 主要用于图形渲染，但人们渐渐发现，其架构也非常适合其他类型的并行计算任务。现代的 GPU 已经不仅仅应用于图形处理领域，还广泛应用于机器学习、数据分析、科学计算等多个领域。

10.1.1 G80 架构

在 G80 架构提出之前，NVIDIA 维持着两条产品线，即 GeForce 面向图形应用和游戏应用，Quadro 面向专业图像和视频制作领域的渲染工作。

在 G80 架构提出之后，Tesla 产品线正式形成，它面向并行计算领域，并成为现在 NVIDIA 的核心产品线。本书中以 GPU 架构作为主要描述对象，NVIDIA 一度使用 Tesla 这个名字作为 G80 架构在计算领域的产品命名方式，但是后期市场逐步接受了 Tesla 作为一个产品线，而不是某个特定的产品。

G80 架构的历史意义，主要有以下几方面。

- G80 是 NVIDIA 的第一个统一着色器架构，它通过支持微软定义的 DirectX 10 来实现这一能力。G80 架构不再区分顶点着色器和像素着色器，而是有一组可编程的处理单元，这些单元能够执行多种类型的计算任务。这一改变使得硬件更加灵活，能够更有效地分配资源，特别是在不同类型的计算负载之间。
- G80 架构的出现也是通用 GPU 计算史上的一个重要事件。统一着色器架构的引入使得 G80 架构可以用于非图形的并行计算任务，这开启了 GPU 在科学计算、数据分析和机器学习等领域的应用。
- G80 架构的发布几乎与 NVIDIA 的计算统一设备架构（CUDA）同步，CUDA 是一个专门针对 NVIDIA GPU 进行通用计算的编程框架，大大降低了 GPGPU 编程的复杂度，加速了 GPU 在非图形计算领域的广泛应用。

Shader Model 4.0 是 DirectX 10 中引入的一个重要标准,它标志着显著的技术进步,尤其是在通用 GPGPU 方面。在 Shader Model 4.0 之前,GPU 的数据精度和计算准确性没有统一的标准,这导致了在不同硬件平台上运行相同代码时可能产生不一致的结果,而且还限制了 GPU 用于更广泛的科学和工程计算。Shader Model 4.0 强调了对 IEEE 754 浮点标准接近全面的支持,实质上提高了数据精度和计算可靠性,使得 GPU 更加适用于需要高精度计算的应用场景。

Shader Model 4.0 同时引入了整数计算和位运算。这不仅增加了硬件的灵活性,也使得程序员可以使用更多传统的数据结构和算法,例如散列表和位字段,这在很多并行计算场景(如图像处理和数据分析)中是非常有用的。

NVIDIA 在 G80 架构时代首次开启了大芯片设计思路,或者说 G80 架构比起之前的 GPU 芯片晶体管规模增速非常激进,这主要是消耗了较多资源在流处理器设计和线程调度方面。G80 芯片由 6.81 亿个晶体管组成,同期,竞争对手 ATI 的 Radeon X1900 XTX 基于 R580 架构 GPU,是在 90 nm 工艺上制造的,但它只包含了 3.84 亿个晶体管。NVIDIA 以前的高端 GPU,基于 G71 的 GeForce 7900 GTX 也是在 90 nm 工艺上制造的,但只使用了 2.78 亿个晶体管。

在图像或屏幕上距离较近的像素通常会经历相似的处理路径,这种现象也被称为局部性原则,是硬件设计中一个重要的考虑因素。局部性原则意味着可以优化硬件来批量处理这些像素,因为它们很可能会共享相同或相似的资源和运算。随着硬件逐渐增加可编程性,使用标量(图 10-1 右侧的标量单元)而非向量(图 10-1 左侧的 Vect4 向量单元)的情况越来越多。

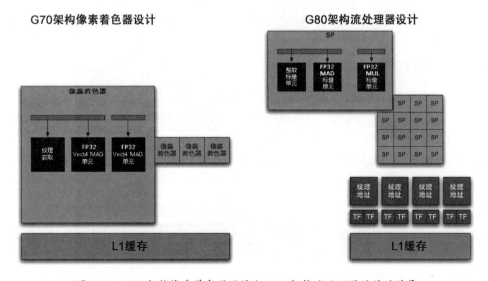

图 10-1　G70 架构像素着色器设计和 G80 架构流处理器设计的差异

　　向量架构通常为固定的功能量身定制，它们在执行特定的操作（如图形处理）时表现出色，但在其他计算密集型任务上可能不那么高效。标量处理器的好处在于，它们可以并行而独立地工作，效率得到了保障。比如，在向量架构中，如果只需要一个或两个分量，则可能会浪费其余的分量，而在标量架构中，每个操作都可以独立地利用。标量架构的另一个大好处在于，可以简化编程模型，使开发者不必担心如何映射出现的问题到特定数量的向量元素上。

　　在早期设计中，一个像素着色器四边形流水线会包含向量单元。在 G80 架构中，这些向量单元被拆分为 4 个标量单元，从而形成了一个包含 16 个 SP 的"块"或流处理器组。每个包含 16 个 SP 的块会共享 4 个纹理地址单元、8 个纹理过滤单元和一个 L1 缓存。每个流处理器每个时钟周期都能完成一个 MAD（乘加）和一个 MUL（乘法）操作。

　　图 10-1 描述了 NVIDIA 在 G80 架构中将纹理单元和着色器单元做硬件解耦，使数学运算和纹理贴图能够同时进行，也使得新的 SP 单元能够同时兼容顶点和像素计算。G80 架构的浮点计算单元支持 IEEE 754 标准的 FP32，能够在运行各种类型的着色器代码时，保持 MAD 和 MUL 操作的高吞吐量，使其具有相对于同期竞品更高的通用性。

　　G80 是第一个使用标量流处理器的 GPU。在 G80 架构中，每个标量流处理器一次只处理一个数据元素，也就是一个标量。这些标量流处理器独立运行，每个处理器都有自己的指令和数据流，这种设计模式符合多指令流多数据流（Multiple Instruction，Multiple Data，MIMD）的并行计算模型。

　　在 MIMD 模型中，每个处理器都可以执行不同的指令流并且可以操作不同的数据流。这提供了很高的并行度和灵活性，允许不同的处理器执行不同的任务，或者执行相同的任务但在不同的数据集上。

10.1.2　GT200 架构

　　GT200 是 NVIDIA 的 G80 和 G92 系列的后续产品。GT 代表"Graphics Tesla"，这是第二代 Graphics Tesla 架构，第一代是 G80。理想情况下，一个单独的 300 mm 晶圆片上可以生产 94 个 NVIDIA GT200 芯片。与此相比，Intel 可以在一个 300 mm 晶圆片上装下大约 2500 个 45 nm Atom 处理器。GT200 是 TSMC 有史以来为生产而制造的最大芯片，成本之高昂不言而喻。

　　GT200 和上一代相比具有更多的流处理器单元，每个流处理器寄存器文件的大小加倍，允许更多的线程在芯片上同时执行。GT200 还提供了更高级别的内存和缓存，以改进数据访问性能和效率。在数据类型方面，还添加了对 FP64 的支持，以满足科学和高性能计算（HPC）应用的需求。

将 G80 的 6.9 亿个晶体管和 G92 的 7.54 亿个晶体管，提升到 GT200 的 14 亿个晶体管，一个主要的新功能是 FP64 单元（GT200 中有 30 个 64 位 FP 单元），同时 SP 的数量从 G80 的 128 个增加到了 GT200 的 240 个。

如图 10-2 所示，GT200 的一个 SM（流处理）由 8 个 SP 和 2 个 SFU 组成。每个 SFU 都有 4 个浮点乘法单元，用于处理超越计算和插值计算，后者在某些像各向异性纹理过滤这样的计算中被使用。尽管 NVIDIA 没有明确说明，但我们推测每个 SFU 也是一个全流水线、单发射、按顺序执行的微处理器。SM 中还有一个 MT 单元，负责向所有 SP 和 SFU 发出指令。

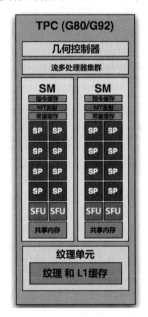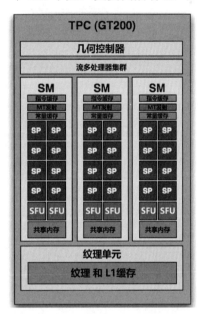

图 10-2 GT200 TPC（纹理处理集群）单元和 G80 TPC 单元构成对比

如图 10-3 所示，GT200 相比 G80 多了一个 64 位的 FMAD 单元，用于支持 FP64 计算。图中的 32 位 ALU 能够进行加整数和乘浮点数的运算，主要负责完成 32 位的线程束指令计算，一次运算需要 4 个时钟周期。SFU 左侧的 FMUL 浮点乘法单元负责完成普通的乘法运算，运算时消耗 4 个时钟周期。SFU 可以完成 SIN、COS、平方根等数学运算，消耗 16 个时钟周期。

SM 内部还包括一个小的指令缓存、一个只读数据缓存和一个 16 KB 的读/写共享内存。每个 SP 会处理一个独立的像素，尽管已经转向 FP32，与单个像素相关联的数据仍然有限。16 KB 的内存与 IBM 设计的 CELL 处理器架构的局部存储类似，它不是一个缓存，而是一个由软件管理的数据存储。这种类似于暂存器（或片上便签存储器）的设计是一种由程序员或编译器显式管理的低延迟、高带宽的内存区域，它不是自动管理的，而是需要软件明确移动数据的。这样做的优点是，由于没有"缓存替换"算法的干预，数据访问延迟是可预测的。

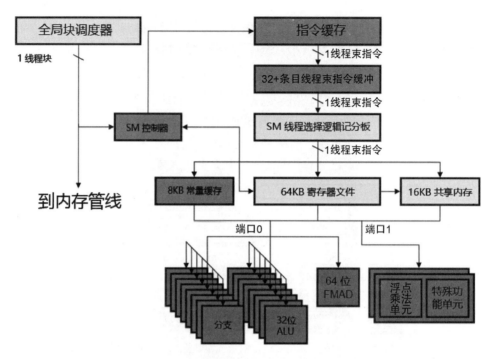

图 10-3　GT200 SM 单元构成

NVIDIA 的 GPU 架构设计得非常模块化,因此一个单独的纹理处理集群 TPC 可以由任意数量的 SM 组成。在 G80 架构中,它是由两个 SM 组成的,而在 GT200 架构中有 3 个 SM。TPC 由 SM、一些控制逻辑和一个纹理块组成。在 GT200 中,每个集群总共有 24 个 SP 和 6 个 SFU(在 G80 中有 16 个 SP 和 4 个 SFU)。纹理块包括纹理寻址和过滤逻辑,以及一个 L1 纹理缓存。在最终构成的 GPU 规模方面,G80 由 8 个 TPC 组成,GT200 中增加到了 10 个。加上每个 TPC 的 SM 单元数量增加,使同频率下 GT200 相对于 G80 的整体浮点算力增加了 87.5%。

G80 和 GT200 GPU 架构中的线程管理和双发射机制是其高性能的关键因素之一。在这些架构中,SM 负责管理和执行线程。SM 包括了 SP 和 SFU,以及其他控制逻辑和存储资源。

如图 10-4 所示,双发射机制允许 SM 在一个时钟周期内发射两条指令,这些指令可以是独立的或者有一定程度的依赖性。这是通过使用复杂的调度逻辑来实现的,该逻辑会检查指令队列并决定哪两条指令可以在同一个时钟周期内被发射,双发射可以充分利用 GPU 的计算单元。每个 SM 可以在每两个快速时钟周期内发出一个线程束指令。即使一条指令需要 4 个时钟周期才能在 SP 核心上完成,其他指令也可以同时在其他执行单元上执行,从而实现了真正的并行处理。例如,在第一个时钟周期内,FPU 开始执行一个 MAD 指令。而在两个时钟周期后,另一个 SFU 开始执行 MUL 指令。这种并行执行增加了整体的计算吞吐量。但是因为 FP64 和 FP32 单元共享了某些硬件逻辑,因此不能同时被发射执行。

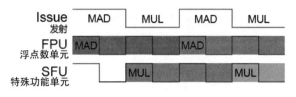

图 10-4 双发射机制

10.1.3 Fermi 架构

2010 年发布的 Fermi 架构加速了 NVIDIA 向 CUDA 计算架构的转型,相对于上一代设计它更加激进。由于庞大的运算资源、控制资源和缓存资源的加入,Fermi 在设计之初,就没有考虑过小芯片战略,因为这是不可能做到的。Fermi 的晶体管集成度达到了史无前例的 30 亿个,比 GT200 翻了一番还多,也比同期竞争对手多了 40%。同时,在发布 Fermi 之时(2010 年),AI 领域还没有特别大的突破性进展,所以 NVIDIA 认识到要想获取高性能计算市场,降低精度并非明智的选择,还是要适应 HPC 类客户的高精度计算需求。

Fermi 架构的旗舰产品 GF100 GPU 基于图形处理团簇(GPC),由可扩展流多处理器(SM)和内存控制器(MC)构成。一个完整的 GF100 实现了 4 个 GPC,包括 16 个 SM 和 6 个 MC。通过对 GPC 的开启和关闭,对 SM 和 MC 的不同配置,可以划分出满足不同价位的产品。

在计算单元方面,CUDA 核心是 Fermi 架构最基础的计算单元,将它的历史向回追溯,首先是 G80 时代的统一着色单元(Unified Shader Model),在 G80 和 GT200 时代将它统称为流处理器,再向回追溯到 G70 时代可知,这个单元实现了顶点着色器和像素着色器的合并。

Fermi 每个 SM 具备 32 个 CUDA 处理器,这是之前 SM 设计的 4 倍。每个 CUDA 处理器都有一个完全流水线化的 ALU 和 FPU。之前的 GPU 使用 IEEE 754-1985 浮点标准。Fermi 架构实施了新的 IEEE 754-2008 浮点标准,为单精度和双精度算术都提供了 FMA 指令。相较于 MAD 指令,FMA 在乘法和加法操作中只执行一次最终的舍入步骤,加法操作没有精度损失,所以 FMA 比单独执行这些操作更为准确。

如图 10-5 所示,GT200 实现了双精度 FMA 计算能力,Fermi 则实现了双精度性能提升,发布 Fermi 时期的性能评估显示,在双精度应用中,Fermi 的性能比 GT200 提高了 4.2 倍。在 GT200 中,ALU 对乘法操作的精度限制为 24 位,因此需要多指令模拟序列来补偿这种硬件上的限制,完成 32 位整数算术,也就是将一个 32 位的操作分解成多个 24 位或更低精度的操作,并将这些结果组合起来,从而得到一个完整的 32 位计算结果。在 Fermi 中,新设计的 ALU 支持所有指令的完全 32 位精度,这与标准编程语言的要求一致。整数 ALU 还经过优化,能高效支持 32 位、64 位和一些扩展精度操作。它支持各种指令,包括布尔、移位、移动、比较、转换、位字段提取等。

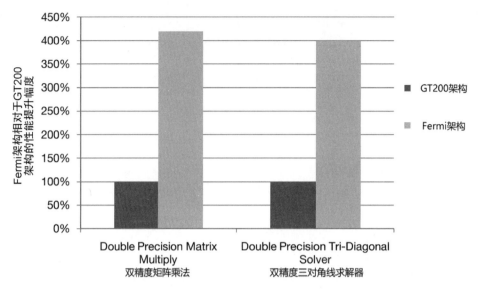

图 10-5   GT200 双精度 FMA 性能

Fermi 的 CUDA 单元在硬件中默认支持亚正规数,并支持所有 4 种 IEEE 754-2008 舍入模式（最近、零、正无穷大和负无穷大）。亚正规数是非常小的浮点数,介于 0 和最小的标准化浮点数之间。Fermi 的浮点数单元允许在硬件中处理这些数值,避免了以前的硬件将其转化为零的做法,从而保持了更高的精度。如图 10-6 所示,Fermi 引入了一个新的 FMA 指令,它在乘法和加法之间保持完整的精度。这与以前的 GPU 使用的 MAD 指令不同,MAD 在乘法后会进行截断。FMA 增加的精度使得很多算法受益,特别是在需要高精度的场景中。

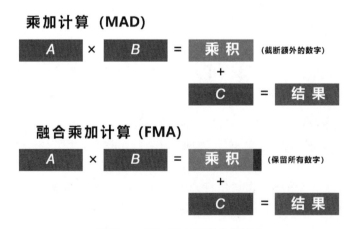

图 10-6   FMA 指令保留完整精度

如图 10-7 所示,在 GT200 双发射机制的基础上,Fermi 实现了 SM 内部双线程束调度器。SM 按照线程束的 32 个并行线程组来调度线程,每个 SM 都有两个线程束调度器和两个指令

分发单元，允许同时发出和执行两个线程束。使用这种双发射调度方案，Fermi 实现了更接近
计算单元峰值的硬件性能。

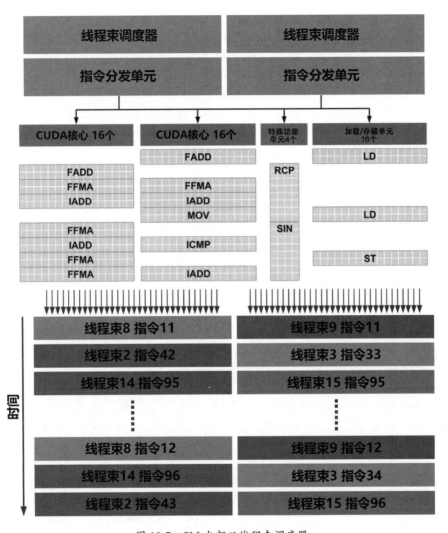

图 10-7　SM 内部双线程束调度器

在图 10-7 中，我们可以看到一个 SM 中的执行块布局。线程束调度器负责从线程束中选
择指令发往不同的执行单元。指令分发单元按照调度器的安排将指令分发到下方的执行单元。
图中左右两边分别有两个执行块，每个包含 16 个 CUDA 核心，它们可以执行 FADD（浮点
加法）、FFMA（浮点融合乘加）、IADD（整数加法）等操作。中间的特殊功能单元（SFU）
可以执行特殊运算，如倒数（RCP）、正弦（SIN）等操作。最右边的是加载/存储单元，负责
执行内存加载（LD）和存储（ST）操作。

SM 的内部核心被划分为两个执行块，每个执行块包含 16 个 CUDA 核心。另外，有一组 16 个加载/存储单元和 4 个 SFU，总共有 4 个执行块。在每个时钟周期内，可以从一个或两个线程束中发出总共 32 条指令给这些执行块。每个线程束中的 32 条指令需要在两个时钟周期在 CUDA 核心或加载/存储单元上执行完成。对于特殊功能指令的线程束，虽然在一个时钟周期内可以发出，但是需要在 4 个 SFU 上执行完成 8 个时钟周期。

大多数指令都可以单周期双发射，可以同时发出两个整数指令、两个浮点指令，或者整数、浮点数、加载、存储和 SFU 指令的混合。不过双精度指令不支持与任何其他操作的双重发射。

统一地址空间使得完整的 C++支持成为可能。Fermi 和 PTX 2.0 指令集架构实现了一个统一地址空间，该空间将 3 个独立的地址空间（线程私有局部、块共享和全局）统一为加载和存储操作。在 PTX 1.0 中，加载/存储指令针对的是 3 个地址空间中的一个；程序可以在编译时获知的特定目标地址空间中加载或存储值。由于可能在编译时不知道指针的目标地址空间，并且只能在运行时动态确定，因此很难完全实现 C 和 C++指针。

统一地址空间的实现使 Fermi 能够支持真正的 C++程序。在 C++中，所有的变量和函数都驻留在通过指针传递的对象中。PTX 2.0 使得使用统一指针在任何内存空间中传递对象成为可能，并且 Fermi 的硬件地址转换单元自动将指针引用映射到正确的内存空间。Fermi 和 PTX 2.0 指令集架构还增加了对 C++虚函数、函数指针及动态对象分配和取消分配的"新"和"删除"运算符的支持，还支持 C++异常处理操作"try"和"catch"。

根据与多种 GPU 应用的合作经验，NVIDIA 发现，不是所有的问题都适合使用共享内存，某些算法更适合使用缓存或两者的结合。最优的内存层次结构应提供共享内存和缓存的双重优势，并允许程序员选择其划分方式。Fermi 的内存层次结构如图 10-8 所示，适应这两种程序行为。

传统的 GPU 架构支持纹理操作的只读"加载"路径和像素数据输出的只写"导出"路径。然而，这种方法不适合执行预期读取和写入按顺序执行的通用 C 或 C++线程程序。例如，将一个寄存器操作数溢出到内存然后读回来，会产生一个"读后写"（Write After Read，WAR）的危险；如果读取和写入路径是分开的，可能需要显式地刷新整个写"导出"路径，才能安全地发出读取指令，且读取路径上的任何缓存都不会与写入数据保持一致。

如图 10-8 所示，为了解决这一问题，Fermi 对加载和存储操作实现了一个统一的内存请求路径。Fermi 的每个 SM 都有一个 L1 缓存，并有一个为所有操作服务的统一 L2 缓存。Fermi 提供了一个灵活的内存配置选项，可以根据应用的需要将其配置为更多的共享内存或更多的

L1 缓存。通过这种方法，Fermi 能够更好地适应不同的程序行为和需求，从而实现优化的
性能。

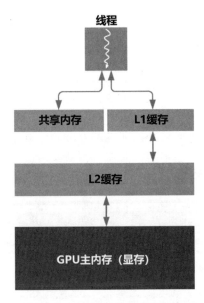

图 10-8　Fermi 的内存层次结构

每个 SM 的 L1 缓存都可被配置为支持共享内存和本地与全局内存操作的缓存。64 KB 的
内存可被配置为 48 KB 的共享内存和 16 KB 的 L1 缓存，或 16 KB 的共享内存和 48 KB 的 L1
缓存。当被配置为 48 KB 的共享内存时，大量使用共享内存的程序的性能可以提高 3 倍。对
于那些预先不知道内存访问的程序，48 KB 的 L1 缓存配置相对于直接访问 DRAM 显存提供
了更高的性能。这种可配置的共享内存+L1 缓存设计一直沿用至今。

Fermi 架构中很重要的技术革新之一是其两级分布式线程调度器。在芯片级别，一个全局
工作分发引擎将线程块调度到各种 SM，而在 SM 级别，每个纹理调度器将 32 个线程的纹理
分发给其执行单元。在 G80 中引入的 GigaThread 引擎实时管理 12288 个线程，Fermi 架构在
这个基础上做出了改进，不仅提供了更大的线程吞吐量，还加快了上下文切换速度，支持并
发内核执行，并改进了线程块调度。

10.1.4　Kepler 架构

采用 Kepler 架构完整规格的 GK110 由 71 亿个晶体管组成，它新增了许多注重计算性能
的创新功能，同时相比 Fermi，不再显得非常激进，因为 Fermi 在 GPU 产品方面确实与竞争
对手相比有较高的功耗和发热情况，所以这一代产品格外注重能耗比。Kepler 架构的代表作
GK110 提供了超过 1 TFLOPS 的 FP64 计算的吞吐量，DGEMM（双精度通用矩阵乘法）的效

率大于 80%，而之前的 Fermi 架构的效率是 60%～65%。除了提高性能，NVIDIA 综合测试认为 Kepler 比 Fermi 的能耗比提高了 3 倍。

如图 10-9 所示，Kepler 的新 SMX 单元引入了几个创新架构，从结构上看它是一个更"胖"的功能单元。SMX 以 32 个并行线程为一组的形式调度进程，这 32 个并行线程叫作线程束。而每个 SMX 中拥有 4 组线程束调度器和 8 组指令分发单元，允许 4 个线程束同时执行。Kepler 的 Quad 线程束调度器选择 4 个线程束，在每个循环中可以分发给每个线程束两个独立的指令。Kepler GK110 实现了独立的双精度单元，数量是单精度 CUDA 核心的 33%，算力同样是 33%。Fermi 不允许双精度指令和部分其他指令配对，Kepler GK110 允许双精度指令和其他特定没有寄存器读取的指令配对，例如加载/存储指令、纹理指令及一些整数指令。

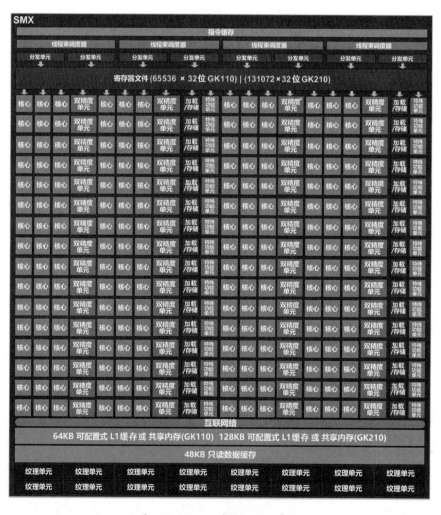

图 10-9　Kepler 架构 SMX 单元

SMX 因为采用了统一的 GPU 时钟而成为 Kepler 架构节能的主要原因。SMX 单元内的核心使用主 GPU 频率而不是 2 倍着色频率。2 倍着色频率在 G80 Tesla 产品的 GPU 中首次引入，并用于之后的 Fermi 架构 GPU。在更高时钟频率上运行执行单元，可使芯片使用较少量的执行单元达到特定目标的吞吐量，这实质上是一个面积优化，但速度更快的内核时钟逻辑更耗电。对于 Kepler，首要任务是优化性能/功率比，NVIDAI 非常倾向于优化功耗，甚至以增加面积成本为代价使大量处理核心在能耗少、低 GPU 频率情况下运行。

因为每个 SMX 内部的流处理器数量增加了，所以调度能力也要跟上，每个 Kepler SMX 包含 4 组线程束调度器，每组线程束调度器包含两组指令分发单元。NVIDIA 努力优化了 SMX 线程束调度器逻辑中的功耗。例如 Kepler 和 Fermi 调度器包含类似的硬件单元来处理调度功能，其中包括记录长延迟操作（如纹理和加载操作）的寄存器、线程束内调度决定（如在合格的候选线程束中挑选出最佳线程束运行）、线程块级调度（如 GigaThread 引擎）。

Fermi 的调度器还包含复杂的硬件，以防止数据在其本身不同数据路径中的弊端。多端口寄存器记录板会记录任何没有有效数据的寄存器，依赖检查块针对记录板分析多个完全解码的线程束指令中寄存器的使用情况，确定哪个线程束有资格发出指令。

对于 Kepler，NVIDIA 认识到这一信息（数学管道延迟是不变量）是确定的，因此编译器可以提前确定指令何时准备发出，并在指令中提供此信息。这样就可以用硬件块替换几个复杂的、耗电的块，其中硬件块提取出之前确定的延迟信息并将其用于在线程束间调度阶段屏蔽线程束，使其失去资格。这些工作都是为了降低硬件复杂度，从而实现低功耗设计。

原子内存运算在并行编程中至关重要，它们允许并发线程对共享数据结构执行正确的"读—修改—写"运算，而不会相互干扰。原子内存运算有 add、min、max、compare 和线程束，在执行时保证了"读—修改—写"操作的原子性，即这些操作要么全部完成，要么完全不执行，不会被其他线程的操作所中断。这种原子性保证了在多线程环境中数据的一致性和完整性。原子内存运算被广泛用于各种并行计算场景，如并行排序、归约运算及构建数据结构等，同时避免了使用锁或其他同步机制来保证线程之间顺序执行的需求。这样不仅简化了编程模型，而且提高了执行效率。

Kepler GK110 原子全局内存运算的吞吐量较 Fermi 时代有大幅提高。普通全局内存地址的原子运算吞吐量相对于每频率一个运算来说提高了 9 倍。独立的全局内存地址的原子运算的吞吐量也明显提升，而且处理地址冲突的逻辑已经变得更有效。如图 10-10 所示，在内存体系方面，Kepler 的内存层次结构与 Fermi 类似。Kepler 架构支持统一内存加载和存储的请求路径，每个 SMX 单元有一个 L1 缓存。Kepler GK110 还支持通过编译器调用一块新的只读数据缓存——48 KB 只读常量缓存。Fermi 架构的该缓存只能由纹理单元访问，给开发者带来了不少限制。

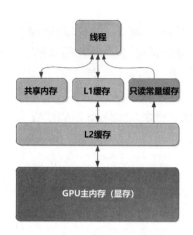

图 10-10   Kepler 架构内存层次结构

在 Kepler 中，除了显著增加这个只读常量缓存的容量及提高纹理处理能力，NVIDIA 决定让 SM 直接访问这个缓存以进行常规的加载操作。使用只读路径是有益的，因为它可以将加载和工作集占用从共享内存/L1 缓存路径中移除。只读数据缓存的更高带宽支持全速非对齐的内存访问模式，以及其他情况。

动态并行性（Dynamic Parallelism）是 Kepler GK110 GPU 中的一个新特性，它允许 GPU 自行创建、同步和调度工作，而无须 CPU 干预。因为 GPU 的性能/功率比得到增强，大量的并行代码可以在 GPU 上更高效地运行，从而提高了整体的可扩展性和性能。

在 Fermi 中，所有工作都由主机 CPU 启动并运行，直到完成，结果会返回给 CPU，用于进一步的处理。而在 Kepler GK110 中，一个内核可以启动另一个内核，管理其流程、事件和依赖性，这些全部在 GPU 上完成，而不需要 CPU 的介入。这种自主性允许更多种并行算法在 GPU 上执行，并使程序员能够更智能地实现负载均衡。

保持 GPU 通过多个流获得最优调度的工作负载一直是一个挑战。Fermi 架构支持从不同流并行发起的 16 种方式，但这些流最终都被多路复用到同一个硬件工作队列中。这导致了假的流内依赖性，使得一个流中的依赖内核完成后，另一个流中的额外内核才能被执行。Kepler GK110/210 通过 Hyper-Q 超级队列功能进行了改进。Hyper-Q 超级队列功能增加了主机和 GPU 内 CUDA 工作分发器（CWD）之间的总连接数（工作队列），允许出现 32 个同时进行的、由硬件管理的连接（与 Fermi 的单个连接相比）。

Hyper-Q 超级队列功能和动态并行性都旨在简化编程并提高效率，使 GPU 在实际运行时获得更接近其理论峰值的性能。这两个特性都为开发者提供了更高级的工具，以更好地利用 GPU 的并行处理能力。类似这种管理方式的优化，能够从细节处提升 GPU 的使用便利性，也是在对这类技术的反复学习和理解中，更多的 GPGPU 软件开发从业者意识到，对比算力芯片的整数和浮点峰值吞吐能力只是基础的和浅表的评判标准。

10.1.5　Maxwell 架构

紧随 Kepler 架构之后，2014 年 9 月推出的 Maxwell 是 NVIDIA 的第十代 GPU 架构。基于 Maxwell 架构的 GTX 980 和 970 在图形处理方面，采用了包括多帧采样抗锯齿（MFAA）、动态超级分辨率（DSR）、VR Direct 及超节能设计在内的一系列新技术。与同级别的任何其他 GPU 相比，这些技术让这两款 GPU 产品能够以更高的保真度渲染帧画面，以更高的频率和更低的功耗运行。

如图 10-11 所示，Maxwell 架构的 SM 单元与 Kepler 架构有显著差异。Maxwell 的 SM 单元被设计得更为紧凑。Maxwell 的 SM 单元被称为 SMM 单元。SMM 单元采用了基于象限的设计，它包含 4 个 32 核心的处理块。每个处理块都配备了自己的线程束调度器，这使得每个时钟周期内可以分发两条指令。

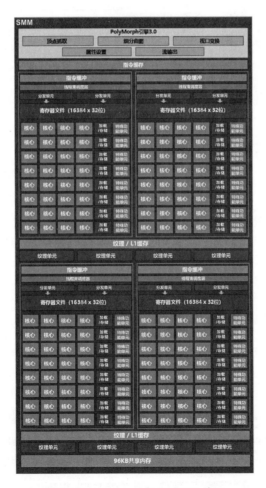

图 10-11　Maxwell 架构 SMM 单元

SMM 单元内部拥有 8 个纹理单元、1 个多态引擎（主要负责图形的几何处理）及专用的寄存器文件和共享内存。每个处理块包含 1 个线程束调度器、2 个调度单元、32 个 CUDA 核心、8 个加载/存储单元和 8 个 SFU。值得注意的是，SMM 单元不再设有专门的双精度单元。相较于 Kepler 架构，Maxwell 中每个 SMM 单元的 CUDA 核心数量从 192 个减少到 128 个。但这并不意味着性能下降，因为每个 SMM 单元加入了更多的逻辑控制电路，从而实现了更为精确的控制，提高了整体的效率和性能。

Maxwell 架构 SMM 单元的另一个主要改进是，依赖的算术指令延迟大大降低。SMM 与 Kepler 架构的 SMX 在许多方面相似，但 SMM 进行了关键的增强。Maxwell 架构的 SMM 单元的活跃线程块的最大数量与 SMX 相比翻了一番，达到了 32 个。

10.1.6　Pascal 架构

2016 年 NVIDIA 发布了 Pascal 架构，定位于给数据中心提供最先进的 GPU 加速器。Pascal 架构对应的 GP100 又是一颗巨大的芯片，它拥有 153 亿个晶体管，支持原生 FP16，且 NVIDIA 为这一代 GPU 提供了多 GPU 互连的 NVLink 高速总线，加上首次使用 HBM2 显存，NVIDIA 推出了多种多样的 GPU 加速产品，包括 DGX-1 超级计算机节点。

GP100 的 SM 被划分为两个处理块，每个处理块都有 32 个 FP32 CUDA 核心、1 个指令缓冲器、1 个线程束调度器和 2 个调度单元。尽管 GP100 的 SM 的 CUDA 核心总数是 Maxwell 的 SM 的一半，但它保持了相同的寄存器文件大小，并支持类似的线程束和线程块数量。GP100 的 SM 的寄存器数量与 Maxwell GM200 和 Kepler GK110 的 SM 的寄存器数量相同，但整个 GP100 GPU 具有更多的 SM，因此总的寄存器更多。这意味着 GPU 上的线程可以访问更多的寄存器，GP100 支持与之前的 GPU 相比更多的线程、线程束和线程块。

由于 SM 数量的增加，GP100 GPU 的整体共享内存也增加了，整体共享内存带宽有效地增加了 1 倍多。GP100 中每个 SM 的所分享到的共享内存、寄存器使 SM 能够更高效地执行代码。指令调度器可以选择的线程束更多，可以启动更多的加载任务，共享内存的每线程带宽也更大。

如图 10-12 所示，显示了 GP100 架构 SM 单元的构成。与 Kepler 相比，Pascal 的 SM 具有更简单的数据路径组织，需要更小的硅片面积和更少的功耗来管理 SM 内的数据传输。Pascal 还提供了优越的调度和重叠的加载/存储指令，以增加浮点利用率。GP100 中的新 SM 调度器架构在 Maxwell 调度器的基础上得到了改进，而且更加智能，提供了更高的性能和更低的功耗。每个线程束调度器能够每个时钟周期调度两个线程束指令。

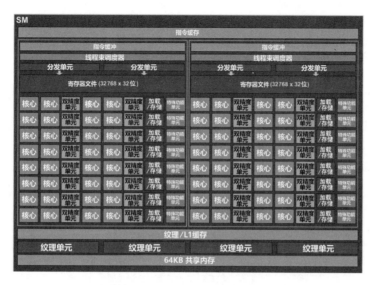

图 10-12　GP100 架构 SM 单元

GP100 的每个 SM 都有 32 个 FP64 CUDA 核心，是 FP32 CUDA 核心数量的一半。一个完整的 GP100 GPU 有 1920 个 FP64 CUDA 核心。SP 单元与 DP 单元的 2：1 比例与 GP100 的新数据路径配置对齐，使 GPU 能够更高效地处理 DP 工作负载。如图 10-13 所示，Pascal 架构提供了对原生 FP16 的支持，使 GP100 芯片能够为许多深度学习算法提供巨大的加速能力。这些算法不需要高精度浮点计算，但它们从 FP16 提供的额外算力及 16 位数据类型的更少的存储要求中获得了性能提升。GP100 芯片 FP64 的算力可达到 5.3 TFLOPS，FP32 的算力可达到 10.6 TFLOPS，FP16 的算力可达到 21.2 TFLOPS，实现了线性的性能过渡。

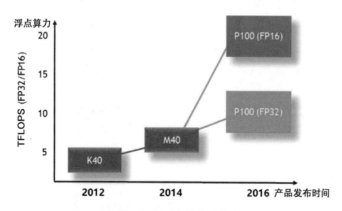

图 10-13　FP16 成为关注点

此时的 NVIDIA 已经感受到自己位于深度神经网络（DNN）和人工智能（AI）的前沿。与 CPU 相比，GPU 将 DNN 在各种应用中的加速提高了 10～20 倍，并将训练时间从几周缩短到了几天。在 Pascal 发布之前的 3 年中，基于 NVIDIA 的 GPU 计算平台，帮助加速了深度学习网络的训练时间，速度提高了 50 倍。2016 年，同样是 AI 爆发式增长的窗口期，一些更大的机器学习和深度学习模型被提出，业界需要更大规模的 GPU 集群来完成数据加载和训练，这不仅对 GPU 的显存容量和速度，也对多 GPU 互连的效率提出了挑战。

Tesla GP100 芯片是首款支持 HBM2 显存的 GPU 芯片。HBM2 提供了 Maxwell GM200 GPU 的 3 倍内存带宽。这使得 GP100 可以以更高的带宽处理更大的数据工作集，提高了效率和计算吞吐量，并降低了从 CPU 管理的系统主机内存的传输频率。

NVLink 是 NVIDIA 的新型高速互连技术，专为 GPU 加速计算设计，GP100 GPU 首次实现这一技术，它成为之后几年 GPU 大规模部署的基石。本书在第 11 章中专门介绍了这一技术的细节和迭代路径。

虽然 CUDA 4 版本已经引入了 UVA 并实现了零拷贝内存（由 GPU 直接访问的 CPU 内存），但由于 PCIe 总线的低带宽和高延迟，其性能并不理想。Pascal 架构 GP100 提升了统一内存的性能和功能，使其在 GPGPU 计算中更有益。在之前的架构中，尽管有 UVA 的支持，程序员通常仍需要手动管理 CPU 和 GPU 之间的数据传输。Pascal 架构在硬件层面为统一内存提供了更多支持，包括更高的带宽和更低的访问延迟。Pascal 增加了自动内存页迁移的能力，硬件可以更智能地决定何时将数据从 CPU 内存迁移到 GPU 内存，反之亦然。

10.1.7   Volta 架构

Tesla GV100 在 2017 年发布，它的最大的改进就是加入了张量核心。图 10-14 显示了 Tesla GV100 在使用新的张量核心进行深度学习时的浮点峰值算力。其 GV100 的 FP64 的算力是 7.8 TFLOPS，FP32 的算力是 15.7 TFLOPS，以及之前从未出现过的 125 TFLOPS 张量算力，这部分实现了飞跃。

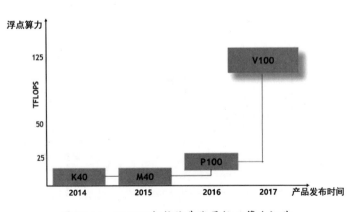

图 10-14   GV100 架构依靠张量核心算力飙升

深度学习的训练和推理操作都从单 GPU 和多 GPU 系统的 GPU 加速中受益。在 Volta 架构发布前的 1 年，Pascal 架构 GPU 已被广泛用于加速深度学习系统，并且其在训练和推理方面都比常规 CPU 快得多。GV100 GPU 提供的新的深度学习结合功能和增加的计算性能提升了神经网络的训练和推理性能。GV100 张量核心我们已经在专门的章节中描述过，这里略过所有张量核心相关的内容。

Volta 架构具有独立的并行整数和浮点数据路径，相比于上一代 Pascal 的 FP32 和 INT32 计算不能同时执行，这一代 Volta 的 FP32 和 INT32 计算可以同时执行。

如图 10-15 所示，与 Pascal 相似，Volta 的每个 SM 包含 64 个 FP32 核心和 32 个 FP64 核心。然而 GV100 SM 采用了一种新的划分方法来提高 SM 的利用率和整体性能。GP100 SM

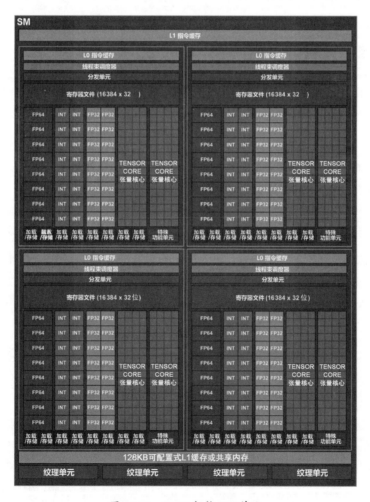

图 10-15　Volta 架构 SM 单元

被划分为两个处理块，每个处理块包含 32 个 FP32 核心、16 个 FP64 核心、1 个指令缓冲器、1 个线程束调度器、2 个调度单元和 1 个 128 KB 寄存器文件。GV100 SM 被划分为 4 个处理块，每个处理块包含 16 个 FP32 核心、8 个 FP64 核心、16 个 INT32 核心、2 个用于深度学习矩阵计算的新的混合精度张量核心、1 个新的 L0 指令缓存、1 个线程束调度器、1 个调度单元和 1 个 64 KB 寄存器文件。GV100 GPU 在每个分区中使用新的 L0 指令缓存，比先前的 NVIDIA GPU 中使用的指令缓冲器提供了更高的效率。

尽管 GV100 SM 的寄存器数量与 Pascal GP100 SM 的相同，但整个 GV100 GPU 拥有更多的 SM，因此整体上拥有更多的寄存器。总体而言，与先前的 GPU 相比，GV100 支持更多的线程、线程束和线程块。共享内存和 L1 缓存资源的合并使 Volta SM 的共享内存容量增加到 96 KB，而 GP100 中的为 64 KB。而且，拆分的整数单元可以和浮点数单元同时执行任务，该细节和 Pascal 呈现出显著差异。

多 GPU 互连方面的性能也得到了提升，与 Pascal 上的 NVLink 相比，GV100 上的 NVLink 将信号速率从 20 GB/s 增加到每个连接在每个方向上 25 GB/s。支持的连接数量已从 4 增加到 6，将支持的 GPU NVLink 带宽推高到 300 GB/s。这些连接可以专门用于 GPU 到 GPU 的通信，或者 GPU 到 GPU 及 GPU 到 CPU 通信的组合。

多进程服务（MPS）是 Volta 架构的新功能，它使得多个共享 GPU 的计算应用程序能够获得更好的性能和隔离性。多个应用程序共享 GPU 是通过时间分片来实现的，即每个应用程序在一段时间内获得独占访问权，然后将访问权授予另一个应用程序。Volta MPS 通过允许多个应用程序在这些应用程序单独未充分利用 GPU 执行资源的同时共享 GPU 执行资源来提高整体 GPU 利用率。

从 Kepler GK110 开始，NVIDIA 引入了软件基础的 MPS，旨在提高 GPU 的资源利用率。与此不同，Volta MPS 为此功能提供了硬件加速，并扩展了 MPS 客户端的数量，从 Pascal 的 16 个增加到了 Volta 的 48 个。Volta MPS 主要用于单个用户的多应用程序共享，并不适用于多用户或多租户的场景，如图 10-16 所示。

在 Pascal 架构中，多应用程序共享的执行通过 CUDA MPS 作为中介实现。而 Volta MPS 则提供了 CUDA MPS 的硬件加速，允许 MPS 客户端直接向 GPU 的工作队列提交工作，大大降低了延迟并提高了总体吞吐量。

Volta MPS 还在两个关键指标上提高了 MPS 客户端之间的隔离性：服务质量（QoS）和独立的地址空间。不同的 MPS 客户端可以在保持隔离的同时享受良好的服务质量。QoS 是指 GPU 执行资源在提交工作后多快可以为客户端处理工作。Volta MPS 允许客户端指定执行所需的 GPU 的部分。这减少了一个 MPS 客户端工作可能占用太多资源，从而阻止其他客户端进展的情况，从而降低了延迟和系统内的抖动程度。

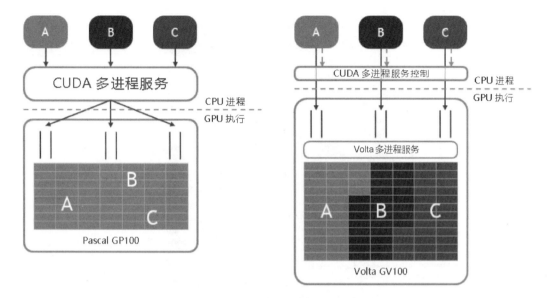

图 10-16　Volta 架构多进程服务

特别是在深度学习推理场景中，Volta MPS 能够为单个推理任务提供高吞吐量和低延迟。当没有适当的批处理系统时，Volta MPS 允许将很多单独的推理作业同时提交给 GPU，从而提高 GPU 整体利用率。

10.1.8　Turing 架构

和之前的设计目标不同，Turing 架构紧跟 Volta 架构于 2018 年发布，其针对图形领域设计，但是它依然保持了 Volta 的张量核心，并对各项性能略做改进。Turing 同时针对推理加速器市场推出了轻量级的 Tesla T4 产品，效能高于 GV100 产品在推理任务中的表现。Turing 架构的 SM 增加了一个新的独立的整数数据路径，可以与浮点数学数据路径并发执行指令。在之前的 CPU 中，执行这些指令会阻塞浮点指令的发出。同时，该 SM 内存路径被重新设计，将共享内存、纹理缓存和内存加载缓存统一为一个单元，常见工作负载的 L1 缓存的带宽增加了 2 倍，容量增加了 2 倍以上。

TU102 GPU 包括 6 个图形处理集群（GPC）、36 个纹理处理集群（TPC）和 72 个流处理器。TU102 GPU 的完整结构有 72 个 SM 单元，每个 SM 单元如图 10-17 所示。每个 GPC 都有 1 个专用的光栅引擎和 6 个 TPC，每个 TPC 都包括两个 SM。每个 SM 包含 64 个 CUDA 核心、8 个张量核心、1 个 256 KB 的寄存器文件、4 个纹理单元和 96 KB 的 L1 缓存/共享内存，这些内存可以根据计算或图形工作负载配置为不同的容量。光线追踪加速由 SM 内的新 RT 核心处理引擎执行。

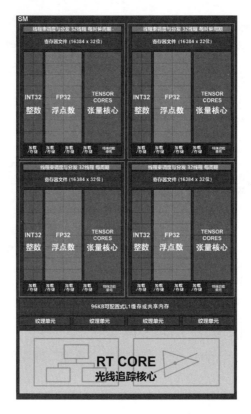

图 10-17　Turing 架构 SM 单元

TU102 GPU 的完整实现包括以下内容：4608 个 CUDA 核心、72 个 RT 核心、576 个张量核心、288 个纹理单元、12 个 32 位 GDDR6 内存控制器（总共 384 位）。每个内存控制器都连接有 8 个 ROP 单元和 512 KB 的 L2 缓存。完整的 TU102 GPU 包括 96 个 ROP 单元和 6144 KB 的 L2 缓存。

此外，TU102 GPU 还有 144 个 FP64 单元（每个 SM 两个 FP64 单元），但在图 10-17 中没有显示。FP64 的算力是 FP32 的算力的 1/32，包含少量的 FP64 硬件单元是为了确保任何带有 FP64 代码的程序都能正确运行，毕竟面向图像处理的 GPU 芯片不需要很强的双精度浮点算力。

在以前的着色器架构中，当运行其中一个非浮点数学指令时，浮点数的数据路径将处于空闲状态。Turing 在每个 CUDA 核心旁边添加了一个并行执行单元，该单元与浮点数单元并行执行这些指令。整数与浮点数的负载混合率是变化的，根据 NVIDIA 的统计，在几个现代应用中，每 100 条浮点指令有大约 36 条额外的整数指令，将这些指令移至单独的流水线中意味着浮点指令的有效吞吐量可获得增加。

Turing 张量核心为深度学习神经网络的训练和推理操作的核心矩阵计算提供了速度提升，加入了 INT8 / INT4 / INT1 的张量核心支持。Turing 张量核心首次为基于 GeForce 的游戏 PC 和基于 Quadro 的工作站带来了基于深度学习的新 AI 功能。NVIDIA 介绍了一个名为深度学习超级采样（DLSS）的新技术由张量核心提供算力，DLSS 使用深度神经网络来提取渲染场景的多维特征，并智能地结合多个帧的细节来构建高质量的最终图像。

如图 10-18 所示，和 Volta 架构一样，Turing 的 SM 与 Pascal 相比采用了新的统一架构，为共享内存、L1 缓存和纹理缓存设计。这种设计使得 L1 缓存能够更高效地利用其资源。每个 TPC 的 L1 缓存的命中带宽增加了 2 倍。数据可以更快地从缓存中获取，从而提高性能。根据共享内存的需求，Turing 的 L1 缓存可以达到 64 KB，与每个 SM 的 32 KB 共享内存分配相结合，或者可以将 L1 缓存减少到 32 KB，允许分配 64 KB 给共享内存。Turing 的 L2 缓存容量也已增加。

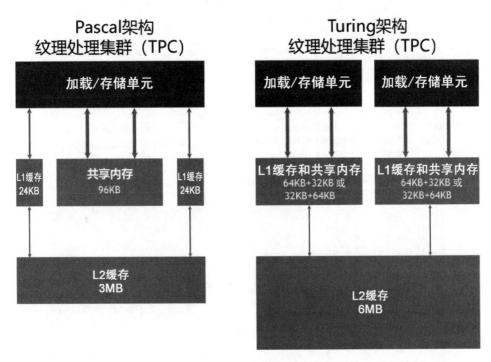

图 10-18　Turing 架构存储体系

10.1.9　Ampere 架构

2020 年，NVIDIA 发布了 Ampere 架构，并将其称为 A100 Tensor Core GPU 架构，显然在张量核心上的成功让 NVIDIA 意识到这种设计路线要坚持下去。在 Ampere 时代，NVIDIA 继续增强算力和 AI 应用场景适应性，也对存储体系做了较大改进。

如图 10-19 所示，基于 Ampere 架构的 A100 Tensor Core GPU 的新 SM 在性能上有了进一步提升。第三代张量核心不仅增强了操作数共享和效率，还增加了新的数据类型，这些新数据类型有助于加速数据处理。新的数据类型如下。

- TF32：加速处理 FP32 数据。
- 与 IEEE 兼容的 FP64：专为 HPC 设计。
- BF16：BF 指 Brain Floating Point，可译为脑浮点数，与 FP16 具有相同的吞吐量。
- 其他精度类型：INT8、INT4 和 Binary。

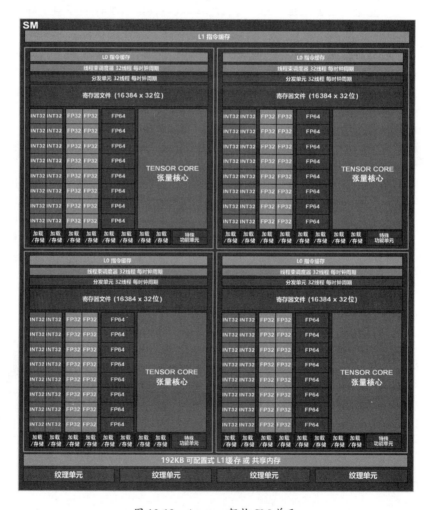

图 10-19　Ampere 架构 SM 单元

A100 张量核心现在支持新的稀疏性功能，可以利用深度学习网络中的细粒度结构稀疏性，从而加倍张量核心操作的吞吐量。A100 中的 L1 缓存和共享内存单元较大且更快，提供了更大的容量，为各种工作负载提供了额外加速。新的特性使程序编写变得更简单，并降低了软件的复杂性。

基于 Ampere 架构的 A100 Tensor Core GPU 带来了显著的性能提升，增强了张量核心的功能，并为开发者提供了更多的编程和数据处理工具，从而降低了软件开发的复杂性。

Volta 和 Turing 每个 SM 有 8 个张量核心，每个张量核心每个时钟周期执行 64 个 FP16/FP32 FMA 操作。A100 SM 包括新的第三代张量核心，每个张量核心每个时钟周期执行 256 个 FP16/FP32 FMA 操作。A100 每个 SM 有 4 个张量核心，每个时钟周期它们共同执行 1024 个密集的 FP16/FP32 FMA 操作，与 Volta 和 Turing 相比，每个 SM 的算力增加了 2 倍。

新的基于共享内存的屏障单元（异步屏障）用于与新的异步复制指令一起使用。由于 L2 缓存容量增加显著，所以新增了 L2 缓存管理和驻留控制的新指令，允许程序员更好地利用这个巨大的缓冲区。A100 Tensor Core GPU 中的 A100 GPU 包括 40 MB 的 L2 缓存，比 Tesla GV100 的 L2 缓存大 6.7 倍。L2 缓存大小的显著增加提高了很多 HPC 和 AI 工作负载的性能，可以缓存更大部分的数据集和模型。一些受 DRAM 带宽限制的工作负载从较大的 L2 缓存中实现了受益。

A100 的 L2 缓存是 GPC 和 SM 的共享资源，位于 GPC 之外。L2 缓存有两个分区，以实现更高的带宽和更低的内存访问延迟。每个 L2 缓存分区都为与其分区直接连接的 SM 提供缓存数据。这种结构使 A100 的 L2 缓存带宽比 GV100 提高了 2.3 倍（A100 L2 缓存的读带宽为 5120 B/时钟周期，相比之下，GV100 L2 缓存的读带宽为 2048 B/时钟周期，两者运行频率不同）。硬件缓存一致性维护了整个 GPU 的 CUDA 编程模型，应用程序将自动利用 A100 新的 L2 缓存的带宽和延迟优势。

每个 L2 缓存分区都有 40 个 L2 缓存切片。每个存储控制器都有 8 个 512 KB 的 L2 缓存切片。Ampere 架构为程序员提供了 L2 缓存驻留控制，以管理要从缓存中保留或驱逐的数据。Ampere 架构增加了计算数据压缩功能来加速非结构化稀疏性和其他可压缩的数据模式。相对于上一代架构，L2 缓存中的压缩可将 DRAM 读/写带宽提高 4 倍，L2 缓存读带宽提高 4 倍，L2 缓存容量增加 2 倍。

Ampere 架构引入了一个新的异步复制指令，如图 10-20 所示，该指令直接从全局内存（通常从 L2 缓存和 DRAM 显存）加载数据到 SM 共享内存中。在 Volta 架构中，数据首先通过 L1 缓存加载到寄存器文件（RF）中，然后使用存储共享指令将数据从寄存器文件转移到共享内存（SMEM）中，最后使用加载共享指令将数据从共享内存加载到多个线程和线程束的寄存器中。NVIDIA Ampere 架构 GPU 中的新的异步复制（load-global-store-shared）指令通过避免使用寄存器文件进行往返来节省 SM 内部带宽，同时也消除了为在途数据传输分配寄存器文件存储容量的需要。

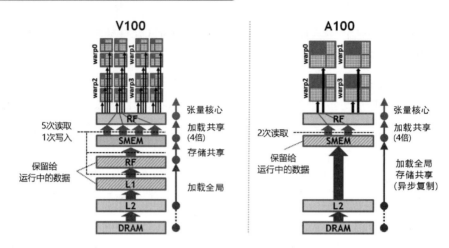

图 10-20　Ampere 架构异步复制指令

A100 通过新的 load-global-store-shared 指令提高了 SM 的带宽效率，该指令绕过了 L1 缓存和寄存器文件。A100 的张量核心降低了共享内存的加载频率。新的异步屏障与异步复制指令一起工作，以实现高效的数据获取管道，并且 A100 将每个 SM 的最大共享内存分配增加了 1.7 倍，达到了 164 KB（与 GV100 的 96 KB 相比）。有了这些改进，A100 使 L2 缓存始终得到利用。

NVIDIA 提供了 3 个案例，描述 L2 缓存系统改进的应用场景。

- 深度学习推理工作负载：在深度学习的推理任务中，可以使用所谓的"ping-pong"缓冲区。这些缓冲区可以被持久地缓存在 L2 缓存中，从而实现更快的数据访问。同时，这种做法还避免了数据写回 DRAM（动态随机存取存储器）。总而言之，在进行深度学习推理时，为了加速数据的读取，相关数据会被长时间地保持在 L2 缓存中，而不是每次都从主内存中获取。

- 生产者-消费者链：在深度学习训练中，常常有生产者-消费者的模式。生产者生成或写入数据，而消费者读取或使用这些数据。L2 缓存控制可以优化其中的缓存策略，特别是在写入到读取的数据依赖关系中，L2 缓存可以智能地决定哪些数据应该被缓存，以最大化性能。

- LSTM 网络：在 LSTM（长短时记忆）网络中，有一些权重（在网络的连续时间步之间重复使用的权重）是循环的，它们在多次的 GEMM（广义矩阵乘法）操作中被共享和重复使用。这些权重可以被优先缓存在 L2 缓存中，从而在后续的操作中被重用，而不是每次都重新计算或从主内存中读取。这可以大大提高 LSTM 网络的计算效率。

Ampere 还增加了之前从未提到过的数据压缩技术。该压缩技术节省了高达 4 倍的 DRAM 读/写带宽，高达 4 倍的 L2 缓存读带宽，以及高达 2 倍的 L2 缓存容量。

　　CUDA 11 引入了一个新的异步复制 API，异步复制 API 从全局内存异步（非阻塞）地将数据直接传输给共享内存，绕过了 SM 线程，并将单独的"从全局内存加载到寄存器文件"和"从寄存器文件写入共享内存"的操作功能结合到一个高效的操作中。异步复制 API 消除了通过寄存器文件中间分阶段的数据需求，降低了寄存器文件带宽。绕过 L1 缓存和寄存器文件可以显著提高内存复制性能，特别是对于连续的异步复制操作。两种不同的异步复制指令可用于不同的使用场景。第一种场景是绕过 L1 缓存和寄存器文件，第二种场景是直接访问 L1 缓存，将数据保存到 L1 缓存中以供后续访问和重用。

　　图 10-21 展示了 A100 异步复制与无异步复制的对比。从用户的角度来看，异步复制指令的行为类似于执行单独的加载全局指令和存储共享指令，但不消耗临时存储的线程资源。该指令允许每个线程具有独立的全局和共享内存地址。程序必须使用写屏障来确保写入的顺序正确以及线程块中线程之间的加载和存储的可见性。

　　图 10-21 的第一个数据管道描绘了无异步复制的情况，从 DRAM 显存或 L2 缓存加载，通过 L1 缓存，然后加载到寄存器文件（RF），最后从 RF 存储到共享内存。下面的两个数据管道显示异步复制从 DRAM 显存或 L2 缓存获取数据并将数据直接存储到共享内存，可选 L1 缓存访问。

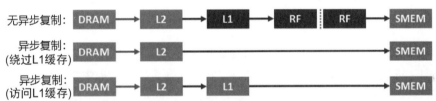

图 10-21　A100 异步复制与无异步复制的对比

　　A100 GPU 可以在共享内存中对屏障进行硬件加速。屏障是一种同步机制，用于控制多个线程的执行流程，确保在某个点上所有线程都已经完成了它们的工作，然后才能继续进行。CUDA 11 提供了一种编程方式，允许开发者使用类似于 C++标准中屏障的对象来执行这些硬件加速的屏障操作。异步屏障与普通的单级屏障的不同之处在于，线程通知它已经到达屏障的操作（"到达"）与等待其他线程到达屏障的操作（"等待"）是分开的。这提高了执行效率，允许线程执行与屏障无关的其他操作，从而更有效地利用等待时间。异步屏障可用于使用 CUDA 线程实现"生产者-消费者"模型，或者如果需要，也可以简单地用作单级屏障。

　　异步屏障允许线程指示其数据已经准备好，然后继续执行独立的操作，推迟等待，从而减少了空闲时间。这是一种被称为流水线的异步处理形式，通常用于隐藏高延迟操作，例如内存加载。

　　如图 10-22 所示，与之前架构的屏障相比，新的异步屏障使得同步粒度显著进步，允许任何 CUDA 线程子集在块内进行硬件加速同步。之前的架构只加速了整个线程束或整个块级别的同步。屏障可以用来重叠从全局内存到共享内存的异步复制（在前面的部分中描述），通过在复制操作完成时让复制操作发出信号屏障。这允许将复制与 SM 中的其他操作重叠，隐藏复制的延迟并提高效率。

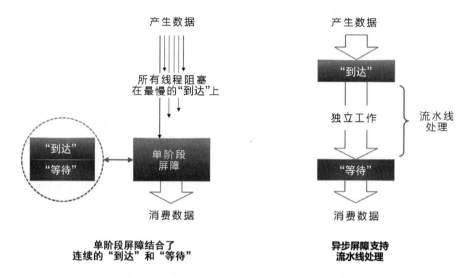

图 10-22　异步屏障与之前架构上的屏障相比

Ampere 架构强大的硬件算力可被虚拟化给很多用户同时使用，MIG（Multi-Instance GPU，多实例 GPU）可以将 GPU 分为多个独立的实例，并为每个实例提供自己的资源，从而保证了更好的资源利用率、故障隔离和服务质量。这对于云服务提供商特别有用，它们可以为其客户提供多个独立且隔离的 GPU 实例。

新的 MIG 功能可以将每个 A100 分为 7 个 GPU 实例，为每个用户和应用扩展访问权限。这保证了单个用户的工作负载具有可预测的吞吐量和延迟，即使其他任务正在破坏自己的缓存或饱和消耗 DRAM 接口，也可以保持相同的 L2 缓存分配和 DRAM 带宽。

MIG 的概念可被理解为将一个大的 GPU 分成多个较小的 GPU，每个 GPU 实例都有专用的计算和内存资源。一个 GPU 实例是由多个"GPU 切片"构成的，每个 GPU 切片都包括 1个"Sys Pipe"、1 个 GPC、1 个 L2 缓存切片组和一部分帧缓冲内存。A100 GPU 总共支持 7个 GPU 切片，每个切片的 GPC 包含 7 个 TPC（14 个 SM）。

Sys Pipe 是 A100 GigaThread 引擎的新部分，它与主机 CPU 通信并将工作调度到 GPU 切片的 GPC（及其 SM）。A100 Tensor Core GPU 总共包括 7 个 Sys Pipe 来支持 MIG。当 A100处于 MIG 模式时，不支持图形管道操作。MIG 是一个仅用于计算模式的功能。

计算实例可以在一个 GPU 实例内部配置不同级别的计算能力。默认情况下，在每个 GPU

实例下都会创建一个计算实例，展现出 GPU 实例内部所有可用的 GPU 计算资源。计算实例支持 Volta 式的 MPS 功能，可以合并多个不同的 CPU 进程并在 GPU 上运行。计算实例可以使多个上下文在 GPU 上同时运行。

10.1.10　Hopper 架构

2022 年，NVIDIA 以"为数据中心提供卓越的性能、可扩展性和安全性"为目标发布了 Hopper 架构 H100 系列计算芯片，其采用专为 NVIDIA 定制的 TSMC 4N 工艺制造，拥有 800 亿个晶体管，并包含多项架构改进。

完整的 H100 GPU 架构包括以下单元：8 个 GPC、72 个 TPC（每个 GPC 内部 9 个 TPC）、2 个 SM/TPC（每个完整的 GPU 包含 144 个 SM，每个 SM 单元如图 10-23 所示，每个 SM 包含 128 个 FP32 CUDA 核心，每个完整 GPU 包含 18432 个 FP32 CUDA 核心，每个 SM 包含 4 个第四代张量核心，每个完整的 GPU 包含 576 个第四代张量核心）、6 个 HBM3 或 HBM2e 堆栈、12 个 512 位内存控制器、60 MB L2 缓存，以及第四代 NVLink 和 PCIe 5.0。

H100 GPU 的主要用途为执行 AI、HPC 和数据分析的数据中心及边缘计算工作负载，而非进行图形处理。SXM5 和 PCIe 接口的 H100 GPU 中只有两个 TPC 具备图形处理能力（也就是说，它们可以运行顶点、几何图形和像素着色器）。

这一代张量核心与 A100 相比，芯片间速度最高可提高 6 倍，包括每个 SM 提速、额外的 SM 数量及更高的 H100 时钟频率。同时，在每个 SM 的基础上，与上一代 FP16 计算相比，张量核心在同等数据类型上计算速度是 A100 SM 的 MMA（矩阵乘积累加）操作的 2 倍，而在使用新的 FP8 数据类型时，计算速度是 A100 的 4 倍。

传统计算单元性能也更强，FP64 和 FP32 的算力提高了 3 倍，这是因为每个 SM 的时钟频率提高了 2 倍，此外还有额外的 SM 数量和更高的 H100 时钟频率。

高性能 HBM3 和 HBM2e 分别是 H100 SXM5 和 PCIe H100 GPU 中所用的 DRAM。HBM 显存由显存堆栈组成，与 GPU 位于同一物理封装内，相较于传统的 GDDR5/6 显存设计，可显著节省能耗和占用的空间，便于在系统中安装更多 GPU。H100 SXM5 GPU 支持 80 GB（5 个堆栈）的 HBM3 显存，可提供超过 3 TB/s 的显存带宽，相较于两年前推出的 A100 显存带宽提高了 2 倍。PCIe H100 具备 80 GB 的快速 HBM2e 显存，且内存带宽也在 2 TB/s 以上。

这一代芯片面对的是人工智能行业前所未有的蓬勃发展，各类大模型已经让硬件系统多次直面"内存墙"，除了增加单 GPU 拥有的显存容量以及进一步推进多 GPU 互连，这一代芯片也更加智能，提出了节约资源的 DPX 指令（针对动态规划算法优化）和 Transformer 引擎（自适应降低精度）。

图 10-23　Hopper 架构 SM 单元

接下来介绍 H100 引入的两个节约算力或者说高效使用算力的新技术。

首先是 DPX。动态规划是解决复杂问题的强大算法技术，它通过将问题分解为简单的子问题来避免重复的计算。H100 GPU 中引入的 DPX 指令针对动态规划算法进行了优化，为相关应用领域带来了显著的性能提升。NVIDIA 提到了两个典型的使用场景：在快速发展的基因组测序领域，Smith-Waterman 动态规划算法是目前最重要的方法之一；在机器人开发领域，Floyd-Warshall 是一种用于在动态仓储环境中为机器人实时寻找最优路线的关键算法。

其次是 Transformer 引擎。如图 10-24 所示，H100 包含一个定制的 Hopper 张量核心技术，该技术被称为 Transformer 引擎，专为加速 Transformer 模型的计算而设计。混合精度的目标是在不牺牲计算准确性的前提下，以更小、更快的数值精度提升计算性能。对于 Transformer 模型的每一层参数，Transformer 引擎都会分析输出值的统计分布，并根据下一层网络的需求确定其数值格式。Transformer 引擎可结合使用 FP8 和 FP16，减少使用的内存并提高性能，FP8 的数值范围相对有限（有 E4M3 和 E5M2 两种选择方案），为了最大化利用这个范围，Transformer 引擎使用缩放因子从张量统计数据中动态地扩展数据到可表示的范围。每一层将以其需要的精度进行计算，并且以一个最优的策略进行加速。

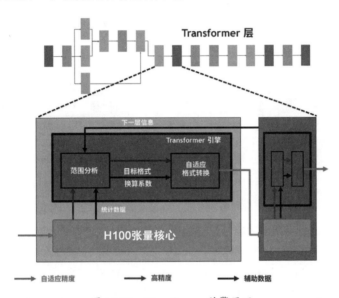

图 10-24　Transformer 引擎原理

线程的精细化管理在 Hopper 架构中也有体现，之前提到异步屏障最初是在 Ampere 架构中被引入的，它的基本工作原理是：当多个线程执行并行计算时，一些线程可能会比其他线程更早完成任务。这时，早完成任务的线程可以通过一个"到达"信号来表示自己已经完成了任务，然后它可以去执行其他的独立任务。

在并行计算中，当一个线程需要等待其他线程完成它们的工作时，它会执行一条"等待"指令。这条指令的作用是暂停（或阻塞）当前线程的执行，直到其他所有线程都达到了一个特定的执行点。当其他线程完成它们的任务时，它们会发出一个"到达"信号。这个信号表明这些线程已经完成了它们当前的任务。

如果一个线程在执行"等待"指令后，其他线程已经发出了"到达"信号，那么该线程可以立即继续执行，而不需要等待。这样，那些早期完成任务的线程不必空闲地等待，而是可以继续执行其他任务。这种机制允许不同的任务在时间上重叠，提高了整体的计算效率。如果所有线程都有大量的独立任务要执行，那么它们在到达"等待"指令之前可能已经完成了它们的当前任务。在这种情况下，等待的时间将非常短，因此"等待"指令的性能开销就非常小。

在 Hopper 架构中，当一个线程正在等待其他线程时，它会被置于"休眠"状态，而不是在共享内存中空转，这可以节省能源和计算资源。

如图 10-25 所示，Hopper 还引入了一种新的同步机制：异步事务屏障。异步事务屏障与异步屏障类似，但它不仅跟踪到达的线程数量，还跟踪事务的数量。一个事务计数基本上是一个字节计数。当线程发送"等待"指令时，该线程会被阻塞，直到所有线程都发送了"到达"信号，且所有事务计数的总和达到了预期的值。异步事务屏障同样可用于异步内存复制或数据交换。例如，线程块集群功能能够进行线程块到线程块的数据交换通信，这就是基于异步事务屏障来实现的。

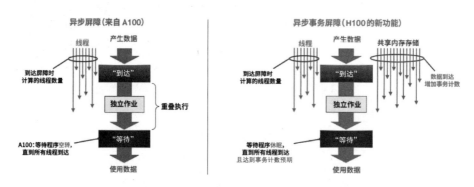

图 10-25 异步事务屏障

NVIDIA 在 2023 年 11 月发布了增强型 GPU 芯片 H200，以及搭载这款 GPU 的 AI 服务器平台 HGX H200 等产品。H200 的 GPU 芯片没有升级，主要的升级是首次搭载了 HBM3e 显存，并且容量从 80 GB 提升至 141 GB，显存带宽可达 4.8 TB/s，比 H100 的 3.35 TB/s 提升了 43%。通过显存带宽主要提升了 AI 大模型的推理能力。

训练是一个计算密集型过程，涉及大量的矩阵计算，例如在进行反向传播时，需要计算梯度并更新权重。这些操作通常是并行化的，并且需要强大的算力来加速处理。在一次训练迭代中，同一批数据会在不同的层中多次使用。例如，权重矩阵在训练过程中会被重复使用来计算梯度和更新权重。而推理从另一个角度对算力提出了要求，推理过程通常对单个输入进行计算，与训练相比，其单个操作的数据量较小，数据重用率较低，因此对内存带宽的需求较高。同时，推理对延迟敏感，其通常需要在最短的时间内给出响应，因此任何内存访问延迟都可能成为性能瓶颈。

通过增加显存容量和提高带宽，H200 相比 H100，在 Llama2 模型 130 亿个参数推理中速度提升了 40%，在 GPT-3 模型 1750 亿个参数推理中提升了 60%，在 Llama2 模型 700 亿个参数推理中提升了 90%。

在本节的最后，我们根据 NVIDIA 重要架构的具体性能参数，整理了以下表格（表 10-1），读者可以对比分析从 G80 架构到 Hopper 架构 GPU 性能变化情况。

表 10-1　NVIDIA 重要架构的具体性能参数

GPU 产品型号	Geforce 8800GTX	Geforce GTX280	Tesla GF100	Tesla K40	Tesla M40	Tesla P100	Tesla V100	RTX 2080 Ti	A100	H100
GPU 架构	G80	GT200	Fermi	Kepler	Maxwell	Pascal	Volta	Turing	Ampere	Hopper
GPU 封装形式	PCIe	PCIe	PCIe	PCIe	PCIe	SXM	SXM2	PCIe	SXM4	SXM5
SM	16	30	16	15	24	56	80	68	108	132
TPC	16	30	16	15	24	28	40	34	54	66
FP32 核心（CUDA 核心）/SM	8	8	32	192	128	64	64	64	64	128
FP32 核心（CUDA 核心）/GPU	128	240	512	2880	3072	3584	5120	4352	6912	16896
FP64 核心（不包括张量核心）/SM	1	1	16	64	4	32	32	2	32	64
FP64 核心（不包括张量核心）/GPU	16	30	256	960	96	1792	2560	136	3456	8448
INT32 核心/SM	NA	NA	NA	NA	NA	NA	64	64	64	64
INT32 核心/GPU	NA	NA	NA	NA	NA	NA	5120	4352	6912	8448
张量/SM	NA	NA	NA	NA	NA	NA	8	8	42	4
张量核心/GPU	NA	NA	NA	NA	NA	NA	640	544	432	528
GPU Boost Clock 高负载频率	576 MHz（流处理器 1350 MHz）	602 MHz（流处理器 1269 MHz）	772 MHz（流处理器 1544 MHz）	810/875 MHz	1114 MHz	1480 MHz	1530 MHz	1350 MHz	1410 MHz	1830 MHz
FP8 张量峰值算力 TFLOPS（通过 FP16 加速单元）	NA	NA	NA	NA	NA	NA	NA	NA	NA	1978.9/3957.8
FP8 张量峰值算力 TFLOPS（通过 FP32 加速单元）	NA	NA	NA	NA	NA	NA	NA	NA	NA	1978.9/3957.8
FP16 张量峰值算力 TFLOPS（通过 FP16 加速单元）	NA	NA	NA	NA	NA	NA	125	107.6/113.8	312/624	989.4/1978.91
FP16 张量峰值算力 TFLOPS（通过 FP32 加速单元）	NA	NA	NA	NA	NA	NA	125	53.8/56.9	312/624	989.4/1978.91
BF16 张量峰值算力 TFLOPS 通过 FP32 加速单元	NA	NA	NA	NA	NA	NA	NA	NA	312/624	989.4/1978.91
TF3 张量峰值算力 TFLOPS	NA	NA	NA	NA	NA	NA	NA	NA	156/312	494.7/989.4
FP64 张量峰值算力 TFLOPS	NA	NA	NA	NA	NA	NA	NA	NA	19.5	66.9
INT8 张量峰值算力 TOPS	NA	NA	NA	NA	NA	NA	NA	NA	624/1248	1978.9/3957.8

续表

GPU 产品型号	Geforce 8800GTX	Geforce GTX280	Tesla GF100	Tesla K40	Tesla M40	Tesla P100	Tesla V100	RTX 2080 Ti	A100	H100
FP16 TFLOPS (非张量峰值算力)	NA	NA	NA	NA	NA	21.2	31.4	28.5	78	133.8
BF16 TFLOPS (非张量峰值算力)	NA	NA	NA	NA	NA	NA	NA	NA	39	133.8
FP32 TFLOPS (非张量峰值算力)	0.345	0.662	1.581	5	6.8	10.6	15.7	13.45	19.5	66.9
FP64 TFLOPS (非张量峰值算力)	0.043	0.077	0.79	1.7	0.21	5.3	7.8	0.42	9.7	33.5
INT32 整数峰值算力 TOPS	NA	NA	NA	NA	NA	NA	15.7	13.45	19.5	33.5
Texture Unit 纹理单元	32	80	64	240	192	224	320	272	432	528
内存接口	384 位 GDDR3	512 位 GDDR3	384 位 GDDR5	384 位 GDDR5	384 位 GDDR5	4096 位 HBM2	4096 位 HBM2	352 位 GDDR6	5120 位 HBM2	5120 位 HBM3
内存容量	0.768 GB	1 GB	1.5 GB	最高 12 GB	最高 24 GB	16 GB	32 GB / 16 GB	11 GB	40 GB	80 GB
内存带宽	86.40 GB/s	141.7 GB/s	192.4 GB/s	288 GB/s	288 GB/s	720 GB/s	900 GB/s	616 GB/s	1555 GB/s	3352 GB/s
L2 缓存规模	0 KB	0 KB	768 KB	1536 KB	3072 KB	4096 KB	6144 KB	5632 KB	40960 KB	50 MB
共享内存容量/SM	16 KB	16 KB	可配置最高 48 KB	可配置最高 48 KB	可配置最高 96 KB	可配置最高 64 KB	可配置最高 96 KB	可配置最高 64 KB	可配置最高 164 KB	可配置最高 228 KB
寄存器文件大小/SM	64 KB	64 KB	128 KB	256 KB	256 KB	256 KB	256 KB	256KB	256 KB	256 KB
寄存器文件大小/GPU	1024 KB	1920 KB	2048 KB	3840 KB	6144 KB	14336 KB	20480 KB	17408 KB	27648 KB	33792 KB
TDP 热设计功耗 (瓦特)	115	236	224	235	250	300	300	260	400	700
Transistors 晶体管数量 (10 亿)	0.681	1.4	3.00	7.10	8	15.3	21.1	18.6	54.2	80
GPU Die Size 芯片面积 (平方毫米)	484	576	520	551	601	610	815	754	826	814
TSMC Manufacturing Process 制造工艺 (纳米)	90	65	40	28	28	16 FinFET+	12 FFN	12 FFN	7N	4N 为 NVIDIA 定制

1. 非 Tesla 级别计算卡频率使用公版 Geforce 频率;
2. 所有算力 FLOPS 和 TOPS 均使用基础频率计算;
3. 在 Fermi 及之前的架构中, TPC 可被视为 SM;
4. G80 GT200 Fermi 的部分规格数据来自 techpowerup GPU Database;
5. G80 GT200 Fermi 的 CUDA 计算单元和 GPU 主频是 2∶1 关系;
6. 从 A100 开始引入稀疏矩阵支持, 这种情况下有翻倍算力。

10.2　AMD GPU 芯片

10.2.1　TeraScale 架构

着色器模型（Shader Model）是用于图形处理的一种编程模型规范，它定义了图形硬件（如 GPU）在运行图形处理器或计算着色器代码时必须支持的各种图形渲染功能。这些模型通常随着图形 API（如 DirectX 或 OpenGL）的新版本而更新，引入新的图形渲染特性，从而允许开发者在 3D 图形和视觉效果上实现更多的细节。

着色器模型在诞生之初提供了像素着色器（Pixel Shader）和顶点着色器（Vertex Shader）两种具体的硬件逻辑，在 2005 年这个关键时间点之前，它们是互相分置、彼此不干涉的。但是在长期的发展过程中，NVIDIA 和 ATI 的工程师都认为，要达到最佳的性能和能源使用效率，就必须使用统一着色器架构，否则在很多情况下像素着色器计算压力会造成大量像素着色器单元闲置，顶点着色器资源有限但在遇到大量三角形时会忙不过来。也就是说，不再区分像素着色器和顶点着色器，最终设计出来的产品可以在任何 API 编程模型中都不存在任何顶点着色器/像素着色器固定比率或者数量的限制。

TeraScale 架构是 AMD 为其 GPU 设计的一个家族名称。TeraScale 架构主要覆盖了从 Xenos 图形处理器到 Radeon HD 2000 系列再到 Radeon HD 6000 系列的产品。该架构引入了完全统一的着色器设计，像素着色器和顶点着色器都被合并成一个更加通用的着色器类型。

TeraScale 架构的流处理器组织形式基于 SIMD（单指令多数据）架构，使用 VLIW 方式把计算指令组成适合 SIMD 架构的长指令，这一过程是在编译时由编译器完成的。

1. Xenos GPU 芯片

微软 XBOX 360 游戏主机（2005 年年底发布）所采用的 Xenos GPU，第一次引入了统一着色器架构，其中的 SIMD 单元既可以执行顶点着色器也可以执行像素着色器，可以称之为符合 DirectX 9 标准的统一着色器架构。

我们在这里提及 Xenos 的原因，是它的出现标志着统一着色器架构的到来。统一着色器代表了通用性强且完整的图形处理体系，它既能够执行对顶点操作的指令（代替顶点着色器），又能够执行对像素操作的指令（代替像素着色器）。

如图 10-26 所示，Xenos GPU 芯片使用 TSMC 90 nm 工艺，集成了 2.32 亿个晶体管。它还搭载了高速 eDRAM 显存，显存颗粒使用 NEC 90 nm 工艺，集成了 1 亿个晶体管来完成 10 MB eDRAM 构造，带宽为 256 GB/s，Xenos 大胆启用高速 eDRAM 冲破了当时的 GPU 存储器带宽墙，同时在一款核心面积较小的芯片上试水统一渲染架构，为后来 R600 到 R800 架构的发展进行了重要的技术积累。在流处理器方面，Xenos 的统一着色器架构包含了 3 个独立的着色器矩阵，每个着色器矩阵内有 16 个 5D 向量 SIMD 单元，一共 48 个可编程的 SIMD 流处理器单元，以及 16 个纹理单元，这些单元负责处理图形计算任务。

图 10-26　Xenos 核心和片上封装的嵌入式 eDRAM 显存

在统一着色器之前，ATI 在像素着色器部分有过比较成功的迭代探索，2005 年 ATI 发布的 R520 核心（X1800 XT）的像素单元与纹理单元都是 16 个，NVIDIA 的 G70 芯片也是类似的设计方案。但是 ATI 在全新的 R580 图形芯片中，稍微修正了像素渲染单元与管线的关系，它拥有 16 条传统的像素管线（Pixel Pipeline），却拥有 48 个像素渲染单元和 16 个纹理单元，算术处理能力是以前旗舰级 GPU 的 3 倍，在晶体管数量只增加 20%的情况下，渲染能力理论上增加了 200%，像素渲染单元跟纹理单元的比例是 3：1。

ATI 根据 3D 游戏引擎的发展趋势做出了改变，把 R580 这种不对等的架构称为 3：1 黄金架构。这一改进使得 Radeon X1900 XTX 产品的 FP32 像素算力达到 374.4 GFLOPS，如果再加上顶点着色器，Radeon X1900 XTX 的 FP32 算力总共会达到 426.4 GFLOPS。相比之下，NVIDIA 的 GeForce 7800 GTX 512 MB（550 MHz 内核）只能提供 211.2 GFLOPS 的 FP32 像素算力和 47.2 GFLOPS 的 FP32 顶点算力。

如图 10-27 所示，每一帧渲染中顶点着色器和像素着色器的负载压力几乎没有相关性，某些场景重视顶点，某些场景重视像素，总是出现资源闲置和资源紧缺，所以有必要使用统一着色器架构。

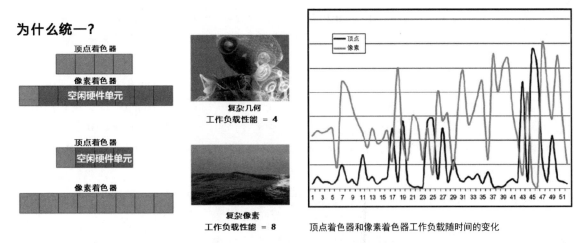

图 10-27 顶点着色器和像素着色器的负载压力

2. R600 芯片

AMD 在 Xenos GPU 之后的桌面级图形处理器代号 R600 的 Radeon HD 2900 XT 产品中内置了 320 个流处理单元、16 个纹理单元（TMU）和 16 个光栅处理单元（ROP）。虽然 R600拥有 320 个流处理单元，但实际上每 5 个流处理单元（图 10-28 中的小圆柱体）才组成一个流处理器，且每个流处理单元每个时钟周期只能执行一条指令，因此，以 AMD-ATI 的统一流处理器口径来算，其实 R600 有 64 个完整的流处理器。

每个 ALU 可以在一个时钟周期内运行一个独立的操作，R600 通过 VLIW 可以利用指令级的并行性。但是 VLIW 要求编译器/汇编器在指令排序和打包方面做大量的工作，可以说与NVIDIA 同时期的 G80 的标量架构相比，整体效率可能会降低（难以达到硬件标称的浮点峰值吞吐量），这是因为 G80 的标量架构可以以完全速度运行依赖的标量操作。并不是所有的ALU 都是相同的，其中第 5 个单元（全功能 ALU）比其他 4 个单元（非全功能 ALU）能够完成更多的工作，并且与其他单元相独立。VLIW 设计将每个着色器单元（5 个着色器加上 1个分支）的每个时钟周期可能发出的完整指令打包为每个时钟周期可能执行的 6 条指令。前4 个子 ALU 中的每个 ALU 能够在一个时钟周期内完成一个 FP32 MAD（或 ADD 和 MUL）操作、点乘（DP，并通过组合 ALU 进行特殊处理）操作，以及整数加法操作。

MAD 是 "Multiply-Add" 的缩写。在一个 MAD 操作中，两个数首先会相乘，然后结果会与第 3 个数相加。MAD 是一条单一、高效的指令，它可以在一个操作周期内完成乘法和加法。MUL 是 "Multiplication" 的缩写，代表乘法操作，ADD 代表加法操作。在浮点数精度方面，ALU 的 MAD 精度为 1ULP，MUL 和 ADD 精度为 1/2ULP。

这里的 ULP 代表 "Unit in the Last Place"，即 "最后一位单位"。在浮点数表示中，ULP 是指相邻可表示浮点数之间的最小差异或间隔。ULP 表示浮点数精度的最小单元。ALU 在浮点数和整数逻辑方面是分开的。一个全功能 ALU 可以进行整数除法、乘法和位移，并且还负责超越性的特殊函数（如 SIN、COS、LOG、POW、EXP、RCP 等），以每个时钟周期一条指令的速度执行（至少对于大多数特殊函数而言）。它还负责浮点数与整数的转换。与其他单元不同，该单元在内部实际上是 FP40（32 位尾数，8 位指数）的。这允许在 DirectX 10 下对 INT32 操作数进行单时钟周期 MUL/MAD 操作，而 G80 需要 4 个时钟周期，这是拥有 VLIW 架构和多种类型单元的优势。

在 VLIW 的效率方面，每个流处理器中的 5 个流处理单元分别负责不同的工作，假如遇到一条 SIMD 指令，只有其中一个单元可以运行，其他 4 个只能空闲，也就是说 320 个流处理单元中只有 64 个单元能运行这条指令，相比 NVIDIA 的 MIMD 架构通用流处理器，如 G80/G92 的 128 个流处理器，可以在同一时钟周期内完成类似的指令。

比如对于下述指令：

```
ADD R0.xyz , R0,R1    //3D
ADD R4.x , R4,R5      //1D
ADD R2.x , R2,R3      //1D
```

如图 10-28 所示，TeraScale 架构将零散的指令集成为一条 VLIW 长指令并在一个时钟周期内完成。TeraScale 架构可以用 64×5D 的方式来描述。每个流处理器中拥有一个 5D ALU，其实更加准确地说是 5 个 1D ALU。因为每个流处理器中的 ALU 可以任意以 1+1+1+1+1 或 1+4 或 2+3 等方式搭配（以往的 GPU 往往只能是 1D+3D 或 2D+2D），在 VLIW 指令发射方面尽可能地提供了灵活性。

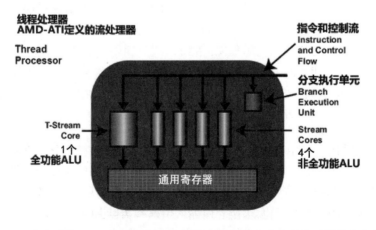

图 10-28   1 个全功能 ALU 加上 4 个非全功能 ALU 构成一个线程处理器或称流处理器

VLIW 体系的优势是，把需要的计算指令组合成适合 4D+1D 架构的长指令，这样理论上每个统一处理器秒周期内可以执行 5 次计算；劣势是，它非常依赖指令组合，需要极强的调度管理，芯片理论浮点计算吞吐量需要较高的编程和编译器技巧来发挥。

3. TeraScale 架构后期效率改进

Xenos GPU 开始使用的 TeraScale 架构生命力很强，2010 年年底 AMD 将 R600 升级为 RV670，将 GPU 从 TSMC 的 80 nm 进程升级到 55 nm 节点，本着降低成本且增加每瓦效能的考虑，将 512 位双向内存环总线替换为更标准的 256 位。RV670 芯片面积在晶体管规模类似的情况下相对于 R600 的芯片面积减少了一半。

在随后的 RV770 架构上，AMD 追加了大量的资源，比如为 16 个 VLIW Core 配置了 16 KB 的 LDS（Local Data Share，本地数据共享），同时将原有的 GDS（Global Data Share，全局数据共享）容量翻倍到了 16 KB，在此基础上，还将 VLIW Core 规模整体放大到了 R600 的 250%（从 320 个提升到 800 个）。在扩展 ALU 资源的基础上，AMD 还在尽一切可能地逐步优化低效的 SIMD 结构。这导致了 R600 和 R700 在着色器程序执行方面有很大差别。R600 的着色器程序是垂直模式（5D）+水平模式（16x5D）的混合模式。而 RV770 是单纯的垂直模式（16×4D=64D 和 16×1D=16D，即 64D+16D）。

RV670 和 RV770 证明了 R600 的架构可以在功率得以控制的前提下迅速扩张，同时不断更换新工艺来降低功耗。RV770 最初的性能目标是 1.5 倍于 R600。AMD 团队评估后，把这个倍数提升到了 2.5 倍，AMD 的设计团队把两颗半 R600 塞进一颗比 R600 还要小的芯片里。R600 和 RV670 都具备 4 个渲染核心，总共 320 个流处理器。而在 RV770 上，AMD 把这两个数字分别扩大到了 10 和 800，获得了提升整整 2.5 倍的算力。扩充后的 RV770 已经拥有了 1 TFLOPS 以上的算力。

RV770 彻底摒弃了一直存在争议的 R600 Ringbus 环形内存控制器总线，使用 AMD 原本擅长的 Crossbar 总线。Ringbus 最大的优势在于，它可以用最少的晶体管来实现最大的带宽，但是 Ringbus 的代价是较大的整体延迟和粗糙的数据流动管理。Anandtech 网站的作者 Anand Lal Shimpi 在 2008 年撰文 "The RV770 Story: Documenting ATI's Road to Success"，其中详细描述了 RV770 产品设计的定位和开发期间的各种抉择，有兴趣的读者可以搜索、阅读这篇文章。在不进行计算和存储体系逻辑大改的情况下，从芯片规模、架构合理性、工艺、功耗、市场定位等多个角度回顾，RV770 是非常高效且均衡的 GPU 芯片。

这一迭代也潜在地帮助了我国的超级计算机发展，2009 年 10 月 29 日，国防科技大学成功研制出的峰值性能为每秒 1206 万亿次的"天河一号"超级计算机在湖南长沙亮相。我国成为继美国之后世界上第二个能够研制千万亿次超级计算机的国家。"天河一号"采用 6144 个 Intel 通用多核处理器和 5120 个 AMD 图形加速处理器 GPU，其中 GPU 的型号正是 RV770 代号的 GPU 产品 Radeon HD 4870X2。在 2009 年年底，"天河一号"超级计算机在第 34 届 TOP500 榜单中排名第 5，这是当时中国超级计算机达到的最高排名成绩。

在 RV770 及之前的 VLIW5 时代，根据 AMD 内部测算，在图形应用中，平均 4D 小+1D 大的 5 个流处理器利用率是 3.4（如图 10-29 所示），这是在游戏开发商和 AMD 的驱动编译器已经优化到较好的情况下才勉强达到的。所以后来的 AMD Cayman 架构（HD 6900 系列显卡产品）的流处理器单元仍然基于 VLIW 体系结构设计，但从 5D 调整为 4D，可实现 4 路 Co-issue 并发设计，ALU 被浪费的概率更低。每个流处理器单元由 4 个 ALU、1 个分支单元和 1 个通用寄存器组成。4 个流处理器的整数和浮点数执行功能完全相同，不再有特殊执行单元 ALU.trans（T-Unit），并且可以进行 4 路并行发射。

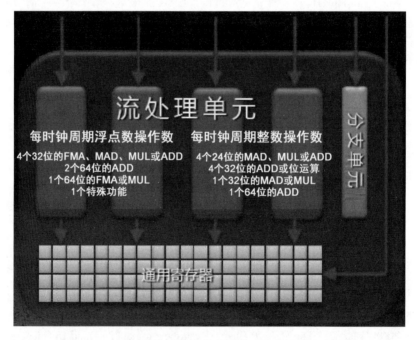

图 10-29　Cayman 架构 4 个流处理单元构成一个流处理器

如图 10-30 所示，理论上，Cayman 架构对于常规的整数/浮点数操作，1 个流处理器的处理能力从 1 个时钟周期处理 5 个操作减少到处理 4 个操作。而对于超越运算，1 个流处理器将 3 个 ALU 绑定在一起，在 1 个时钟周期内处理 1 个超越运算，这代表了理论性能的大幅降低，因为一个流处理器每个时钟周期只能处理 1 个超越运算+1 个整数/浮点数操作，而不是之前架构的 1 个超越运算+4 个整数/浮点数操作（或任何其他变化）。但是这种改变带来了效率优势，流处理器设计方面最大的获益是，以前分配给全功能 ALU.trans 的大部分空间现在可以用来构建更多的 SIMD 单元。

图 10-30　VLIW4 架构没有 SFU，需要用 3 个 ALU 绑定在一起完成单时钟周期超越运算

VLIW5 架构的 Cypress 架构（RV870 架构）有 20 个 SIMD，而 VLIW4 架构的 Cayman 架构有 24 个。平均而言，Cayman 的流处理器比 Cypress 稍大，可以承担 ALU.trans 的工作负载，Cayman 的着色器块每平方毫米比 Cypress 高效 10%。SIMD 的效率还体现在每个时钟周期可以完成的 FP64 操作数。对于高性能计算工作 FP64 操作尤为重要，现在 Cayman 可以以每个时钟周期 FP32 操作速率的 1/4 来完成 FP64 FMA / MUL 操作。

从最终效果上讲，每个流处理器的速度并没有提高，但是通过这种布局变化，相同的晶体管资源下有更多能运行有效指令的流处理器，如表 10-2 所示，VLIW4 架构流处理器单元指令执行方式更加自由，而不是被更宽的 VLIW5 浪费（比如使用 VLIW 的 NOP 指令填充空指令槽，硬凑出符合 SIMD 单元的长指令，这就是一种典型的硬件计算单元资源浪费）。同时，每个流处理器内部的计算单元从 5 个减少到 4 个，但寄存器文件没有变化，因此每个流处理器的寄存器压力降低，资源得到增加。甚至调度也更容易，因为要调度的 ALU 数量更少，并且它们都是相同的，调度器不再需要考虑 w/x/y/z 单元和 t 单元（ALU.trans）之间的差异。

表 10-2　VLIW5 架构流处理器单元指令与 VLIW4 架构流处理器单元指令执行方式对比

执行方式	对　比
VLIW5 架构流处理器单元指令	4 个 32 位 FP MAD
	2 个 64 位 FP MUL 或 ADD
	1 个 64 位 FP MAD
	4 个 24 位 INT MUL 或 ADD
	1 个超越运算加 1 个 32 位 FP MAD
VLIW4 架构流处理器单元指令	4 个 32 位 FP MAD/MUL/ADD
	2 个 64 位 FP ADD
	1 个 64 位 FP MAD/FMA/MUL
	4 个 24 位 INT MAD/MUL/ADD
	4 个 32 位 INT ADD/Bitwise
	1 个 32 位 MAD/MUL
	1 个 64 位 ADD
	1 个超越运算加 1 个 32 位 FP MAD

10.2.2　GCN 架构

跟随微软 DirectX 11 的步伐，NVIDIA 和 AMD 分别发布了 Fermi 架构和 GCN 架构，后者上市时间稍晚。GCN 架构下的 HD7970 是 AMD 于 2011 年推出的一款旗舰级显卡。它基于 28 nm 制程工艺，搭载了适用于桌面计算机的 GPU。GCN 架构为高度并行计算任务而设计，通过增加流处理器单元数量和改进指令集架构，提供了更好的并行计算性能。

如图 10-31 所示，相对于 AMD 之前的产品，GCN 架构有两点重要迭代，主要集中在流处理器结构的改善和存储体系建立方面。我们将其作为经典算力芯片的原因是，AMD 在有限的研发资源支持下，从图形计算迅速转向设计一颗更适合 GPU 通用计算的芯片架构，GCN 架构显示了 AMD 在算力芯片道路上迈出的重要一步。

1. 首次提出 Compute Unit

如图 10-32 所示，GCN 架构的首代产品 HD7970 拥有 2048 个向量计算单元，达到 3.79 TFLOPS 的理论浮点峰值算力。其流处理器集群撤销了来自 VLIW 超长字节指令的限定，所有 ALU 全部以 SIMD 的形式完成吞吐，不再需要打包和解包的过程。AMD 也将其命名方式从 VLIW SIMD 变成了 Compute Unit（以下简称 CU），名称的改变标志着功能及用途的变迁，也表示内部结构的方向性变化（从纯图形计算到图形和通用并行计算兼顾）。HD7970 拥有 32 个 CU，CU 内部包含 4 组 SIMD 核心，每组 SIMD 核心由 16 个标准向量 ALU 构成，所以 HD7970 的一个 CU 拥有 64 个向量 ALU，32 个 CU 合计拥有 2048 个向量 ALU。

图 10-31　GCN 架构时代 AMD 发布的 4 代产品核心特点

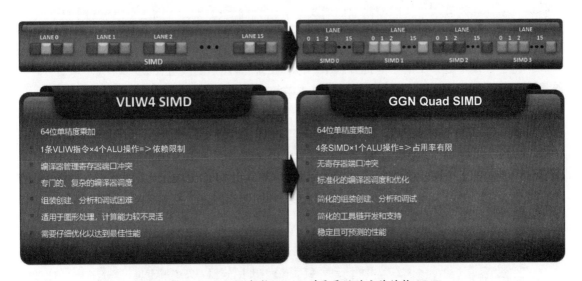

图 10-32　从 VLIW4 架构 SIMD 到更灵活的方阵结构 SIMD

除了负责浮点数吞吐的 SIMD 核心，HD7970 的每个 CU 还拥有一个标量单元，标量单元中包含 INT ALU 单元，可以用来处理整数指令及特殊函数。对线程效率至关重要的原子操作也在该单元中执行。GCN 架构的每个 CU 还绑定了由分支和调度器构成的二级线程控制机制，以及一个完整的纹理阵列，纹理阵列的作用与传统 AMD 构架中的纹理单元基本相同，包含了完整的纹理取样加载/存储单元以及纹理过滤单元。

一个 AMD 的 CU 或者一个 NVIDIA 的 SM 就是一个独立的处理单元，能够面对一个标准的指令集群或者线程束，也就是 AMD 的 wavefront 及 NVIDIA 的 warp。GCN 架构的 CU 能够在一个时钟周期内处理一个 64 线程的 wavefront；在 Fermi 架构及之后的 NVIDIA 的很多代产品都是由 32 个线程组成一个 warp。wavefront 和 warp 在编程模型中是同等级的，都可被理解为 SIMT 模型的线程束，前者在 OpenCL 环境中，后者在 CUDA 环境中。

GCN 架构与之前的产品架构相比，在微架构的底层已经有了显著差异。GCN 架构的向量计算单元内部结构由 4 个 SIMD 单元和 1 个 ALU 操作组成，内部的 16 个流处理器可以采用多种组合模式，类似于一个可以根据不同指令进行分类和分发执行的方阵结构，从而大大增强了计算的灵活性。整个 CU 的最大吞吐量可以通过计算每个 CU 拥有的 SIMD 单元数乘以每个单元的 SIMD 通道数来得到，即每个时钟周期可以执行 64 个 FP32 操作。与 FP32 相比，CU 还可以执行 2 倍的 FP16 操作，相比而言，NVIDIA 在 2015 年发布的 Tegra X1 产品中引入了对 FP16 的支持，而在非移动端的产品中，推迟到 2016 年的 Pascal 架构发布才引入 FP16。

GCN 架构的基础还是 SIMD 体系，这是因为其中每组 SIMD 每个时钟周期执行的依然是 64 个 FMAD 向量计算，但是 4 组 SIMD 阵列同步运行使得每个 CU 每个时钟周期可以执行 4 个线程，CU 具备 MIMD 体系的特点。

2. GCN 架构存储体系

相比于在图形处理中的性能提升，GCN 架构的存储体系的改进在处理通用计算任务时具有重要意义，其存储体系主要分为几部分，如图 10-33 所示。

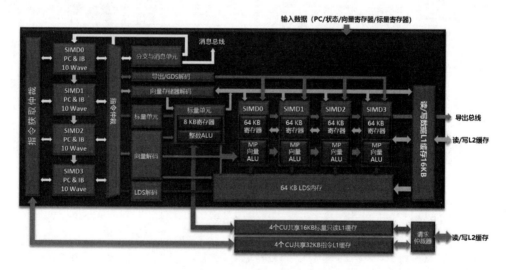

图 10-33　GCN 架构计算单元和存储体系

- 全局内存（Global Memory）：GCN 架构中的全局内存是 DRAM 显存中的一部分，图 10-33 中未画出，它是大容量和较慢的存储器级别。全局内存用于存储 CU 之间共

享的数据，可以被所有计算核心访问。全局内存的访问速度相对较慢，因此对于提高
性能，需要通过合理的数据访问模式和数据局部性进行优化。

- 私有内存（Private Memory）：GCN 架构中的私有内存是每个计算核心独立拥有的存储器，图 10-33 中未画出，用于存储私有变量和寄存器数据。它和 NVIDIA 的 CUDA 环境中的局部内存性质一样。

- 全局数据共享（Global Data Share，GDS）：AMD GCN 设备使用 64 KB 的全局数据共享内存，其中可以划分出 16 KB 作为 L1 数据缓存。该内存可供每个 CU 上的一个内核的 wavefront 使用。在每个内存访问周期，GDS 为所有处理单元提供 128 B。GDS 被配置为具有 32 个板块，每个板块有 512 个条目，每个条目为 4 B。它允许任何处理单元对任何位置的内存进行完全访问。GDS 包含 32 个整数原子单元，用于实现快速无序的原子操作。这种内存可用作软件缓存，用于存储计算内核、规约操作或小型全局共享表面的重要控制数据。

- 本地数据共享（Local Data Share，LDS）：每个 CU 都具有一个 64 KB 的本地数据共享内存，用于实现工作组内的工作项之间或者线程束内的工作项之间的低延迟通信，但是应用开发人员只能在内核程序中为每个工作组分配最多 32 KB 的局部内存空间，需要为每个 CU 准备至少两个可同时调度的工作组才有可能完全利用 LDS。

在图 10-34 中，向量操作译码和 LDS 指令译码把来自程序的指令转化为可以被 SIMD 单元执行的操作。SIMD 0/1 和 SIMD 2/3 表示 LDS 中的 SIMD 单元。每个 SIMD 单元支持每个时钟周期 16 条通道，可以在一个时钟周期内并行处理 16 个数据。LDS 的输入缓冲和请求选择部分用于确定哪些数据请求应该在当前时钟周期被处理。输入地址交叉开关负责根据请求分配数据到正确的存储器单元或者内存。内存板块是 LDS 的物理存储器部分，总共有 64 KB。多个独立的内存板块能够并行处理多个数据请求。读数据交叉开关和写数据交叉开关用于控制数据从内存板块到 SIMD 单元的流动或从 SIMD 单元到内存板块的写入。整数原子单元是处理整数原子操作的单元，例如加法和比较。预操作/向量操作返回数据和读/写 L1 缓存返回数据部分用于控制数据在 LDS 与 L1 缓存之间的流动。当多个请求试图访问相同的内存地址时，需要检测这种冲突并决定请求的执行顺序，这由冲突检测和调度部分负责。

在 GCN 架构中，LDS 访问速度比 L1 缓存快很多，LDS 具有 L1 缓存双倍的峰值带宽、更低的延迟，以及对原子操作的高性能支持。LDS 中包含 32 个整数原子单元，用于实现快速无序的原子操作。多个工作项可以同时对 LDS 中的数据进行原子操作，而无须互斥或同步，从而提供了高性能的原子操作支持。LDS 能够用作可预测的数据重用的软件缓存。在工作组内的工作项之间，LDS 可以存储需要共享和重用的中间结果，避免重复计算或从较慢的内存读取数据。通过合理地安排数据在 LDS 中的存储和访问，可以减少对外部内存的依赖，提高访问数据的效率和性能。LDS 在工作组中的工作项之间提供了数据交换的机制。工作项可以

将数据写入 LDS，然后其他工作项可以从 LDS 中读取这些数据，从而实现工作项之间的协作和数据共享。LDS 还可以作为一种缓冲协作方式，实现对片下存储的有效访问。在代码优化过程中，通过将部分数据存储在 LDS 中，可以减少对片下存储的读/写次数，提高访问效率和性能。在线程模型调用方面，GDS 与 LDS 类似，但是 GDS 被所有计算单元共享，因此它可以作为所有线程束之间的显式全局同步点。GDS 中的原子单元稍微复杂一些，可以处理有序计数操作。

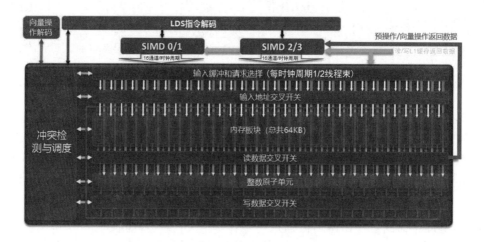

图 10-34　LDS 在流水线中的位置

在 CUDA 核心 L1 缓存和 L2 缓存方面，如图 10-35 所示，完整 GCN 架构 HD5870 产品的 CU 还拥有共享的 L1 指令缓存和内核缓存，每 4 个 CU 共享 16 KB 的 L1 指令缓存和 32 KB 的内核缓存。每个 CU 含有 16 KB 大小的 L1 数据缓存。L1 数据缓存的峰值带宽为 CU 个数×（4 个线程/时钟周期）×（16 B/线程）×引擎时钟周期。

图 10-35　GCN 架构缓存

GCN 架构拥有沟通上级缓冲与显存的 L2 缓存，L2 缓存与内存控制器一一对应，HD5870 产品共拥有 6 组合计 768 KB 的 L2 缓存，容量和 Fermi 架构的完全一样。但是 GCN 架构的 L2 缓存是分块的，而 NVIDIA 的 L2 缓存是整体的。L2 缓存的结构面向所有 CU 开放，ALU

可以用它缓冲数据，TMU 也可以用它充当纹理缓存。GCN 构架的多级缓存体系属于包含式结构，L2 缓存保存了全部的 L1 缓存数据且能够允许 L1 缓存数据进行回写。这种分布式 L2 缓存是 GPU 中一致性的中心点，它可以作为一组 CU 共享的只读 L1 指令缓存和标量缓存，以及每个 CU 的 L1 缓存的后备缓冲区。L2 缓存在物理上被划分为与每个内存通道耦合的切片，并通过交叉开关结构从 CU 流向缓存和内存分区进行访问。

L1D 缓存的容量为 16 KB，采用 4 路组相联、64 B 行和 LRU 替换策略。它可以与 L2 缓存和其他缓存保持一致性，并采用非常宽松的一致性模型。从概念上讲，L1D 缓存在工作组内保持一致性，并通过 L2 缓存实现最终的全局一致性。L1D 缓存采用写回、写分配的设计方案，并带有"脏字节"掩码。当一个 wavefront 指令中的 64 个存储操作全部完成时，缓存行将被写回 L2 缓存。同时，所有带有脏数据的行也会被保留在 L1D 缓存中，而部分干净的行则会被逐出 L1D 缓存。此外，还有特殊的一致性加载指令，从 L2 缓存中获取数据，以确保使用最新的值。一旦地址生成单元计算出一个合并的地址，请求会进入 L1D 缓存的标签进行匹配。如果命中，缓存将读取出一个完整的 64 B 行。对于完全合并的请求，这相当于 16 个数据或者一个 wavefront 的 1/4，尽管较差的局部性可能需要额外的时钟周期。对于计算工作负载，缓存行将被写入 vGPR 或者 LDS。

与 L1D 缓存一样，L2 缓存是虚拟寻址的，不需要 TLB。L2 缓存是 16 路关联的，具有 64 B 的缓存行和 LRU 替换策略。它采用写回和写分配设计，因此吸收了 L1D 缓存的所有写失效。每个 L2 缓存切片大小为 64～128 KB，可以将 64 B 的缓存行发送到 L1 缓存。一致性的 L2 缓存的重要优势之一是，在不同线程束之间执行全局原子操作和进行同步的地方非常自然。虽然 LDS 可以用于线程束内的原子操作，但是在某些情况下，来自不同线程束的结果需要进行合并。这正是 L2 缓存发挥作用的地方。每个 L2 缓存切片每个时钟周期可以执行多达 16 个对缓存行的原子操作。虽然物理上几片 L2 缓存是隔离的，但是 AMD 还是为其设计了松散的一致性协议。L1D 缓存在工作组内部维护严格的一致性。在线程束结束或调用屏障时，数据被写入 L2 缓存并在整个 GPU 上实现全局一致性，这种一致性对于开发者很友好，完全不必考虑 L2 缓存分块的问题。

同样重要的是，缓存层次结构被设计用于与 x86 微处理器集成。GCN 虚拟内存系统支持 4 KB 页，这是 x86 地址空间的自然映射粒度，为将来的共享地址空间铺平了道路。用于 DMA 传输的 IOMMU 已经可以将请求转换为 x86 地址空间，以帮助数据传输到 GPU，并且这种功能将随着时间的推移而增加。GCN 中的缓存使用 64 B 的缓存行，与 x86 处理器中的大小相同。这为异构系统通过传统的缓存系统在 GPU 和 CPU 之间透明地共享数据奠定了基础，无须程序员显式控制，AMD 在初代 APU 时期提出的 CPU+GPU 异构计算逐步被落实在产品中。

3. GCN 5.0 架构 Vega 芯片

AMD 在 2016 年发布了基于 GCN 5.0 的 Vega 64/56 芯片，使用较低的成本对 GPU 架构进行了迭代。Vega 首度引入了对 FP16 的支持，Vega 的微架构被称为 "NCU"（下一代计算引擎单元），每个 NCU 中拥有 64 个 ALU，它可以灵活地执行紧缩数学操作指令，如每个时钟周期可以进行 512 个 8 位数学计算，或者 256 个 16 位数学计算，或者 128 个 32 位数学计算。灵活的数据精度大幅提升了 Vega 在深度学习计算上的性能，很明显，AMD 看到了通用计算卡的庞大市场，开始产品布局。

从计算的角度来看，AMD Vega 芯片的标志性功能是 Rapid Packed Math（RPM），如图 10-36 所示。该功能将两个 FP16 操作打包在一个 FP32 操作中，增加了在单个时钟周期内执行的低精度操作数。RPM 功能允许在单个 FP32 单元中同时执行两个 FP16 操作。也就是说，对于支持的 FP16 操作，其吞吐量是 FP32 操作的 2 倍。这种方法是通过将两个 FP16 操作打包在一个 FP32 操作中实现的，从而在一次时钟周期内执行两个操作，减少了所需的寄存器空间。RPM 对于某些应用来说可以显著提升性能，尤其是在高精度不是绝对必要的场景中，例如对于某些图形渲染和深度学习任务。

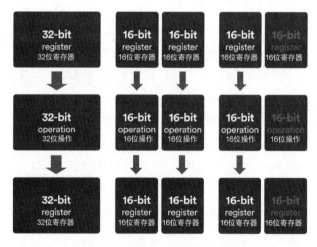

图 10-36　RPM 寄存器消耗示意

AMD 之前在 GCN 3 和 GCN 4 中支持 FP16 数据类型以节省存储器/寄存器空间，但当时 FP16 操作本身的处理速度与 FP32 操作的相同，到了 Vega 芯片，其终于获得了加速。比如，在某些 3D 场景下，RPM 技术使每秒渲染的头发丝数量翻倍。这就是通过精度切换完成的，其中 Vega 芯片能够借助 FP16 来降低精度并提高计算速度。

在游戏方面，虽然 FP16 操作可以在游戏中使用（FP16 在移动端 GPU 设备中相对常见），但在 PC 领域几乎从未使用过。当 PC GPU 在 2006—2007 年转向统一着色器时，决定使用 FP32

操作，因为这是顶点着色器通常所需的精度。在通用计算领域，深度学习对于 FP16 操作的强烈需求是一个典型的例子，对于 Vega 芯片的未来，AMD 几乎寄望于 FP16 操作的广泛应用，但是可惜在 Vega 芯片推出后的相当长一段时间内，大部分基准测试和实际图形需求都只能调用其 FP32 操作能力。

在计算卡领域，AMD 于 2016 年年底发布了 Radeon Instinct 产品线（对标 NVIDIA 应用于通用计算领域的 Tesla 产品线）。Radeon Instinct 是一个综合性解决方案，它基于全新的硬件加速器，并结合了 ROCm 开源软件平台（ROCm 和 CUDA 的定位与布局类似），该平台支持 x86、ARM、Power 等不同架构的处理器，并兼容 CUDA 应用程序。此外，Radeon Instinct 还配备了经过优化的机器学习和深度学习框架及应用程序。

Radeon Instinct 系列加速器的首批产品包括了 3 款型号。其中顶级型号是基于 Vega 核心的 MI25，它采用了全新的高带宽缓存和控制器，配备高达 16 GB 的 HBM2 显存，带宽为 484 GB/s。MI25 能够提供 12.5 TFLOPS 的 FP32 算力和 25 TFLOPS 的 FP16 算力，而峰值功耗低于 300 W。它被视为与竞争对手 NVIDIA Tesla GP100 直接竞争的产品。

10.2.3　RDNA 架构

与 Intel 专注做 CPU 及 NVIDIA 专注做 GPU 不同，AMD 需要两线作战，并且 GPU 芯片的设计也不能完全和竞争对手硬碰硬地堆资源，而是要有自己的特色。在 CPU 领域，AMD 在相当长一段时间内使用 Bulldozer 推土机、Piledriver 打桩机、Steamroller 压路机和 Excavator 挖掘机这一系列架构，直到 2017 年 Zen 架构出现，以及 Intel 开始陷入工艺增长和架构迭代缓慢的泥潭，竞争情况才明显改观。

在 GPU 领域，AMD 开始让 GPU 设计团队参考自家 CPU 的某些设计路线，比如全新的架构改进、激进的新工艺尝试及小核心加 Chiplet 的思路。2019 年发布的 RDNA 架构花费了 AMD 研发团队长达 4 年的时间，在芯片规模、流处理器设计、存储体系、工艺等诸多方面进行了迭代。我们在本书中描述的 RDNA 架构主要包括初代 RDNA 架构的思路以及 RDNA 3 架构的最新设计动向。

发布 RDNA 产品的 2019 年，CPU 和 GPU 进入了 7 nm 节点，RDNA 架构采用中国台湾台积电的 7 nm 制程工艺，相比 14 nm 制程工艺，晶体管密度翻倍，同性能下功耗降低 50%，同功耗下性能提升 25%。代号 Navi 的 RDNA 初代 GPU 产品的核心面积大降，只有 251 mm^2，包含晶体管 103 亿个，而上代旗舰 14 nm Vega 核心的面积是 495 mm^2，包含晶体管 125 亿个，AMD 几乎使用一半的芯片面积达到了超越上代的性能，并且还减少了晶体管数量，走上了小核心设计路线。

1. 计算单元重构

RDNA 架构新的计算单元设计一共分为 40 组 CU，每组 2 个标量处理器、64 个流处理器、

4 个 64 位双线性过滤单元，共计 2560 个流处理器、80 个标量单元和 160 个 64 位双线性过滤单元。执行延迟更低，单线程性能更强，缓存效率更高，整体计算能效比 GCN 架构有了大幅提升，而且可适应从游戏到计算的各种负载。多级缓存一致性可以带来更低的延迟、更高的带宽、更低的功耗，包括几处 L0 缓存、512 KB L1 缓存、4 MB L2 缓存。

如图 10-37 所示，在计算单元部分，一个 CU 包含 64 组 SIMD 阵列，仅看 SIMD 阵列规模，其和上一代 GCN 架构类似，但是一个 CU 中集成了上一代 2 倍的标量单元，2 倍的调度单元，以及单循环发射、双模执行单元，同时实现了资源合并管理，两个 CU 可被当作一个工作组处理器。RDNA 架构支持 wave32，一个线程束包含 32 个线程，和 NVIDIA 的线程束并行度相同，它比旧的 wave64 设计更简单和有效，面对分支时候的效率更高，单线程拥有的调度和缓存资源更充足。同时，它也保留了 wave64 的能力，以面对更大规模、更高计算并行度但更少分支的任务。

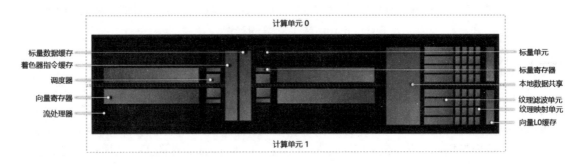

图 10-37　两个 CU 构成一个工作组处理器

图 10-38 分别是 GCN 架构的 CU 和 RDNA 架构的 CU：与 GCN 架构相比，CU 虽然都含 64 个流处理器单元，但具体结构不一样，GCN 架构中包含 4 组 SIMD16 阵列、4 组 SIMD4 固定阵列，RDNA 架构中包含 2 组 SIMD32 阵列、2 组 SIMD8 阵列，使得 RDNA 架构每个 SIMD 单元的大小翻倍，且支持 wave32、wave64 双模执行（通过指令双发射实现）。在指令调度方面，RDNA 架构的每个 CU 的标量译码和发射单元、向量译码和发射单元、调度器的数量都加了倍，达到两个。64 个线程可组成两个 wave32 线程束，然后由两个 SIMD32 单元执行这两个 wave32 线程束，实现对一个线程束由一个时钟周期指令发射（之前每个线程束需要 4 个时钟周期来发射）。

RDNA 架构取代了 GCN 中的基本着色器单元，引入了 WGP（工作组处理器，Work Group Processor）的概念，每个 WGP 由两个 CU 组成，并且它们共享本地数据。完整的 RDNA 架构首发产品 Navi 芯片有 20 个 WGP，对应于 40 个 CU。相比之下，GCN 架构中的 CU 是独立工作的。在 RDNA 架构中，一个 SIMD 包含 32 个着色器或 ALU，是 GCN 架构的 2 倍。

所以，RDNA 架构的一个 CU 中的流处理器总数仍然是 64 个，但它们分布在两个更宽的 SIMD 上，而不是 4 个。

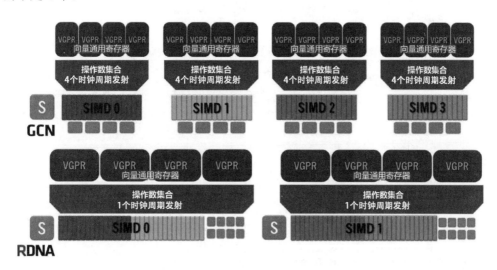

图 10-38　GCN 架构的 CU 和 RDNA 架构的 CU

按照 AMD 的官方文档介绍，RDNA 架构在使用更高效的 wave32 线程束时，新的 SIMD 提高了 IPC，并将延迟降低到原来的 1/4。以前，GCN 架构的交错向量处理方式需要在 4 个时钟周期的向量指令周围安排其他指令。更大的 RDNA 双计算单元（也就是刚才提到的 WGP）也简化了编译器设计，并通过每个时钟周期调度和发出独立指令来实现更高效的代码。

为适应较窄的线程束，向量寄存器文件进行了重新组织。每个向量通用寄存器（vGPR）包含 32 个 32 位宽的通道，一个 SIMD 包含总共 1024 个 vGPR，是 GCN 架构中寄存器数量的 4 倍。这些寄存器通常保存 FP32 数据，但也可有效地处理混合精度数据。对于较大的 FP64 数据，相邻寄存器组合起来可保存完整的线程束数据。更重要的是，CU 的向量寄存器原生支持打包数据，包括 2 个 FP16 数据、4 个 INT8 数据或 8 个 INT4 数据。

如图 10-39 中所示，SIMD16 可以处理 16 个数据通道的向量操作。Cycle 表示指令的周期。从图中可以看到，在一个周期内，一个 SIMD 单元处理一个特定范围的通道，例如 0～15、16～31 等。而在 8 个周期内，所有的 SIMD 单元都会处理完整的 64 个通道。这种四周期的指令发射机制意味着在 4 个时钟周期内，GCN 可以发射一条指令到所有 64 个通道。下半部分 RDNA 上的单周期指令发射只显示了标量算术逻辑单元（SALU）和 SIMD32。SIMD32 处理 32 个数据通道的向量操作。与 GCN 的 SIMD16 不同，RDNA 的 SIMD32 可以在一个周期内处理 2 倍的通道，也就是说，RDNA 可以在一个时钟周期内发射一条指令到所有 32 个通道上，相较于 GCN 更为高效。

在GCN上的四周期指令发射

	标量算术逻辑单元	SIMD16	SIMD16	SIMD16	SIMD16						
周期	0	1	2	3	4	5	6	7			
标量ALU	SIMD0	SIMD1	SIMD2	SIMD3	SIMD0	SIMD1	SIMD2	SIMD3			
SIMD0	0~15	16~31	32~47	48~63	0~15	16~31	32~47	48~63			
SIMD1		0~15	16~31	32~47	48~63	0~15	16~31	32~47	48~63		
SIMD2			0~15	16~31	32~47	48~63	0~15	16~31	32~47	48~63	
SIMD3				0~15	16~31	32~47	48~63	0~15	16~31	32~47	48~63

在RDNA上的单周期指令发射

图 10-39　GCN 和 RDNA 两种不同的指令发射机制

单指令线程发射在 GCN 架构和 RDNA 架构中的差异如下。

- GCN 架构：每个线程束被分配给一个 SIMD16，每个 SIMD16 最多可以有 10 个线程束；每个 SIMD16 每 4 个周期发出一条指令；向量指令的吞吐量是每 4 个周期发出一条指令。

- RDNA 架构：每个线程束被分配给一个 SIMD32，每个 SIMD32 最多可以有 20 个线程束；每个 SIMD32 每个周期发出一条指令；向量指令的吞吐量是每个周期发出一条指令（对于 wave32）；存在 5 个周期的延迟（硬件中的自动依赖检查），如果存在依赖停顿，则可以由其他线程束填充这些停顿周期，这部分延迟可以被隐藏。

这种新的 SIMD 单元布局方式允许在一个时钟周期内执行一个完整的线程束，它减少了瓶颈，并将 IPC 提高 4 倍。通过以 4 倍的速度完成线程束，寄存器和缓存的释放速度更快了，从而允许整体调度更多指令。wave32 线程束使用的寄存器数量是 wave64 线程束的一半，这也降低了电路复杂度，减少了成本。按照 AMD 的理论性能估算，RDNA 架构 SIMD 单元对比 GCN 架构在 wave32 模式下将线程束执行延迟降低到原来的 1/2，在 wave64 模式下降低了 44%。

如图 10-40 所示的这种 SIMD 单元的设计优势还有一个案例，当系统只有一个活跃的 64 线程单线程束时，RDNA 架构可以比 GCN 架构更好地保持忙碌状态，提升资源利用率。图 10-40 中的保持 SIMD 单元繁忙（而不要陷入停顿）是所有处理器的设计目标，GCN 架构为了达到 100%的 ALU 利用率，两个 CU 需要 512 个（2×4×64）线程。RDNA 架构为了达到 100%的 ALU 利用率，WGP 只需要 128 个（4×32）线程即可。

保持SIMD繁忙：GCN对比RDNA

■ 示例：小批量派送，仅64个线程

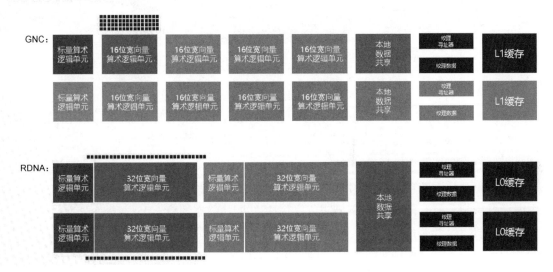

图 10-40　RDNA 架构可以比 GCN 架构提升资源利用率

2. 存储体系改进

在存储体系方面，因为双 CU 中的 4 个 SIMD 每个时钟周期可以持续执行 256 FLOPS 计算，为了跟上这一级别的性能并充分利用计算资源，双 CU 的内存层次结构也进行了改进。为了高效地提供数据，RDNA 架构引入了 L3 缓存，即双 CU 内的 L0 缓存、数组内的共享 L1 缓存和全局共享的 L2 缓存。此外，显式寻址的本地数据共享（LDS）是整体地址空间的一部分，简化了编程过程。

内存层次结构从 SIMD 开始，如图 10-41 所示。每个 SIMD 中的缓存和内存流水线已经重新设计，以每个时钟周期维持一个完整的 wave32，这相比之前一代提高了 2 倍的吞吐量。每个 SIMD 都有一个 32 位宽的请求总线，可以将一个线程束中的工作项的地址传输给内存层次结构；对于存储操作，请求总线将提供 32×4 B 的写入数据。请求的数据通过一个 32 位宽的返回总线传输回来，可以直接提供给 ALU 或 vGPR。请求和返回总线通常与 128 B 的缓存行配合工作，并与显式寻址的 LDS、缓存内存和纹理单元相连接。为了提高效率，成对的 SIMD 共享一个请求和返回总线。一个单独的 SIMD 实际上可以每个时钟周期接收两个 128 B 的缓存行，一个来自 LDS，另一个来自 L0 缓存。

图 10-41　双 CU 的计算单元和存储单元

LDS 是一种低延迟、高带宽的显式寻址内存，用于在工作组内进行同步及应用于与纹理相关的某些图形功能。每个 CU 可以访问双倍的 LDS 容量和带宽。新的 LDS 由两个 64 KB 的数组构成，每个数组有 32 个板块。与之前的一代相似，每个板块包含 512 个 32 位宽条目，并且可以每个时钟周期执行读/写操作。

RDNA 架构有两种 LDS 操作模式，计算单元（CU）模式和工作组处理器（WGP）模式，由编译器控制。前者旨在与 GCN 架构的行为相匹配，静态地将 LDS 容量均分给两对 SIMD。通过与 GCN 架构的容量匹配，这种模式确保现有的着色器能够高效运行。工作组处理器模式允许为单个工作组分配更大的 LDS，以提高性能。

RDNA 架构从头开始重新构建了缓存层次结构，以降低延迟，提高带宽和效率。新的缓存层次结构始于与 LDS 使用相同的 SIMD 请求和响应总线；由于总线针对 32 位宽的数据流进行了优化，其吞吐量是 GCN 架构的 2 倍。每个双 CU 包含两个总线，每个总线将一对 SIMD 连接到一个 L0 向量缓存和纹理过滤逻辑，提供的聚合带宽比上一代提高了 4 倍。

GDS 是一个全局共享的显式寻址内存，类似于 LDS，可以同步所有线程束和固定功能硬件。GDS 还包含用于全局原子操作的 ALU。每个双 CU 中的导出单元可以将最多 4 个 vGPR 发送给基元单元、RB（渲染后端）或 GDS。

RDNA 架构引入了一个新的图形 L1 缓存，被称为共享图形 L1 缓存，如图 10-42 所示。4 组新的 16 路 128 KB 共享图形 L1 缓存，降低了 L2 缓存（16 路 4 MB）的拥堵。共享图形 L1 缓存在一组双 CU 之间共享，可以满足许多数据请求，减少了在芯片上传输的数据量，从而提升了性能和降低了功耗。共享图形 L1 缓存改善了可扩展性，并简化了 L2 缓存的设计。

共享图形 L1 缓存是一个只读缓存，由全局共享的图形 L2 缓存支持；对共享图形 L1 缓存中的任何一行进行写操作将使该行失效，并在 L2 缓存或内存中进行命中。有一种显式的旁路控制模式，使着色器可以避免将数据放入共享图形 L1 缓存中。与 L0 向量缓存类似，每行的大小为 128 B，与双 CU 的典型请求保持一致。每个 L1 缓存为 128 KB，具有 4 个板块，并且是 16 路组相联的。L1 缓存控制器将在传入的内存请求之间进行仲裁，并选择每个时钟周期服务 4 个请求。在共享图形 L1 缓存中缺失的内存访问会被路由到 L2 缓存中。

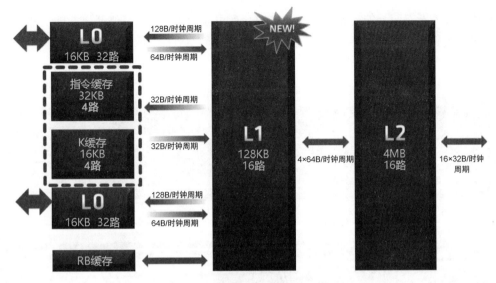

图 10-42　RDNA 架构存储体系

如图 10-43 所示，RDNA 的缓存层次结构的一个显著优势是，所有对 L2 缓存的内存请求都通过共享图形 L1 缓存进行路由。每个着色器阵列包含 10～20 个不同的代理程序来请求数据，但从 L2 缓存的角度来看，只有共享图形 L1 缓存在请求数据。通过减少可能的请求者数量，芯片上的数据总线变得更简单，更容易进行路由。

图形 L2 缓存在整个芯片上是共享的，并且在物理上分为多个片段。每个 64 位内存控制器关联着 4 个 L2 缓存片段以吸收和减少流量。该缓存是 16 路组相联的，并且通过增加 128 B 缓存行来匹配典型的 wave32 内存请求。这些片段是灵活的，可以根据特定的产品配置为 64～512 KB 不等的大小。在 RX 5700 XT 中，每个片段为 256 KB，总容量为 4 MB。

由 AMD 的文档显示，相当于上一代的 GCN 架构末期产品 Vega 芯片，RDNA 架构的首代产品 RX 5700 XT 的 I$（指令缓存）和 K$（数据缓存）容量加倍，平衡了对 2 倍数量标量资源的需求。128 B 的缓存行的带宽更高，可通过较少的内存请求填充芯片。相对于 Vega 架构，额外的 512 KB 缓存（L1 缓存）延迟更低。在内存方面，RDNA 架构的内存控制器和接口被设计为充分利用 GDDR6，GDDR6 是当时最快的主流图形内存。每个内存控制器驱动两个 32 位 GDDR6 DRAM，具有 16 GB/s 的接口速率，在大致相同的功耗预算下将可用带宽提高了 2 倍，超过了前一代 GDDR5，并且使用 GDDR6 之后，带宽接近上一代顶级卡 RX Vega 64 使用昂贵的 HBM2 所带来的 484 GB/s，使用更高性价比的方案获得了 448 GB/s，也就是达到了 HBM2 显存 92% 的性能。我们之前提到过，小芯片路线的 RDNA 架构相较上一代显卡在面积和功耗效率上有明显的提升，各种改进综合后可获得 1.5 倍的单位耗电性能，以及 2.3 倍的单位芯片面积性能。

存储层次

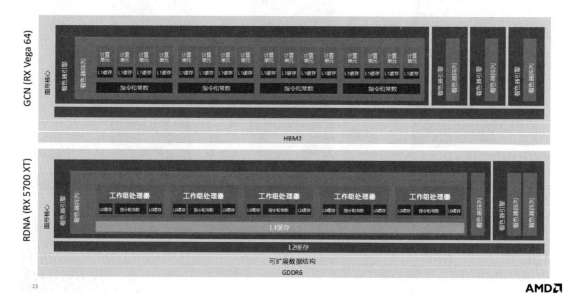

图 10-43　RDNA 架构存储体系与 GCN 架构的差异

在计算卡领域，AMD 发布了 Instinct MI100 产品，其关闭了 RDNA 架构的图形相关单元，加入 Infinity Fabric x16 高速互连通道（和 NVLink 相似），峰值带宽为 276 GB/s（相当于 PCIe 4.0×16 的大约 4 倍）。在规模方面，从 RDNA 架构首代产品 RX 5700 XT 的 40 个 CU 和 2560 个流处理器增加到 120 个 CU 和 7680 个流处理器，按照计算卡的带宽需求再次搭配 32 GB HBM2，带宽高达 1.23 TB/s，同时支持 PCIe 4.0。在计算性能方面，FMA64/FP64 的算力为 11.5 TFLOPS，FMA32/FP32 的算力为 23.1 TFLOPS。Instinct MI100 加入了矩阵专用计算单元，其 FP32 矩阵算力为 46.1 TFLOPS，FP16 矩阵算力为 184.6 TFLOPS，BF16 的算力为 92.3 TFLOPS。AMD 将这种改进命名为 CDNA 架构，在名称上区别于图形领域的 RDNA 架构。

相对于 AMD 上一代计算卡 Instinct MI50 采用 Vega 20 核心（GCN 架构后期产品），60 个 CU，3840 个流处理器，32 GB HBM2 显存带宽 1 TB/s，Infinity Fabric 总线带宽 92 GB/s，功耗 300 W。这次在多卡扩展方面，Instinct MI100 的 Infinity Fabric 带宽提升了 2 倍，在计算能力方面，FP64、FP32 的算力均提升了 74%，FP32 矩阵算力提升接近 2.5 倍，低计算精度的 AI 负载性能提升接近 7 倍。

3. RDNA 2 架构与无限缓存

2020 年 10 月底，AMD 发布了 RDNA 2 架构的 Radeon RX 6000 系列显卡。AMD 在 RDNA 2 上基本维持了之前的 CU 结构，但是在电源和功耗方面做出了重大改进。在 CU 端，AMD 保留了之前的双 CU 架构，也就是一个双 CU 包含两个 CU，每组 CU 可以分别执行两个 SIMD 32 指令。虽然在计算端 RDNA 2 的 CU 在设计上和 RDNA 基本相同，但是 AMD 还是为 RDNA 2 架构的 CU 加入了大量电源管理方面的内容，以尽可能地提升 GPU 的性能功耗比。AMD 加入了更多细粒度的门控时钟设计，能够更加精确地控制 CU 的电压和频率，并且 AMD 重新设计了 CU 内的数据路径，能够最大限度地降低数据存取移动所带来的能源消耗。

在同样 40 个 CU 和 2560 个流处理器单元的规格下，RDNA 2 架构的首款产品 Radeon RX 6700 XT 比上一代 5700 XT 的性能强了很多，最高加速频率达到了 2581 MHz，上一代则是 1950 MHz。RDNA 2 架构的桌面级旗舰产品是 6900 XT，拥有 40 个 WGP、80 个 CU 和 5120 个流处理器，以及 512 GB/s 显存带宽，其加速频率为 2015 MHz，也超越了上一代。

计算单元的稍加改进不是重点，这一代 RDNA 2 的核心改进在于存储体系，AMD 引入了一个无限缓存，在传统 L2 缓存和显存接口之间增加了一级缓存，类似于处理器的"大 L3 缓存"，其最大容量为 128 MB，带来了翻倍的带宽提升和降低了 10% 的功耗及 34% 的延迟。加入这一级缓存后，RDNA 2 拥有了 L0、L1、L2 及无限缓存 4 个缓存存储层次。无限缓存被分为 4 个区块，每个区块为 32 MB，这个数量和 4 个渲染引擎、4 个显存控制器是相互对应的。在无限缓存连接方面，AMD 使用 Infinity Fabric 总线连接缓存和 RDNA 2 的引擎，这个总线的峰值带宽是 256 位 GDDR6 显存的 3.25 倍（1664 GB/s）。

受服务器处理器 EPYC 的存储体系启发，无限缓存实际上是一个大规模的 128 MB L3 缓存，经过了针对游戏工作负载的大幅优化。它比 EPYC 处理器中的 L3 SRAM 密度高出 4 倍，以提高功耗效率。给 GPU 配备如此大容量和高速的缓存，使得它能够将任何给定帧中所需的大多数工作数据保存在芯片内部。这样一来，在许多情况下，GPU 就不需要将信号发送给板载的 16 GB GDDR6 内存，缓存中保存了大量的时间和空间数据，这些数据可以在后续帧中重复使用。与传统思路仅增加内存模块的总线宽度相比，无限缓存更快速且节能。

AMD 的产品技术架构师 Sam Naffziger 在媒体 "*PC* World" 采访中表示，尽管 Radeon RX 6000 系列显卡采用了相对保守的 256 位总线，但无限缓存技术帮助 RDNA 2 架构实现了比传统配备庞大的 512 位总线的 GDDR6 显存每瓦更高的带宽。无限缓存还有助于实现 RDNA 2 架构的极高时钟速度。如果 AMD 尝试在 RDNA 2 上采用原始的 RDNA 内存子系统，就需要大规模增加内存配置以避免 GPU 因带宽不足而饥饿（CU 运行低效），这将需要升级到庞大的 512 位总线以及配置更多、更快的显存，而所有这些都会导致功耗飙升，与 RDNA 2 的设计目标不符。

当 AMD 的工程师在实验室中禁用无限缓存,并恢复到使用 256 位总线的 16 GB GDDR6 内存的标准缓存设计时,GPU 的时钟频率会大幅下降。无限缓存帮助 Radeon RX 6800 的平均延迟比老一代的 Radeon RX 5700 XT 降低了 34%。当某个场景完全"命中"无限缓存时,延迟会进一步降低。无限缓存所用的芯片面积是相当可观的,按照 6T-SRAM 结构估计,无限缓存的大小为 128 MB 时,至少包含 60 亿个晶体管,这对 AMD 来说是一个重大的架构权衡。

4. 可大规模部署的 CDNA 2 架构

RDNA 2 架构对应的计算卡产品是 CDNA 2 架构的 Instinct MI200 系列产品,它包括多个图形计算芯片(Graphics Compute Dic,GCD),每个 GCD 都基于 AMD CDNA 2 架构。这些 GCD 通过 AMD 的 Infinity Fabric 技术相联,形成一个共享内存系统,以实现更强的计算能力和更大的数据吞吐量。MI200 系列产品是多芯片、支持 128 GB HBM2e 显存的计算卡 GPU 产品,也是首款 FLOPS 级别 GPU。其中最高端的 Instinct MI250X 支持 FP64 高性能计算相关应用程序,并为 AI 工作负载提供了 380 TFLOPS FP16 峰值算力。

图 10-44 是两个 GCD 封装在一起构成的 AMD Instinct MI250/MI250X 多芯片产品。AMD CDNA 2 架构中的一个关键创新是利用 Infinity Fabric 将芯片内部结构扩展到封装中,使得每个 GCD 都在一个共享内存系统中作为 GPU 出现。以这种方式将两个 GCD 连接在一起,资源翻倍,形成了一个更大的计算基块。GPU 里的两个 GCD 拥有 100 GB/s 的双向带宽。

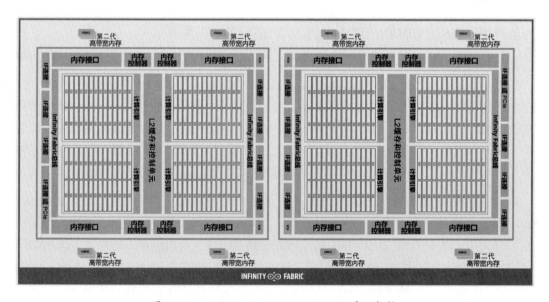

图 10-44   AMD Instinct MI250/MI250X 产品架构

CDNA 2 架构具有多种不同的实现方式：用于特定 HPE/Cray 超级计算机平台，使用 Infinity Fabric 和 EPYC 处理器整合，被称作 Open Accelerator Module 模式，类似于 NVIDIA 的 SXM 接口的高密板卡布局，以及传统 PCIe 接口双槽厚度板卡。每个 GCD 包括一个命令处理器，从主机 CPU 获取 API 级别的命令，并将其转化为可以在 CDNA 2 架构的不同部分执行的任务。

在第一代的 CDNA 架构中，最基本的创新之一是，在 CU 中引入了矩阵计算核心技术，以增加在机器学习中使用的数据类型的计算吞吐量。AMD CDNA 2 架构中的矩阵计算核心技术在此基础上进行了增强，支持更广泛的数据类型和应用程序，特别是 FP64 数据的科学计算。CU 阵列被划分为 4 个着色器引擎，执行交给命令处理器生成的计算核心。最终结果是，Instinct MI200 系列加速器可以提供高达理论峰值 47.9 TFLOPS 的双精度吞吐量。

和图形类应用程序努力优化 CU 的各种存储体系设计不同，CU 以外的共享内存层次结构对于提供大规模并行计算类应用程序所需的带宽至关重要，这些应用程序用于处理驻留在内存中的大规模数据集。CDNA 2 架构同时提升了内存层次结构的多个不同维度，逐代提高带宽和容量，同时增强了同步能力。在如图 10-45 所示的旗舰 HPC 拓扑的优化系统实现中，它提供了一种基于 Infinity Fabric 构建的独特的一致性内存模型。

在图 10-45 中，线条代表 AMD Infinity Fabric 链路。内部链路可以创建两个双向环。最外围的 Infinity Fabric 链路提供了一致性的 GCD-CPU 连接。标注了 PCIe 的线条是带有 ESM（Extended Speed Mode，扩展速度模式）的 PCIe 4.0 接口。与 CPU 提供的 PCIe 接口不同，这个下游接口可直连到 GPU。这种能力对于超级计算节点扩展很重要，它依赖于 CPU 和 GPU 在系统中是平等角色。通过在 CPU 和 GPU 之间引入完全一致性，这两个设备将作为计算的对等体。这个下游 I/O 链路使它们能够同时连接高速网络，并在通信环境中充当完全对等的角色。

每个 GCD 包含一个 L2 缓存，在物理上隔离，每个内存控制器一个分区，并由单个 GCD 上的所有资源共享。CDNA 2 系列采用 16 路组相联设计，具有 32 个切片，总容量为 8 MB。为了跟上 CU 的计算能力，每个 L2 缓存切片的带宽已增加到每个时钟周期 128 B，MI250 的 L2 缓存峰值带宽可达到 6.96 TB/s，比上一代提高了 2 倍以上。这一代产品增强了分布式 L2 缓存的排队和仲裁，以提高 I/O 密集型应用的带宽效率。

L2 缓存不仅提高了吞吐量，还显著提升了同步能力。许多算法，如构建直方图和计算其他统计数据，依赖于原子操作来协调整个 GPU 甚至 GPU 集群的通信。其中一些原子操作自然地在 L2 缓存中的内存附近执行。AMD CDNA 2 架构提升了 L2 缓存中 FP64 原子操作的吞吐量，包括加法、最小值和最大值计算。

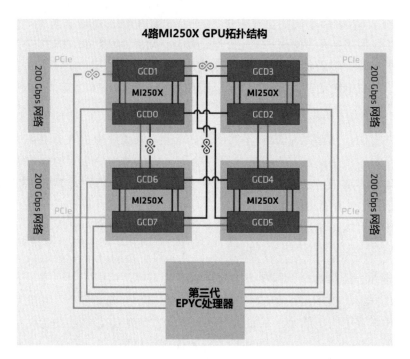

图 10-45　AMD CDNA 2 架构 4 路 GPU-8GCD 模块拓扑结构

　　CDNA 2 架构的 GPU 产品的内存容量从上一代的 32 GB 增加到每个 GCD 64 GB，因此多芯片 MI200 系列加速器（MI250、MI250X）可以访问多达 128 GB 的数据（双 GCD 结构），比上一代 CDNA 1 架构的 Instinct 产品总内存容量提高了 4 倍，并且与 10 年前整个服务器的主内存相当。HBM2e 内存接口的聚合带宽为 3.2 TB/s，是上一代理论内存带宽峰值的 2.7 倍（双 GCD 结构）。较为低端的 Instinct MI210 加速器提供了高达 64 GB 的高带宽 HBM2e 内存，时钟频率为 1.6 GHz，并提供了 1.6 TB/s 的内存带宽。为了跟上片外带宽的提高，各个内存控制器与 L2 缓存切片之间的连接宽度增加到 64 B。CDNA 2 架构还扩展了 GPU 内存寻址能力，物理寻址内存容量达到 4 PB，虚拟内存支持容量达到 57 位（128 PB），这种改进对于 4 块 MI250X 加 1 块 AMD EPYC CPU 结构下的内存一致性至关重要。Infinity Fabric 支持 GPU 维护一个目录，跟踪与 CPU 共享的内存部分，以避免额外的性能开销。

　　Instinct MI200 由于设计密度高，单节点存储容量大，获得了部分行业客户认可，为 AMD 赢得了一定比例的高端计算卡市场占有率。Microsoft Azure 是首个采用 AMD Instinct MI200 加速器的公共云。首批应用 Instinct MI200 系列计算卡的超级计算机有 3 台，分别是美国的 Frontier、欧盟的 pre-Exascale LUMI 及澳大利亚的 Setonix。按照 2023 年上半年的 "61 期全球超算 TOP500" 榜单，Frontier 继续保持榜首地位。在高性能 Linpack（HPL）基准里，其运算性能达到 1.194 EFLOPS，是当时唯一一台百亿亿级超算。Frontier 基于 HPE Cray EX235a

架构，采用 AMD EPYC 处理器，拥有 8699904 个 CPU 内核。AMD 的四大技术资源：EPYC 处理器、Instinct 加速器、Infinity Fabric 技术及面向异构计算的开放式软件生态系统 ROCm，在 Frontier 搭建中都起到了关键作用。

5. RDNA 3 架构

2022 年年底发布的 AMD RX 7900 XT/XTX 显卡使用了 RDNA 3 架构，借鉴了锐龙处理器 Chiplet 的设计理念，采用了全新的 MCM 设计。在 CPU 领域，对于 Zen 2 及其后续的 CPU，AMD 使用了一个输入/输出芯片（IOD），该芯片可连接到系统内存，通过 AMD 的 Infinity Fabric 与一个或多个核心计算芯片（Core Complex Die，CCD）连接，CCD 包含 CPU 核心、缓存和其他元素。这种模式可以帮助 CPU 扩展出更多 CU，因此 AMD 的 CPU 并行度轻松高于 Intel 的同期产品。

代号为 Navi 31 的 GPU 产品 RX 7900 XTX 的显卡拥有 6 个 MCD 和 1 个 GCD。这种封装模式让芯片生产更加便利，由于单颗芯片面积更小，因此晶圆片良率更高，总体成本更低。一颗 GCD 芯片的核心是 CU，包括流处理器计算单元、VGPR 媒体单元、AI 加速器和 RT 光追加速器等。GCD 采用的是先进的 5 nm 制程工艺，面积约为 306 mm^2。

其中 6 颗 MCD 芯片是内存缓存芯片，它们是无限缓存和显存控制器所在的地方，采用的是相对成熟的 6 nm 制程工艺。单个 MCD 的面积为 37 mm^2，包含 16 MB 无限缓存和一个 64 位 GDDR6 显存控制器。6 个 MCD 的总面积为 220 mm^2，包含 384 位 GDDR6 显存控制器和 96 MB 无限缓存。MCD 还需要包含 Infinity Fabric 连接，以连接到 GCD，在 MCD 的中心边缘处可以看到此连接。

GCD 采用 TSMC 的 N5 工艺节点，在一个 300 mm^2 的芯片上集成了 457 亿个晶体管。MCD 则使用 TSMC 的 N6 工艺节点，在一个仅有 37 mm^2 大小的芯片上集成了 20.5 亿个晶体管。缓存和外部接口是现代处理器中扩展性最差的元素，GCD 的晶体管密度平均为每平方毫米 152.3 万个，而 MCD 的晶体管密度平均仅为每平方毫米 55.4 万个。

在基础 CU 方面，如图 10-46 所示，RDNA 3 采用了全新的流处理器设计方案，每组 CU 中包含 64 个 FP32 单元和 64 个 INT32 单元。每个 FP32 单元与 INT32 单元都可以根据需求进行整数或者浮点计算。这就是流处理器部分的双发射设计，双发射设计可以在很大程度上提升浮点峰值算力，双发射可以让空闲的 INT32 单元也去运行 FP32 操作。如果遇到重度浮点计算场景，所有的 FP32/INT32 单元都可以进行浮点计算，一组 CU 相当于拥有 128 个流处理器，拥有 96 组 CU 的 RX 7900 XTX 理论上最多可以等效于 12488 个流处理器，浮点算力为 61 TFLOPS，远超上一代 RDNA 2 产品 RX 6950 XT 的浮点峰值算力 23 TFLOPS。

提升后的CU对

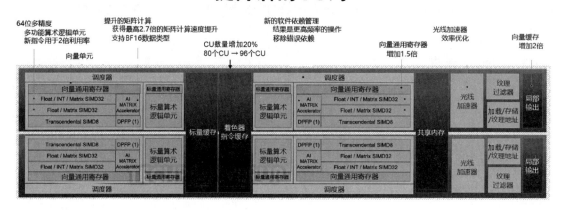

图 10-46　RDNA 3 CU 对

　　大部分 GPU 流处理器都是单发射结构的，在一个时钟周期内，每一个流处理器只能取出一条指令，并执行该指令的译码；但是在 RNDA 3 架构中，每一个流处理器都是双发射流处理器，这意味着，在理想的状态下，每一个流处理器都可以在一个时钟周期内取出两条指令并译码。虽然在硬件层面 RX 7900 XTX 还是拥有 48 个 WGP，也就是 96 个 CU，每个 CU 依旧有 64 个流处理器（与之前的 RDNA 2、RDNA 乃至 GCN 架构中一个 CU 所容纳的流处理器数量一致），但是浮点峰值算力因为这一改进而得以翻倍。用户可以通过两种方式看待这一改变：按照最终单时钟周期的计算效果，认为每个 CU 现在有 128 个流处理器（SP 或称之为 GPU 着色器），总共得到 12288 个着色器 ALU；或者依然将其视为 64 个双发射流处理器，总共得到 6144 个着色器 ALU，与上一代 RDNA 2 CU 相比，同样规模和频率下的 FP32 浮点算力翻倍。

　　RDNA 3 对缓存及缓存与系统其他部分之间的接口都进行了升级。L0 缓存现在是 32 KB，L1 缓存是 256 KB（同样是 RDNA 2 的 2 倍），而 L2 缓存增加到了 6 MB。主处理单元与 L1 缓存之间的连接宽度增加了 1.5 倍，每个时钟周期的吞吐量为 6144 B。L1 缓存与 L2 缓存之间的连接也增加了 1.5 倍（每个时钟周期的吞比量为 3072 B）。

　　图 10-47 展示了 RDNA 3 架构的数据流和组件的互相交互，其中内存映射输入/输出访问允许 CPU 直接与 GPU 硬件通信。命令处理器用于解析和执行从主机应用程序或计算驱动程序发过来的命令的组件。超线程分发处理器是一个先进的调度处理器，负责将命令分发给下游的处理单元，如 WGP 和 CU。DMAs 和内存控制器组件负责处理与设备内存的通信和数据传输。

　　L3 缓存也被称为无限缓存。L3 缓存与 L2 缓存之间的连接宽度增加了 2.25 倍（每个时钟周期的吞比量为 2304 B），因此总吞吐量更高了。AMD 给出了 5.3 TB/s 的数字——2304 B 数据/时钟周期以 2.3 GHz 的速度传输。RDNA 2 架构的 RX 6950 XT 只有与其无限缓存匹配的 1024 数据/时钟周期（最大值），所以 RDNA 3 提供了高达 2.7 倍的峰值接口带宽。

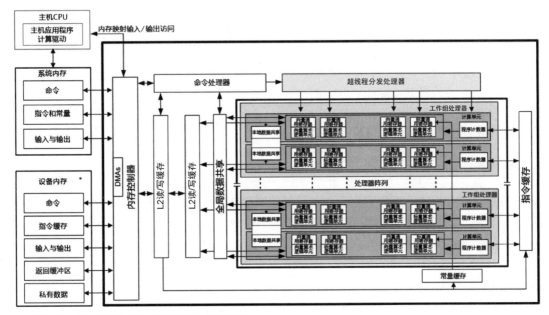

图 10-47　RDNA 3 架构的数据流和组件

显存方面最多有 6 个 64 位 GDDR6 显存控制器，形成了一个 384 位的显存控制器与 GDDR6 内存的连接。

对于这一代 RDNA 计算卡产品，AMD 更在乎矩阵计算，每个 CU 内有两个 AI 加速器，并加入了新的 AI 指令，以提升 AI 吞吐量。官方披露，其矩阵综合性能相比上一代提升了 2.7 倍以上，AI 矩阵加速器可与很多着色器进行资源共享。AI 矩阵加速器中新增了对 BF16 数据类型的支持及 INT4 WMMA Dot4 指令，该指令可能意味着类似于 DLSS 和 XeSS 所使用的 AI 机器学习技术在 AMD 显卡中也能实现。

RDNA 3 架构对应的计算卡产品是 CDNA 3 架构的 Instinct MI300A 和 Instinct MI300X。Instinct MI300A 是 AMD 针对 AI 生成功能及高性能计算而设计的 APU（Accelerated Processing Unit，加速处理单元），架构采用 24 核 Zen 4 和 AMD CDNA 3 加速架构，封装了 9 个小芯片，还有 128 GB 的 HBM3 内存，提供了 24 个 Zen 4 内核及 228 个 CU。Instinct MI300X 是 AMD 专门针对生成式 AI 设计的加速器产品，与 896 GB/s 的 Infinity Fabric 相联，内置了高达 192 GB 的 HBM3 内存，内存带宽可达 5.2 TB/s，总计提供了 304 个 CU，通过连接 8 张 Instinct Platform

可在 AMD Instinct Platform 上拥有 1.5 TB 的内存容量，MI300X 没有集成 CPU 单元。更大的 GPU 内存是 AMD MI300 系列主要的设计特点，主要针对 AI 领域大模型的应用场景。

AMD 也同时公布了 AMD Instinct Platform。AMD Instinct Platform 由 8 张 Instinct MI300X 组成，具有高达 1.5 TB 的内存，同时强调其设计遵循产业标准"开放运算计划"（Open Compute Project，OCP）。据媒体报道，AMD Instinct Platform 的设计与 NVIDIA NVLINK 的相近。其中，MI300A 的设计模式让 CPU 和 GPU 位于同一个硅中介层上，这类似于 NVIDIA Grace Hopper 是 CPU 和 GPU 的组合，这种模式使 AMD 避免了其 CPU 和 GPU 之间通过 PCB 的 PCIe 连接，统一寻址技术让 AMD 的 CPU 部分不需要外部 DDR5 内存。

10.3 Intel Xe GPU 架构

10.3.1 x86 指令集 Larrabee GPGPU

Intel 在 CPU 领域一直拥有专利和市场的垄断优势，但是其也在不停地尝试着进军 GPU 领域，并且不甘心只生产低端的集成显卡。如图 10-48 所示，1998 年 Intel 发布了和 Real3D 合作设计的产品 i740 图形芯片。当时，独立显卡市场刚起步，i740 显卡使用 2X AGP 插槽规格，核心频率为 80 MHz，采用容量为 8 MB、频率为 100 MHz 的 SGRAM 显存，像素填充率为 55 MPixel/s（每秒兆像素），三角形生成速度为 500 KTriangle/s（每秒千三角形），支持 DVD 解压。这些古老的参数在今天显得索然无味，但是当时却完成了基本的 3D 效果渲染。很多厂商生产了采用 i740 芯片的显卡，价格也相对便宜，Intel 积累了一定的市场口碑。在 1999 年针对 Pentium 3 和赛扬处理器的芯片组中，Intel 在内部集成 i752 图形加速引擎，这实际上就是 i740 图形加速芯片的后续版本。但是随着 NVIDIA 和 ATI 在 GPU 市场中的激烈竞争和快速迭代，Intel 停止了独立显卡业务，而专注于 CPU。

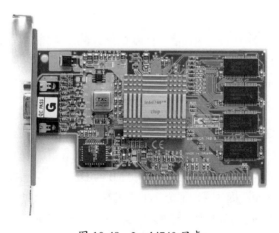

图 10-48　Intel i740 显卡

但是芯片巨人的规划远不止于此，在 2007 年的 IDF 大会上"Tera-scale"成为 Intel 公司最主要的研发课题之一，Tera-Scale 计算概念的核心就是多核心架构，其特点是：每秒万亿次的算力、每秒万亿位的内存带宽，以及每秒万亿位的 I/O 传输通道。在同年的 ISSCC（国际固态电子电路会议）上，Intel 展示了 80 核 Tera-Scale 研究芯片。

在之后的一段时间里，Intel 使用 CPU 经典原理和最新技术改良了传统 GPU，使其集成了数目可观的 x86 核心，形成了 Larrabee 芯片概念。Larrabee 芯片隶属于 Tera-Scale 项目，是一块融入诸多先进技术的 GPU。对于图形工业而言，Larrabee 是一款具有革命意义的产品，它与常规意义上的 GPU 在理念上存在差异，即 Larrabee 将通用计算性能放在优先位置。

Intel 发布了论文"Larrabee: A Many-Core x86 Architecture for Visual Computing"来描述 Larrabee 芯片设计，该芯片采用了很多个 x86 核心，并通过高度可编程的向量单元来实现并行处理。论文中详细介绍了 Larrabee 架构的设计原理和关键特性，包括可扩展的多核设计、内存体系结构、任务调度和数据并行性等方面。该论文还强调了 Larrabee 架构的灵活性和可编程性，使其能够适应不断变化的可视化计算需求。Larrabee 不是一款 GPU 芯片，而是 x86 架构的众核（many-core）CPU 芯片，该芯片设计的核心是强调其具有 TFLOPS 级别算力，以及高度平行与可程序化的 IA 核心。Larrabee 是一种可编程的多核心架构，不同的版本会有不同数量的核心，并使用经过调整的 x86 指令集，性能上能达到万亿次浮点计算级别。Intel 认为，Larrabee 的并行处理器模式是未来图形处理的发展趋势之一，将简化每个单元的开发，而且可以根据需要来添加和删除模块，这会使得高中低档产品之间的性能差异更加明显，Larrabee 基于 x86 的体系架构，因此在其上编程等都会非常方便，加上 Intel 高效率的 x86 编译器，这种众核芯片的兼容性和效率都备受期待。总体上看，Larrabee 采用了多个顺序执行的 x86 CPU 核心，辅以一个宽向量处理器单元和一些固定功能的逻辑块。顺序执行核心相比于针对高度并行工作负载的乱序 CPU，精简了 CPU 的乱序执行前端设计。Larrabee 架构和 Core 2 处理器的对比如表 10-3 所示。

表 10-3　Larrabee 架构和 Core 2 处理器的对比

对比项	Core 2 处理器	假设的 Larrabee 架构
CPU 核心	2 个乱序执行核心	10 个顺序执行核心
每次发射指令数	每个时钟周期 4 条指令	每个时钟周期 2 条指令
每个核心 VPU 通道数	4 通道 SSE	16 通道
L2 缓存大小	4 MB	4 MB
单流吞吐量	每个时钟周期 4 指令	每个时钟周期 2 指令
向量吞吐量	每个时钟周期 8 条指令	每个时钟周期 160 条指令

Core 2 处理器具有两个处理核心，每个核心在每个时钟周期内可以执行 4 条 SSE 指令，因此 Core 2 每个时钟周期总计可以进行 8 次操作。而 10 个核心的 Larrabee 每个时钟周期可

以执行 160 次操作，相当于 Core 2 吞吐量的 20 倍。需要注意的是，这些差异是在相同核心面积和相同功耗水平的基础上实现的。Atom 和 Larrabee 都支持 SMT（超线程）技术。Larrabee 能够同时并发执行 4 个线程，而 Atom 仅能并发执行 2 个线程，最初的 Pentium 处理器只能处理一个线程。

在 CU 设计方面，Larrabee 借鉴有序 Pentium 处理器的设计，支持 64 位指令集、多线程技术，内建宽幅 VPU（向量处理单元）。Larrabee 的每个核心都可以快速与相应的 256 KB 容量 L2 缓存的本地子集相连，也就是说整体芯片有一个巨大的 L2 缓存，但被切分为多个 256 KB 的块给每个 Larrabee 内核使用。L1 高速缓存包括 32 KB 指令缓存和 32 KB 数据缓存。Larrabee 内部的每个核心都可以通过 L2 高速缓存组成环形网络。核心的标量单元及向量单元都采用了分离式寄存器组，在标量单元及向量单元中相互转移的数据首先会被写入内存，然后从 L1 高速缓存中读取数据。

如图 10-49 所示，对于图形渲染和高并行度的计算，向量单元的设计是关键。Larrabee 的计算密度来自 16 位宽向量处理单元（Vector Processing Unit，VPU），这些 VPU 可以执行整数计算、FP32/FP64 指令集。VPU 及 VPU 的寄存器虽然约占 CPU 核心面积的三分之一，但是却提供了大部分整数计算和浮点计算性能。向量单元可以将单一线程的应用程序拆分为 16 个操作，并且寄存器可以贯穿所有 16 个执行单元交换信息。向量单元采用的也是 SIMD 架构，类似于 CPU 的 SSE 指令，即在每个时钟周期内，每个向量处理核心可以同时执行相同的指令，但对不同的数据进行计算。这种设计使得在处理相同操作的多个数据元素时能够实现高度的并行性。

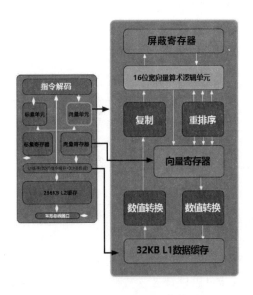

图 10-49   Larrabee 架构

在 Larrabee 的 VPU 中，针对 SIMD 指令的分支处理方式具有一定的特点。它通过使用屏蔽寄存器（Mask Register）来确定每个向量通道（Vector Channel）的指令执行情况，为处理 SIMD 指令中的分支提供了灵活的方式，既可以降低分支预测错误的影响，又可以提供更多的编程自由度。这种设计在提高计算性能的同时，也为程序编写者提供了更多的优化和控制选项。

在芯片内部，所有的子核心都通过一个双向的环形总线连接，每个方向提供 512 位宽。双环设计在偶数时钟内，每个组件都可以从一个方向接收一条信息；在奇数时钟内，从另一个方向接收另一条信息。

Larrabee 架构对应的计算卡产品是至强系列 XeonPhi 加速器，这也是该芯片架构的商业产品形态，它以 PCIe 接口模式为 CPU 提供协处理器支持。Larrabee 架构的第二代代号是 Knights Corner，采用了 22 nm 制程工艺，最多拥有 61 个核心，浮点算力为 1 TFLOPS；第三代代号是 Knights Landing，采用了 14 nm 制程工艺，最多拥有 72 个核心，浮点算力超过 3 TFLOPS。Intel 一直认为 x86 架构对开发人员来说更有吸引力，但 Xeon Phi 加速器从未在市场上取得商业上的成功，出货量非常有限。2016 年后，NVIDIA GPU 实际上已经占据了算力芯片领域相当大的市场份额。2018 年，Intel 正式终止了 Larrabee 及其后续规划，这证实了未来通用计算卡将以 Xe 架构的 GPU 设计取代过去的 Larrabee 架构的 x68 众核 CPU 设计。

10.3.2　Xe-core 高端核心与 EU 低端核心

Xe-core 拥有类似于 NVIDIA 的 SM 单元设计，它包括了向量单元与张量处理器，Xe-core 的存储部分拥有 L0 和 L1 缓存单元，以及共享局部内存（Shared Local Memory，SLM）。Xe-core 的地位和之前架构中的执行单元（EU）是对等的，但是 EU 目前仅服务于 Xe-LP 低端产品，而 Xe-HPG 和 Xe-HPC 中使用的是 Xe-core。

如图 10-50 所示，Xe-core 包含 8 个向量单元和 8 个矩阵单元，还配备了一个大型的 512 KB L1 缓存/共享内存。每个向量引擎的宽度为 512 位，支持 16 个 FP32 SIMD 操作，并带有融合 FMA 计算单元。8 个向量单元在每个时钟周期内可以执行 512 个 FP16 操作、256 个 FP32 操作和 256 个 FP64 操作。每个矩阵引擎的宽度为 4096 位。8 个矩阵单元在每个时钟周期内可以执行 8192 个 INT8 操作和 4096 个 FP16/BF16 操作。单一 Xe-core 为内存系统提供了 1024 B 每个时钟周期的加载/存储带宽。

在每个 XVE 中，主要的 CU 都是 SIMD 浮点数单元（也称为算术逻辑单元，ALU）。尽管称为 ALU，但它们可以支持浮点数和整数指令，如 MAD 或 MUL，以及扩展数学（EM）指令，如 EXP、LOG 和 RCP。此外，ALU 还支持逻辑指令。

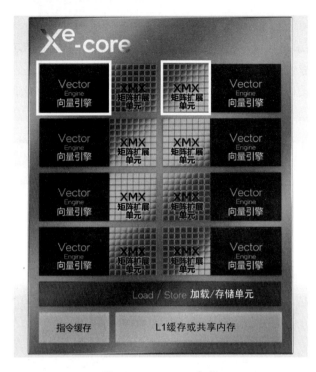

图 10-50　Xe-core 架构

图 10-51 体现出高低端产品（新架构的 Xe-core 和传统的 EU）的区别。在低端产品的 Xe-LP 架构中，每个 EU 可以同时发出一个 8 位宽的浮点数和一个 2 位宽的扩展数学指令，或发出一个整数 ALU 指令和一个 2 位宽的扩展数学指令。Xe-LP 还允许将发送（Send）和分支（Branch）与 ALU 操作同时发出。在高端产品的 Xe-HPG 架构中，Intel 对 ALU 进行了重新组织，每个 Xe-core 都支持浮点数、整数和扩展数学指令的同时发出。

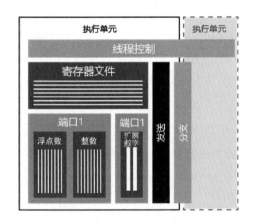 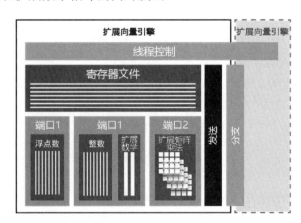

图 10-51　EU 单元和 XVE 单元的设计差异

Xe-HPG 对设计进行了改进，以改善延迟，并通过为每个 XVE 增加额外的线程和相应的寄存器文件来提高延迟容忍度。Xe-core 的一部分是指令缓存。Xe-HPG 增加了一种预取机制，以提高内核的性能，特别是在线程执行中指令获取占据很大比例且具有很高的时间和空间局部性的情况下。图 10-52 显示了 DP4A（Dot Product 4-Elements Accumulate）指令和 DPAS 指令的流程，DP4A 针对 Xe-LP 产品和 Xe-HPG 产品，DPAS 只针对 Xe-HPG 产品。DP4A 指令是一个特定于 GPU 的指令，用于执行向量之间的点积计算。该指令被用于深度学习和计算密集型任务中的低精度计算。DP4A 指令的操作数是两个 4D 向量，每个向量的元素都是 INT8。该指令将这两个向量的对应元素相乘，并将结果累加到一个 32 位的累加器中。换句话说，它执行 4 个元素的点积计算，并将结果累加到一个寄存器中。

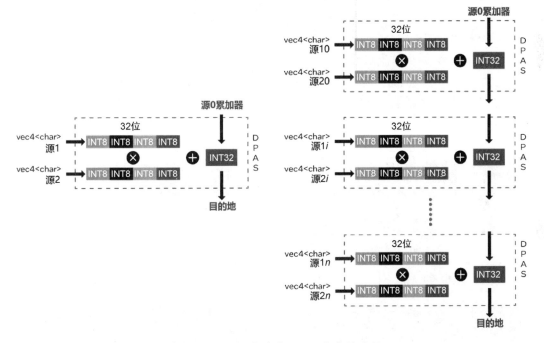

图 10-52　DP4A 指令和 DPAS 指令的流程

DP4A 指令在深度学习推理过程中非常有用，因为它可以以高效的方式执行低精度乘累加操作。这对于深度学习模型中的卷积和全连接层等操作非常重要。通过使用 DP4A 指令，GPU 可以以较低的计算成本执行这些操作，同时减少内存带宽的需求。需要注意的是，DP4A 指令是特定于 Intel Xe 架构的指令，在其他架构或硬件中没有相应的指令。

DPAS 指令也是 Intel Xe 架构中的指令，它代表点积脉动阵列（Dot Product Accumulate Systolic）。DPAS 指令用于执行向量操作，特别适用于深度学习等应用中的矩阵计算。DPAS 指令可以同时执行乘累加操作，它可以将两个向量进行点积计算，并将结果累加到累加器中。

这种操作非常高效，可以加速卷积和矩阵乘法等计算密集型任务。DPAS 指令支持多种数据格式，包括 FP16、BF16、INT8、INT4 和 INT2 等。

Xe 矩阵扩展（Xe Matrix eXtension，XMX），是一种新的阵列型 ALU 结构，XMX 的设计和 NVIDIA 的张量核心或者谷歌的 TPU 脉动阵列的设计非常类似，它可以实现 275 TFLOPS 的算力。Xe-HPG 产品支持多种精度格式，以提供一系列的转化方式，适用于推理工作负载，在较低的精度计算中提供更高的加速度。XMX 单元在 Xe-LP 产品的 EU 中是完全不存在的，这一点和 NVIDIA 的产品规划类似，低端的图形芯片产品不考虑张量计算场景。

Xe-LP 架构和 Xe-HPG 架构的存储体系如图 10-53 所示，为了满足 XMX 指令和光线追踪单元对高带宽的需求，Xe-HPG 在每个 Xe-core 中实现了一种新设计的 L1 缓存单元。L1 缓存单元处理所有未格式化的内存加载/存储访问及 SLM。根据着色器的需求，缓存存储可以在 L1 缓存和 SLM 之间动态分区，最大可提供 192 KB 的 L1 缓存或 128 KB 的 SLM。格式化数据的加载/存储由数据端口流水线处理，该流水线与纹理采样器单元共享一个独立的、64 KB 的只读缓存。除了提高机器学习、深度学习工作负载和光线追踪的性能，低延迟、高带宽的 L1 缓存还改善了对 SLM 频繁访问的着色器、动态索引的常量缓冲区和高寄存器溢出填充。

Xe-LP

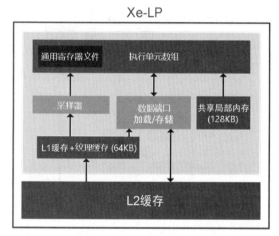

Xe-HPG

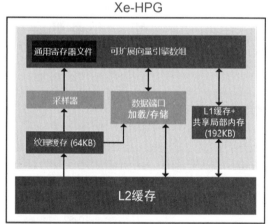

图 10-53   Xe-LP 架构和 Xe-HPG 架构的存储体系

接下来聚焦低端产品 Xe-LP 配备的 EU，EU 是 Xe-LP GPU 架构的最小线程级构建单元。Xe-LP 产品时代的 EU 来对 Intel 第 11 代酷睿处理器的 EU 的改进。当时的 EU 由一个线程控制单元和两组 4 位宽 SIMD 单元组成，其中一组负责浮点计算或者整数计算，另一组负责浮点计算或者特殊函数计算。第 11 代酷睿处理器 GPU 芯片的 GT2 型号最多可集成 64 个 EU（8 个子片，每个子片包含 8 个 EU），相对于第 9 代酷睿处理器的 24 个 EU（3 个子片，每个子片包含 8 个 EU），考虑到架构改进和频率提升，算力提高了 2.67 倍。

在第 11 代酷睿处理器的每个 EU 中，主要的 CU 是一对 SIMD ALU，虽然被称为 ALU，但它们支持浮点数和整数计算。这些单元最多可以执行 4 个 FP32（或 INT32）操作，或者 8 个 FP16 操作。实际上，每个 EU 每个时钟周期可以执行 16 个 FP32 计算［2 个 ALU × 4 位 SIMD × 2 个操作（加法+乘法）］和 32 个 FP16 计算［2 个 ALU × 8 位 SIMD × 2 个操作（加法+乘法）］。每个 EU 都是多线程的，以实现对长采样器或内存操作的延迟隐藏。与每个 EU 相关联的是一个 28 KB 的寄存器文件，每个寄存器都是 32 B。其中一个 ALU 支持 INT16 和 INT32 操作，而其他 ALU 提供了扩展数学能力，支持高吞吐量的超越函数。这些 SIMD 单元同时支持浮点数和整数计算，相当于每个时钟周期执行 16 个 FP32 操作或 32 个 FP16 操作。

Intel 从第 11 代酷睿处理器的每个 EU 开始，将 SLM 引入每个子片的 EU，以减少在同时访问 L3 缓存时由数据端口产生的竞争，SLM 更接近 EU 还有助于降低延迟和提高效率，而在上一代的产品中，SLM 是被包含在 L3 缓存中的，层级低、速度慢，仅满足图形或通用计算 API 最基本的要求。

第 9 代和第 11 代酷睿处理器 GPU 存储体系的差异如图 10-54 所示。SLM 和内存访问被分开，其中一个通过数据端口功能访问，而另一个直接从 EU 访问。在 NVIDIA 的 GPU 中，每个 SM 单元（线程块的硬件运行主体）都包含共享内存，其可以被线程块中的所有线程共享。SLM 的位置在子片中，共享内存的位置在 SM 中，其硬件位置、存储层级和作用都是非常类似的。

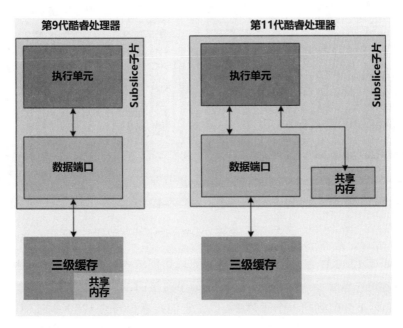

图 10-54　第 9 代和第 11 代酷睿处理器 GPU 存储体系的差异

在 Xe-LP 产品时代的 EU 中，每个 EU 同时支持 7 个线程的多线程技术（SMT）。其主要的 CU 由 8 位宽的 SIMD ALU 组成，支持 8 位宽 SIMD 浮点数和整数操作，以及 2 位宽的 SIMD ALU，支持 2 位宽的 SIMD 扩展数学运算。每个硬件线程具有 128 个 32 位宽的通用寄存器和架构相关寄存器，互不共享。在每个时钟周期内，7 个 EU 线程中最多能有 4 个被分别挑出一条指令，送给不同的后端单元。Intel 对 Xe-LP 时代的 SIMD 单元进行了重组，本质上 8 位宽 SIMD 相当于两个捆绑起来的 4 位宽 SIMD，用来执行 2 倍的 INT16、INT32 或浮点计算。至于特殊函数计算，则交给旁边新增的 2 位宽 SIMD 执行。特殊函数计算和整数计算或浮点计算可以并行被发射给 CU 执行。

Xe-LP 产品的 EU 支持各种数据类型，包括 FP16、INT16 和 INT8 等。如图 10-55 所示，每个 Xe-LP 双子片（DSS）由 16 个 EU 的 EU 阵列、指令缓存、本地线程分发器、SLM 和 128 B/时钟周期的数据端口组成。Xe-LP 之所以被称为双子片，是因为硬件可以将两个 EU 配对以执行 16 位宽 SIMD。改进后的 EU 将 INT16 提升到单位频率 32 OPS，并且支持 64 OPS 的 INT8 吞吐量，而 INT16 吞吐量加倍，并加入了对 INT8 的支持。

图 10-55　双子片设计

EU 的 SLM 有 128 KB 容量，EU 在子片中可以访问该内存。SLM 的重要用途是，在并发执行的工作项之间共享原子数据和信号。如果一个内核的工作组中包含同步操作，则所有工作组的工作项必须被分配到同一个子片中，以便它们共享相同的 128 KB SLM。开发人员要仔细选择工作组的大小，以最大限度地提高子片的占用率和利用率。在 SLM 的设计方面，新的

Xe-LP 产品 EU 维持了第 11 代酷睿处理器的 EU 存储体系。

L2 缓存是一个高度分组的多路组相联缓存。L2 缓存中的细粒度控制允许它选择性地缓存数据。每个缓存块可以在每个时钟周期内执行一个 64 B 的读或写操作。L2 缓存设计中的所有缓存块和子缓存块之间形成了一个连续的内存空间。32 个 Xe-core 的配置支持每个时钟周期最高 2048 B 的读或写操作。在典型的 3D 或计算工作负载中，部分访问是常见的，而且以批处理形式发生，因此对内存带宽的利用不充分。L2 缓存会将部分访问合并为单个 64 B 访问，也就是自动将多个较小的内存访问请求合并为一个更大的单次访问，以提高内存带宽的利用率。这个过程是自适应的，它并不总是发生，而是根据当前的内存访问模式和工作负载需求来决定的。

Intel 认为 Xe-HPG 图形架构是除了提高原始内存带宽，继续着力提高图形内存效率的技术。随着游戏追求更高质量的视觉效果，对内存带宽的需求显著增加。Xe-HPG 使用了一种新的统一、无损压缩算法，该算法适用于颜色、深度、模板、媒体和计算。数据可以以压缩和非压缩的形式存储在 L2 缓存中，从而在容量和带宽两方面获得益处。

10.3.3 子片和扩展结构

针对低端产品，每个 Xe-LP 片包含 6 个双子片，也就是 12 个子片，每个子片包含 16 个 EU，总共 96 个 EU，以及 16 MB 的 L2 缓存，每个时钟周期都会将 128 B 的带宽连接到 L2 缓存和将 128 B 的带宽连接到内存。

子片类似于 NVIDIA 的 GPC 模块，在 GPU 中构建较小的模块，处理各种计算、着色、纹理化操作，单一的子片拥有完整的 GPU 计算能力，从计算所需的调度单元到执行单元（向量单元、张量单元和特殊功能单元），再到图形所需的固定功能单元（光栅化和 Z 缓冲检测等）、光线追踪单元及缓存体系，在子片中都可以找到。针对中高端产品，一个 Xe-Slice 包含 16 个 Xe-core，每个 Xe-core 包含 8 个向量单元和 8 个矩阵单元，也就是 128 个向量单元和 128 个矩阵单元，总共 8 MB 的 L1 缓存、16 个光线追踪单元和 1 个硬件上下文。针对低端产品，每一个子片包含 8 个 EU，在 Xe-LP 产品中可以扩大每一个子片的数量，并减少 Xe 子片的数量。

这 16 个 Xe-core 还可以再进行一次重组扩增，被称为 Xe-Stack，如图 10-56 所示，其可被译为 Xe 堆栈。一个 Xe 堆栈最高可扩展到 4 个子片：也就是 4×16=64 个 Xe-core、64 个光线追踪单元、4 个硬件上下文、4 个 HBM2e 内存控制器、1 个媒体引擎和 8 个高速协同布线的 Xe 连接，它还包含一个共享的 L2 缓存。此时，芯片 CU 规模已经达到了 64 个 Xe-core×8 个 = 512 个向量单元和 512 个矩阵单元。

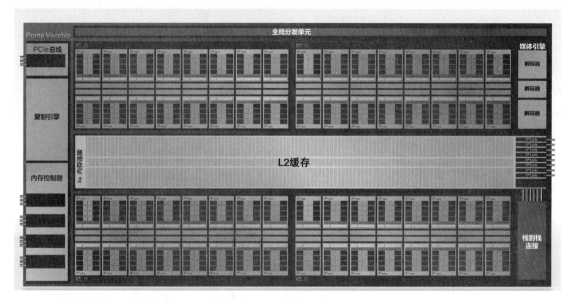

图 10-56　Xe-Stack 架构

10.3.4　超大芯片 Ponte Vecchio

针对 AI 和 HPC 领域，Intel 的野心并未止步于 Xe-Stack 规模，Intel 根据高性能计算的市场需求，设计了一款 Xe-HPC 双栈结构的数据中心 GPU，该产品的代号是 Ponte Vecchio，或简称 PVC。在逻辑结构方面，它最多由两个堆栈组成：8 个子片、128 个 Xe-core、128 个光线追踪单元、8 个硬件上下文、8 个 HBM2e 内存控制器和 16 个 Xe-Link，以及 1024 个向量单元和 1024 个矩阵单元，408 MB 容量 L2 缓存。代号为 Ponte Vecchio 的芯片是 Xe 架构的最大化终极形态。

如图 10-57 所示，Ponte Vecchio 拥有不同层次的存储体系，从最快但容量最小的寄存器到最慢但容量最大的 HBM 存储芯片都具备。

Ponte Vecchio 是面向高性能计算领域的加速器，它通过双 Xe-Stack 结构提供高性能和高扩展性，同时采用了先进的封装和互连技术。它在一个芯片上集成的晶体管数量突破了 1000亿个，使用 5 种不同的制造工艺，在制造工艺方面，它是一颗典型的 MCM/Chiplet 芯片。MCM指多芯片方案，Chiplet 指"小芯片"或"芯粒"。Ponte Vecchio 通过 Foveros、EMIB 等先进封装技术，集成了多达 63 个模块，其中 47 个是功能性的，包括 2 个 Xe 堆栈、8 个 Xe 子片、8 个缓存单元、2 个 Foveros 封装基础单元、8 个 HBM2E 内存控制器、2 个 Xe-Link、11 个EMIB 互连单元等。

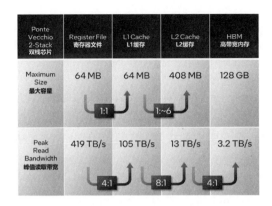

图 10-57　Ponte Vecchio 存储体系的最大容量和峰值读取带宽

Intel 在 ISSCC 2022 的演讲稿中展示了 Ponte Vecchio 的结构，如图 10-58 所示，它总共有 63 个模块，整体面积可达 77.5×62.5＝4844 mm^2，拥有 4468 个针脚，采用了特殊的空腔封装（Cavity Package），共有 4 个 186 mm^2 的空腔，共分为 24 层（11-2-11 的布局），还有 11 个 2.5D 互连通道。

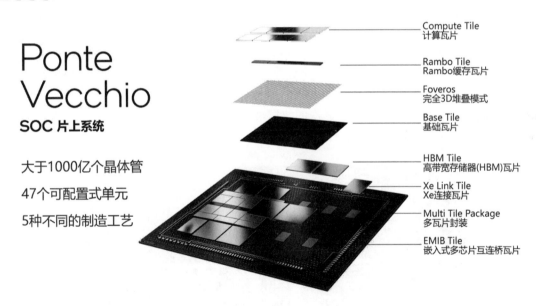

图 10-58　Ponte Vecchio SoC 片设计

Ponte Vecchio 芯片的核心 CU 使用台积电 N5 5 nm 工艺制造，每个 CU 集成了 8 个 Xe-core、4 MB L1 缓存。位于 CU 中间的是特殊的 RAMBO 缓存，可以称之为 L3 缓存，它使用 Intel 7 工艺制造（10 nm ESF），是一种专门针对高带宽优化的 RAM 缓存，每个 Tile 15 MB，合计 120 MB。承载它们的是基础单元，负责通信和数据传输，Intel 7 工艺加 Foveros 封装，其面积为 646 mm^2，共有 17 层。基础单元和 HBM2e 内存控制器、Xe-Link 之间则通过 Co-EMIB 来封装、通信，其中 Xe-Link 使用了台积电 N7 7 nm 工艺，负责连接不同的 Ponte Vecchio GPU。

Ponte Vecchio 的风冷 TDP 为 450 W，如果将散热方式换成水冷，那么 TDP 可提高到 600 W。在存储体系方面，Ponte Vecchio 配置了大型缓存，包括 64 MB 寄存器文件、64 MB L1 缓存、408 MB L2 缓存和 128 GB HBM 内存。在 Rambo 缓存方面，这种新的 SRAM 技术是由 4 组 3.75 MB（共 15 MB）缓存组成的模块，每颗芯片都有 1.3 TB/s 的连接速度，8 个 Rambo 缓存芯片可以带来额外的 120 MB SRAM。Intel 还详细说明了 Ponte Vecchio 的缓存大小/峰值带宽：GPU 上的寄存器为 64 MB，提供 419 TB/s 的带宽；其中 L1 缓存也为 64 MB，带宽为 105 TB/s（4∶1）；L2 缓存为 408 MB，带宽为 13 TB/s（8∶1）。HBM 内存池为 128 GB，辅以 4.2 TB/s（4∶1）的带宽，更大的 L2 缓存可为 2D-FFT 和 DNN 等工作负载带来巨大的效益。

Ponte Vecchio 通过向量计算单元可提供 52 TFLOPS 的单精度或双精度算力，这是为数不多的提供原生 FP64 算力的算力芯片。它也通过矩阵计算单元实现了 419 TFLOPS 的 TF32 算力（Intel 定义的 XMX 格式 Float 32）、839 TFLOPS 的 BF16/FP16 算力，以及 1678 TFLOPS 的 INT8 算力等多种 AI 所需的精度算力。

Intel 计划使用四芯 Ponte Vecchio 并联组成一个子系统，如图 10-59 所示，再搭配双路的 Sapphire Rapids 至强处理器，这就是一个超算节点，将用于"极光"（Aurora）超级计算机。2023 年 11 月，TOP500 榜单上的极光系统以 585.34 PFLOPS 的双精度算力排名第二（此前该位置由 Fugaku 超级计算机占据）。此次的数据是在"极光"超级计算机系统未完工状态下提交的，若全面竣工则将有更多算力释放。

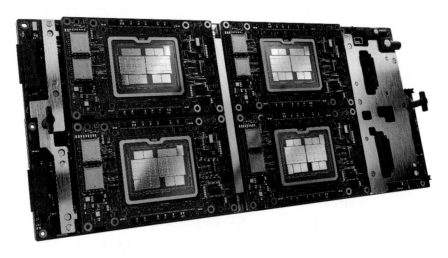

图 10-59   四芯 Ponte Vecchio 计算节点

Intel 另一条值得关注的算力芯片产品线是其 Vision 2024 会议上发布的 Gaudi 3 加速器，其设计思路和 NVIDIA 与 AMD 的 GPU 芯片非常类似，如果说 Ponte Vecchio 主攻双精度科学计算领域，Gaudi 3 则瞄准 AI 领域的计算需求。Gaudi 系列产品线来自 Intel 在 2019 年年底收购的以色列 AI 初创公司 Habana。

Gaudi 3 芯片包含 64 个适合 AI 计算精度的可编程 TPC 单元（张量处理核心）和 8 个 MME 单元（矩阵数学引擎），片上高速存储方面集成了 96MB SRAM，SRAM 总带宽为 12.8 TB/s；内存颗粒方面集成了 128GB HBMe2 内存容量，带宽为 3.7 TB/s；计算能力方面，Gaudi 3 芯片在 BF16 和 FP8 精度下都达到了 1835 TFLOPS 的理论最大值，整体性能和 NVIDIA H100 芯片非常类似，并且在 FP8 精度下训练 Llama2-13B 时领先于 H100。

第 11 章　存储与互连总线技术

11.1　从 DDR 到 HBM

11.1.1　为更高带宽持续改进——GDDR

DDR（Double Data Rate）是 DRAM 的一种，也是内存颗粒的标准，而 GDDR（Graphics Double Data Rate）则是 GPU 专用的显存颗粒的标准。DDR 指的是双倍数据传输率，而 GDDR 指的是图形的双倍数据传输率。针对显卡设计的 GDDR 有两个主要特点：一个是高密度寻址能力，也就是颗粒的容量大，可以满足显卡对内存容量的要求和显卡有限的 PCB 板面积设计要求；另一个是性能，显存带宽必须满足高速传输大量纹理和贴图的能力。

相对于 DDR 内存，GDDR 内存通常具有较高的延迟。这是因为设计 GDDR 内存主要用于 GPU 和显卡，其架构在追求更高的带宽时，对延迟的要求相对较低。相比之下，DDR 内存更常用于通用计算和处理器系统，更注重延迟方面的性能。

最新的消费级别 CPU 能够支持 DDR5 内存，2022—2024 年是 DDR5 内存逐步普及的阶段，该标准从 8 GB 容量起步，最高可达单条容量 32 GB 或 48 GB，部分为服务器特殊设计的产品的单条容量能达到 128 GB，电压为 1.1 V，内存带宽普遍为 DDR4 内存的 2 倍。

同样是 5 代，GPU 使用较为普及的 GDDR5 显存，该显存于 2012 年已经发布。它支持 GDDR4 的 8 位预取、QDR 双数据总线、4 路板块，这种设计让 GDDR5 显存的速率达到 8 Gb/s。GDDR5 技术是内存接口 DDR3 技术的衍生品，2015 年发布的 GDDR5X 则是在 GDDR5 的基础上实现了两个变化：将预取由 8 位提高到 16 位和引入 4 倍数据倍率（Quad Data Rate）高速接口。以 GTX980 显卡为例，相比于上一代单根引脚 7 Gb/s 的 GDDR5，具备总带宽 224 GB/s 的显存性能，新一代显存性能提高了 43%左右。

NVIDIA 在 Turing 架构的 RTX2000 系列显卡中首次采用了 GDDR6 显存，在 Ampere 架构的 RTX 3000 系列显卡中首次采用了 GDDR6X 显存。

如图 11-1 所示，SDRAM 使用的是 SDR 接口，接口只在上升沿传输数据。而 DDR 接口对此做出了大幅度改进，可通过上升沿和下降沿同时传输数据，性能相比 SDR 得以翻倍。QDR 在保留 DDR 特征的基础上，对其数据总线进行了升级，DDR 只有一条数据通道，数据读/写操作共用，属于半双工工作方式，而 QDR 拥有两条独立数据通道，数据读/写操作可以同时进行，属于全双工工作方式。QDR 的数据存取速率是 DDR 的 2 倍，QDR 的 4 倍数据速率是相对普通 SDRAM 而言的。

GDDR1/2/3/4 和 DDR1/2/3 的数据总线都基于 DDR 技术（通过差分时钟在上升沿和下降沿各传输一次数据），GDDR5X 接口利用 WCLK 加相位偏移，生成了 4 个同频时钟：WCLK_0、WCLK_1、WCLK_2、WCLK_3，每个时钟有 1/4 周期的偏移。使用这 4 个时钟的上升沿传输数据，就实现了相比 SDRAM 增加 3 倍的传输能力。

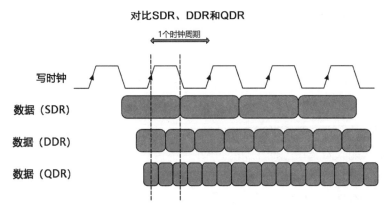

图 11-1 每个时钟周期传输的数据

和 DDR 内存相比，GDDR 还拥有更大位宽和更多板块的特性：GDDR 内存的数据位宽通常比 DDR 内存更大，例如 GDDR5 和 GDDR6 的位宽通常为 256 位或更大，较大的位宽允许同时传输更多的数据。GDDR5 单颗颗粒提供 32 位的位宽，大部分情况下 DDR3 和 DDR4 单颗颗粒提供的是 8 位的位宽。

通过表 11-1 对 GDDR 和 DDR4 DRAM 的对比可以发现，GDDR 延迟较高，最大延迟约为 20 ns，而 DDR 只有 1.25 ns。但是 GDDR 单颗颗粒最大带宽能够达到 8～14 Gb/s，DDR 单颗颗粒最大带宽只能达到 3.2 Gb/s。

表 11-1 GDDR 和 DDR4 DRAM 的对比

Product 产品	Clock Period (tCK) 时钟周期延迟（ns）		Data Rate (Gb/s) 数据速率（Gb/s）		Density 颗粒 存储密度（Gb）	Prefetch (Burst Length) 预取长度 （每次预取操作可访问的位数）	Number of Banks 板块数量
	Max	Min	Min	Max			
DDR4	1.25	0.625	1.6	3.2	4～16	8 n	8、16
GDDR5	20	1.00	2	8	4～8	8 n	16
GDDR6	20	0.571	2	14	8～6	16 n	16

美光 GDDR6X 内存采用 PAM4（4 Level Pulse Amplitude Modulation，即四电平脉冲幅度调制）译码方案取代了 GDDR6 的二进制信号接口［PAM2，通常也被称为 NRZ（Non-Returnto-Zero，不归零）译码]。将 2 位数据译码到每个传输数据符号中，可以使给定工作频率下的有效带宽加倍。当支持通用的每帧数据传输速率时，GDDR6 电路的运行速度必须是 GDDR6X 电路的 2 倍。

PAM4 信号技术是一种采用 4 个不同信号电平来进行信号传输的调制技术。作为下一代高速互连的热门信号传输技术，PAM4 信号比传统 NRZ 译码信号多了两个电平：NRZ 信号采用高、低两种信号电平表示数字逻辑信号的 1、0，每个时钟周期可以传输 1 位逻辑信息；PAM4 信号则采用 4 种不同的信号电平进行信号传输，即 00、01、10、11，每个时钟周期可以传输 2 位逻辑信息。因此，在相同符号时钟周期内，PAM4 信号的数据传输速率是 NRZ 信号的 2 倍。

如图 11-2 所示，通过 PAM4 和 NRZ 的眼图可以看出，PAM4 的"眼睛"更小，因此更容易受到外界环境（尤其是噪声）的干扰。NRZ 有单极性不归零译码和双极性不归零译码。单极性不归零译码：用恒定的正电平来表示"1"，用无电平来表示"0"。双极性不归零译码：在"1"码和"0"码时都有电压，但是"1"码对应正电平，"0"码对应负电平，正负电平的幅度相等，故被称为双极性。此外，所谓"不归零"，不是说没有"0"，而是说每传输完 1 位数据，信号都无须返回零电平。

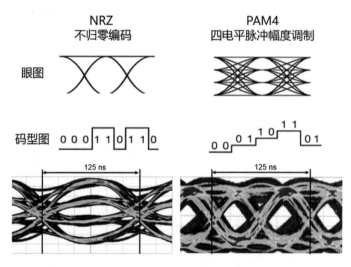

图 11-2　PAM4 和 NRZ 信号特性

PAM4 调制方式采用一定的规则将二进制中的逻辑信号"0"和"1"转换为逻辑信号"0"、"1"、"2"和"3"，用 4 个不同的电平来进行信号传输。PAM4 信号的每个符号时钟周期分别包含 2 位逻辑信息，比如用逻辑信号"0"来代表逻辑信号"00"，"1"代表"01"，"2"代表"10"，"3"代表"11"。

如图 11-3 所示，PAM4 的 4 个物理层或 4 个符号都代表 2 位数据，这展示了 NRZ 和 PAM4 接口下相同数据量（一次突发）的译码和传输示例。使用 PAM4 译码，通道使用 4 个不同的信号电平每个时钟周期传输 2 位数据。这些电平中的每一个都被称为一个符号，因此数据传输速率用每秒符号或波特表示。每单位间隔（UI）的 2 位是灰色译码的，以确保任何传输错误只影响符号内 2 位中的 1 位。与 NRZ 相比，使用 PAM4 译码传输相同的数据量只需要一半的接口周期。

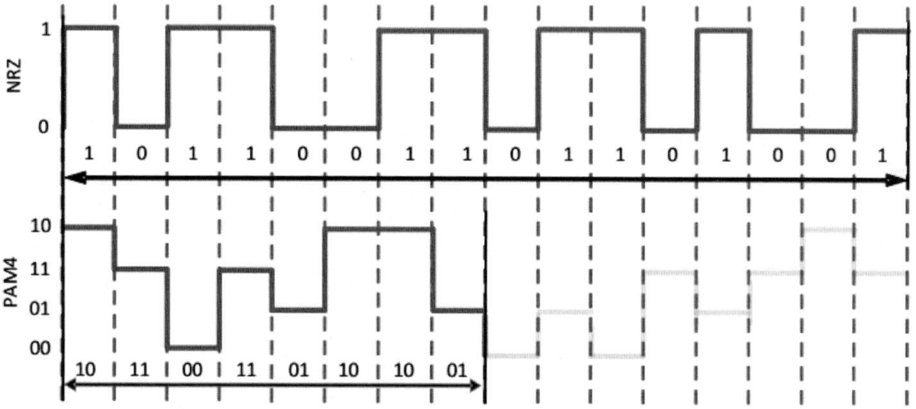

图 11-3　NRZ 和 PAM4 接口下相同数据量（一次突发）的译码和传输示例

图 11-4 以时序图的形式说明了内存阵列预取。我们可以很容易地理解不同标准之间关于内存访问操作时序的主要区别和相似之处。对于所有 4 种标准，内部写和读访问都是 2 个时钟周期长的（tCCD = 2 tCK）。当每两个时钟周期发出一条 WRITE 或 READ（例如 READ、NOP、READ）指令时，总线利用率达到 100%。美光披露的资料显示，GDDR6X 实现了具有与 GDDR6 相同的数据吞吐量，而只需 WCK 频率的一半。

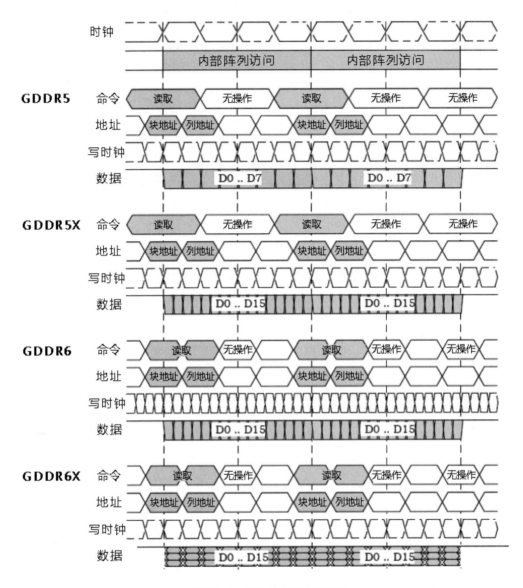

图 11-4 不同内存的阵列预取

显存位宽的放大不是没有代价的，CPU、GPU 芯片需要内存控制器，这个控制器需要占用 CPU、GPU 的晶体管资源。比如，消费级显卡 GeForce RTX 4090 支持 384 位显存位宽，上一代旗舰 GeForce RTX 3090 支持 512 位显存位宽，3090 和 4090 都采用了 GDDR6X 显存技术，总容量为 24 GB。

2007 年 ATi 发布了自己的第一款支持 DirectX 10 的显卡——HD2900XT,它采用了 512 位显存位宽,成为当时显存位宽最大的显卡,同时其显存带宽超过 128.5 GB/s,也是当时显存带宽最大的显卡,但是可惜显存控制器占用较多资源,导致其功耗和发热也较高。一般旗舰级别的消费级显卡和高端的通用计算卡都有非常大的显存位宽。

11.1.2 新封装方式——HBM

HBM(High Bandwidth Memory,高带宽内存)是一款新型的 CPU/GPU 内存芯片,其实就是将很多个 DDR 芯片堆叠后与 GPU 封装在一起的芯片,实现了大容量、大位宽的 DDR 组合阵列。HBM 堆栈方式的核心价值是实现了更多的 I/O 数量,通过增加位宽的方式尽可能降低了 GPU 访问 DRAM 的延迟。无论是机器学习,还是 HPC 类型的解决方案,都非常占用带宽,提供更大的带宽始终是 GPU 存储系统设计的目标。

HBM 主要通过硅通孔(Through Silicon Via,TSV)技术进行芯片堆叠,即将数个 DRAM 裸片像楼层一样垂直堆叠以提高吞吐量并克服单一封装内带宽的限制。SK 海力士表示,TSV 是在 DRAM 芯片上搭配数千个细微孔并通过垂直贯通的电极连接上下芯片的技术。该技术在缓冲芯片上将数个 DRAM 芯片堆叠起来,并通过贯通所有芯片层的柱状通道传输信号、指令、电流。相较传统封装方式,TSV 技术能够缩减 30% 的体积,并降低 50% 的能耗。

TSV 是一种用于芯片封装和堆叠的先进技术。它是一种垂直互连技术,通过将微型通孔穿过硅片,实现芯片内部和外部组件之间的电气连接。传统的芯片互连技术通常是通过金属线或铜柱进行水平互连实现的,而 TSV 则将互连延伸到垂直方向。TSV 通常由多个层次的导电材料组成,例如铜或钨,它们穿过芯片的硅层,并通过电镀等工艺形成导电路径。通过这种方式,TSV 可以在芯片内部的不同层次之间进行电气连接,实现高速数据传输和信号传递。

在图 11-5 中,DRAM 颗粒通过堆叠的方式叠在一起,芯片之间用 TSV 的方式连接,DRAM 下面是 DRAM 逻辑控制单元,对 DRAM 进行控制。GPU 和 DRAM 颗粒先通过 Bump 和 Interposer(互连功能的硅片)连通,Interposer 接着通过 Bump 和 Substrate(封装基板)连通到 BALL,最后由 BGA BALL 连接到 PCB。

如图 11-6 所示,TSV 技术在芯片封装和堆叠中具有许多优势。它提供了更大的带宽和更低的延迟,这是因为信号可以通过短距离的垂直通孔进行传输,不再需要经过长距离的金属线。TSV 可以实现对多个芯片的堆叠,形成 3D 集成电路,从而提高芯片的功能密度和性能。初代 HBM 重新调整了内存的功耗效率,使每瓦带宽比 GDDR5 高出 3 倍以上。

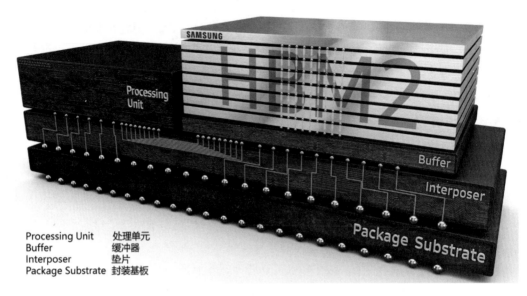

Processing Unit   处理单元
Buffer   缓冲器
Interposer   垫片
Package Substrate 封装基板

图 11-5   三星提供的 HBM2 封装侧视图

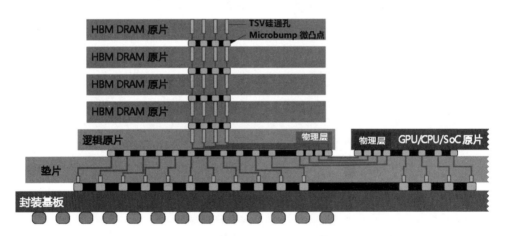

图 11-6   TSV 技术在 HBM 封装中的应用

第一款使用 HBM DRAM 的 GPU 是 AMD Radeon R9 Fury X。该显卡于 2015 年发布，引入了 HBM 技术。2017 年 NVIDIA 发布了 Tesla GP100，该卡是当时第一款配备 HBM2 显存的加速器，单颗 HBM2 显存的容量高达 4 GB，是第一代 HBM 的 4 倍。

与第一代 HBM 相比，HBM2 提供了更大的内存容量和内存带宽。HBM2 支持每个堆栈有 4 个或 8 个 DRAM die，而 HBM 只支持每个堆栈有 4 个 DRAM die。HBM2 支持每个 DRAM die 最多为 8 Gb，而 HBM 只支持每个 die 为 2 Gb。HBM 的带宽每个堆栈被限制为 125 GB/s，而 GP100 的 HBM2 每个堆栈支持 180 GB/s 的带宽。

2022 年 6 月，SK 海力士宣布开始量产 HBM3，这是当时性能最好的 DRAM 之一。HBM3 是 JEDEC 开发的对 HBM 规范的补充，用于在单个模块内堆叠 DRAM 层，其被视为 2.5D 封装的重大改进。

NVIDIA 向 SK 海力士采购的是带宽为 819 GB/s 的 HBM3，与 JEDEC 在 2022 年年初发布的 HBM3 高带宽内存标准相符。NVIDIA 高性能计算芯片 H100 单卡具备多达 94 GB 的 HBM3 高带宽显存，如果配置全部 6 颗 HBM3 芯片，则可开启完整的 6144 位显存位宽。H100 PCIe/SXM 版本开启了 5120 位显存位宽（5 颗显存颗粒），容量均为 80 GB，区别在于 PCIe 接口版本是 HBM2e 2 TB/s 带宽，SXM 接口版本是 HBM3 3.35 TB/s 带宽。后来的升级版本 H200 使用了全新的 HBM3e 内存，拥有 141 GB 显存容量和 4.8 TB/s 显存带宽。

11.2　PCI Express 总线概况

在漫长的发展历程中，计算机设备得以标准化，能够实现专业分工化制造的一个核心原因是，其拥有一种可以连接各个功能芯片的总线技术，这种总线技术能够被用于连接和协调各种高性能计算组件，包括计算节点、加速器（如 GPU、FPGA）、存储设备（如固态硬盘、高速磁盘阵列）及网络适配器等。

总线需要提供高带宽和低延迟的数据传输通道，可以支持超级计算机对大量数据的快速处理和传输需求。它使得计算节点可以与加速器和存储设备等高性能组件进行高效的数据交换，提高计算能力和效率。总线支持多个设备并行连接，这使得超级计算机可以扩展到大规模的节点数，并实现高度并行的计算。也就是说，它在单一计算机设备的功能扩展和多计算机设备的集群组建中，都要承担桥梁的作用。

过去二三十年间，曾经出现过很多不同的设备总线，它们大部分已被当前最热门且普及度高的 PCI Express 总线（以下简称为 PCIe）取代，当然也有一些由于使用方便依然存在。

- ISA（Industry Standard Architecture）：ISA 总线是早期个人计算机中最常见的总线之一。它于 1981 年引入，用于连接处理器、内存、扩展插槽和外部设备。
- EISA（Extended Industry Standard Architecture）：EISA 是 ISA 总线的扩展版本，于 1988 年引入，用于提供更高的性能和扩展性，支持更多的设备和功能。
- VLB（VESA Local Bus）：VLB 是一种在早期 486 和 Pentium 计算机上使用的本地总线，于 1992 年引入，用于提供更高的数据传输速率，降低了对外部插槽的依赖。
- PCI（Peripheral Component Interconnect）：PCI 总线于 1992 年引入，后来成为被广泛采用的标准总线，用于提供高带宽和低延迟的数据传输，支持热插拔设备，并具有更好的兼容性和可扩展性。

- AGP（Accelerated Graphics Port）：AGP 是专门为图形处理器设计的总线，于 1997 年引入，用于提供更高的带宽和性能，用于连接图形卡和主板。
- PCI-X（PCI eXtended）：PCI-X 是对 PCI 总线的扩展，于 1998 年引入，用于提供更高的传输速率和更高的带宽，适用于高性能计算和服务器领域。
- USB（Universal Serial Bus）：USB 是一种通用的串行总线，于 1996 年引入，用于连接各种外部设备，如键盘、鼠标、打印机和存储设备等，并提供了热插拔和高速数据传输的功能。
- FireWire（IEEE 1394）：FireWire 是一种高速串行总线，于 1995 年引入，主要用于音视频设备和存储设备之间的数据传输，提供了更高的带宽和更高的实时性能。
- Thunderbolt（雷电接口）：该接口可被视为一种独立的设备总线。它是由 Intel 和苹果合作开发的高速数据传输接口，最早于 2011 年推出。雷电接口结合了 PCIe 和 DisplayPort 技术，提供了高速数据传输和视频输出功能。

1997 年，几家计算机和芯片制造商组成了 PCI-SIG（PCI Special Interest Group），这个组织的目标是开发一种新的总线标准，即 PCIe，以满足高性能计算和扩展性的要求。PCI-SIG 的创始成员包括 Intel、HP、IBM、DELL、AMD 等公司。它的前身是 Intel 在 1992 年提出的 PCI 总线协议。

PCI-SIG 的成员共同制定了 PCIe 的规范，定义了其物理层、数据链路层、传输层和应用层等方面的技术细节。PCIe 采用串行传输方式，通过差分信号和高速串行通信来实现更大的带宽和更低的延迟。此外，PCIe 还引入了一些新的特性，例如点对点连接、可插拔性和热插拔支持等，提供了更灵活和可靠的外部设备连接解决方案。

PCIe 的第一个版本（PCIe 1.0）于 2003 年发布，在随后的几年里，PCIe 的版本不断升级，包括 PCIe 2.0、PCIe 3.0、PCIe 4.0、PCIe 5.0（当前已经开始普及）和 PCIe 6.0（正在等待具体的产品形态出现），以及针对 2025 年即将推出，已经开始更新开发状态的 PCIe 7.0。每个版本都带来了更高的带宽和更高的性能，以满足不断增长的计算需求。PCI-SIG 作为 PCIe 的主要推动者和管理者领导着 PCIe 技术的发展，并确保各个厂商和设备都能够遵循规范进行设计和实施。PCI-SIG 定期发布新的 PCIe 规范，与技术发展保持同步，并推动 PCIe 在各个行业和应用领域的广泛采用。

11.2.1　由需求驱动的 PCIe 总线发展历程

2003 年，PCIe 1.0a 标准正式发布。它在规划 PCIe 总线协议时就在灵活性、通用性、经济性和未来的可扩展性方面做得非常好，从数据中心到边缘再到终端，从消费级到企业级直至数据中心级，PCIe 无处不在，相比其他板卡级别的扩展总线，其拥有巨大的优势，以及垄断地位。

PCI-SIG 计划以 3 年 2 倍的速度来支持 PCIe 总线的发展，这被称为 PCIe 自己的摩尔定律。PCIe 1.0 的双向带宽达到了 8 GB/s（16 通道）。2006 年发布的 PCIe 2.0，把预计到 2007 年实现的"带宽×2"目标提前了。2010 年发布的 PCIe 3.0，再次准时将带宽升级到 PCIe 2.0 的 2 倍。作为 PCIe 3.0 的下一代，PCIe 4.0 直到 2017 年才发布，带宽再次翻倍，这主要是因为 PCIe 3.0 在那段时间已经满足了大部分设备所需，硬件厂商对新版本的推动力不足。

2023 年是 PCIe 5.0 普及的时间段，估计将 PCIe 5.0 普及到主流的桌面级 PC 设备还需要几年时间。实际上，PCIe 5.0 在 2019 年已经发布，它是一个重要的升级版本，达到了每个通道 32 GB/s 的速度。为了支持更高的数据传输速率，PCIe 5.0 引入了一些信号完整性（Signal Integrity）改进措施。这些改进措施包括更严格的信号时序要求、更精确的时钟和数据回复机制，以减少信号干扰和传输错误。随着 PCIe 信号速率一路从 8 GT/s、16 GT/s 提升到 32 GT/s，对信号完整性的要求也越来越高。为了减少金手指部分的损耗，提高这个位置的阻抗一致性，对金手指的尺寸进行了小幅度缩减。在 PCIe 5.0 的插卡上可以看到更小的金手指区域。

如表 11-2 所示，其中展示了 PCIe 版本与性能的变化。

表 11-2　PCIe 版本与性能的变化

PCIe 版本	发布时间/年	行 编 码	原始传输速率	吞 吐 量			
				X1	X4	X8	X16
1.0	2003	8bit / 10bit	2.5 GT/s	250 MB/s	1 GB/s	2 GB/s	4 GB/s
2.0	2007	8bit / 10bit	5 GT/s	500 MB/s	2 GB/s	4 GB/s	8 GB/s
3.0	2010	I28bit / 130bit	8 GT/s	984.6 MB/s	3.94 GB/s	7.88 GB/s	15.75 GB/s
4.0	2017	128bit / 130bit	16 GT/s	1969 MB/s	7.88 GB/s	15.75 GB/s	31.51 GB/s
5.0	2019	NRZ 128bit / 130bit	32 GT/s	3938 MB/s	15.75 GB/s	31.51 GB/s	63 GB/s
6.0	2022	PAM4 & FEC 128bit / 130bit	64 GT/s	7877 MB/s	31.51 GB/s	63 GB/s	126 GB/s

我们可以看到其中有一个特殊的时段：2010—2017 年，按照 PCI-SIG 官方规划及市场推动，PCIe 停留在 3.0 相当长一段时间。这段时间市场上缺乏关键应用，特别是缺乏爆炸性的创新，无法驱动总线升级。单向 16 GB/s、双向 32 GB/s 的带宽对单主机的功能进行了扩展。

在 2012 年的 ImageNet 大规模视觉识别挑战赛（ILSVRC）上，由多伦多大学的 Alex Krizhevsky、Ilya Sutskever 和 Geoffrey Hinton 组成的团队，使用了两个 NVIDIA GTX 580 GPU，训练了一个名为 AlexNet 的 6000 万个参数和 65 万个神经元的深度卷积神经网络，将 ImageNet LSVRC-2010 比赛中的 120 万张高分辨率图像分类到 1000 个不同的类别中。在测试数据上，该团队实现了 37.5%的 Top-1 错误率和 17.0%的 Top-5 错误率，这比以前的最先进技术都要好得多。AlexNet 的发表极大地推动了深度学习和计算机视觉的发展，同时也激发了更多人对 AI 技术的关注和研究。2016 年 1 月，国际顶尖期刊《自然》封面文章报道，谷歌 AlphaGo 人工智能在没有任何让子的情况下，以 5∶0 完胜人类选手，这是围棋人工智能领域的突破。

2017 年 12 月 6 日，谷歌发布了论文 "Attention is all you need"，提出了注意力机制和基于此机制的 Transformer 架构。这种架构是一种完全基于注意力机制的序列转换模型，而不依赖 RNN、CNN 或者 LSTM，有人认为它打开了深度学习的大门。Transformer 架构包括译码器 Encoder 和译码器 Decoder，整个网络结构完全由注意力机制及前馈神经网络组成。注意力机制从人类视觉注意力中获得灵感，目标在于将注意力集中于所处理部分对应的语境信息，实际实现中则是计算每一个词与其他词的注意力权重系数。2017 年谷歌推出了 AutoML——能自主设计深度神经网络的 AI 网络，紧接着在 2018 年 1 月发布了第一个产品，并将它作为云服务开放出来，其被称为 Cloud AutoML。

在应用的驱动下，GPU 对传输的要求及对 GPU 大规模部署的通信要求更加急迫。2016 年 NVLink 1.0 技术与 GP100 GPU 产品一同发布，一块 GP100 上可集成 4 条 NVLink 连接线，每条 NVLink 具备双路共 40 GB/s 带宽，整个芯片的带宽达到了 160 GB/s（4 条 NVLink 连接线），相当于 PCIe 3.0 x16 的 5 倍。GP100 产品本身的浮点算力也大幅度超越上一代产品，同时发布的还有深度学习超级计算机 DGX-1，其装入了 8 块 Tesla GP100 GPU。

PCIe 总线的升级主要是由需求驱动的，除了设备商要求更高的数据传输速度，还有一股力量，这就是其他传输总线要借助 PCIe 提供已经成熟的物理协议和庞大的厂商支持。其中最重要的技术就是 CXL（Compute Express Link）互连技术，其借助 PCIe 5.0 的物理层协议，硬件接口设计兼容 PCIe 5.0。

如图 11-7 所示，PCIe 6.0 于 2022 年 1 月发布，其采用了 PAM4 译码技术，相对于 PCIe 5.0 使用的 NRZ 译码技术，PCIe 6.0 能够在单位时间内传输更多的数据，并且在给定的频谱带宽内提供更高的数据传输速率。PCIe 6.0 信号速率翻倍提升到 64 GT/s，但其实信号基频只有微小增加。因此，只要能够实现 32 GT/s NRZ 信号制式的 PCIe 5.0 信号速率，升级到 64 GT/s PAM4 信号制式的 PCIe 6.0 信号速率将不会是一件很困难的事情。

除了在电气层上引入 PAM4 译码技术，PCIe 6.0 还有两项改进。

- 前向纠错（FEC）：用于解决高误码率（BER）的问题。在采用 PAM4 信号译码的过程中，相对于传统的 NRZ 译码，引入了更高的错误率。为了解决这个问题，可以使用 FEC 机制对信号进行纠正。在 PCIe 6.0 中，FEC 的引入对延迟影响最小，它与强大的 CRC 结合使用，将链路重试概率控制在很低的水平（5×10^{-6} 以下）。这个新的 FEC 功能旨在将延迟降到 2 ns 以下。

- 飞行模式：也被称为 FLIT 模式。在这种模式下，数据包以固定大小的流量控制单元进行组织，而不像之前几代 PCIe 中那样数据包是可变大小的。最初引入 FLIT 模式的原因是，纠正需要使用固定大小数据包的问题。然而，FLIT 模式还带来了其他好处，包括简化控制器级别的数据管理、更高的带宽效率、更低的延迟和更小的控制器占用空间。FLIT 译码还消除了以前 PCIe 规范中的 128 bit/130 bit 译码和 DLLP（数据链路层数据包）开销，从而提高了 TLP（事务层数据包）的效率，尤其对于较小的数据包。这样的改进提升了 PCIe 6.0 的带宽效率和性能。

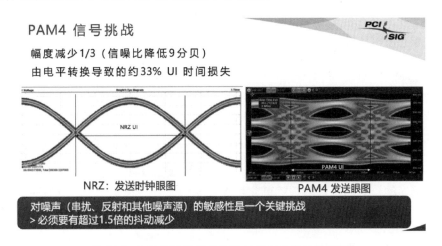

图 11-7　PCI-SIG 提供的 PAM4 译码技术性能说明

11.2.2　PCIe 物理和数据链路层技术概览

PCIe 拥有串行优势，与基于半双工共享并行架构制定的 PCI 及 AGP 规范不同，PCIe 规范是基于全双工点对点串行架构制定的，而且还支持热拔插，其中全双工代表每个 PCIe 通道在同一时钟周期内可以实现数据的双向传输，点对点意味着每个 PCIe 设备都是独立连接的，不需要向整个总线请求带宽，串行传输则可以让其信号速率轻松达到 GT/s 级别。

串行总线不会出现定时偏移，因为每个通道中每个方向只有一个差分信号，并且由于时钟信息被嵌入串行信号中，所以没有外部时钟信号。PCIe 代表了串行互连替代并行总线的一般趋势。其他示例包括 Serial ATA（SATA）、USB、Serial Attached SCSI（SAS）、FireWire（IEEE 1394）和 RapidIO。在数字视频中，常用的串行互连案例有 DVI、HDMI 和 DisplayPort。

PCIe 之前的 PCI 总线使用共享并行总线架构，其中 PCI 主机和所有设备共享一组通用的地址、数据和控制线。相比之下，PCIe 基于点到点拓扑，单独的串行链路将每个设备连接到主机。由于其共享总线拓扑，因此可以对单个方向上的 PCI 总线进行仲裁（在多个主机的情况下），并且限制一次只有一个主机。旧的 PCI 时钟方案将总线时钟限制在总线最慢的外设

（不管总线事务中涉及的设备）上。相比之下，PCIe 总线链路支持任何两个端点之间的全双工通信，同时跨多个端点的并发访问，没有固有的限制。

在总线协议方面，PCIe 通信被封装在数据包中。打包和解包数据与状态消息流量的工作由 PCIe 端口的事务层处理，电信号和总线协议的根本差异需要使用不同的机械外形尺寸和扩展连接器。因此，需要新的主板和新的适配器板。PCI 插槽和 PCIe 插槽不兼容，不可互换。在软件级别，PCIe 保留与 PCI 的向后兼容性，传统的 PCI 系统软件可以检测和配置较新的 PCIe 设备，而无须显式支持 PCIe 标准，但是无法访问新的 PCIe 功能。两个设备之间的 PCIe 链路可以由 1～32 个通道组成。在多通道链路中，分组数据在通道上条带化，并且峰值数据吞吐量与整个链路宽度成比例。

PCIe 的完整体系结构主要包括 4 个层：应用层、事务层、数据链路层和物理层。其中，应用层在 PCIe 规范中没有明确规定，它是用于描述 PCIe 设备的类型和基础功能的层，可以由硬件（如 FPGA）或者软硬件协同实现。

事务层、数据链路层和物理层是 PCIe 规范明确定义并要求设计者严格遵循规范的层。事务层负责处理 PCIe 设备之间的通信事务，包括请求、应答和错误处理等。数据链路层负责数据的传输和错误的检测，确保数据的可靠性和完整性。物理层则负责处理物理信号的传输和接收，包括译码、时钟管理和电气特性等。

以下对这 3 个层分别进行介绍。

- 事务层（Transaction Layer）：事务层是 PCIe 总线的顶层，负责处理事务层包（TLP）的传输和管理。在接收端，事务层负责译码和校验接收到的 TLP。在发送端，事务层负责创建 TLP 并进行发送。此外，事务层还负责实现 QoS（Quality of Service，服务质量）和流量控制（Flow Control），以及事务排序等功能，以确保数据传输的可靠性和有序性。
- 数据链路层（Data Link Layer）：数据链路层负责处理数据链路层包（DLLP）的创建、译码和校验。DLLP 用于传输控制信息，例如 Ack/Nak 的应答机制。数据链路层确保数据的完整性和可靠性，通过实现错误检测和纠正机制来处理传输中可能发生的错误。
- 物理层（Physical Layer）：物理层负责处理物理层包的创建和译码。物理层是直接与物理传输介质（例如电缆）交互的层。它负责发送和接收所有类型的包，包括 TLP、DLLP 和 Ordered-Sets。在发送之前，物理层会对数据包进行处理，如字节分割（Byte Striping）、扰码（Scramble）和译码（例如，8bit/10bit 译码用于第 1 代和第 2 代 PCIe 规范，128bit/130bit 译码用于第 3 代和第 4 代 PCIe 规范）。接收端对数据包进行相反的处理，以还原原始数据。

物理层还实现了链路训练（Link Training）和链路初始化（Link Initialization）的功能。链路训练通过链路训练状态机（LTSSM）来完成，它负责在物理层建立和维护可靠的通信链路。链路初始化是在建立物理连接后进行的初始化过程，确保各层准备就绪，以进行数据传输。

物理层完成的一个重要的功能就是译码和译码机制。物理层的电气子层主要实现了差分收发对。在差分收发对中，信号被分成两个相互反向的差分信号（正相信号和反相信号），并通过一对互补的传输线（如电缆或导线）进行传输。其中一个信号线携带正相信号，另一个信号线携带反相信号。物理层的信号规则和差分收发对如图 11-8 所示。

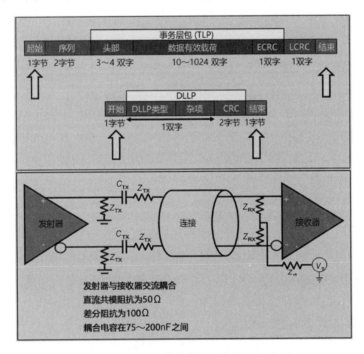

图 11-8　物理层的信号规则和差分收发对

差分收发对的工作原理是，利用两条相互耦合的信号线来传输信号。由于这两条信号线非常接近且平衡，它们对外部噪声的敏感性相似，因此噪声对差分信号的影响会相互抵消。这种相互抵消的特性使得差分信号传输更加抗干扰，提高了信号的可靠性和抗噪声能力。在接收端，差分收发对使用差分放大器来接收和译码差分信号。差分放大器通过比较正相信号和反相信号的差异来还原原始信号，同时抵消了共模噪声（同时作用于两条信号线上的噪声），从而提高了信号的抗干扰性和噪声容忍度。

以 PCIe 1.0 和 3.0 之间的物理层译码和译码方案为例，两者存在技术上的显著区别。PCIe 1.0 的物理层采用了 8bit/10bit 译码和译码方案，而 PCIe 3.0 的物理层则采用了 128bit/130bit

译码和译码方案。这些译码方案旨在提高数据传输的可靠性、数据的完整性，以及错误检测和纠正的能力。通过表 11-3 可以看到 PCIe 总线的发展迭代轨迹。

表 11-3　不同标准的 PCIe 带宽

插槽宽度	不同标准的 PCIe 带宽（更新到 7.0 版本） （全双工：GB/s/方向）					
插槽宽度	PCIe 2.0 (2007 年)	PCIe 3.0 (2010 年)	PCIe 4.0 (2017 年)	PCIe 5.0 (2019 年)	PCIe 6.0 (2022 年)	PCIe 7.0 (预计 2025 年)
x1	0.5 GB/s	~1 GB/s	~2 GB/s	~4 GB/s	8 GB/s	16 GB/s
x2	1 GB/s	~2 GB/s	~4 GB/s	~8 GB/s	16 GB/s	32 GB/s
x4	2 GB/s	~4 GB/s	~8 GB/s	~16 GB/s	32 GB/s	64 GB/s
x8	4 GB/s	~8 GB/s	~16 GB/s	~32 GB/s	64 GB/s	128 GB/s
x16	8 GB/s	~16 GB/s	~32 GB/s	~64 GB/s	128 GB/s	256 GB/s

2023 年 6 月中旬，PCI-SIG 迅速着手开发下一代的 PCIe 7.0。针对在 2025 年发布的新一代标准，PCIe 7.0 的目标是再次将 PCIe 设备的可用带宽加倍，使 x1 插槽单通道的全双工双向带宽达到 16 GB/s，全长的 x16 插槽达到 256 GB/s 单向传输。在电气方面，PCIe 7.0 与其前身一样使用 PAM4 + FLIT 译码。PCIe 7.0 需要将物理层的总线频率加倍，考虑到依然使用 PAM4 译码，所以只能通过提高频率来改进数据信号。

11.3　CXL 扩展技术

从计算机诞生开始，数据的爆炸式增长就没有停步。这种增长不仅对硬盘提出了持续的高容量要求，对内存也同样。CPU 要计算的数据必须被加载到内存中以保证基本的访存性能，但是传统的服务器大容量内存存在扩容瓶颈。

目前，大部分内存颗粒通过传统的封装方式先被焊接在内存条 PCB 上，然后将内存条插在主板内存 DIMM 槽上。内存颗粒的容量限制是一个重要因素，内存颗粒是内存芯片中存储单元的最小单元，通常具有固定容量，内存颗粒容量限制导致目前常见的单条内存条容量为 64~128 GB。尽管有一些高容量内存颗粒推出，但相对于 AI 应用所需的大容量内存来说，其仍然存在限制。某些任务通常需要处理庞大的数据集和复杂的神经网络模型，因此对内存容量的需求较高。

内存插槽对主板的空间占用也是需要面对的挑战，主板上可用的物理空间是有限的，而内存条的数量和大小会影响其他组件的布局和空间分配。以 AMD 在 EPYC 9004 系列处理器中使用的 12 通道内存为例，多通道内存的主板布线，特别是双路多路多通道已经达到主板 PCB 能够承受的临界点。在一些紧凑的主板设计中，可能无法容纳多通道或大容量的内存条，从而限制了内存的扩展能力。

容量仅是最直观的问题，具体到异构计算产品中，不同芯片互相访问彼此的内存而产生的壁垒和延迟，以及内存数据的同步管理，也是亟待解决的问题。比如，如果 GPU 或者其他加速器在传统架构下要访问 CPU 管理的内存，则需要经过 CPU 发出指令，或者如果网络中某个节点要访问另个一节点的内存，效率和延迟都会受到严重影响。某个节点要访问其他节点的内存会受到很多限制，特别是集群中某些节点内存告急，而其他节点内存又大量空闲时，存在资源浪费。

面对行业存储痛点，2019 年 Intel 推出了 CXL（Compute Express Link）技术，几年时间 CXL 就成为业界公认的先进设备互连标准。CXL 是一种高性能互连标准，旨在提供内存扩展和加速器连接的解决方案。

CXL 借鉴了 PCIe 5.0 现有的生态系统，使用了它的物理层和电气层，但是带有改进的协议层，该协议层增加了一致性和低延迟模式，用于加载存储内存事务。协议层处于更高的抽象级别，定义了数据传输的规则和标准。这包括数据包的格式、错误的检测和纠正机制、数据流的控制和管理等。它可以实现内存的共享和访问，支持内存扩展和灵活的内存配置。CXL 内存可以与 CPU、加速器和其他设备进行直接通信，提供了高性能的内存访问和数据传输能力。

如图 11-9 所示，CXL 标准不仅限于内存设备，还可以连接其他类型的加速器和外部设备。通过 CXL 接口，CPU 可以与多个 CXL 设备进行通信，实现高性能的数据交换和协同计算。CXL 还提供了一种统一的内存访问模型，使得 CXL 设备能够共享和访问其他 CPU 的内存。而传统的 PCIe 总线的内存是被 CPU 所独占的，或者说是割裂的，CXL 对异构计算平台的性能扩展有极大帮助，内存不再限于单节点几百 GB 或者几个 TB，而是可以通过 CXL 技术扩展到目前的 10～100 倍。

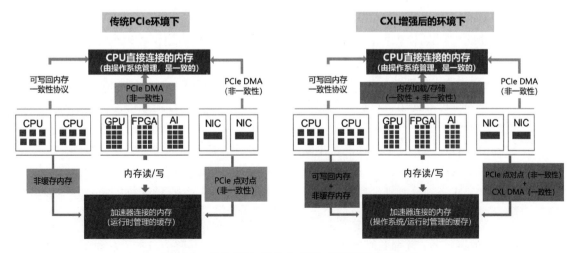

图 11-9　传统 PCIe 环境和 CXL 环境下的存储体系

CXL 连接了 CPU、GPU、TPU、FPGA 等各类算力处理器，以及连接了它们原来割裂的各自独立管理的 DRAM 内存，形成了统一的整体。而且通过逐步降低对 DRAM 传统内存条的依赖，通过 PCIe 接口扩展其他形式的内存设备，达到了内存容量的大幅度提升。AMD 代号为 Genoa 的 EPYC 9004 系列处理器和 Intel 代号为 Sapphire Rapids 的第四代 Xeon 处理器在2022 年年底、2023 年年初已经支持 CXL 1.1。未来，我们会看到传统局部内存（如目前的DDR 内存）和 CXL 内存共存的局面，CPU 的内存来源再也不是单一的，特别是针对大数据大模型的服务器而言，CXL 内存将成为 CPU 所需数据的主要来源。

11.3.1　CXL 的 3 个子协议

CXL 协议包含 3 个子协议：CXL.io、CXL.cache、CXL.memory，分别代表了跨设备内存共享模式、内存缓冲模式、内存扩展模式。一台拥有大算力的 AI 服务器使用 CXL 协议的各子协议时，可以充分利用这些子协议来提高系统的性能和效率。

- CXL.io：该子协议在功能上等同于 PCIe 协议，并利用了 PCIe 的行业广泛采用和熟悉度支持。作为基础通信协议，CXL.io 用途广泛，适用于广泛的用例，是 PCIe 5.0 协议的增强版本，可用于初始化、连接、设备发现和枚举，以及寄存器访问。它为 I/O 设备提供了非一致性的加载/存储接口。比如，智能网卡等加速器通常缺少局部内存，通过 CXL.io，这些设备可以与主机处理器的 DDR 内存进行通信。

- CXL.cache：该子协议可以用于将内存缓存到外部设备中，构建出多级存储系统，以提高系统的性能。CPU 可以将 CXL 设备作为本地缓存，保留比内存更加常用的数据，提高系统的响应速度和整体性能。对于 AI 服务器来说，这种缓存机制可以优化模型推理过程中的数据访问，并加速模型的执行和推理速度，提高系统的实时性和响应能力。比如 GPU、ASIC 和 FPGA 都配备了 DDR 或 HBM 内存，并且可以使用 CXL 使主机处理器的内存在本地供加速器使用，使加速器的内存在本地供 CPU 使用。它们还位于同一个缓存一致域中，这有助于提升异构工作负载。

- CXL.memory：在需要更大内存容量的 AI 服务器中，CXL.memory 子协议可以将 CXL 内存作为主内存使用，以扩展内存容量。CPU 可以将 CXL 内存视为扩展内存，存储更多的数据。这种方式可以满足大规模模型训练和数据处理的需求，确保系统具备足够的内存容量来处理大规模的数据集和复杂的计算任务，同时提高访问总带宽（CXL内存并不占用 CPU 内存总线，带来了额外带宽）。使用 CXL 内存作为主内存的补充，还提供了冗余和可靠性的优势，即使发生主内存故障，CPU 仍然可以通过外部设备继续运行，增强了系统的稳定性和连续性。

　　然而任何内存扩容，特别是以扩容和增加灵活性为目标的传输方式的迭代都是有成本的，CXL 获得了更大的容量和便利性，牺牲了一些延迟性能。首先它的定位是分布式内存，尽管

CXL 主打的是低延迟，但与 CPU 的内存、缓存和寄存器相比延迟还是偏高。

在 2022 年的 Hot Chips 会议上，CXL 联盟给出了 CXL 在延迟上的具体数字。独立于 CPU 的 CXL 内存延迟为 170～250 ns，目前的消费级 CPU 配置的 DDR5 内存延迟大概为 60～80 ns，服务器的 8 通道 DDR5 延迟为 80～100 ns，虽然比内存慢，但是 CXL 内存快过独立于 CPU 的 NVME 硬盘、SSD 和 HDD 等。

CXL 1.1 和 2.0 使用 PCIe 5.0 物理层，允许通过 16 通道链路在每个方向上实现 32 GT/s 通信带宽。CXL 3.0 使用 PCIe 6.0 物理层将数据传输速率扩展到 64 GT/s，支持通过 16 通道链路实现 128 GB/s 的双向通信带宽。

11.3.2　CXL 2.0 主要特性：内存池化

自 2012 年以来，数据中心面临严重的内存问题，CPU 核心数量增长迅速，但内存带宽和容量增长并不同步。微软表示，50%的服务器成本来自 DRAM 内存，而其中 25%的 DRAM 内存未被使用。我们在日常工作中对此也深有体会，一台高算力服务器的大量成本都消耗在内存方面，当执行密集型计算任务时，内存经常达到使用上限。

通过网络动态分配内存到不同的 CPU 和服务器，可以在极大程度上提高内存利用率。除了内存，这种动态分配的概念也适用于其他计算和网络资源。数据中心机架现在被视为计算单位，云服务提供商可以动态地为客户分配资源。CXL 2.0 和 3.0 是解决这些问题的关键协议。

CXL 2.0 支持切换以启用内存池。使用 CXL 2.0 交换机，主机可以访问池中的一个或多个设备。主机必须支持 CXL 2.0 才能使用此功能，但内存设备可以是支持 CXL 1.0、1.1 和 2.0 硬件的组合。在 CXL 1.0/1.1 标准中，设备被限制为一次只能由一台主机访问的单个逻辑设备。一个 CXL 2.0 级别的设备可以被划分为多个逻辑设备，允许多达 16 台主机同时访问内存的不同部分。

图 11-10 展示了使用 CXL 2.0 技术的两种不同的资源池化方式。

图 11-10 左侧部分是单逻辑设备（Single Logical Device，SLD）的内存/加速器池化，在这种配置下，多个主机（H1、H2、H3、H4……）通过 CXL 2.0 交换机连接到其他设备（D1、D2、D3、D4……）。这种配置允许每个主机只使用某个或者某几个完整的逻辑设备。这种方式属于粒度较粗的内存池化。

图 11-10 右侧部分是多逻辑设备（Muiltple Logical Device，MLD）的内存池化，在这种配置下，主机（H1、H2、H3、H4……）通过 CXL 2.0 交换机连接到多个逻辑设备。每个设备（D1、D2、D3、D4……）又可以被分割成多个逻辑部分，每部分由标准化 CXL 管理器进行管理。这种配置允许更灵活的资源分配，主机可以访问多个独立的逻辑设备。在图 11-10

所示的例子中，D1 内存都被分配给了 H1，D2 一部分内存被分给了 H1，另一部分被分给了 H3。

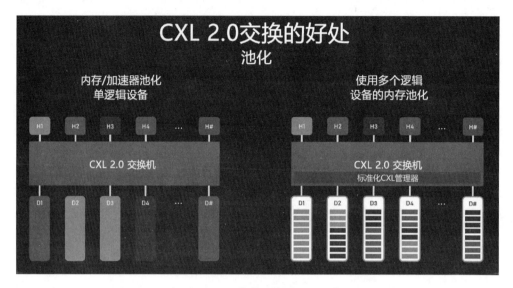

图 11-10　使用 CXL 2.0 技术的两种不同的资源池化方式

内存池是一种以高效率利用资源为核心的内存管理技术，它将服务器平台上的多个 CXL 内存块绑定在一起，形成了一个内存池，使多个主机能够根据需要从池中动态分配内存。这项新技术帮助客户尽可能地降本增效，从而帮助企业将有限的资源重新投资于增强服务器内存上。在实际的数据中心场景下，无论是服务众多小客户，还是服务大算力的 AI 模型训练，内存的不均匀分配都带来了很多浪费。

11.3.3　CXL 3.0 主要特性：内存共享、多级拓扑

除了进一步提升整体 I/O 带宽，CXL 3.0 还需要考虑不同设备之间的高级互连协议。比如，CXL 3.0 更新了具有缓存的一致性协议，当主机缓存数据无效的时候，设备还能正常运行。这意味着 CXL 3.0 取代了早期版本基于偏差一致性的方式。为了设计简单化，保持一致性不是通过共享内存空间实现的，而是通过主机或者设备控制访问实现的。

在 CXL 3.0 中，设备可以直接访问彼此的内存，无须通过主机 CPU，通过增强的一致性语义来通知彼此的状态。从延迟角度来看，双连接速度更快，并且也不会占用宝贵的主机带宽。

除了调整缓存功能，CXL 3.0 也对主机与设备之间的内存共享进行了更新，CXL 2.0 提供了内存池设计，多个主机可以对设备内存进行访问，但是需要为每个主机都分配专属内存段。CXL 3.0 内存共享变得更开放，多个主机可以拥有一个共享内存段的一致性副本，如果设备级别发生变化，可以使用反向失效来保持所有主机同步。

但这样的设计并不能完全取代 CXL 2.0 上的内存池设计，因为在某些方案中，内存池设计往往更奏效，因此 CXL 3.0 会同时支持这两种方式进行混合匹配。

CXL 3.0 的另一个特性是支持多级切换，允许单个交换机驻留在主机和设备之间，并允许多级交换机实现多层次交换。即便只有两层交换机，CXL 3.0 也能够实现非树状拓扑，比如环形、网状或者其他结构，对节点中的主机或设备没有任何限制。

11.3.4　CXL 协议细节

CXL 的传输单位被称为 Flit。CXL 通过精心设计的 Flit 机制提供了高效、可靠的数据传输方式，确保了高性能计算的需求得到满足。

Flit 可以被翻译为流量控制单元或流量控制数字，是构成网络数据包或流的链路级原子部分。第一个 Flit 被称为"头 Flit"，它持有关于这个数据包的路由信息（特别是目的地址），并为与该数据包相关的所有后续 Flit 设置路由行为。头 Flit 之后是 0 个或多个主体 Flit，它们包含实际的数据有效载荷。最后的 Flit，被称为"尾 Flit"，执行一些记账操作，以关闭两个节点之间的连接。

Flit 是在链路级传输消息时的单位数据量。接收方可以基于流量控制协议和接收缓冲区的大小来接收或拒绝 Flit。链路级流量控制的机制是允许接收方发送一个连续的信号流，以控制它应该继续发送 Flit 或停止发送 Flit。当一个数据包在一个链路上被传输时，数据包在传输开始之前需要被分割成多个 Flit。

如图 11-11 所示，CXL 的 Flit 大小为 68 B，由 2 B 的协议 ID、64 B 的有效载荷（Payload）和 2 B 的 CRC（循环冗余检查）组成。CXL 1.0、1.1 和 2.0 规范都定义了这个 68 B 的 Flit。而 CXL 3.0 还引入了额外的 256 B 的 Flit。CRC 用于保护有效载荷，确保数据传输的完整性和准确性。它能够检测到 64 B 的有效载荷（加上 2 B 的 CRC）中的最多 4 个随机位翻转，这时的故障率（FIT）非常低，远远小于 10^{-3}。

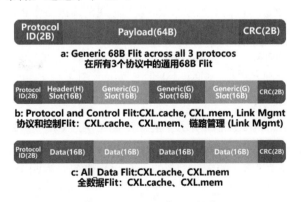

图 11-11　CXL 的 Flit 规范

CXL 的 Flit 规范具体介绍如下。

- 协议 ID 与包类型：每个 Flit 开始的 2 B 是协议 ID，用于区分不同类型的数据包。这 2B 内部具有冗余设计，能够检测并纠正其中的多个位翻转。
- 16B 插槽机制：CXL.cache、CXL.mem 和 Arb/Mux 链路管理数据包（ALMP）使用的是 16 B 插槽机制。4 个 16 B 的插槽组成了 Flit 的 64 B 有效载荷。Arb/Mux 会发送 ALMP 数据包到其链路伙伴的 Arb/Mux 单元，以协调诸如电源管理之类的链路管理功能。
- 全数据 Flit：CXL.cache 和 CXL.mem 协议使用的是全数据 Flit，被称为 CXL.cache+mem。两者在链路层的区分都是基于 Flit 的。CXL.io 使用 PCIe 事务/数据链路层数据包（TLP/DLLP），这些数据包在 Flit 的有效载荷部分中被原样发送。由于 TLP 和 DLLP 都有自己的 CRC（分别为 32 位和 16 位），因此接收器会忽略 CXL.io 数据包的 16 位 Flit CRC。

CXL.cache 和 CXL.mem 是两种数据访问协议，它们具有低延迟特性，与本地 CPU 到 CPU 的对称一致性链路相似。物理层的多路复用方式（相对于堆栈的更高层）有助于为 CXL.cache 和 CXL.mem 流量提供低延迟路径。这消除了由于支持可变数据包大小、排序规则、访问权限检查等引入的 PCIe/CXL.io 路径在链路和事务层上的高延迟。物理层可以区分 CXL.io、CXL.cache-mem、ALMP 和 NULL Flit（当没有数据发送时）。

在 32 GT/s 或更低的数据传输速率下，CXL 使用了 PCIe 的 128bit/130bit 译码方案，在每 128 位数据的每个通道上都加上 2 位的同步头，以区分数据块和 Ordered Set 块。每个通道的 128 位数据有效载荷用于传输 Flit。Flit 可以跨越多个数据块，而一个数据块可以包含多个 Flit。由于 CXL.io 数据包（TLP 和 DLLP）不是天生基于 Flit 的，一个 TLP 或 DLLP 可以跨越多个 Flit，而一个 Flit 可能包含两个数据包。

CXL 3.0 支持 64.0 GT/s 的数据传输速率，并采用 PAM4 技术，该技术基于 PCIe 6.0 规范。由于 PAM4 采用 4 个电平级别译码两个位/单位间隔（UI），这导致了较高的错误率。

如图 11-12 所示，CXL 3.0 保留了两种 256 B Flit 规范。PCIe 6.0 规范为了克服高错误率，引入了 256 B 的 Flit（如图 11-12 的 a 所示），其中包括 236 B 的 TLP 和 6 B 的数据链路包（DLP）。这些都受到基于 Reed-Solomon 代码的 8 B CRC 保护，并且整个 250 B 受到 3 路交织的单符号纠正前向错误校正码（FEC）保护。CXL 3.0 在电气层采用了与 PCIe 相同的 256 B Flit，但进行了一些修改。

标准 256 B Flit（如图 11-12 的 b 所示）的 8 B CRC 与 PCIe 6.0 类似。唯一的区别是 2 B 的头部（Header）增强，用于指示 Flit 的类型及可靠的 Flit 传送管理控制，并被放在 Flit 的开始位置。延迟优化的 256 B Flit（如图 11-12 的 c 所示）被细分为两个子 Flit，每个 128 B。偶数 Flit-half 中有 FEC 和 2 B Flit 头部，每个 Flit-half 中都有 6 B CRC。

图 11-12 CXL 3.0 256B 的 Flit 规范

CRC 和 FEC 在检测错误时具有不同的层次,首先应用 CRC 可以帮助降低约 2 ns 的延迟。如果检测到错误,则累积整个 Flit,再次应用 FEC 和 CRC。当进行 CXL 协议协商时,将预先确定使用哪种 Flit(68 B、256 B、LO)。如果 CXL 设备支持 64.0 GT/s 数据传输速率,必须宣告(让其他设备知晓)256 B Flit 模式,而对 LO Flit 模式的宣告是可选的。

在数据的组织方面,对于 CXL.io,最后 4 B 的"数据"将用于 DLLP,与 PCIe 6.0 的 6 B DLP 中的最后 4 B 相同。对于 ALMP,大部分的"数据"字段被保留。

11.3.5 CXL 延迟拆解

论文"An Introduction to the Compute Express LinkTM (CXLTM) Interconnect"讨论了 CXL 1.1 实现的延迟情况。论文中提到,由于不同的设计实践导致设计变化,往返延迟基本上是 21 ns 或 25 ns,再加上一个时钟器可能带来的最多 15 ns 的延迟,所以 CXL 链路上的内存访问可能会有 52~75 ns 的延迟。CXL 规范设定了一些延迟目标,例如,针对 DRAM 或 HBM 内存的 CXL.mem 访问的延迟目标是 80 ns,而对于 snoop(一种特定的数据请求)的响应则是 50 ns。文中表示这些延迟目标在实际应用中是可以达到的。CXL 的延迟表现与 CPU 间缓存一致链路上的内存访问延迟相当,CXL 提供了与现有技术相当的延迟性能。

- PHY 块:如图 11-13 所示,这是一个负责序列化/反序列化数据的模拟电路。它通过 PIPE 的并行接口连接到逻辑 PHY 块(每个通道 32 位,频率为 1 GHz,用于 32.0 GT/s 的连接)。

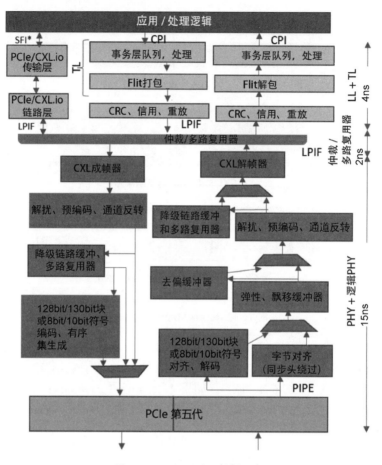

图 11-13   CXL 延迟拆解

- 逻辑 PHY 块：负责连接训练、均衡、扰码和解扰码过程、前译码、通道反转、连接宽度降解、极性反转、时钟域交叉、时钟补偿、去偏斜和物理层帧构建。

- LPIF die-to-die 接口：连接逻辑 PHY 块和 Arb/Mux 块，并从那里连接到多个链路层。Arb/Mux 块在两个堆栈（CXL.io 和 CXL.cache+mem）之间执行仲裁和复用。

- 链路层：执行 CRC 检查，管理信用额度，并处理链路级重试，而交易层负责 Flit 的打包/解包，将交易存储在适当的队列中，处理交易。在 CXL 3.0 的实现中，当商定了256 B 或 128 B 的延迟优化 Flit 时，逻辑 PHY 块将执行 CRC 和重放功能，链路层将继续为 68 B Flit 模式提供相同的功能，以保持向后兼容性。

- PCIe/CXL.io 事务层：将交易放入队列，处理它们，并执行生产者-消费者排序。

- 延迟优化技术：包括绕过 128bit/130bit 译码，绕过支持降级模式所需的逻辑和序列化，绕过去偏缓冲区，采用预测策略从弹性缓冲区处理条目等。

- 总延迟：SERDES 引脚到内部应用层的总延迟在公共参考时钟模式下是 21 ns，在独立参考时钟模式下是 25 ns。
- 额外延迟：预计后续版本会通过更高的工程严谨性和更好的流程改进来降低这种延迟。由于各种块的放置、过程技术和 PHY 设计类型所造成的传播延迟、过程技术和 PHY 设计类型的差异，预计会有轻微的延迟变化。例如，现有的基于 ADC 的 PHY 可能比基于 DFE/CTLE 的接收器设计有额外约 5 ns 的延迟。

当然 CXL 内存的延迟并不总比传统内存（或者称本地 DDR 内存）的延迟更高。在 SNC 模式下，Intel 将多个 CPU 核心划分成若干个独立的节点（SNC 节点），每个节点都有自己的 DDR 内存和一部分 LLC。SNC 有助于减少跨节点的数据流动，从而优化性能和降低延迟。从 Skylake 微架构 CPU 开始，Intel 采用了非包容性的缓存体系架构。在这种架构中，当 CPU 内核发生 LLC（最后一级缓存）缺失并需要由内存提供服务时，它会将数据从内存直接加载到 CPU 内核的私有 L2 缓存的缓存中，而不是共享的 LLC 中。当 L2 缓存中的缓存行被逐出时，CPU 核心才会将其放入 SNC 节点内的 LLC，也就是说，LLC 充当的是受害者缓存。

如图 11-14 所示，与本地 DDR 内存相比，当数据来自 CXL 内存时，逐出的 L2 缓存行可以被放置到任何 SNC 节点的 LLC 切片中，而不受局部性限制。这种灵活性使得访问 CXL 内存的 CPU 核心能够利用更大的 LLC 容量，因此 CXL 内存的访问延迟可能更高，更大的有效 LLC 容量可以补偿这一延迟。因为 CXL 内存可以交互使用更大范围内的 LLC 资源，所以访问 CXL 内存的 CPU 核心在一定程度上可以享受到更低的平均访问延迟。

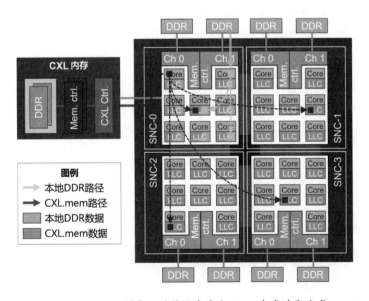

图 11-14　SNC 模式下的传统内存和 CXL 内存读取方式

访问 CXL 内存的 CPU 核心在 SNC 模式下打破了节点之间的 LLC 隔离。访问 CXL 内存的 CPU 核心可以从 2～4 倍的 LLC 容量中受益。

论文 "Demystifying CXL Memory with Genuine CXL-Ready Systems and Devices" 中进行的实验显示，访问分配给 CXL 缓冲区的平均内存访问延迟为 41 ns，而访问分配给 DDR5 缓冲区的平均内存访问延迟为 76.8 ns。这说明在 SNC 模式下，访问 CXL 内存的 CPU 核心可以从更大的有效 LLC 容量中受益。

11.4　NVLink 互连技术与 GPU 超级计算机

NVLink 是 NVIDIA 推出的一种高速、高带宽的互连技术。相比于传统的 PCIe 互连，NVLink 提供了更显著的数据传输速率。此技术旨在解决传统互连的带宽瓶颈，特别是在高性能计算和大型数据处理场景中。NVLink 为多 GPU 配置提供了更高效的互连方式，使得 GPU 之间的数据交换更为高效。NVLink 还支持 GPU 与支持此技术的 CPU 之间的高速数据交换，从而提高整体系统的效率。

大型模型，特别是那些参数数量巨大的自然语言模型需要存储模型的权重、梯度、中间激活层和优化器状态等，很容易超过单一 GPU 的内存容量。在这种情况下，多 GPU 允许跨多个 GPU 设备分布模型的参数，这被称为模型并行。即使模型本身不是非常大，处理大量的数据仍然需要大量的计算。数据并行涉及将一个大批量的数据分割成多个小批量的数据，并在多个 GPU 上并行处理。使用多 GPU 可以显著缩短模型的训练时间。当模型和数据集都非常大时，使用单一 GPU 可能会导致训练时间过长。多 GPU 并行处理可以显著提高吞吐量，从而加速训练。在多 GPU 训练中，通常需要在 GPU 之间交换数据，传统的 PCIe 互连可能不足以支持这种高速的数据交换，特别是在大型模型和大型数据集的情况下。

根据 NVIDIA 官网披露：2018 年，NVLink 首次亮相被用于连接两台超级计算机——Summit 和 Sierra 的 GPU 与 CPU，这两个安装在美国橡树岭国家实验室和美国劳伦斯利弗莫尔国家实验室的系统正在推动药物研发、自然灾害预测等科学领域的发展。

NVIDIA 通过削弱 GPU 的 NVLink 互连速度，在几乎不降低浮点计算速度的情况下达到了美国的出口管制标准，生产了 A800 和 H800 等芯片，以供中国等国家使用，其中 H800 还严格限制了双精度浮点算力，由此可见 NVLink 互连技术的重要性。

11.4.1　Pascal 架构第一代 NVLink

NVLink 最早应用于 Tesla GP100 加速器 SXM 板卡（非 PCIe 接口的 GPU 加显存板卡）和 Pascal GP100 GPU（传统 PCIe 接口板卡），并显著增强了 GPU 到 GPU 的通信性能和 GPU 对系统内存的访问性能。在高性能计算集群的节点中，强大的互连是非常有价值的。NVIDIA

在 2016 年 Pascal 架构发布时，为 NVLink 设定的愿景是创建一个比 PCIe 3.0 带宽更高的 GPU 互连，并与 GPU 指令集体系架构兼容，以支持共享内存的多处理器工作负载。经过多年发展，NVIDIA 确实做到了这一点，众多 GPU 芯片通过 NVLink 互连，可以构成一台内存统一、节点之间访存速度快、延迟低且逻辑上是一个整体的超级计算机。

有了 NVLink 连接的 GPU，程序可以直接在连接到的另一个 GPU 的内存上执行，也可以在局部内存上执行，而且内存操作仍然是正确的（例如完全支持 Pascal 的原子操作）。NVLink 使用 NVIDIA 的新型高速信号互连（NVHS），Tesla GP100 中的 NVLink 实现支持多达 4 个连接，允许带有总双向带宽 160 GB/s 的聚合配置。

NVLink 有多种拓扑结构，不同的配置可以针对不同的应用进行优化。NVLink 提供了以下配置方式。

- GPU 到 GPU 的 NVLink 连接。
- CPU 到 GPU 的 NVLink 连接。

图 11-15 显示了一个包括两个完全通过 NVLink 连接的 8GPU 混合立方网状拓扑结构，这两个模块由 NVLink 连接，而每个模块中的 GPU 都直接通过 PCIe 连接到它们各自的 CPU。通过使用单独的 NVLink 连接来跨越两个模块之间的间隙，可以减轻每个 CPU 的 PCIe 上行链路的压力，同样也可以避免通过系统内存和跨 CPU 连接进行路由传输。

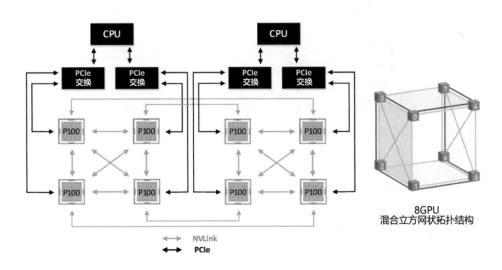

图 11-15　第一代 NVLink

所有 GPU 到 GPU 的流量都通过 NVLink 流动，PCIe 完全可用于连接 NIC（未显示）或访问系统内存流量。这种配置通常会被推荐用于通用的深度学习应用，并已在 DGX-1 服务器中实现。

NVLink 主要关注将多个 NVIDIA Tesla GP100 加速器连接在一起，但也可以用于从 CPU 到 GPU 的互连。例如，Tesla GP100 加速器可以连接带有 NVIDIA NVLink 技术的 IBM 的 POWER8。

如果一个 GPU 连接到启用了 NVLink 的 CPU，那么 GPU 可以以最高 160 GB/s 的双向合计带宽访问系统内存，这比 PCIe 上可用的带宽高出 5 倍。其中从 CPU 到每个 GPU 都有两个 NVLink。每个 GPU 上的其余两个连接用于对等通信。

NVLink 的数据带宽要求不是传统的 PCIe 接口能够承载的，也是从 Pascal 架构开始，NVIDIA 设计了独立的 GPU 加速器板卡，其被称为 SXM，能够以更多的针脚数和更短的物理距离与主板连接，如图 11-16 所示。

Tesla GP100加速器正面
——GPU+HBM2+供电模块

Tesla GP100加速器背面
——两组400针高速连接器

图 11-16 通过 SXM 高速连接器提供 NVLink 的全速接口

NVLink 互连的逻辑电路被包含在 GP100 加速器中，GP100 包括两组 400 针高速连接器。其中一个连接器用于模块上/下的 NVLink 信号；另一个用于供电、控制信号和 PCIe I/O。由于 SXM 封装模式的 GP100 加速器的尺寸比传统的 GPU 板小，客户可以轻松构建服务器，这些服务器相比 PCIe 封装模式可容纳更多的 GPU 数量。

在 GPU 架构接口的层面上，NVLink 控制器通过另一个新的模块［这个新模块被称为高速中心（HSHUB）］与 GPU 内部进行通信。HSHUB 可以直接访问 GPU 的全局交叉开关和其他系统元素，例如高速复制引擎（HSCE），这些引擎可以用于以 NVLink 峰值速率将数据移入和移出 GPU。

　　NVLink 使用了 NVIDIA 的高速信号技术（NVHS），数据以每信号对 20 GB/s 的差分方式发送。每个方向的 8 个差分对组成一个单一的连接，这是基本的构建模块，也被称为一个链路，其信号是 NRZ 译码的。该连接是直流耦合的，具有 85Ω 的差分阻抗。连接可以容忍极性反转和通道反转，以支持有效的 PCB 路由。在片上，数据从 PHY（物理层电路）发送到 NVLink 控制器，使用 1.25 GHz 频率的 128 位 Flit。NVHS 使用嵌入式时钟。在接收器处，恢复的时钟用于捕获传入的数据。

　　如图 11-17 所示，NVLink 控制器包括 3 个层次——物理层（Physical Layer，PL）、数据链路层（Data Link Layer，DL）和事务层（Transaction Layer，TL）。

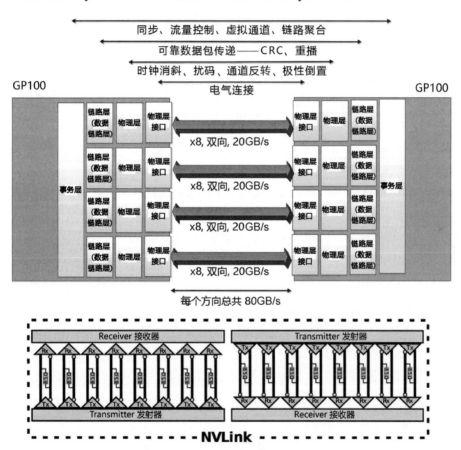

图 11-17　NVLink 物理层、数据链路层和事务层

● 物理层：PL 与 PHY 接口。PL 负责穿越所有 8 个通道的 deskew/ framing（确定每个数据包的开始）、scrambling/descrambling（以确保充足的位转换密度支持时钟恢复）、极性反转、通道反转，并将接收到的数据传递给数据链路层。

- 数据链路层：数据链路层主要负责在连接上可靠地传输数据包。要传输的数据包使用 25 位 CRC（循环冗余检查）进行保护。传输的数据包在被接收器连接的另一端正面确认（ACK）之前存储在重播缓冲区中。如果数据链路层在传入的数据包上检测到 CRC 错误，它不会发送 ACK，并准备接收重新传输的数据。同时，传输者在没有 ACK 的情况下超时，并从重播缓冲区启动数据重新传输。一个数据包只有在被确认时才从重播缓冲区中退休。25 位 CRC 允许检测高达 5 个随机位错误或任何通道上的高达 25 位的错误突发。CRC 是在当前头和先前的有效载荷（如果有的话）上计算的。数据链路层还负责连接的建立和维护，数据链路层将数据发送给事务层。
- 事务层：事务层处理同步、连接流控、虚拟通道，并可以将多个连接聚合在一起，以在处理器之间提供非常大的通信带宽。

11.4.2　Volta 架构第二代 NVLink

第二代 NVLink 允许从 CPU 直接加载、存储、原子访问每个 GPU 的 HBM2 内存。结合新的 CPU 主控功能，NVLink 支持一致性操作，允许将从图形内存读取的数据存储在 CPU 的缓存层次结构中。CPU 的缓存访问的低延迟对 CPU 性能至关重要。尽管 GP100 支持对等 GPU 原子操作，但不支持通过 NVLink 发送 GPU 原子操作并在目标 CPU 上完成。

NVLink 增加了由 GPU 或 CPU 启动的对原子操作的支持，还增加了地址转换服务（ATS）的支持，允许 GPU 直接访问 CPU 的页面表，以及添加了连接的低功耗操作模式，当连接没有被大量使用时，这可以节省大量电能。与 Volta 的新的张量核心相结合，第二代 NVLink 增加的连接数量、更快的连接速度和增强的功能，使得多 GPU GV100 系统的深度学习性能较 GP100 系统有了显著提高。

如果要很多路 GPU 并行，就需要专门的芯片 NVSwitch，这种独立的交换芯片在第二代 NVLink 中首次被提出，超级计算机节点 DGX2 就包含它。NVSwitch 是一颗独立芯片，安装在 8 路 GPU 互连的主板上，其本质是大量的 NVLink 物理链路和 crossbar 单元。NVSwitch 拥有 60 亿个晶体管，采用 TSMC 7 nm 工艺，实现了显著超越 PCIe 总线的吞吐带宽及传输效率。

通过 NVSwitch 技术，NVIDIA 在这一代 NVLink 技术中实现了 8 颗 GPU 之间的 all-to-all 互连，第一代 NVLink 技术的混合立方网状拓扑结构并没有实现 all-to-all 互连。NVSwitch 技术提供了 18 路 NVlink 的接口，该芯片总计能够提供 900 GB/s 的带宽，功率是 100 W，封装在 1940 个针脚大小为 4 cm^2 的 BGA 芯片中，其中 576 个针脚用于 18 路 NVLink，其他针脚用于电源或其他 I/O 接口。通过这种拓扑结构，在 DGX-2 高密度计算节点中，每一块 GPU 都可以与另一块 GPU 以相同的速度和一致性延迟交流，NVIDIA 将 16 个 32 GB（合计 512 GB）

高带宽显存合并为一块逻辑的 GPU 内存。

11.4.3　Ampere 架构第三代 NVLink

Ampere 架构的发布带来了新一代 NVLink，其数据传输速率为每信号对 50 GB/s，几乎是第二代 Tesla GV100 的 25.78 GB/s 数据传输速率的 2 倍。A100 的总 NVLink 链路数量增加到了 12 个，而 Tesla GV100 是 6 个。每个 A100 的 12 个 NVLink 链路允许与其他 GPU 和交换机进行高速连接任意两块 GPU 之间 NVLink 的双向合计带宽为 600 GB/s。

如图 11-18 所示，DGX A100 系统包括由新的 NVLink 启用的 NVSwitch 连接的 8 个 A100 GPU。多个 DGX A100 系统可以通过类似 Mellanox InfiniBand 和 Mellanox Ethernet 的网络连接，创建超级计算机级系统。

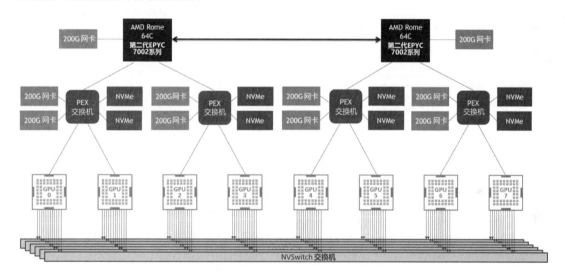

图 11-18　DGX A100 通过 NVSwitch 连接的 8 个 A100 GPU

第三代 NVLink 中的所有写入是非投递（Non-posted）的，也就是说，当发送方发送数据或指令后，它必须等待接收方的确认或响应，确认数据已被正确接收。直到收到确认，发送方才会继续执行其他操作。第三代 NVLink 还增加了新的特性，以提高小负载写入的效率。

11.4.4　Hopper 架构第四代 NVLink

H100 GPU 采用了全新的第四代 NVLink 技术。第四代 NVLink 的通信带宽是第三代 NVLink 的 1.5 倍。新的 NVLink 技术在多 GPU 的 I/O 和共享显存访问中，双向合计带宽可以达到 900 GB/s，这是第五代 PCIe 技术的 7 倍。

相比之下，在 A100 GPU 中的第三代 NVLink 技术，每个方向使用 4 个差分对来创建一条链路，提供 25 GB/s 的有效带宽。而在 H100 GPU 中的第四代 NVLink，每个方向仅使用 2 个高速差分对就能形成一条链路，但有效带宽仍然为 25 GB/s。此外，H100 有 18 条第四代 NVLink 链路（双向合计带宽 900 GB/s），A100 有 12 条第三代 NVLink 链路（双向合计带宽 600 GB/s）。

H100 引入了一种新的 NVLink 互连技术，这是 NVLink 的扩展版本，能够在最多 256 个 GPU 之间实现从 GPU 到 GPU 的通信，跨越多个计算节点。在传统的 NVLink 中，所有的 GPU 共享一个通用的地址空间，并直接使用 GPU 物理地址进行路由。新的 NVLink 网络引入了一个新的网络地址空间，由 H100 中的新地址转换硬件提供，它可以隔离所有 GPU 的物理地址空间并与网络地址空间隔离，从而实现更多 GPU 的安全扩展。

由于 NVLink 网络的端点不共享通用显存地址空间，系统中不会自动建立 NVLink 网络连接，这与其他网络接口（如 InfiniBand）相似，因此用户软件应根据需要在端点之间显式地建立连接。

如图 11-19 所示，在 Hopper 架构中，NVIDIA 也完成了 NVSwitch 的进化，新的第三代 NVSwitch 技术通过组播和 NVIDIA SHARP（Scalable Hierarchical Aggregation and Reduction Protocol，可扩展的分层聚合和约简协议）进行了针对集合计算的硬件加速，在通信中提高了性能。与 NCCL 相比，网络内组播和归约的吞吐量可以得到 2 倍提升，降低了小型块集合的延迟。

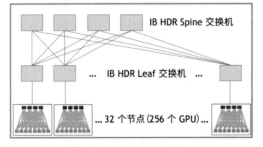
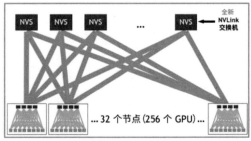

	A100 SuperPod			H100 SuperPod			加速	
	密集 PFLOP/s	对分 [GB/s]	归约 [GB/s]	密集 PFLOP/s	对分 [GB/s]	归约 [GB/s]	对分	归约
1 个 DGX 包含 8 个 GPU	2.5	2400	150	16	3600	450	1.5x	3x
32 个 DGX 包含 256 个 GPU	80	6400	100	512	57600	450	9x	4.5x

图 11-19　Hopper 架构 NVSwitch 的进化

NCCL 的全称是 NVIDIA Collective Communications Library（NVIDIA 集合通信库）。它是一个专门为多 GPU 和多节点环境设计的库，旨在优化在这些环境中进行的集合通信操作的性能和带宽。集合通信是指在多个进程（特别是在 GPU 之间）中进行的通信操作，这些操作包括广播、全收集、归约、全归约、扫描等。在深度学习和其他并行计算应用中，这些集合通信操作对于实现有效的多 GPU 同步和数据共享至关重要。NCCL 提供了一个高效的实现，可以跨不同 GPU 和服务器节点实现这些操作，以提升多 GPU 训练和推理任务的性能。

NVIDIA 同时还提出了 NVLink Switch 的新概念，通过结合全新 NVLink 网络技术和第三代 NVSwitch 技术，NVIDIA 创建了一个大型的 NVLink Switch 系统网络，为多 GPU 超级计算机实现了前所未有的通信带宽水平，每个 GPU 节点在其内部所有的 GPU NVLink 带宽上呈现出 2∶1 的锥形递减模式。NVLink Switch 系统最多可以支持 256 个 GPU，提供了 57.6 TB/s 的多对多带宽。通过 NVLink Switch 连接 256 个 GPU，可以提供 1 EFLOPS 级别的 FP8 稀疏算力。表 11-4 展示了 2014 年以来 4 代 NVLink 网络技术的主要参数。

表 11-4　2014 年以来 4 代 NVLink 网络技术的主要参数

	NVLink 1.0	NVLink 2.0	NVLink 3.0	NVLink 4.0
发布年份（年）	2014	2017	2020	2022
每个链路数据传输带宽（GB/s）	20+20	25+25	25+25	25+25
每个 GPU 的最大链路数量	4	6	12	18
每个链路通道数量	20	25	50	100 (PAM4)
NVLink 双向传输总带宽（GB/s）	160	300	600	900

在物理连接方面，如图 11-20 所示，NVLink Switch 支持 NVIDIA 制造的 OSFP（Octal Small Form-factor Pluggable，8 通道小卡可插拔）LinkX 线缆。有消息称 NVIDIA 正在探索利用光互连实现 GPU 之间的连接，也就是将硅光芯片与 GPU 封装在一起，两颗 GPU 芯片间通过光纤连接。

OSFP 是一种用于数据中心和高性能计算网络的高速传输接口。Octal 意味着"八通道"，是指接口能够支持 8 个并行的数据传输通道，每个通道都能够独立传输数据，这种设计使得整个接口可以在较小的物理尺寸内提供更高的总数据传输速率。

从 Ampere 架构 A100 产品开始，基于 PCIe 插槽的 GPU 板卡也提供了对 NVLink 的有限度支持，每两个 GPU 之间可以通过板卡顶部的 NVLink 接口，安装桥接器进行高速连接。比如，在一台由 8 个 GPU 组成的服务器中，编号为 1-2、3-4、5-6、7-8 的 GPU 能够组成 4 个 NVLink 配对，配对中的两个 GPU 可以享受高速互连，但是一个 GPU 无法和配对外的 GPU 高速互连。A100 和 H100 的 PCIe 插槽版本 GPU 均支持这种方式，能够提供双向合计 600 GB/s 的带宽，为预算有限的 PCIe 用户提供了一定扩展能力。

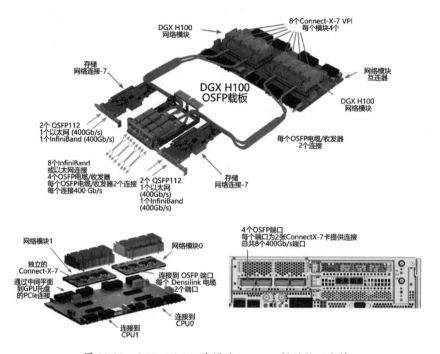

图 11-20　OSFP LinkX 线缆为 NVLink 提供物理支持

11.4.5　Grace Hopper 超级芯片

NVIDIA 设计的 Grace Hopper 超级芯片结合了 Grace CPU 和 Hopper GPU 架构，使用 NVLink-C2C 技术提供 CPU+GPU 连贯内存模型，该芯片适合人工智能和高性能计算应用场景，从 2023 年开始，业界对其投入了较多的关注。Grace Hopper 超级芯片架构如图 11-21 所示。

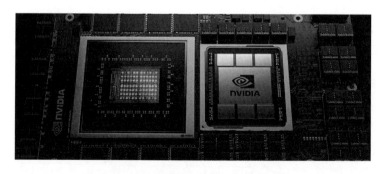

图 11-21　Grace Hopper 超级芯片架构

在该产品架构中，一方面我们看到了 Grace Hopper 超级芯片首次在高性能计算领域的应用，NVIDIA 确实在通用 CPU 开发方面有所储备，另一方面它突破了 PCIe 总线的限制，在板卡上通过 NVLink 技术，提供了双向合计 900 GB/s 的接口带宽，比 PCIe Gen5 快了 7 倍。AI 领域将面对越来越多的大模型和大数据，解决访存问题始终是产品设计的第一要务，Grace Hopper 超级芯片试图依靠统一寻址、高板卡集成度和大规模 GPU 并行实现客户需求。

NVIDIA 认为 Grace Hoppe 超级芯片架构是第一个真正的异构加速平台，它利用 GPU 和 CPU 的优势加速应用程序，同时提供了最简单、最高效的分布式异构编程模型。Grace Hopper 产品也被称为"超级芯片"，下面介绍它的主要特点。

1. Grace CPU 特性

Grace CPU 的特性介绍如下。

- 72 个 ARM Neoverse V2 内核，每个内核具有 ARMv9.0-A ISA 和 4 个 128 位 SIMD 单元。
- 117 MB 容量 L3 缓存。
- 512 GB 容量 LPDDR5X 内存提供 546 GB/s 的内存带宽。
- 64 个 PCIe Gen5 通道，相对而言，x86 架构 AMD 服务器级别 EPYC 产品提供了 128～160 条的 PECI 通道。
- 可扩展一致性结构（SCF）网格和分布式缓存，内存带宽高达 3.2 TB/s。
- 单个 CPU NUMA 节点可提高开发人员的工作效率。

ARM Neoverse V2 原是 ARM 公司推出的数据中心和云计算领域的处理器架构。它是 ARM 架构的最新一代，旨在提供高性能、高能耗比和高安全性，以满足数据中心和云计算应用的需求。

ARM Neoverse V2 发布于 2022 年 8 月，代号为 Demeter 的完整 V2 平台标志着 ARM 对其高性能 V 系列内核的首次迭代，以及该内核阵容从 ARMv8.4 ISA 到 ARMv9 的过渡。这是 ARM 第二次尝试为服务器提供专用的高性能核心，ARM 认为 Neoverse V2 CPU 可以提供市场上最高的单线程整数计算性能，使 AMD 和 Intel 的下一代设计黯然失色。

ARM Neoverse V2 实现了两种 SIMD 矢量指令集，配置为 4×128 位：Scalable Vector Extension version 2（SVE2）和 Advanced SIMD（NEON）。这 4 个 128 位功能单元中的每一个都可以执行 SVE2 或 NEON 指令。

我们在第 4 章中讲过，SVE（Scalable Vector Extension）是一种更先进、长度不敏感的 SIMD 指令集架构。与 NEON 相比，SVE 支持更多数据类型（如 FP16），提供了更多强大的指令（如 gather/scatter），并支持长矢量长度。SVE 在多个 ARM 的旗舰产品中得到了实现，这确保了 SVE 优化的可移植性和与 Grace CPU 的兼容性。SVE2 是 SVE 的进一步扩展，它增加了一些高级指令，这些指令特别有助于加速 HPC 应用，如机器学习、基因组学和密码学。

ARM Neoverse V2 还引入了一系列优化，如增加了缓存层次、改进的内存系统和网络互联，以提高数据的传输效率和处理能力。该芯片的设计目标是满足数据中心的需求，包括大规模计算、存储和网络处理。它具有灵活性和可扩展性，可以应用于各种工作负载和应用场景，包括人工智能、大数据分析、云计算服务等。

如图 11-22 所示，ARM Neoverse V2 架构的拓扑结构为 6×7 网格结构，每个网格节点可以连接多个 L3 缓存块或者 CPU 核心，整个网格的带宽可达到 3.2 TB/s，平均到单个节点的带宽为 78 GB/s，分布式 L3 缓存平均每块大小为 1.5 MB。表 11-5 介绍了 Grace CPU 芯片基本信息。

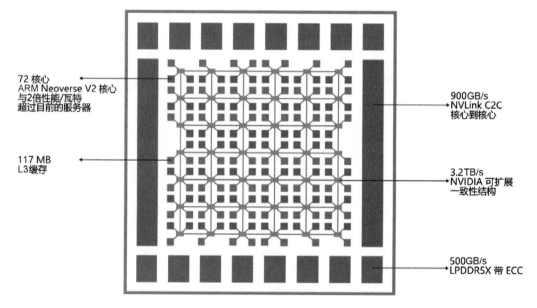

图 11-22　Neoverse V2 架构拓扑结构

表 11-5　Grace CPU 芯片基本信息

CPU 模块	参 数 特 性
核心架构	Neoverse V2 Cores: ARMv9 with 4x128b SVE2
核心数量	144
缓存	L1 缓存：每个核心 64 KB l-cache + 64 KB D-cache L2 缓存：每个核心 1 MB L3 缓存：芯片整体共享 234 MB
内存接口	LPDDR5X with ECC，片上封装

续表

CPU 模块	参 数 特 性
内存带宽	最高到 1 TB/s
内存容量	最高到 960 GB
FP64 峰值算力	7.1 TFLOPS
PCIe 接口	8x PCIe 5.0 x16 接口； 总计 1 TB/s PCIe 带宽 额外的低速 PCIe 连接用于管理
功耗	500 W TDP 包含内存，12 V 电源供应

除了 SIMD 特性，这颗 CPU 还支持 Large System Extension（LSE），LSE 是首次在 ARMv8.1 中引入的一项功能。它提供了低成本的原子操作，这些操作能够提高 CPU 与 CPU 之间的通信、锁和互斥量的系统吞吐量。

2. 通过 NVLink 完成结构拓扑

NVLink 技术在 Grace Hopper 超级芯片中起到了决定性的作用，它由两部分构成。

首先是 NVLink-C2C：

● Grace CPU 和 Hopper GPU 之间的硬件一致性互连。
● 900 GB/s 的总带宽，每个方向 450 GB/s。
● 扩展 GPU 内存功能，使 Hopper GPU 能够将所有 CPU 内存寻址为 GPU 内存。

其次是 NVLink Switch：

● 使用 NVLink 4 连接 256 个 NVIDIA Grace Hopper 超级芯片。
● 支持 32 节点或 256 NVLink-connected GPU 互连。
● 每个 NVLink 连接的 Hopper GPU 都可以寻址网络中所有超级芯片的所有 HBM3 和 LPDDR5X 内存，最高可达 150 TB 的 GPU 可寻址内存。

Grace Hopper 超级芯片和平台的构建都是为了让用户能够为手头的任务选择正确的语言，而 NVIDIA CUDA LLVM 编译器 API 能将熟悉的编程语言带到具有相同代码级别的 CUDA 平台。

NVIDIA 为 CUDA 平台提供的语言包括加速标准语言，如 ISO C++、ISO Fortran 和 Python。该平台还支持基于指令的编程模型，如 OpenACC、OpenMP、CUDA C++和 CUDA Fortran。NVIDIA HPC SDK 支持所有这些方法，以及一组丰富的用于分析和调试的加速库与工具。

Grace Hopper 超级芯片将 Grace CPU 与 Hopper GPU 相结合，对 CUDA 8.0 中首次引入的 CUDA 统一内存编程模型进行了扩展。Grace Hopper 超级芯片引入了具有共享页表的统一内存，允许 Grace CPU 和 Hopper GPU 与 CUDA 应用程序共享地址空间（甚至页表）。Hopper GPU 还可以访问可分页内存分配。Grace Hopper 超级芯片允许程序员使用系统分配器来分配 GPU 内存，包括与 GPU 交换指向 malloc 内存的指针的能力。

这个双芯系统最关键的特性是引入了扩展 GPU 内存（EGM），通过允许从更大的 NVLink 网络连接的任何 Hopper GPU 访问连接到 Grace Hopper 超级芯片中 Grace CPU 的 LPDDR5X 内存，GPU 可用的内存池得到了扩展，从 CPU 向 GPU 传递数据的延迟得以降低。

图 11-23 描述了 Grace Hopper 超级芯片系统中的地址转换服务，在基于 Grace Hopper 超级芯片的系统中，图 11-23 下半部分展示了 ATS（NVLink-C2C with Address Translation Services，带有地址转换服务的 NVLink-C2C）使 CPU 和 GPU 能够共享单个进程的页表，从而使所有 CPU 和 GPU 线程能够访问所有系统分配的内存，这些内存可以驻留在物理 CPU 或 GPU 内存上。CPU 堆、CPU 线程堆栈、全局变量、内存映射文件和进程间内存可供所有 CPU 和 GPU 线程访问。NVLink-C2C 硬件一致性使 Grace CPU 能够以缓存行粒度缓存 GPU 内存，并使 GPU 和 CPU 无须进行页面迁移即可访问彼此的内存。

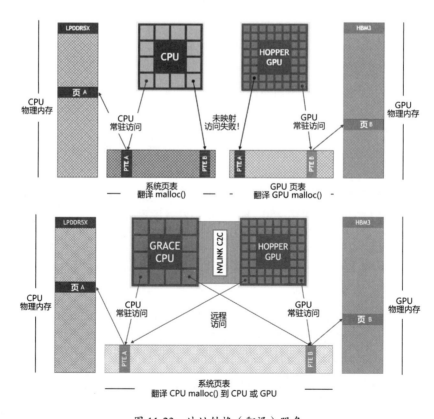

图 11-23　地址转换（翻译）服务

如图 11-24 所示，统一寻址对于 CPU+GPU 的异构系统意义重大，相对于具有高带宽的 GPU 内存，PCIe 的传输速度很慢，在 GPU 和 CPU 之间的数据交互中其常常成为性能瓶颈。NVIDIA 一直在努力改进 CUDA 框架中的 GPU 和 CPU 交互逻辑，主要集中在提高传输速度和提供更好的用户可编程性两个方面。

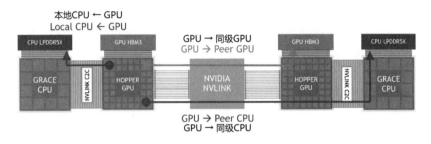

图 11-24　GPU 和 CPU 交互逻辑

在发布 Grace Hopper 架构的 CUDA 12 中，NVIDIA 引入了硬件缓存层次的一致性（HW Cache Level Coherence）和 NVLink C2C，这样既确保了传输速度又确保了可编程性。在 Grace Hopper 架构中，CPU 和 GPU 共享同一个页表，该页表中的页面表项（Page Table Entry, PTE）可以指向 CPU LPDDR5X 内存或 GPU HBM3 内存，实现了对异构内存的统一管理。

3. DGX GH200 超级计算机

关于 Grace Hopper 架构芯片，目前 NVIDIA 公开的产品形态是 HGX Grace Hopper，每个节点都有一个 Grace Hopper 超级芯片，与 BlueField-3 NIC 或 OEM 定义的 I/O 和可选的 NVLink 交换机系统配对。它可以是空气冷却或液体冷却的，TDP 高达 1000 W。目前来看，DGX 是 NVIDIA 的高性能计算节点，HGX 是大规模 AI 的计算节点。比如，DGX A100 系统仅限于由 8 个 A100 GPU 作为一个单元协同工作，HGX 可扩展到 256 个。DGX H200 产品通过避开标准集群连接选项的限制，在高并行度的工作负载（如生成式 AI 训练、大型语言模型、推荐系统和数据分析）中提供了最大的吞吐量，以实现大规模可扩展性。与 InfiniBand 和 Ethernet 一样，它使用了 NVIDIA 定制的 NVLink Switch 芯片。

HGX 的每个节点包含一个 Grace Hopper 超级芯片和一个或多个 PCIe 设备，如 NVMe 固态驱动器和 BlueField-3 DPU、NVIDIA ConnectX-7 NIC 或 OEM 定义的 I/O 设备。NDR400 InfiniBand NIC 具有 16x PCIe Gen 5 通道，可在超级芯片上提供 100 GB/s 的总带宽。结合 NVIDIA BlueField-3 DPU，该平台易于管理和部署，并使用了传统的 HPC 和 AI 集群网络架构。

在 DGX GH200 系统中，144 TB 的内存通过 NVLink 连接成一体供 GPU 共享内存编程模型使用。与单个 NVIDIA DGX A100 320 GB 系统相比，NVIDIA DGX GH200 提供了近 500 倍的内存给 GPU 共享内存编程模型，通过 NVLink 形成了一个巨型的数据中心级 GPU。如

图 11-25 所示，NVIDIA DGX GH200 是第一个打破了 100 TB 内存可通过 NVLink 供 GPU 使用的超级计算机（因为之前的系统内存容量太小，图片中的纵轴使用了对数坐标）。

配备 NVLink Switch 的 HGX Grace Hopper 可以使 NVLink 连接域中的所有 GPU 线程能够在 256 个 GPU NVLink 连接系统中以每个超级芯片 900 GB/s 的总带宽寻址 150 TB 的内存。NVLink 连接域使用 NVIDIA InfiniBand（IB）网络进行网络连接，例如 NVIDIA ConnectX-7 网卡或 NVIDIA BlueField-3 数据处理单元（DPU）与 NVIDIA Quantum 2 NDR 交换机配对，以及 OEM 定义的 I/O 解决方案。

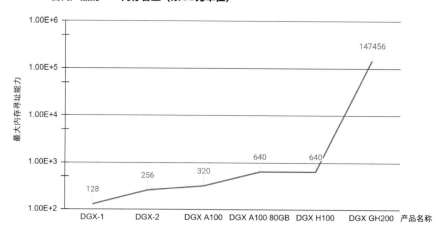

图 11-25　DGX GH200 系统首次突破 100 TB 内存

如图 11-26 所示，在具体的网络结构方面，NVLink Switch 系统形成了一个两级的、非阻塞的胖树 NVLink 布局，完全连接 DGX GH200 系统中的 256 个 Grace Hopper 超级芯片。DGX GH200 中的每个 GPU 都可以访问其他 GPU 的内存和所有 NVIDIA Grace CPU 的扩展 GPU 内存，下面我们将展开描述这种扩展方式。

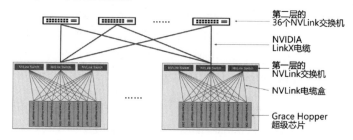

图 11-26　两级的、非阻塞的胖树 NVLink 布局

- 两级是指有两个层次的 NVLink 交换机来连接 256 个 Grace Hopper 超级芯片。在图 11-26 中，我们可以看到，底部的所有 Grace Hopper 超级芯片首先通过第一层的 NVLink 交换机相互连接，然后这些第一层的交换机又与上面第二层的交换机相连，形成了一个两级的连接结构。
- 非阻塞是指任何一个 GPU 都可以与其他任何 GPU 进行通信，而不会因为其他 GPU 之间的通信而被阻塞。这样可以确保每个 GPU 都能最大限度地利用其通信能力，从而提高整体系统的效率。
- 胖树结构是一种网络拓扑结构，在这种结构中，随着我们离数据中心的核心越近，通信带宽会越大。这种设计有助于确保在核心网络中不会出现瓶颈，因为核心网络的带宽比边缘网络的带宽大得多。在图 11-26 中，从下到上的连接线数量逐渐减少，但每一条连接线的带宽都在增加，这是典型的胖树结构的特点。

NVIDIA 在披露信息中提到 Compute baseboards，即搭载 Grace Hopper 超级芯片的基板，它使用定制的电缆束连接到第一层的 NVLink 交换机，而 LinkX 电缆则用于扩展第二层 NVLink 交换机之间的连接。

不带 NVLink Switch 的 HGX 产品适用于传统机器学习和 HPC 工作负载的规模扩展。结合 NVIDIA BlueField-3 DPU，该平台易于管理和部署，并采用传统的 HPC/AI 集群网络架构。带有 NVLink Switch 的 HGX 产品可以扩展到 256 个节点，该平台非常适合大规模的 AI 训练。

值得一提的是，NVIDIA 自己也在用 DGX H200 研发自己的下一代 GPU 系统，NVIDIA 将部署一台新的 Helios 超级计算机，该计算机由 4 个 DGX GH200 系统组成。这 4 个系统共有 1024 个 Grace Hopper 超级芯片，并且用 NVIDIA 的 Quantum-2 InfiniBand 400 Gb/s 网络连接起来。

DGX 面向最高端的系统，HGX 系统面向超大规模的数据中心，新的 MGX 系统则处于这两者之间，而且 DGX 和 HGX 将与新的 MGX 系统共存。NVIDIA 认为 OEM 合作伙伴在设计以人工智能为中心的服务器时面临着新的挑战，它们会降低设计和部署的速度。MGX 的出现会加快这一过程，它为合作伙伴提供了 100 多种参考设计，为以后消费者得到更好的显卡、主板或服务器产品提供了开发平台级别的支持。

MGX 系统由模块化的设计组成，涵盖了 NVIDIA CPU 和 GPU、DPU 和网络系统的各个方面，但也包括了基于常见的 x86 和 ARM 处理器的设计，MGX 可以选择空气冷却和液体冷却的设计选项，以适应各种应用场景。

　　在本书定稿时，GB200 Grace Blackwell 超级芯片发布，它将两个高性能 NVIDIA Blackwell Tensor Core GPU 芯片和 NVIDIA Grace CPU 芯片通过 NVLink-C2C 技术连接，GB200 的第五代 NVLink 提供了 1800 GB/s 双向合计带宽，在 NVLink 域中具有直接连接的 GPU 数量从上一代的 8 个增加到最多 576 个。NVIDIA 开始通过 NVL72 和更大规模的 GPU 集群扩展架构，传统意义上的芯片供应商逐步尝试提供整体高性能机柜和超级计算机。